中 国 国 家 标 准 汇 编

615

GB 30715～30749
（2014 年制定）

中国标准出版社　编

中国标准出版社
北　京

图书在版编目(CIP)数据

中国国家标准汇编:2014 年制定.615:
GB 30715～30749/中国标准出版社编.—北京:
中国标准出版社,2015.11
ISBN 978-7-5066-7984-8

Ⅰ.①中…　Ⅱ.①中…　Ⅲ.①国家标准-
汇编-中国-2014　Ⅳ.①T-652.1

中国版本图书馆 CIP 数据核字(2015)第 184031 号

中国标准出版社出版发行
北京市朝阳区和平里西街甲 2 号(100029)
北京市西城区三里河北街 16 号(100045)

网址 www.spc.net.cn
总编室:(010)68533533　发行中心:(010)51780238
读者服务部:(010)68523946
中国标准出版社秦皇岛印刷厂印刷
各地新华书店经销

*

开本 880×1230 1/16　印张 32.75　字数 1 014 千字
2015 年 11 月第一版　2015 年 11 月第一次印刷

*

定价 220.00 元

出 版 说 明

1.《中国国家标准汇编》是一部大型综合性国家标准全集。自1983年起，按国家标准顺序号以精装本、平装本两种装帧形式陆续分册汇编出版。它在一定程度上反映了我国建国以来标准化事业发展的基本情况和主要成就，是各级标准化管理机构，工矿企事业单位，农林牧副渔系统，科研、设计、教学等部门必不可少的工具书。

2.《中国国家标准汇编》收入我国每年正式发布的全部国家标准，分为"制定"卷和"修订"卷两种编辑版本。

"制定"卷收入上一年度我国发布的、新制定的国家标准，顺延前年度标准编号分成若干分册，封面和书脊上注明"20××年制定"字样及分册号，分册号一直连续。各分册中的标准是按照标准编号顺序连续排列的，如有标准顺序号缺号的，除特殊情况注明外，暂为空号。

"修订"卷收入上一年度我国发布的、被修订的国家标准，视篇幅分设若干分册，但与"制定"卷分册号无关联，仅在封面和书脊上注明"20××年修订-1,-2,-3,……"字样。"修订"卷各分册中的标准，仍按标准编号顺序排列(但不连续)；如有遗漏的，均在当年最后一分册中补齐。需提请读者注意的是，个别非顺延前年度标准编号的新制定的国家标准没有收入在"制定"卷中，而是收入在"修订"卷中。

读者配套购买《中国国家标准汇编》"制定"卷和"修订"卷则可收齐由我社出版的上一年度我国制定和修订的全部国家标准。

3.由于读者需求的变化，自1996年起，《中国国家标准汇编》仅出版精装本。

4.2014年我国制修订国家标准共1 611项。本分册为"2014年制定"卷第615分册，收入国家标准GB 30715～30749的最新版本。

中国标准出版社

2015年8月

目　　录

ICS 27.010
F 01

中华人民共和国国家标准

GB/T 30715—2014

钢铁生产过程能量系统优化实施指南

Guideline for energy system optimization of iron and steel production process

2014-06-09 发布　　　　2014-10-01 实施

中华人民共和国国家质量监督检验检疫总局
中国国家标准化管理委员会　发布

前言

本标准按照 GB/T 1.1—2009 给出的规则起草。

本标准由全国能量系统标准化技术委员会(SAC/TC 459)提出并归口。

本标准起草单位:中国标准化研究院、钢铁研究总院、山东钢铁集团有限公司、唐山钢铁集团有限责任公司、太原钢铁(集团)有限公司、北京首钢股份有限公司、宝钢集团有限公司、冶金工业信息标准研究院、南京钢铁股份有限公司、济钢集团有限公司、四川省节能技术服务中心。

本标准主要起草人:刘猛、郦秀萍、梁凯丽、王宝军、闫振武、姚红、戴坚、于永淼、白雪、冯凉、仇金辉、陈飚、杨勇。

钢铁生产过程能量系统优化实施指南

1 范围

本标准给出了实施钢铁生产过程能量系统优化的原则、步骤及其主要内容。

本标准适用于现有钢铁生产过程能量系统优化工作，新建或改扩建钢铁生产过程项目的能量系统优化可参照本标准执行。

2 规范性引用文件

下列文件对于本文件的应用是必不可少的。凡是注日期的引用文件，仅注日期的版本适用于本文件。凡是不注日期的引用文件，其最新版本(包括所有的修改单)适用于本文件。

GB/T 2589 综合能耗计算通则

GB/T 3484 企业能量平衡通则

GB/T 13234 企业节能量计算方法

GB/T 28749 企业能量平衡网络图绘制方法

GB/T 28750 节能量测量和验证技术通则

GB/T 28751 企业能量平衡表编制方法

GB/T 28924－2012 钢铁企业能效指数计算导则

3 术语和定义

GB/T 28924—2012 界定的以及下列术语和定义适用于本文件。

3.1

钢铁生产过程 iron and steel production process

以铁矿石或废钢为原料，包括炼铁、炼钢和轧钢等主工序，原料处理、动力系统、运输系统等辅助工序的钢铁产品制造过程。

3.2

钢铁生产过程能量系统 energy system of iron and steel production process

钢铁生产过程中能量转换、输送、分配、储存、使用和回收等一个或若干个环节组成的系统。

3.3

钢铁生产过程能量系统优化 energy system optimization of iron and steel production process

以钢铁生产过程能量系统为研究对象，通过系统分析，结合先进工艺和节能技术的应用，找出提升系统整体能源利用效率的机会，在满足生产需求的前提下，提出并实施系统优化方案，并对优化效果进行持续评估和改进的过程。

3.4

载能体 energy carrier

在制备或生产过程中消耗了能源的物质，或本身可产生能量的物质。

4　基本原则

钢铁生产过程能量系统优化应遵循以下基本原则：

a)　重视能源和非能源物质等载能体的节约；

b)　进行全生产过程的能耗分析，包括直接能耗和间接能耗；

c)　充分考虑安全生产和环境保护等约束条件；

d)　充分考虑成本控制和经济效益等因素；

e)　充分考虑各类影响因素，如产品品种结构、能源结构、原料品质、产品深加工程度等；

f)　充分考虑与周边社区、企业的能源优化；

g)　确保能量系统优化实施效果的稳定持续。

5　基本实施步骤

开展钢铁生产过程能量系统优化工作包括但不限于以下基本实施步骤：

a)　系统边界划分；

b)　系统现状调研；

c)　系统总体用能分析；

d)　优化方案的制定；

e)　优化方案的实施；

f)　效果评估。

6　系统边界划分

6.1　边界类别

边界划分主要包括以下类别：

a)　工序边界，以原材料或中间产品的输入确定每个工序的起点，以中间产品或最终产品的输出确定每个工序的终点；

b)　管理边界，边界内包括企业内的钢铁主工序和辅助工序；

c)　关联企业边界，边界内包括相关联的不同企业；

d)　地理边界，边界内包括主要生产设施所处的地理区域。

6.2　划分原则

边界划分主要遵循以下原则：

a)　边界划分应以管理边界为主，确保边界内能量系统优化工作的可控性；

b)　当与钢铁生产过程相关联的不同企业均参与到同一能量系统优化工程中时，可按照关联企业边界划分系统；

c)　应通过描述系统的工艺流程图，明确系统和各工序的边界，示例参见附录 A；

d)　明确上述边界后，确定相应的地理边界。

7 系统现状调研

7.1 内容

现状调研包括但不限于以下内容：

a) 钢铁生产流程和工艺生产装置、重点耗能设备设计能力、实际生产能力、工艺及产品方案、全厂总平面布置及主要物流、原料和产品类别、品种结构、数量、质量、价格等；

b) 生产控制数据，包括操作参数、原料和产品质量控制指标、产品深加工程度、生产装置、系统生产负荷等；

c) 能源及耗能工质消耗类别、数量、质量、价格等；

d) 重点耗能设备能源利用效率；

e) 钢铁生产过程二次能源回收利用情况，如副产煤气、余热蒸汽、余热余压等二次能源产生利用数据；

f) 生产装置、公辅系统生产瓶颈以及用能存在的主要问题；

g) 与厂外生活区、邻近工业园区及周边企业能源互供的现状及未来互供的可能性及可靠性；

h) 环境保护执行的标准；

i) 环境温度、气压和湿度等气象数据；

j) 企业发展规划，包括新建装置、扩能及重大技改等。

7.2 数据资料收集与分析

现状调研过程中数据资料收集与分析包括但不限于以下要点：

a) 收集一定时期内企业稳定生产情况下用能分析评价及优化方案制定等所需的相关资料和数据；

b) 对所收集数据和资料的完整性和准确性进行分析，可依据物料平衡、能量平衡和相互间关联关系，对数据进行校正及核实，必要时应对存有疑问或不足的重要数据进行实测。

8 系统总体用能分析

8.1 概述

通过分析与能量系统生产和用能直接相关的各种因素对系统能源消耗总量的影响，找出能量系统优化的重点环节。

8.2 基本分析内容

8.2.1 利用第7章的调研结果，分别按照 GB/T 3484、GB/T 28751 和 GB/T 28749 的要求绘制钢铁生产过程能量系统能量平衡表和能量平衡网络图，可根据系统实际情况构建钢铁生产过程能量系统优化模型。

8.2.2 针对铁矿石或废钢等原料物质流，分析各工序用能情况(包括主要耗能设备能效情况)，分析方法可采用能耗限额对标与 e-p 分析相结合的方法；其中能耗限额对标是与相关标准的能耗限额指标进行对比，无具体标准对应的应与国内外先进企业进行对标分析；e-p 分析法可参照参考文献[1]、[2]。

8.2.3 针对主要能源介质，对煤气系统、蒸汽系统、电力系统、气体系统、水系统等进行分析，从能源的产生、转换、输送、分配、储存、使用、回收等环节评价能量利用的合理性；分析二次能源回收利用情况，包括二次能源富裕量、梯级利用或降质使用情况及损失率、二次能源发电装机容量、发电能耗等，评价二次能源利用的合理性。

8.2.4 分析各主要耗能设备能效，并与相关的能效指标进行对比，无具体能效标准对应的应与国内外先进企业相关指标进行对标分析。

8.3 分析结果输出

说明现有能量系统存在的问题、找出提升系统整体能效的机会及对应的节能技术，钢铁生产过程能量系统优化常见节能技术可参见但不限于附录B。

9 优化方案的制定

9.1 以本系统用能现状为基础，参照第4章的基本原则，充分考虑相关节能技术实施对系统整体节能效果和经济效益的综合影响，分别形成不同节能技术各自对应的优化方案。

9.2 优化方案包括以下主要内容：

a) 现状分析及存在的主要问题；
b) 优化方案设计；
c) 节能效果和经济效益估算；
d) 实施建议。

10 优化方案的实施

优化方案的实施主要包括以下要点：

a) 综合考虑不同的优化方案对系统能效、经济性的影响、对其他方案的影响、方案实施的技术经济可行性等因素进行优选排序，组合形成实施方案；
b) 优化方案实施后，持续跟踪方案的节能增效效果。对可持续采用的方案，适时改进工艺操作规程；对不能持续采用的方案分析原因，进行必要的调整。

11 效果评估

11.1 优化工作全部完成或阶段完成后，对钢铁生产过程能量系统用能情况进行后评价，以评估优化结果，相关评价计算结果记录备案作为今后优化工作的依据或参考。

11.2 钢铁生产过程能量系统综合能耗计算可按照GB/T 2589进行计算。

11.3 钢铁生产过程能量系统优化实现的节能量可按照GB/T 28750进行测量和验证。

11.4 钢铁生产过程能量系统优化实现的节能量可按照GB/T 13234进行计算。

11.5 钢铁生产过程能量系统综合能效指数可按照GB/T 28924—2012进行计算。

附 录 A
（资料性附录）
钢铁生产过程能量系统典型流程及边界示例

图 A.1 给出了钢铁生产过程能量系统典型流程及边界示例。

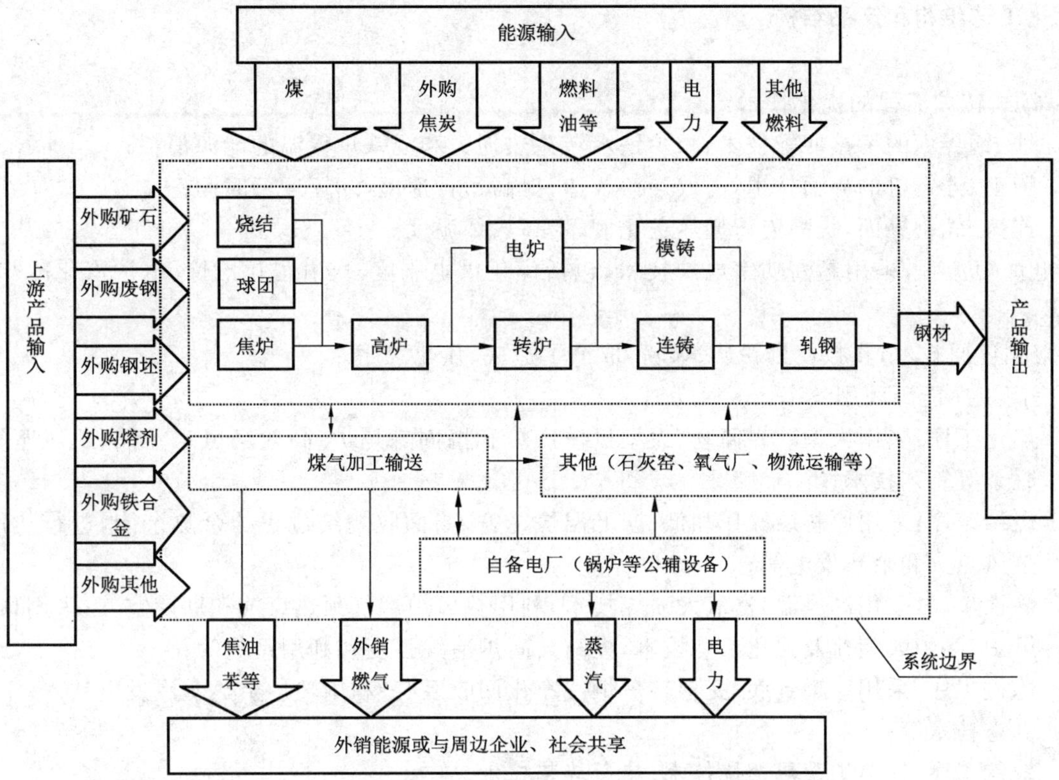

图 A.1 钢铁生产过程能量系统典型流程及边界示例

附 录 B
（资料性附录）
钢铁生产过程能量系统优化常见节能技术

B.1 优化工艺结构和产品结构

B.1.1 高炉、转炉流程的优化技术：

a) 铁、钢界面的衔接匹配技术，减少铁水转兑热损失和混铁炉保温的能源消耗；

b) 炼钢、连铸机的界面技术，高效连铸改造，提高运行速度，缩短运行时间；

c) 连铸、轧钢界面，提高连铸坯热送比例，提高热装温度。

B.1.2 电炉短流程，采用超高功率电炉技术，包括优化供电制度、煤氧强化冶炼、电炉汽化冷却等综合节能技术。

B.1.3 熔融还原技术，直接使用粉矿、煤粉，取消了造块、焦化工序。

B.1.4 提高工序能源利用效率：

a) 焦化工序：采用大型贮煤筒仓、大型机械焦炉和捣固炼焦炉、高效塔氨水蒸馏、负压蒸氨、负压脱苯等工艺技术；

b) 烧结工序：采用厚料层操作和低硅、低温烧结技术；回收烧结过程的余热余能，进行热风烧结、热风点火和余热发电等；

c) 炼铁工序：采用高风温、富氧大喷煤技术；利用热风炉烟气预热煤气和助燃空气；采用顶燃式热风炉；高炉大型化及强化冶炼技术，提高大高炉冶炼强度和利用系数等；

d) 炼钢工序：采用一罐到底，完善转炉烟气净化回收系统；利用转炉余热蒸汽发电技术；干式机械真空技术等；

e) 轧钢工序：加热炉蓄热燃烧技术；热送热装技术。

B.1.5 提高钢铁材料产品性能，提高钢材强度，延长其生命周期。

B.2 优化能源结构、提高能源效率、促进余热余能高效利用

B.2.1 高温高压燃气锅炉热电技术、燃气蒸汽联合循环发电技术，在可能条件下实现共同火力联合发电。

B.2.2 煤化工优化技术，在生产焦炭的同时，完善焦油深加工工艺，提高焦化工序综合效益。

B.2.3 采用高温高压锅炉的干熄焦技术、焦化入炉煤调湿技术、上升管余热回收技术、初冷器余热回收技术、导热油蒸氨节能技术、焦炉烟气余热回收利用技术。

B.2.4 高炉炉顶余压发电技术、炉体软水闭路循环技术、高炉专家系统、高炉冲渣水余热回收利用技术等。

B.2.5 蓄热式轧钢加热炉、蓄热式钢包烘烤技术、工业炉窑黑体节能技术、加热炉利用烟气进行空气、煤气预热技术。

B.2.6 优化煤气管网、蒸汽管网、氧气管网、氮气管网、压缩空气管网系统技术。

B.2.7 变频调速、高效电机、绿色照明、干式变压器、无功补偿等节电技术。

B.2.8 高炉煤气干法除尘、转炉煤气干法除尘等技术。

B.2.9 副产煤气高附加值开发利用技术。

参 考 文 献

[1] 陆钟武,谢安国,周大刚.再论我国钢铁工业节能方向和途径[J].钢铁,1996:31(2):54-58.

[2] 陆钟武,蔡九菊,于庆波,谢安国.钢铁生产流程的物流对能耗的影响[J].金属学报,2000:36(4):370-378.

ICS 27.010
F 01

中华人民共和国国家标准

GB/T 30716—2014

能量系统绩效评价通则

General rules for energy system performance evaluation

2014-06-09 发布　　2014-10-01 实施

中华人民共和国国家质量监督检验检疫总局
中国国家标准化管理委员会　发布

前　言

本标准按照 GB/T 1.1—2009 给出的规则起草。

本标准由全国能量系统标准化技术委员会(SAC/TC 459)提出并归口。

本标准负责起草单位:中国标准化研究院、北京工业大学、中国科学院工程热物理研究所、清华大学、中国石油天然气股份有限公司规划总院。

本标准主要起草人:刘猛、李红旗、成建宏、张娜、李俊明、于永淼、白雪、邢定峰。

能量系统绩效评价通则

1 范围

本标准规定了能量系统绩效评价的指标体系、基本步骤、内容及要求。

本标准适用于对已投入运行的能量系统的设备、过程、工艺流程的绩效评价。

2 规范性引用文件

下列文件对于本文件的应用是必不可少的。凡是注日期的引用文件，仅注日期的版本适用于本文件。凡是不注日期的引用文件，其最新版本(包括所有的修改单)适用于本文件。

GB/T 2587 用能设备能量平衡通则

GB/T 2589 综合能耗计算通则

GB/T 3484 企业能量平衡通则

GB/T 5623 产品电耗定额制定和管理导则

GB/T 8222 用电设备电能平衡通则

GB/T 14909 能量系统㶲分析技术导则

GB/T 28749 企业能量平衡网络图绘制方法

GB/T 28751 企业能量平衡表编制方法

HJ 616 建设项目环境影响技术评估导则

3 术语和定义

下列术语和定义适用于本文件。

3.1

能量系统 energy system

能量转换、输送、分配、储存、使用和回收等一个或若干个环节组成的系统。

注：能量系统可以是具备上述功能的单一设备、流程或复杂系统。

3.2

能量系统绩效 energy system performance

能量系统在一定周期内由于能源使用引起的能源利用效率、环境性能、经济性能等方面可测量和/或计算的结果，以能量系统绩效指标值表示。

3.3

能量系统绩效评价 energy system performance evaluation

对能量系统绩效进行测量和/或计算得出绩效指标值并与评价目标值进行比较的过程。

3.4

符合性 conformity

能量系统绩效指标值符合相关法规、标准等规范性文件要求的程度。

3.5

适用性 applicability

能量系统绩效指标值符合能量系统运营方目标值的程度。

注：目标值是指能量系统运营方为满足自身或相关方在用能、环保或经济收益方面的实际需求而针对一项或多项绩效指标设定的预期值。

3.6

先进性　progressivity

能量系统绩效指标值符合国家相关标准、规范、法规先进值或行业公认先进水平值的程度。

注 1：行业公认先进水平值通常在没有相关国家标准、规范、法规可供依据时使用。

注 2：在国家相关标准、规范、法规先进值或行业公认先进水平值并存的情况下应取最佳值。

4　能量系统绩效评价指标体系

4.1　基本构成

能量系统绩效评价体系应包括但不限于以下指标：

a)　能效指标；

b)　环境影响指标；

c)　经济性评价指标。

4.2　能效指标

4.2.1　能量系统能效指标通常包括系统能效指标和主要用能环节、设备、流程能效指标等。

4.2.2　能量系统能效指标应能反映能量系统对输入能量的有效利用程度。

4.3　环境影响指标

4.3.1　能量系统环境影响指标用于考核能量系统运行或改造对环境的影响。

4.3.2　能量系统环境影响指标通常包括能量系统最终对外界环境有害的物质排放，以及其他环境影响如热、声、光、辐射、电磁、振动等。

4.4　经济性评价指标

4.4.1　能量系统经济性评价指标主要包括资金内部收益率和投资回收期等。

4.4.2　资金内部收益率是指项目在计算期内各年资金流经贴现后的净现值累计等于零的贴现率。当项目的资金内部收益率不小于部门或行业的基准收益率，应认为项目的经济性是可以考虑接受的。

4.4.3　投资回收期即为投资返本年限，是以项目的净收益抵偿全部投资所需的时间。投资回收期自建设开始年算起，项目评价的投资回收期不大于部门或行业的基准投资回收期，可认为项目的经济性是可以接受的。

5　能量系统绩效评价的基本步骤

能量系统绩效评价基本步骤如下：

a)　确定系统边界；

b)　搜集现状资料及数据；

c)　确定绩效评价指标体系；

d)　确定绩效评价目标体系；

e)　开展绩效分析；

f)　输出绩效评价结果。

6 能量系统绩效评价的内容及要求

6.1 确定系统边界

6.1.1 内容

确定参评能量系统能量输入/输出、原料输入和产品或服务输出所穿越的物理边界等具体界限。

6.1.2 要求

确定系统边界的要求如下：

a) 边界内所包括的能量系统及穿越边界进出能量系统的能量流或物质流应在运行控制技术和管理机制两个方面具有可控性，前者是指在技术上实现对能量系统相关流程、设备的运行和能量流、物质流的输配的有效控制，后者是指相关的社会组织实体能够实现对边界内部和边界界面上的用能和生产活动组织管理层面上的有效控制；

b) 能量系统边界的划分应包含能量系统运行或改造所涉及的对环境产生影响的所有环节、设备、过程等。

6.2 搜集现状资料及数据

6.2.1 内容

相关工作主要是基于针对能量系统的实地计量统计、书面记录报告等手段将参评能量系统绩效评价相关能效、环境和经济性数据和能量系统工艺、流程等资料收集汇总起来，为能量系统现状分析及绩效评价提供数据支撑。

6.2.2 要求

6.2.2.1 搜集的资料包括但不限于：

a) 能量系统基本设计运行情况，如技术工艺方案、总平面布置、项目主要系统与设备技术参数等；

b) 能量系统用能情况，如能源消耗种类、数量等；

c) 能量系统外部环境条件，如温度、压力、湿度等；

d) 能量系统的能量输出或能源产品输出情况，如发电量、产煤量等；

e) 能量系统污染物产生和排放的情况，如污染物产生和排放的种类、方式、浓度和排放数量等；

f) 能量系统运行的成本和经济效益。

6.2.2.2 资料和数据的来源包括但不限于：

a) 监测和计量；

b) 生产记录和清单；

c) 财务和会计记录；

d) 环境的审核、评审或评估报告；

e) 能源审计、节能评估和评审报告。

6.2.2.3 数据应准确真实反映一定时间段内参评能量系统有代表性的用能情况及生产情况。

6.2.2.4 数据可以是统计期内一定时间段内相关数据的平均值，也可以是反映系统正常运行状况的某个时间点的代表性数据。

6.3 确定绩效评价指标体系

6.3.1 内容

相关工作主要是根据能量系统自身设计、运行及用能情况和绩效评价侧重点，选取确定相应能量系统绩效指标构成绩效评价指标体系。

6.3.2 要求

6.3.2.1 绩效评价指标体系的筛选确定应遵循以下原则：

a) 指标体系构成应综合考虑评价对象在能效、环境影响和经济性三方面综合性能的平衡和优化。在确保符合相关政策、法规、标准等强制性指标要求的前提下，不应因片面强调某一方面性能影响评价对象的正常生产运行活动或带来不必要的成本增加；

b) 各项指标应可测量或可计算。

6.3.2.2 指标体系所包含的能效指标、环境影响指标、经济性评价指标的确定和计算应参照有关标准、规范执行。在无标准、规范的情况下，可根据所处行业特点自行制定指标，但应能够准确反映系统绩效水平。

6.4 确定绩效评价目标体系

应按照能量系统绩效指标体系包括的具体指标从符合性、适用性、先进性三个方面选取评价目标，组成绩效评价目标体系。

6.5 开展绩效分析

6.5.1 内容

根据能量系统实际运行和用能情况，针对能量系统绩效指标，开展能量系统能效分析、环境影响分析和经济性不确定性分析，为形成绩效评价结果提供数据支持和分析依据。

6.5.2 要求

6.5.2.1 能效分析

能效分析包括但不限于以下要求：

a) 能量系统能效分析应包括能量平衡分析和/或㶲分析；

b) 应完成能量平衡表、能量网络图且分别符合 GB/T 28751、GB/T 28749 的要求；

c) 能量平衡分析应符合 GB/T 3484、GB/T 2587、GB/T 8222 的要求；

d) 㶲分析应符合 GB/T 14909 的要求；

e) 单位产品能耗分析确定应符合 GB/T 2589 的要求或参照 GB/T 5623 的相关要求。

6.5.2.2 环境影响分析

针对能量系统环境影响指标开展环境影响分析，确定能量系统的环境友好性。环境影响分析可参照 HJ 616 等相关标准规范执行。

6.5.2.3 经济性不确定性分析

6.5.2.3.1 能量系统经济性评价所采用的数据存在一定程度的不确定性，应进行不确定性分析，以明确各因素变化对经济性评价指标的影响，预测项目的风险，分析项目经济上的可靠性。

6.5.2.3.2　经济性不确定性分析包括盈亏平衡分析、敏感性分析和概率分析：

a）盈亏平衡分析主要是测算项目投产后的盈亏平衡点，盈亏平衡点用生产能力利用率或产量表示，盈亏平衡点越低，说明项目适应市场变化的能力越大，抗风险能力越强；

b）敏感性分析是预测主要因素变化时对项目经济性评价指标的影响，分析其敏感程度，给出各因素对主要评价指标影响的临界点；

c）概率分析主要是计算项目净现值的期望值大于或等于零时的累积概率，为项目决策提供依据。

6.6　输出绩效评价结果

针对绩效评价指标体系主要指标，分类汇总能量系统绩效分析所获得的系统能效、环境影响、经济性等数据，与评价目标值进行比较形成绩效评价结果并填写能量系统绩效评价结果记录表，示例参见附录A。

附 录 A
（资料性附录）
能量系统绩效评价结果

表 A.1 给出了能量系统绩效评价结果表的示例。

表 A.1 能量系统绩效评价结果表（示例）

评价指标			评价目标					
指标类别	指标名称	数值	符合性		适用性		先进性	
			要求值	评价结果	要求值	评价结果	要求值	评价结果
能效								
	…							
环境影响								
	…							
经济性								
	…							
注：评价结果分为“符合”和“不符合”，按照评价指标值与评价目标值比较的结果填写。								

参 考 文 献

[1] 国家发展改革委,建设部.建设项目经济评价方法与参数(第三版)[M].北京:中国计划出版社,2006.

ICS 91.140.70
Q 31

中华人民共和国国家标准

GB 30717—2014

蹲便器用水效率限定值及用水效率等级

Minimum allowable values of water efficiency and water efficiency grades for squatting pans

2014-06-09 发布　　2015-04-01 实施

中华人民共和国国家质量监督检验检疫总局
中国国家标准化管理委员会　发布

前　言

本标准的4.3为强制性的，其余为推荐性的。

本标准按照GB/T 1.1—2009给出的规则起草。

本标准由全国节约用水办公室提出。

本标准由全国工业节水标准化技术委员会用水产品和器具用水效率分技术委员会(SAC/TC 442/SC 1)归口。

本标准起草单位：国家排灌及节水设备产品质量监督检验中心、中国标准化研究院、合肥荣事达电子电器集团有限公司、九牧厨卫股份有限公司、申鹭达股份有限公司、潮安县康纳陶瓷洁具有限公司、广东梦佳陶瓷实业有限公司、广东欧美尔工贸实业有限公司、潮州市牧野陶瓷制造有限公司、潮安县鹏王陶瓷实业有限公司、潮安县欧贝尔陶瓷有限公司、广东欧陆卫浴有限公司、广东安彼科技有限公司、广东省潮安县特欧斯陶瓷有限公司、广东欧乐家厨卫有限公司、广东荣信卫浴实业有限公司、河南蓝健陶瓷有限公司、河南浪迪瓷业有限公司、河南明泰陶瓷制品有限公司、中国质量认证中心广州分中心、辉煌水暖集团有限公司、中宇建材集团有限公司、佛山市法恩洁具有限公司、和成(中国)有限公司、福建福泉集团有限公司。

本标准主要起草人：丁玉珍、白雪、高薇、王国兵、戚功成、林孝发、洪建城、陈淑定、苏锡波、郑锡标、陈克平、苏树周、陈绍伟、陈放青、苏瑶广、苏广彬、黄礼辉、陈荣湘、侯保同、侯晓军、李现民、刘江、王威灿、曾天生、严邦平、邵则亮、洪德钦、朱双四。

蹲便器用水效率限定值及用水效率等级

1 范围

本标准规定了蹲便器的用水效率限定值、节水评价值、用水效率等级、技术要求和试验方法。

本标准适用于安装在建筑设施内供水管路，供水压力不大于0.6 MPa条件下使用的蹲便器。

2 规范性引用文件

下列文件对于本文件的应用是必不可少的。凡是注日期的引用文件，仅注日期的版本适用于本文件。凡是不注日期的引用文件，其最新版本(包括所有的修改单)适用于本文件。

GB 6952 卫生陶瓷

GB/T 8170—2008 数值修约规则与极限数值的表示和判定

3 术语和定义

下列术语和定义适用于本文件。

3.1

蹲便器用水效率限定值 minimum allowable values of water efficiency for squatting pans

在符合一般技术要求、冲洗功能要求、配套性技术要求的情况下，蹲便器所允许的最大用水量。

3.2

蹲便器节水评价值 evaluating values of water conservation of water efficiency for squatting pans

在符合一般技术要求、冲洗功能要求、配套性技术要求的情况下，节水型蹲便器所允许的最大用水量。

3.3

额定用水效率等级 rated water efficiency grade

蹲便器出厂时，由生产厂家按本标准规定注明的蹲便器用水效率等级。

4 技术要求

4.1 基本要求

4.1.1 卫生陶瓷蹲便器应符合GB 6952规定的一般技术要求、功能要求、便器配套性技术要求。

4.1.2 本标准数据判定采用修约比较法，数值修约按GB/T 8170—2008规定进行，修约数位应与前述极限值位数一致。

4.2 蹲便器用水效率等级

4.2.1 蹲便器平均用水量

配备冲洗阀的蹲便器平均用水量为其平均实测用水量。

配备重力式冲水装置的单冲蹲便器平均用水量为其平均实测用水量。

配备重力式冲水装置的双冲蹲便器平均用水量是指大挡用水量的平均值，小挡的平均用水量不超过大挡平均用水量的70%。

4.2.2 用水效率等级

蹲便器在符合一般技术要求、冲洗功能要求、配套性技术要求的情况下，根据表1中的平均用水量判定其用水效率等级，分为1、2、3三个等级，1级表示用水效率最高。

表1 蹲便器用水效率等级指标

用水效率等级	1级	2级	3级
平均用水量/L	5.0	6.0	8.0

4.3 蹲便器用水效率限定值

蹲便器用水效率限定值为表1中用水效率等级的3级。

4.4 蹲便器节水评价值

蹲便器的节水评价值为表1中用水效率等级的2级。

5 试验方法

蹲便器的用水量按照GB 6952规定的试验方法进行试验。

6 用水效率等级说明

生产厂家应根据本标准的要求和测试结果，确定产品的用水量和额定用水效率等级，在产品、产品包装及产品说明书上注明该产品的用水量和额定用水效率等级、所依据的标准号。

ICS 27.010
F 19

GB

中华人民共和国国家标准

GB/T 30718—2014

压缩氢气车辆加注连接装置

Compressed hydrogen surface vehicle refueling connection devices

(ISO 17268:2006,NEQ)

2014-06-09 发布 2014-10-01 实施

中华人民共和国国家质量监督检验检疫总局
中国国家标准化管理委员会 发布

前　言

本标准按照 GB/T 1.1—2009 给出的规则起草。

本标准使用重新起草法参考 ISO 17268:2006《压缩氢气车辆加注连接装置》编制，与 ISO 17268:2006 的一致性程度为非等效。

本标准由全国氢能标准化技术委员会(SAC/TC 309)提出并归口。

本标准起草单位：同济大学、中国标准化研究院、中国汽车技术研究中心、上海舜华新能源系统有限公司、清华大学、浙江大学。

本标准主要起草人：马建新、潘相敏、王赓、李铮、刘绍军、李燕、王诚、徐平、欧可升。

压缩氢气车辆加注连接装置

1 范围

本标准规定了压缩氢气车辆加注连接装置的定义、设计要求、安全要求、试验方法和检验规则。本标准所述的压缩氢气车辆加注连接装置包含两部分:加气口及其防护盖(安装在车辆上)、加气枪。

本标准适用于工作介质为压缩氢气,工作压力为25 MPa和35 MPa,环境温度为15 ℃的压缩氢气车辆加注连接装置。

2 规范性引用文件

下列文件对于本文件的应用是必不可少的。凡是注日期的引用文件,仅注日期的版本适用于本文件。凡是不注日期的引用文件,其最新版本(包括所有的修改单)适用于本文件。

GB/T 24548—2009 燃料电池电动汽车术语

GB/T 24549—2009 燃料电池电动汽车安全要求

ISO 188 硫化橡胶或热塑性橡胶 加速老化和耐热性试验(Rubber vulcanized—Accelerated ageing or heat resistance tests)

ISO 1817 硫化橡胶耐液体作用的测定(Rubber, vulcanized—Determination of the effect of liquids)

ISO 9227 人工环境腐蚀试验 盐雾试验(Corrosion tests in artificial environments—Salt spray tests)

ISO 14687-2 氢燃料 产品说明书(Hydrogen fuel—Product specification)

ISO 15501-2 车辆 压缩天然气(CNG)燃料系统 第2部分:测试方法[Road vehicles—Compressed natural gas(CNG) fuel systems—Part 1: Test methods]

3 术语和定义

GB/T 24548—2009界定的以及下列术语和定义适用于本文件。

3.1

干燥空气 dry air

最高露点为−40 ℃的空气。

3.2

连接装置 connector

可快速装卸,为压缩氢气车辆或储存系统加气的加气口和加气枪组合件。

3.3

循环 cycle

包括加气枪与加气口的连接、增压至设计压力、卸压及断开连接的整个过程。

3.4

设计压力 design pressure

组件在实际工作中所能承受的最大压力。

注：加气枪和加气口的设计压力应为工作压力的1.25倍。

3.5

干燥氢气　dry hydrogen

满足或超过ISO 14687-2质量要求的氢气。

3.6

干燥氦气　dry helium

露点在测试中刚好防止凝结、纯度大于99%的氦气。

3.7

泄漏测试气体　leak test gas

用于泄漏测试的气体，可以是干燥氢气，或干燥氦气，或者含有10%以上氢气或氦气的氮气。

3.8

加气枪　nozzle

连接燃料加注系统上，用于燃料传输的装置。

3.9

强制联锁方法　positive locking means

在加压前为确保连接装置可靠连接的联锁措施。

3.10

防护盖　protective cap

防止地面灰尘和其他污染物进入车辆加气口内部的部件。

3.11

加气口　receptacle

连接在车辆或储存系统上的设备，可与加气枪相连并进行燃料的传输。

注：这也可称为燃料进口。

3.12

工作压力　working pressure

在气体温度为15 ℃条件下，系统运行时的压力。

注：这确定了储氢瓶加满时的气体密度。

4　一般要求

4.1　按照本标准设计的压缩氢气车辆加气枪和加气口应满足安全性、耐用性和可维修性要求。

4.2　压缩氢气车辆加气枪和加气口应具有良好匹配性，并按工程应用要求进行制造。

4.3　压缩氢气车辆加气枪和加气口的设计应：

a)　减小误装的可能性；

b)　能抵抗位移、扭曲、弯曲或其他损坏；

c)　在正常的操作和使用条件下其安装应保持操作完整性。

4.4　压缩氢气车辆加气枪和加气口所采用的材料应与设计压力和温度范围内的压缩氢气相容（见3.4、5.9和7.7）。所有受压和受潮组件的材料应与去离子水相容。非金属材料的相容性应由组件制造商或独立的第三方进行检测，并有符合ISO 1817的检测报告。加气枪、加气口和防护盖应采用不发火材料，并有相关检测报告。

4.5　压缩氢气车辆连接装置在进行连接和拆卸时不应使用工具。

4.6　压缩氢气车辆加气口应按照GB/T 24549—2009要求安装在车辆上。

4.7　防护盖应能防止外来污染物进入加气口，但不得承受压力，应有适当的摩擦阻力以防止因疏忽而引起的脱落。防护盖应连接在加气口或车辆上。

5 加气枪

5.1 加气枪应符合第6章的尺寸要求。加气枪的设计应确保其只能与更高工作压力等级的加气口连接使用,避免与更低工作压力等级的加气口相连。

5.2 加气枪应为下面所述的三种类型之一:

a) A型:该型加气枪适用于加氢机关闭之后加注软管处于高压状态的装置。只有当加气枪与加气口正确连接时,才能进行加气。该型加气枪配备一个或多个集成阀门,通过关闭该阀门能够首先停止加气,然后在卸枪之前安全地放空枪头中的气体。其操作机制应确保在排空动作之前排空管路已打开,并且在卸下加气枪之前加气枪截止阀和加气口针阀之间的气体已安全地排放出去(见10.2.4~10.2.7)。

b) B型:该型加气枪适用于加氢机关闭之后加注软管处于高压状态的装置。该型加气枪进气口之前直接或间接地安装一个独立的三通阀门,并且通过该阀门实现在卸下加气枪之前安全地排空枪头内残留气体。只有当加气枪与加气口正确连接时,才能进行加气。在卸下加气枪之前应先放气(见10.2.4~10.2.7)。外部的三通阀应有标记指示开、关及放气的位置。

c) C型:该型加气枪适用于加氢机关闭之后加注软管被泄压(小于或等于0.5 MPa)的装置(见10.2.4~10.2.7)。只有当加气枪与加气口正确连接时,才能进行加气。通过接收来自加气枪的正确连接信号,加气机可控制相关功能。

此外,按照制造商指定的维护方法,加气枪循环使用寿命应达到100 000次。用于启动B型加气枪的三通阀应具备与加气枪相同的循环使用寿命。

5.3 所有类型的加气枪和加气口间连接部分的泄气和减压过程均应在卸枪之前进行。泄放的气体应通过排空管路引导到安全的位置排放。

5.4 加气枪与加气机软管的连接不应只依靠螺纹密封。

5.5 A型加气枪应有一体式或永久标识,标示启动时"开""关"操作的方向。

5.6 加气枪的安装应满足ISO 15501-2的要求。

5.7 加气枪应有过滤器等防护措施能防止上游固体物质的进入。

5.8 当枪头内的压力大于0.7 MPa时,加气枪应无法卸下。

5.9 加气枪在大气环境温度范围为−40 ℃~60 ℃和氢气温度范围为−40 ℃~85 ℃下应能正常工作。

5.10 加气枪不应通过机械方法打开加气口单向阀。

6 标准加气口尺寸

加气口应符合图1和图2中的设计参数。

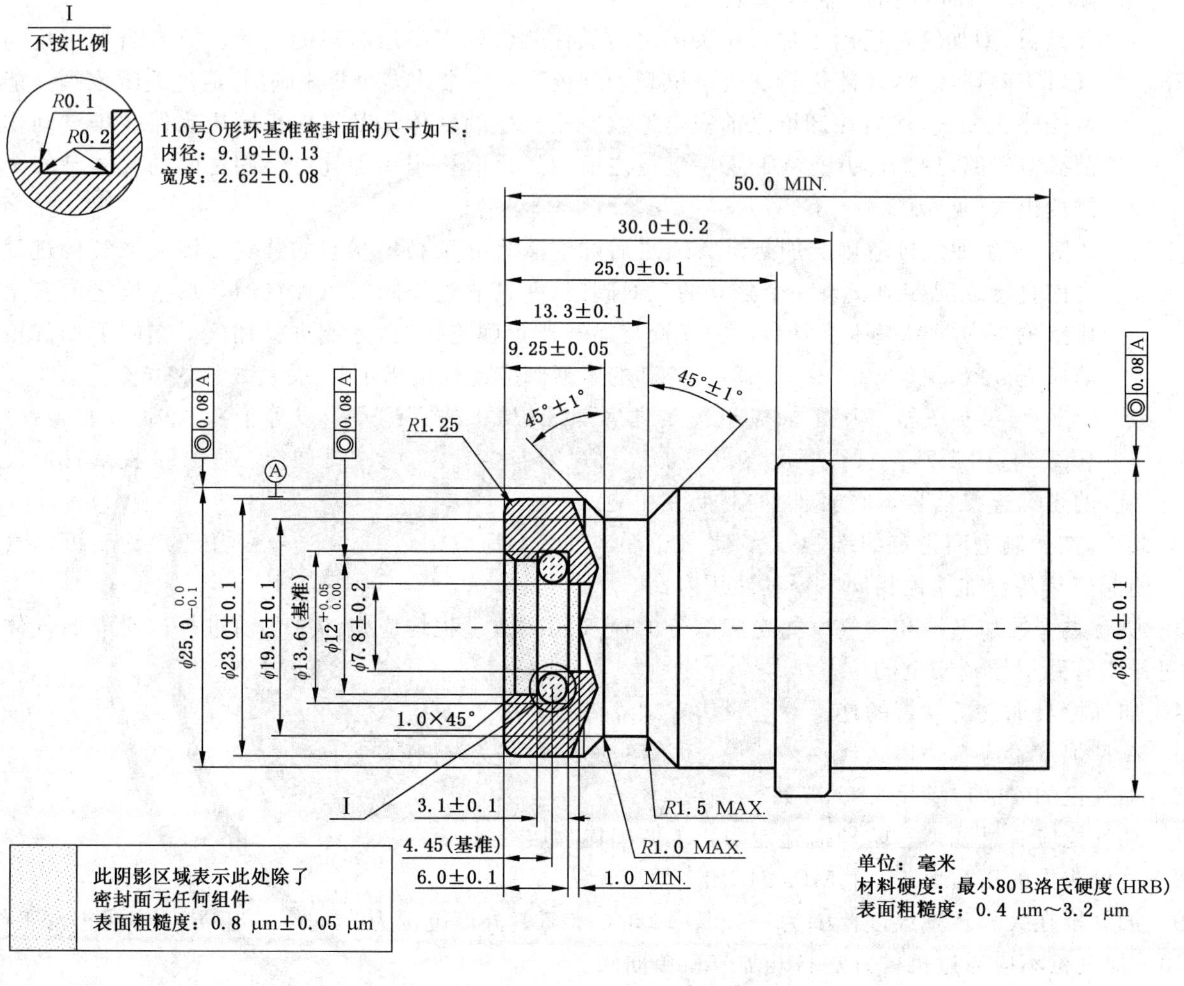

图 1 25 MPa 氢气加气口

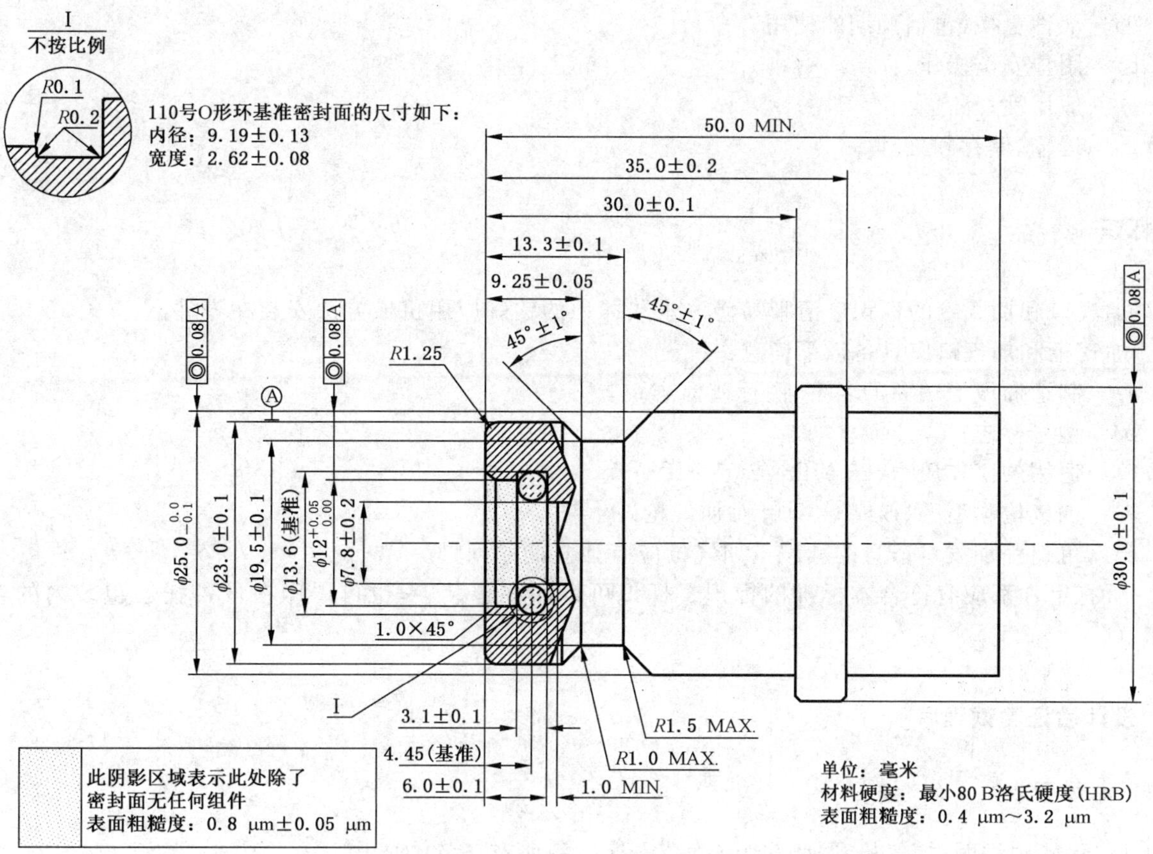

图 2　35 MPa 氢气加气口

7　加气口

7.1　加气口和加气枪样品任何测试的失败都可归结为加气口设计的失败。

另外，按照制造商说明的维护方法，加气口的使用寿命应为 15 年或 30 000 次循环。

7.2　为了调节安装或安装附件或进行标记而用于背径的加气口设计不应超过在图 1 和图 2 中规定的背径尺寸。加气口的设计也不能影响加气枪的互换性。

7.3　加气口应配有内置单向阀以防止气体泄漏。该单向阀应为非接触式，只能通过压力差开启。

7.4　加气口与车辆燃料系统的连接不能采用螺纹密封。

7.5　加气口应有过滤等措施防止污染物损害内部单向阀。未连接加气枪时，加气口应能防止流体和外来物质的进入。

7.6　加气口应能够牢固地安装在车辆上，并且符合 10.7 的异常负载测试要求。

7.7　加气口的工作温度范围为 −40 ℃～60 ℃。

8　说明书

加气口和加气枪的制造商应提供简明易懂的说明书，至少应包含如下内容：

a)　正确的现场组装（连接加气口与管道所需的特殊工具应在说明书中明确阐述）；

b)　安装；

c)　维护；

d） 部件更换（包括预期的使用寿命）；

e） 用户安全操作；

f） 适用性；

g） 运输、储存和处理。

9 标识

9.1 加气口和加气枪的标识应清晰易懂。永久标识的铭牌应用机械方法安装在零件上。

9.2 加气枪和加气口应具备以下信息：

a） 制造商或经销商的名字、商标或标志；

b） 型号标志；

c） 适用的工作压力（25 MPa 或 35 MPa）；

d） 加气枪类型 A、B 或 C（只针对加气枪）；

e） 可追踪加气口信息的标识。加气枪应有独立的序列号。

9.3 所有组件都应有符合本标准的标识。标识可以印在包装上，也可以印在设备托运包装内的告知单上。

10 设计验证测试程序

10.1 总体要求

10.1.1 除特别注明，加气枪和加气口应符合本标准中所有条款的要求：

a） 测试应在 20 ℃±5 ℃下进行；

b） 所有的压力测试应使用泄漏测试气体；

c） 所有的泄漏测试应使用泄漏测试气体；

d） 在所有测试开始前，测试用流体和设备在测试环境下应处于平衡状态。

10.1.2 加气枪的测试应使用测试固定装置，参照图 5、图 6、图 9 和图 10。每个加气枪测试时都应采用新的加气口。测试中加气枪或加气口的任何失败都说明加气枪设计失败。

10.1.3 加气口的测试应采用其他制造商制造并已通过本标准认证的加气枪。测试中加气口或加气枪的任何失败都说明加气口设计失败。

10.2 人机界面

10.2.1 加气枪和加气口的外形应直观的表明其正确的使用方法。

10.2.2 加气枪和加气口正确连接并锁定后，才能加注氢气。

10.2.3 连接断开时所有类型的加气枪应停止加注氢气。断开加气枪时不应出现危险状况。测试过程中 C 型加气枪内部压力为 0.5 MPa。

10.2.4 当内部压力小于或等于 0.5 MPa 时，A 型和 B 型加气枪与磨损测试装置（图 7 或图 8）的拆卸力应小于 22.2 N，拆卸扭矩应小于 7 N · m。卸下加气枪时应朝卸枪方向施加力和扭矩。扭矩应能施加在分离装置或三通阀上。

10.2.5 对于没有加压的装置，与磨损测试装置（图 7 或图 8）连接或断开连接的轴向力应小于或等于 90 N。

在包含旋转锁定机制的锁定装置上，锁定与解锁的扭矩不应超过 1 N · m。

在包含轴向锁定机制的锁定装置上，连接和断开的力不应超过 90 N。

10.2.6 排空管堵塞的 A 型加气枪在压力高于 7.5 MPa 时，断开连接的最小力应大于 10.2.4 中规定数值的 2.5 倍。

10.2.7 如果排放管压力已经达到 0.7 MPa,A 型加气枪应无法进行连接。

10.3 跌落

将－40 ℃下放置 24 h 的加气枪连接到直径 11 mm、长度 5 m 的加注软管上,然后从 2 m 高处跌落至混凝土地面,如图 3 所示。加气枪从冷温室拿出后的 5 min 内,应连续做 10 次跌落,紧接着增压至设计压力,在下一个 5 min 内再跌落 10 次。在上述所有跌落之后,加气枪应能正常地连接到加气口上,并且仍能符合本标准中规定的所有泄漏测试(见 10.4 及 10.10)和液静压强度测试(10.12)的要求。

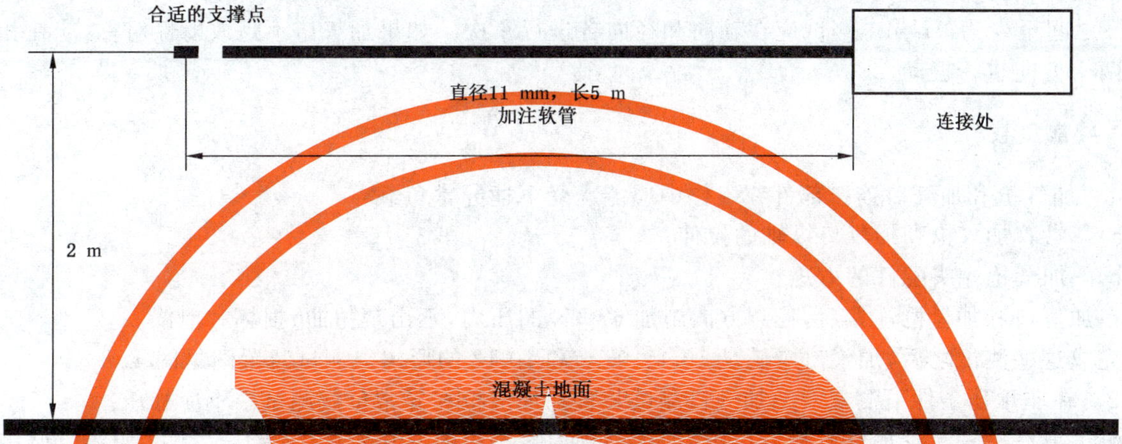

图 3 跌落测试的测试装置

10.4 室温泄漏

10.4.1 通用测试程序

典型的测试方法如下:对被测装置通入加压的泄漏测试气体后在室温下将被测装置浸入水中检验是否有气泡。所有装置从连接、加压再到断开的整个过程均应进行泄漏检查。若在 1 min 内没有检测到气泡,说明样品通过测试。若检测到气泡,泄漏速度应采用真空测试(整体累积测试)进行测量,或者其他等价的方法显示其氢气泄漏速度在 20 ℃、101 325 kPa 下小于 20 cm^3/h。

其他同等精度及具有可重复性的测试程序也可以采用。

10.4.2 未连接的加气枪的泄漏速度在 20 ℃、101 325 kPa 下应小于 20 cm^3/h。连接装置在 20 ℃、101 325 kPa 下的泄漏速度应小于 20 cm^3/h。

测试应在 0.5 MPa 及 1.5 倍的工作压力下进行。

测试方法示例——将加压泄漏测试气体通入连接装置或未连接加气枪的入口,然后按 10.4.1 的通用测试程序进行。

10.4.3 加气口应在每个泄漏测试 3 min 内无气泡。测试应在 0.5 MPa 及 1.25 倍的工作压力下进行。

测试方法示例——加气口的单向阀处于关闭状态时,从加气口出口端通入加压泄漏测试气体,分别在 0.5 MPa、43.75 MPa 两种压力状态下进行试验,每个测量点持续时间不应少于 3 min,用检漏液检查气密性,如果 1 min 之内无连续气泡产生则该试验结束。

10.5 阀门操作手柄

如果加气枪配备了阀门操作手柄,距离旋转轴的最远点应能承受 200 N 的压力,并且不会造成操作手柄损坏或卡口损坏。

测试方法示例——在打开或关闭方向上需用扭矩或力的测试应在两种情况下进行:

a) 加气枪与加气口正确连接；

b) 加气枪有意不恰当地连接到加气口上。

10.6 加气口抗振性

按下面测试方法完成振动测试后，加气口和防护盖不应有损坏，并应符合加气口泄漏测试（10.4 及 10.10）和液静压强度测试（10.12）。

测试方法——将加气口和防护盖固定在测试仪器上，在 5 Hz～60 Hz 之间的各个整数频率下振动 8 min。在 5 Hz～20 Hz 之间振幅至少为 1.5 mm，在 20 Hz～40 Hz 之间至少为 1.2 mm，在 40 Hz～60 Hz 之间至少为 1 mm。测试应在轴向和径向各进行一次。如果加气口不是放射性对称，应在相互垂直的两个方向进行振动。

10.7 异常负载

10.7.1 加气枪和加气口连接部件在工作中应能承受下述异常负载：

a) 沿着加气枪和加气口纵轴的拉伸；

b) 加气枪端头配件的力矩。

在加氢口和加氢枪连接后，任意方向施加 670 N 的压力，不出现扭曲、损坏和泄漏。

完成这些测试之后，加气口应满足 10.4、10.10 和 10.12 的要求。测试装置图见图 4。

10.7.2 在非承压条件下测试——加气口测试装置和加气枪在异常负载测试中不应加压。

测试方法——无论加气枪的设计压力等级如何，图 5 和图 6 显示的“松配合”测试装置应该用于此项测试。测试装置应配备成一个连接在支撑元件上的悬臂。从测试目的出发，支撑元件应能承受规定负载而不会出现位移或偏斜。加气枪应正确地连接到测试装置上。

施加的负载和设备抵抗损坏的性能应满足 10.7.1 中的规定。完成测试之后，加气口应符合 10.4、10.10 及 10.12 的要求。

10.7.3 加压条件下测试——加气口测试设备和加气枪在异常负载测试中应加压至设计压力。

测试方法——无论加气枪的设计压力等级如何，图 5 和图 6 显示的“松配合”测试装置应该用于此项测试。测试设备应配备成一个连接在支撑元件上的悬臂。从测试目的出发，支撑元件应能承受规定负载而不会出现位移或偏斜。加气枪应正确地连接到测试设备上。

施加的负载和设备抵抗损坏的性能应按照 10.7.1 中的规定。完成测试之后，加气口应符合 10.4、10.10 及 10.12 的要求。

单位为毫米

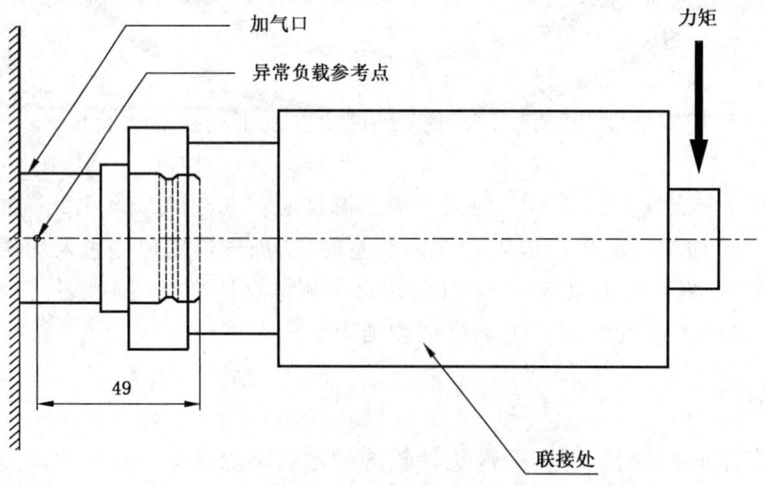

图 4 异常负载测试

10.8 摆动/扭曲

在进行下列测试时，加气口及其连接部件不应发生松弛或损坏。

测试方法——利用制造商提供的加气口装配部件，将加气口按说明书安装到支撑元件上。为了便于测试，支撑元件应能承受规定的负载而不出现位移或偏斜。为正常使用而安装到加压软管上的加气枪应正确地连接到加气口上。两个等量反向的力矩(大小为 24 N·m)应循环交替地施加于加气枪上距离加气口最远的点。每个负载均应在一个频率上进行 2 500 次，但每秒不超过一个循环。

应在连接部件最可能松弛的方向上施加 10 次 4 N·m 的转矩。

上述测试完成之后，同一加气口应进行室温泄漏测试(见 10.4)，然后再进行液静压强度测试(见 10.12)。

10.9 连接组件扭矩

加气口和连接组件应能承受 1.5 倍安装扭矩的扭转而无损坏迹象。

10.10 低温和高温

10.10.1 在操作之前，设备应先吹扫清洗并密封，内部泄漏测试气体的压力为 7 MPa。

所有测试只有当设备持续置于规定测试温度时才能进行。将设备的出口用堵头堵住，然后在设备入口施加测试压力。

10.10.2 泄漏——按下述测试规定内容进行测试时，加注连接装置应满足 10.4.1 中的泄漏要求。

测试方法——分别为加气枪、加气口及其连接件充入 35 MPa 的压缩空气或氮气，将其放入恒温箱内，温度从室温逐渐升至 60 ℃±2 ℃，保温 8 h；然后取出在空气中冷却至室温，再将其放入低温箱内，逐渐降温至－40 ℃±2 ℃保温 8 h；最后取出，待升至室温后，再分别按照 10.4 进行室温泄漏测试。

10.10.3 操作——在下列条件下测试时，设备应正常连接和断开：

a) 在－40 ℃，加压至最大工作压力时，加气枪和加气口连接和断开 10 次。

b) 在 60 ℃，加压至最大工作压力时，加气枪和加气口连接和断开 10 次。

10.11 寿命及可维护性

10.11.1 循环寿命

10.11.1.1 加气枪

加气枪应能承受 100 000 次循环。在下面的测试中，所有设备应根据制造商的说明书进行维护。若低于制造商指定循环次数时进行维护，应视为不符合本标准。

a) A 型和 B 型加气枪的测试方法

在设计压力下保持向加气枪通入泄漏测试气体。一个操作循环应为：

1) 正确地将加气枪连接到测试设备上；

2) 操作阀门，先加压然后放气；

3) 卸下加气枪。在拆卸时，测试设备应相对加气枪随机旋转或以一定角度递增模式旋转。

b) C 型加气枪测试方法

一个操作循环应为：

1) 正确将加气枪连接到测试设备上；

2) 用泄漏测试气体将连接装置加压至设计压力；

3) 将连接装置减压；

4） 卸下加气枪。在拆卸时，测试设备应相对加气枪随机旋转或以一定角度递增模式旋转。

测试后，加气枪需符合10.2、10.4、10.11.4及10.12要求，加气枪锁定装置应在正常拆卸压力下进行检查以确保它正确地应用于加气枪上。

应在每15 000次循环间隔时替换测试装置。测试装置应从表1中选择。由于循环使用测试加气枪而造成的测试装置磨损不能超过在图7和图8中注明的磨损程度，同时应符合10.4中的要求。此外，完成循环数后，再用图7和图8所示的模拟磨损测试装置进行测试时，测试加气枪应符合10.4和10.12要求。不符合本条款规定的加气枪的测试视为失败。在制造商规定的保修期内可以更换加气枪。

表1 用于加气枪寿命测试的装置选择

循环次数/千次	参考图示	配合方式
0～15	图9、图10	紧配合
15～30	图9、图10	紧配合
30～45	图5、图6	松配合
45～60	图5、图6	松配合
60～75	图9、图10	紧配合
75～90	图9、图10	紧配合
90～100	图5、图6	松配合

10.11.1.2 加气口

在下述测试条件下，加气口应能承受30 000次操作循环。

加气口的入口端接通高压气源，试验压力从0 MPa升至43.75 MPa，使单向阀处于开启状态。然后，入口端泄压至为零，使单向阀承受43.75 MPa的压力并处于关闭状态，保持时间不少于2 s；再将出口端泄压为0 MPa，使单向阀作周期性开启、闭合。单向阀开启，关闭一次为一个循环，单向阀开启、闭合频率不高于15次/min。耐久试验总循环次数为30 000次。试验结束后，加气口应满足10.4.3和10.10中的要求。

10.11.1.3 连接装置

加气枪和加气口的连接装置应能承受最高气流工况。

将加气枪或加气口测试装置连接到设备上，加气口的出口与大气相通，加气枪的进气口应连接泄漏测试气体的气源供气系统。

每个加气枪和加气口应循环使用30次，每个循环应开始于工作压力（相当于最高气流工况），一个循环为2 s，在每个循环末期，气源压力不能低于工作压力的80%。测试期间气源系统不能限制流量。

测试完成后，加气枪或加气口应满足10.4中的要求。

10.11.2 耐氧老化测试

密封材料应具备抗氧老化性能。按照下述规定的测试方法，加注连接装置的合成橡胶不应出现破裂或可见的坏损。

测试方法——合成橡胶的样品应在 70 ℃±2 ℃、2 MPa 下暴露 96 h。该测试应按照 ISO 188 进行。

10.11.3 非金属材料浸渍测试

按照下述方法进行测试时，加注连接装置中与氢直接接触的非金属材料部分不能出现过度的体积改变或质量损失。

测试方法——与氢气接触的非金属零件应在 23 ℃±2 ℃的正戊烷或正已烷中浸泡 72 h 后，再于常温下放置 48 h 后，测量其体积变化率和质量变化率。另外，样品膨胀不能超过 25%，收缩不能超过 10%，质量损失不能超过 10%。

10.11.4 电阻

在承压或非承压状态下，加气口和加气枪连接件的电阻不应大于 1 000 Ω。在寿命循环测试前后均应进行电阻测试(见 10.11.1)。

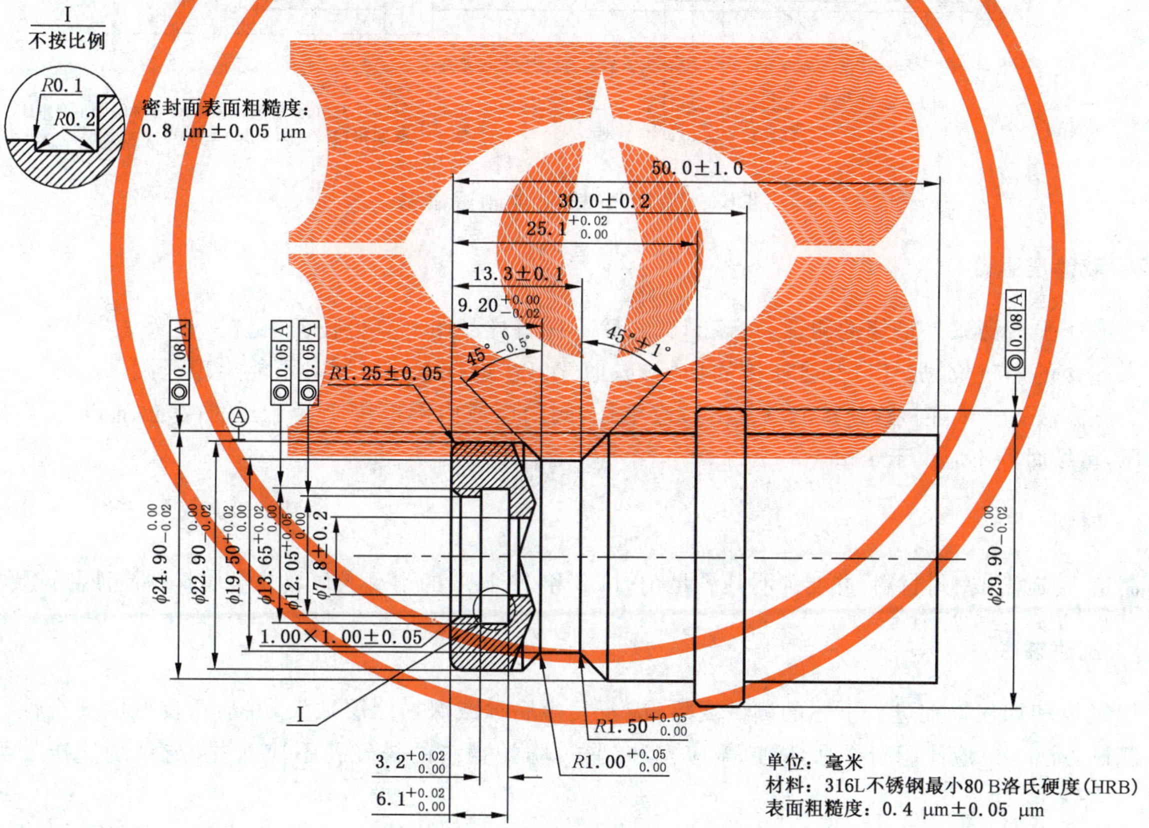

图 5 25 MPa 松配合测试设备

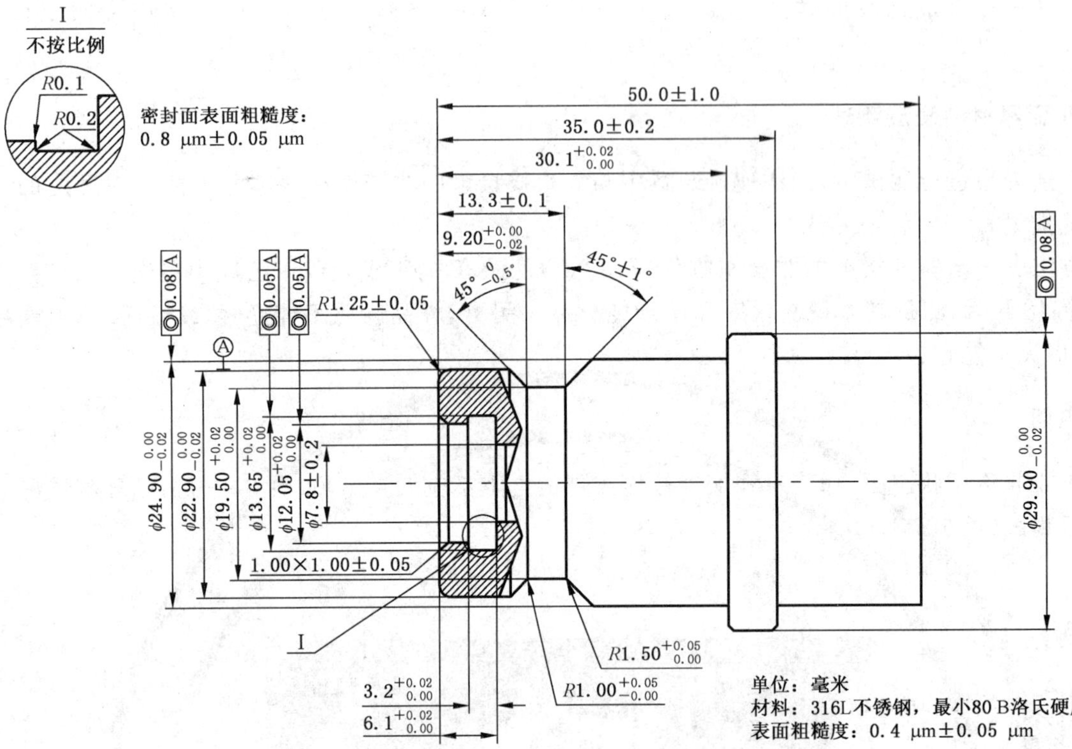

图 6　35 MPa 松配合测试设备

10.12　液静压强度

液静压强度测试是最终的测试，在该测试之后不应将样品用于其他任何测试。

未连接的加气枪、加气口及已连接的加气枪、加气口在进行下列测试时不能出现泄漏。

测试方法——未连接或连接的设备出口应塞住，阀门座或内部模块位置于开的位置，通以 52.5 MPa 的水压，持续时间不应少于 1 min。

10.13　材料

制造商应列出密封材料，并能证明其满足 10.11.2 和 10.11.3 的耐氧老化及非金属材料浸渍测试要求。

10.14　抗腐蚀性

加气枪和加气口在进行下述的测试之后，应不发生腐蚀或保护涂层缺失，并显示良好的安全性。

测试方法——应使用新样品，防护盖应安装到位，防护盖内的排气孔不应塞住，与系统连接处可以塞住。

加气枪和加气口应水平支撑。加气枪应按 ISO 9227 的规定在盐雾中暴露 96 h；加气口应按 ISO 9227 的规定在盐雾中暴露 1 000 h。

测试期间，实验箱内的温度应维持在 33 ℃～36 ℃。盐雾溶液应包含 5%的氯化钠和 95%的蒸馏水(以质量计)。

在加气枪的入口处持续通入 0.5 MPa 的空气。在开始测试的 8 h 内，加气枪应每小时打开一次(向环境中释放一次空气)。

在 1 000 h 的测试之后，立即检查防尘盖保护的加气口区域，应没有水汽进入。

然后，清洗加气枪和加气口并小心除去盐层。随后对加气枪和加气口进行室温泄漏测试(见 10.4)及电阻测试(10.11.4)。

10.15 变形

现场连接/组装部件应能够承受1.5倍安装扭矩的扭矩，而不出现变形、损坏或泄漏。

测试方法——直螺纹O型密封圈应用SAE No.10机油润滑。按正常扭矩的1.5倍组装部件后，先进行10.4、10.11.4的测试，然后再继续进行液静压强度测试(见10.12)。

10.16 污染测试

加气枪和加气口应能承受污染。

测试方法——测试用容器应装满含有5%盐沙的混合液/悬浊液，高度为100 mm±5 mm。分别将加气枪和加气口的连接端浸入溶合液内，浸泡1 s～5 s。设备浸入时应使整个连接区域都浸没但不能接触容器底部。

将浸过混合液的加气枪和加气口连接在一起，在设计压力下用泄漏测试气体吹扫连接装置5 s，然后进行10.4规定的测试。

加气枪和加气口应通过10次循环连续的污染测试。

10.17 热循环测试

加气枪和加气口应能承受热循环。

测试方法——加气枪、加气口及连接装置应在15 ℃下加压至工作压力。将环境温度在1.5 h内升高至60 ℃，并在该温度下保持2 h。接着在1 h内将环境温度降低至−40 ℃，再在该温度下保持2 h。最后外部温度应在1.5 h内恢复至15 ℃以完成循环。该循环应重复100次。

完成循环之后，设备应符合10.4和10.12中的要求。

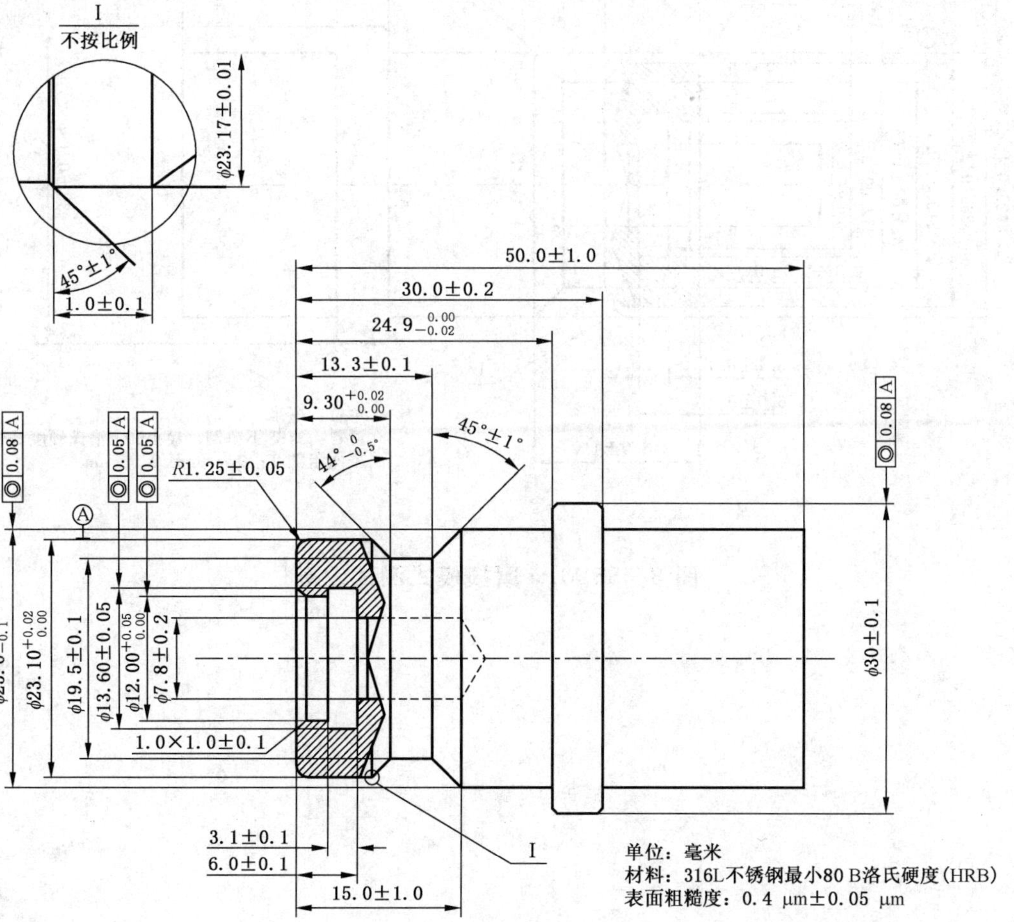

图7　25 MPa磨损模式测试设备

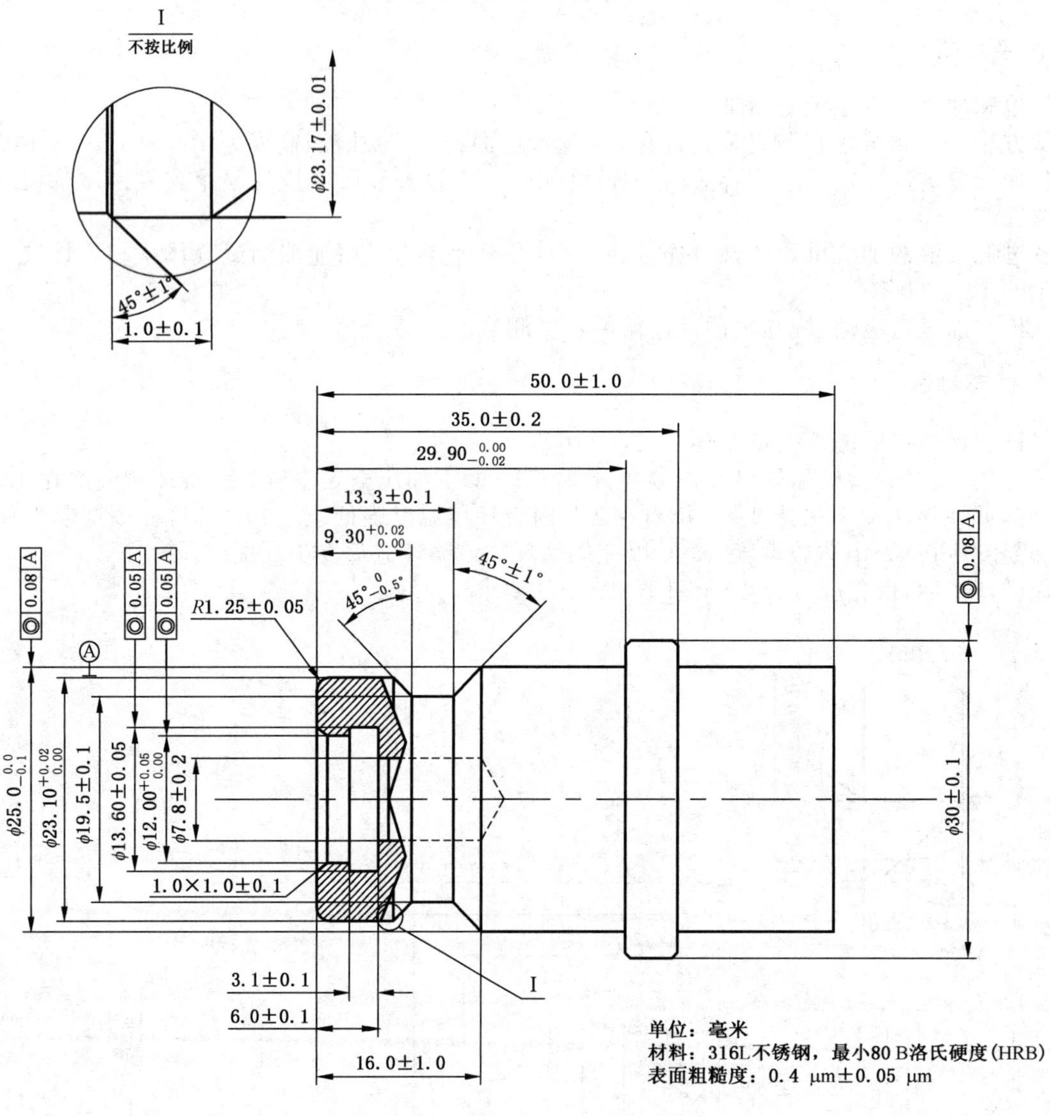

图 8　35 MPa 磨损模式测试设备

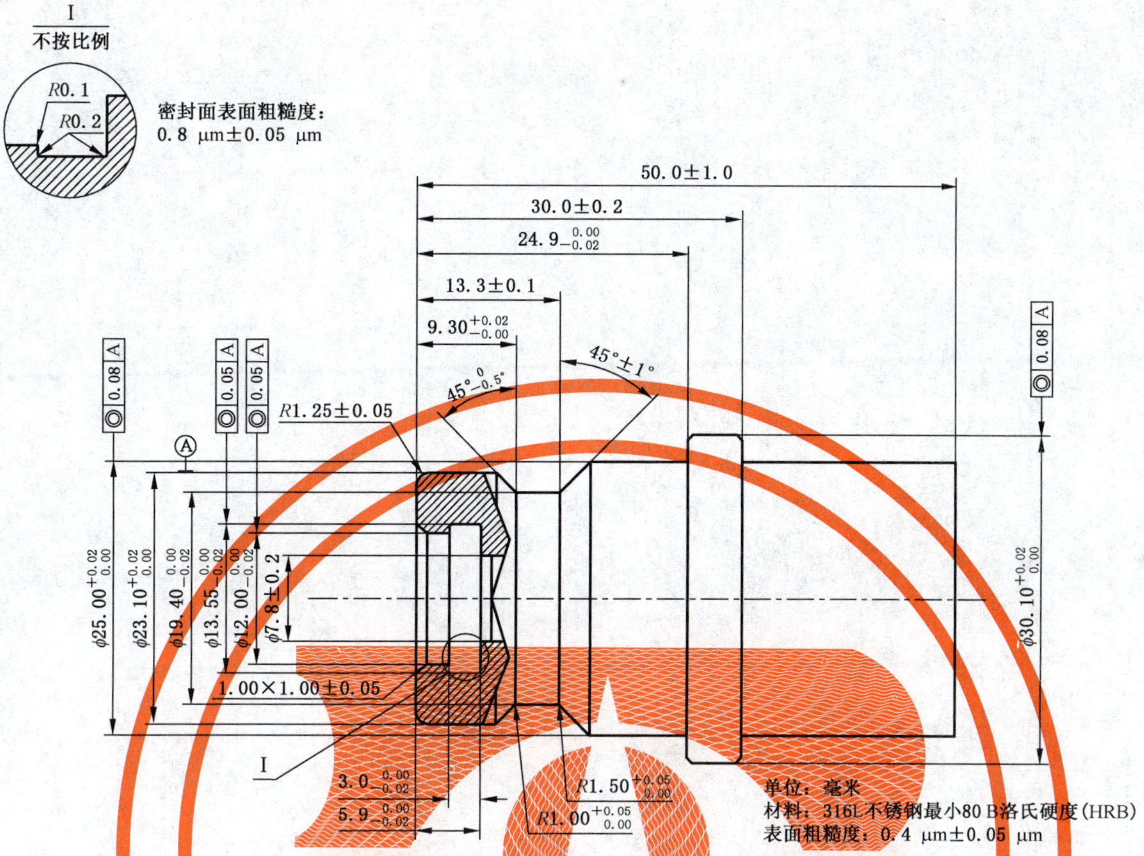

图 9　25 MPa 紧配合测试设备

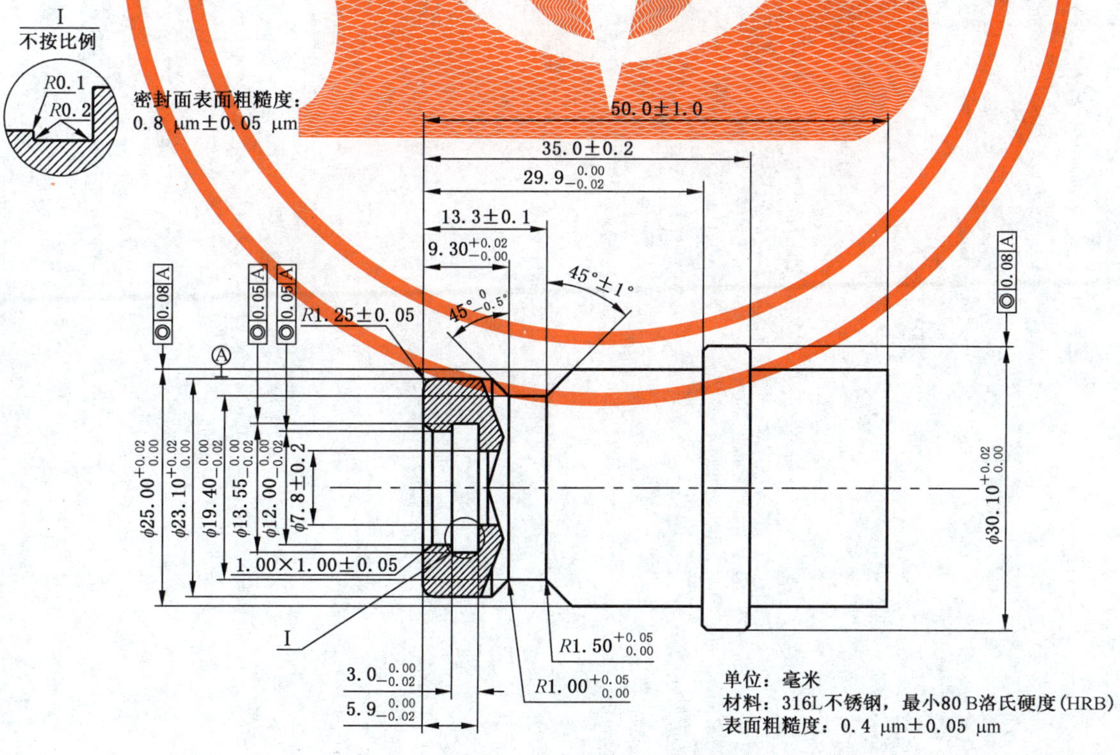

图 10　35 MPa 紧配合测试设备

ICS 27.010
F 19

中华人民共和国国家标准

GB/T 30719—2014/ISO 13984:1999

液氢车辆燃料加注系统接口

Liquid hydrogen land vehicle fuelling system interface

(ISO 13984:1999,Liquid hydrogen—Land vehicle fuelling system interface,IDT)

2014-06-09 发布　　2014-10-01 实施

中华人民共和国国家质量监督检验检疫总局
中国国家标准化管理委员会　发布

前　　言

本标准按照 GB/T 1.1—2009 给出的规则起草。

本标准使用翻译法等同采用 ISO 13984:1999《液氢　车辆燃料加注系统接口》。

本标准由全国氢能标准化技术委员会(SAC/TC 309)提出并归口。

本标准起草单位:同济大学、中国标准化研究院、上海舜华新能源系统有限公司、清华大学、浙江大学。

本标准主要起草人:马建新、潘相敏、王赓、刘绍军、李燕、王诚、徐平、欧可升。

液氢车辆燃料加注系统接口

1 范围

本标准规定了所有类型液氢车辆的燃料供给和加注系统的要求。

本标准适用于液氢（LH_2）燃料供给和加注系统的设计和安装。

2 规范性引用文件

下列文件对于本文件的应用是必不可少的。凡是注日期的引用文件，仅注日期的版本适用于本文件。凡是不注日期的引用文件，其最新版本(包括所有的修改单)适用于本文件。

ISO 1106-3 熔焊接头射线检验推荐实施方法 第3部分：壁厚≤50 mm钢管的熔焊环接头(Recommended practice for radiographic examination of fusion welded joints—Part 3：Fusion welded circumferential joints in steel pipes of up to 50 mm wall thickness.)

ISO 1182 建筑材料的阻燃防火测试 不燃测试(Reaction to fire tests for building products—Non-combustibility test)

ISO 9303 无缝和焊接(埋弧焊除外)钢制压力管道 纵向缺陷的全周向超声检测[Seamless and welded(except submerged arc-welded) steel tubes for pressure purposes—Full peripheral ultrasonic testing for the detection of longitudinal imperfections]

ISO 10286 气瓶 术语(Gas cylinders—Terminology)

ISO 11484 钢制压力管道 无损检测(NDT)人员的资格和认证[Steel tubes for pressure purposes—Qualification and certification of non-destructive testing (NDT) personnel]

ISO 12095 无缝和焊接钢制压力管道 液体渗透检测(Seamless and welded steel tubes for pressure purposes—Liquid penetrant testing)

ISO 13663 焊接钢制压力管道 焊缝周围分层缺陷探测用超声检测(Welded steel tubes for pressure purposes—Ultrasonic testing of the area adjacent to the weld seam for the detection of laminar imperfections)

ISO 13664 无缝和焊接钢制压力管道 管端分层组织探测用磁粉检测(Seamless and welded steel tubes for pressure purposes—Magnetic particle inspection of the tube ends for the detection of laminar imperfections)

ISO 13665 无缝和焊接钢制压力管道 管身表面缺陷探测用磁粉检测(Seamless and welded steel tubes for pressure purposes—Magnetic particle inspection of the tube body for the detection of surface imperfections)

ASTM A240/A240M-97a 压力容器用耐热铬及铬镍不锈钢板、薄板和钢带(Heat-resisting chromium and chromium-nickel stainless steel plate，sheet，and strip for pressure vessels)

3 术语和定义

ISO 10286 界定的以及下列术语和定义适用于本文件。

3.1

设计压力　design pressure

计算管道系统各组件最小壁厚时的基本设计载荷条件。

注：设计压力不应小于实际运行中会遇到的最极端内外压力和温度条件下的压力。

3.2

燃料箱　fuel tank

安装在车辆上的液氢容器，并具有可与加氢站连接的附件。

3.3

检查员　inspector

由第三方国家机构或国际机构聘用的有资质的检查人员。

3.4

液氢　liquid hydrogen；LH_2

液体状态的氢气。

3.5

最高允许工作压力　maximum permissible operating pressure；MPOP

管路系统工作时允许的最大有效表压。

3.6

不可燃材料　noncombustible material

按照 ISO 1182 规定，不能着火、不燃烧、不助燃且不释放可燃气体的材料。

3.7

工作压力　operating pressure

管道系统工作时的表压。

注：工作压力不应超过最高允许工作压力。

3.8

工作温度范围　service temperature range

从液氢温度（−253 ℃）到环境温度（54 ℃）的温度范围。

3.9

液氢储罐　storage tank

安装于加氢站，为车辆供应液氢燃料的液氢容器。

4　技术要求

4.1　适用性

本标准只适用于处理液氢和低温氢气的系统组件。

4.2　燃料加注系统

4.2.1　与液氢和低温氢气的兼容性

与液氢和低温氢气接触的燃料加注系统组件应与液氢及低温氢气相容。

当管路系统温度波动至工作温度范围外时，应考虑其热膨胀、收缩和空气凝结的影响。

4.2.2　材料要求

液氢用管道材料宜采用奥氏体不锈钢，或其他具有相同性能的材料。

4.2.3 管道

4.2.3.1 设计

管道、阀门、连接件、垫片和密封件应适用于一定工作温度和压力下的氢气介质中。

管道永久连接应采用焊接或铜焊，不应用法兰或螺纹连接。承压连接件仅可用于气体管道与仪表和泄压阀的连接。阀门和配件的材料应适用于工作温度范围内的液氢介质。液氢的传输操作宜采用插销连接。

所有管道、阀门、连接件和软管的爆破压力应不小于储罐设计压力的四倍，且不小于泵或其他设备正常工作时对其施加压力的四倍。

阀门的额定压力和工作温度应不低于储罐或带阀门部分的管道的设计压力和温度，以二者最大值为准。阀门应与液氢或低温氢气相容。

应避免人员接触管道，并防止冷凝水接触管道、结构构件和不能承受富氧或低温的表面。当发生遇火、受热、遇冷或浸水等紧急状况时，绝热装置应保持系统性能。绝热装置的外层应设有蒸汽密封盖，以防绝热装置内发生空气凝结和富氧。绝热装置材料和外壳设计应防止正常运行条件下发生自然磨损。

4.2.3.2 厚度计算

直管段的名义厚度由式(1)计算：

$$\delta_n = \delta + c \quad \cdots\cdots(1)$$

式中：

δ_n ——名义厚度，单位为毫米(mm)；

δ ——计算厚度，单位为毫米(mm)；

c ——腐蚀裕量与钢板厚度负偏差，单位为毫米(mm)。

设计厚度 δ 由式(2)计算：

$$\delta = \frac{PD_0}{2([\sigma]\cdot E + P\cdot Y)} \quad \cdots\cdots(2)$$

式中：

P ——内部设计表压，如果真空绝热还应加上真空压力，单位为兆帕(MPa)；

D_0 ——管道的外径，单位为毫米(mm)；

$[\sigma]$——表1中材料的基本许用应力值，单位为兆帕(MPa)；

E ——材质系数，对于不锈钢和无缝钢管取1.0；

Y ——系数，对奥氏体不锈钢等于0.4。

表1 奥氏体不锈钢管和管道在受压状态下的基本许用应力[σ]

名称	拉伸强度下限值 R_m/MPa	屈服强度下限值 R_{eL}/MPa	最低温度下的最大基本许用应力[σ]/MPa (屈服强度的2/3)
ASTM A 240-97a 中 304	517	207	138
ASTM A 240-97a 中 304L	482	172	115
ASTM A 240-97a 中 316	517	207	138
ASTM A 240-97a 中 316L	482	172	115

4.2.3.3 循环效应

4.2.3.3.1 循环载荷

管道及部件的设计应考虑系统热循环造成的金属疲劳的影响。应特别注意管道、管件、阀门、配件和锚定区域壁厚发生变化的地方。

循环的设计条件应考虑压力、温度的一致性和接头本身的端点位移与热膨胀。由瞬态条件(启动、关机和非正常工作)造成的循环,应单独说明。

4.2.3.3.2 持续载荷和位移应变所产生的计算应力的范围

4.2.3.3.2.1 内部压力应力

管道组件(包括所有加强筋)壁厚达到4.2.3.2的要求时,由内部压力产生的应力是安全的。

4.2.3.3.2.2 纵向应力(σ_L)

由于压力、重量和其他持续载荷,管道系统任何组成部分的纵向应力的总和σ_L,不得超过式(4)中的$[\sigma_h]^t$。

用于计算应力值σ_L的管道厚度δ应是公称厚度δ_n减去腐蚀裕量与钢板厚度负偏差c。

4.2.3.3.2.3 计算位移应力范围σ_E

由式(3)得到的管道系统位移应力范围σ_E不得超过由式(4)得到的许用位移应力$[\sigma]_A$。

$$\sigma_E=\sqrt{\sigma_b^2+4\sigma_t^2} \quad \cdots\cdots(3)$$

式中:

σ_E ——位移应力,单位为兆帕(MPa);

σ_b ——合成弯曲应力,单位为兆帕(MPa);

σ_t ——切应力,单位为兆帕(MPa)。

4.2.3.3.2.4 许用位移应力范围$[\sigma]_A$

$$[\sigma]_A=f(1.25[\sigma]_C^t+0.25[\sigma]_h^t) \quad \cdots\cdots(4)$$

式中:

$[\sigma]_A$ ——许用位移应力,单位为兆帕(MPa);

$[\sigma]_C^t$ ——在所分析的位移循环周期内的最低金属温度下的基本许用应力,单位为兆帕(MPa);

$[\sigma]_h^t$ ——在所分析的位移循环周期内的最高金属温度下的基本许用应力,单位为兆帕(MPa)。

当$[\sigma]_h^t$大于σ_L时,它们之间的差距应增加至式(4)的$0.25[\sigma]_h^t$中。在这种情况下,许用位移应力由式(5)计算:

$$[\sigma]_A=f[1.25([\sigma]_C^t+[\sigma]_h^t)-\sigma_L] \quad \cdots\cdots(5)$$

式中:

σ_L ——由压力、重量和其他持续载荷作用产生的管道系统任何组成部分的纵向应力的总和,单位为兆帕(MPa);

f ——从表2或从式(6)计算得出的应力范围减少系数。

$$f=6.0[N]^{-0.2}\leqslant 1 \quad \cdots\cdots(6)$$

式中:

N——在管道系统的预计使用寿命中的全位移循环数。

表 2　应力范围减少系数 f

循环数 N	系数 f
$N \leqslant 7\ 000$	1.0
$7\ 000 < N \leqslant 14\ 000$	0.9
$14\ 000 < N \leqslant 22\ 000$	0.8
$22\ 000 < N \leqslant 45\ 000$	0.7
$45\ 000 < N \leqslant 100\ 000$	0.6
$100\ 000 < N \leqslant 200\ 000$	0.5
$200\ 000 < N \leqslant 700\ 000$	0.4
$700\ 000 < N \leqslant 2\ 000\ 000$	0.3

当计算应力范围在热膨胀或其他条件下产生变化时，σ_E 定义为最大的计算位移应力范围。这种情况下 N 的值可以由式(7)计算得到：

$$N = N_E + \sum (r_i^5 N_i) \qquad i = 1, 2, \cdots, n \quad \cdots\cdots (7)$$

式中：

N_E ——最大计算位移应力范围循环周期数；

r_i ——σ_i 和 σ_E 的比值 σ_i/σ_E；

σ_i ——任何小于 σ_E 计算位移应力范围；

N_i ——与位移应力范围 σ_i 相关的循环周期数。

4.2.3.4　固定管道

外部管道应良好支撑并安装于地面之上，避免机械损伤和管道腐蚀。

加注系统管道应良好支撑、固定和绝热。

储罐分配管的安装应减少振动，并应安装在安全地点，或用保护罩避免危险物体的损害。

管道和配件应洁净，没有切削毛刺和鳞屑，且所有管道的端部应经过铰孔。

管道制造应确保其压力等级不低于其设计压力。

接头或连接的位置应便于维护。

氢气只能在安全排空点排放。排气管应设置到储罐顶部，以防止残留氢气聚集，排气管管端应防止雨、雪和固体的进入。垂直排气管应有底部排水设施。

4.2.3.5　管道支承

管道支承，包括管道绝热系统在内，应能防火和抗低温。

4.2.4　加注软管

加注软管应按最新技术工艺及制造商的经验进行设计。

加注软管应抽真空或保温。软管的安装应利于氢气的通畅排放。

当发生遇火、受热、遇冷或浸水等紧急状况时，绝热装置应能保持系统性能。

一旦检测到真空度下降，或者使用中软管外表出现凝结或霜冻，应立即停止软管工作，直至恢复真空状态。

应采用适合液氢介质且大小合适的垫片材料，以防软管连接件泄漏。不应使用易腐蚀的散纤维垫片材料，以防松散颗粒污染系统。O 型圈应与 O 形圈沟槽良好配合，以适应低温和氢气介质的工作条件。

传输设备的最大允许工作压力应不低于储罐设计压力，以及泵和其他设备的排气压力。在传输设备使用双软管时，还应具有气体回收或排放的功能。

软管应避免发生锐弯和扭曲，弯曲半径应不小于软管外径的5倍。

装置中软管的使用应限于：

a） 车辆加注软管；

b） 压缩设备的入口连接；

c） 为便于操作而必须设置的金属软管，长度不超过1 m。每一节的安装应防止机械损伤，并便于外部检查。每节软管应有制造商的标识。

4.2.5 泄压阀

泄压阀的设计、材料和安装位置应符合工况要求。

减压系统上下游设备和管道的通道设计应保证减压系统的流量不低于储罐所要求的流量。所有管道连接件的流通面积应不低于泄压阀入口的流通面积。排放管道的公称尺寸应至少和泄压阀的出口尺寸相同。系统流量得到保证的情况下，大流量的泄压阀不要求管线具有相同的流通面积。

每个泄压阀应使用空气或其他气体进行压力试验，以确定：

a） 泄放压力设定在阀体铭牌上设定压力的公差范围之内；

注：在设定时，应注意开始排气是由于阀门开启，而不是由于阀门缺陷。

b） 在泄放压力试验后，回座压力不应低于泄放排气压力的90%。如果阀门可调节泄放，回座压力不应低于泄放压力的95%。

泄压阀的布置应尽量避免损坏管道或附件。泄压阀设定压力的装置应铅封保护。

与泄压阀连接的排放管道应良好支承，以承受最大排放速率时产生的反作用力。

每30个月至少应进行一次泄压阀检查和泄放压力测试，以确保所有泄压阀工作正常。

在传输系统中应安装泄压阀以防止超压。

应按要求安装泄压阀，避免每段液体或低温蒸汽管道由于热膨胀引起的超压。泄压阀的泄放压力不应高于其保护管道或软管的设计压力。应减少泄压阀的排放对人员和设备的危害。

4.2.6 车辆的加注连接

车辆的加注连接应为燃料箱和液态氢源之间提供安全、可靠的连接。

传输连接应被锁定、固定尺寸和位置，以免交叉连接，避免用于不兼容的气体或压力等级的环境。断开连接器及配件时，应为其提供末端板、帽盖、塞子或盖子，避免系统不使用时被污染或损坏。如果低温气体可能滞留在管路内，也应设置泄压阀。当连接器操作错误或断开，加注连接应防止氢气或液氢泄漏。

加氢软管应配备一个凸形的真空套接口，能够连接至车辆的真空套凹形接口。

连接器件应能进行吹扫。

加注设备应避免车辆碰撞。

应配备紧急停车系统（ESD），包括切断液体供应的截止阀和关闭传输设备。紧急停车系统的执行器（如紧急停车按钮）应安装在加氢机附近，醒目且容易识别，此外在远端安全位置也应安装此类设施。

软管和机器臂应在接口端安装截止阀，以防汽车驶离拉断软管时液氢和氢气泄漏。

燃料箱应安装液氢液位和压力显示设备，方便操作员查看，以防止过充和过压。液位和压力显示设备应定期校准。

加注枪应安装联锁装置防止管路打开时泄放，或者应设有自动止锁装置。

软管不使用时应确保安全，加注枪应放于支架上以避免损坏。

加注枪应用链条绑定保护,避免与地面接触。

加注站应为加氢车辆提供接地装置。任何用于加注操作的工具应不产生火花。

4.3 管道和软管的安装

4.3.1 布置

管道和软管应尽可能直线布置。

4.3.2 焊接

应采用合格焊接程序减少管材低温性能的退化。焊缝应采用射线或超声检测或第5章中所描述的无损检测进行检查。

4.4 设备组装

管道、阀门、调节设备和其他配件应便于维护,应避免物理损坏和误操作。

在液氢回流管道上应安装自动截止阀,并尽量靠近储罐。除焊接手动截止阀外,自动截止阀和储罐之间的管道上不应安装连接器、法兰或其他附件。

应在加注操作处安装应急装置,操作员可随时打开截止阀。

安装完毕后,应检查现场所有安装管道,并根据5.6所描述的泄漏测试程序验证气密性。

传输软管下方的所有材料应不可燃。

4.5 传输安全

4.5.1 清洁和吹扫

所有传输软管在注入液氢前应用氢气或氦气吹扫干净。系统通过氢气后,如需关闭或进行维修,则应用惰性气体如氦气进行吹扫。

如果燃料加注系统可在氢气压力下进行维护,则无须进行吹扫。

4.5.2 电气接地和连接

燃料加注系统接口所有导电部分应接地或与系统其余部分跨接,被电气隔离的导电部分不用接地。应提供足够的接地连接,以防止任何部件积累起可测量的静电电荷。

跨接连接应在传输系统安装之前完成。

接地电阻应低于10 Ω。

5 试验和检验方法

5.1 检验要求

在初次操作前,每个管道的安装,包括部件和工艺,应按5.3.1、5.3.2、5.3.3和5.3.4的规定进行检查。检查中不包括的或制造商不要求的连接如通过5.6的泄漏测试,也可接受。

5.2 接收标准

接收标准应符合制造商提出的性能担保。

5.3 检验类型

5.3.1 检验范围

管道应根据本标准规定的范围或制造商所规定的更大的范围进行检验。

5.3.2 目视检验

应目视检验所有的产品,以确保其符合规格,并没有缺陷。应检查所有螺纹、螺栓和其他连接的装配。

应检验所有管道安装尺寸和对齐情况。应检查支承、导架和预弹性变形点,以确保在启动、运行和关闭的所有条件下,管道的移动不受约束或限制。

5.3.3 其他检验

应按照5.4.2中的随机射线检测或按照5.4.3中的随机超声检测充分检查不少于5%的对接环和斜接凹槽焊缝。不能用射线检测检查的卡套焊接和分支连接焊缝应按照5.4.4中的磁粉或液体渗透方法检查。

5.3.4 中间检查

经制造商指定或检查员特别授权,可用中间检查及无损检测辅助来取代5.3.2要求的检查。

5.3.5 合格证和记录

制造商应保留材料和部件的合格证,以及热处理、检验和测试的测试、记录和其他证据。

5.4 检查过程

5.4.1 人员资格和书面程序

应按照下列方法之一的书面程序进行检查。测试操作人员应符合ISO 11484的要求。

5.4.2 射线透照检测

除铸件外,焊接处和部件的射线透照应按照ISO 1106-3进行。

5.4.3 超声检测

焊接处及其附近的焊缝的超声检测应按照ISO 9303和ISO 13663进行。

5.4.4 磁粉检测和渗透检测

焊接处磁粉检测应按照ISO 13664和ISO 13665进行。

焊接处渗透检测应按照ISO 12095进行。

5.5 压力试验

5.5.1 适用性

在初次操作之前,每个管道系统应进行测试以验证其强度。测试分别是5.5.2和5.5.3所规定的水压试验或气压试验。

5.5.2　水压试验

5.5.2.1　程序

初次运行期间或之前，压力应按步骤逐渐增加至设计压力的1.5倍，每一步应保持压力足够长时间，以均衡管道应力。

5.5.2.2　试验条件记录

应保存试验介质和环境温度的记录，并保存至设备寿命结束或直至下一次试验。

5.5.3　气压试验

5.5.3.1　适用性

客户认为不可用水压试验时，可用气压或水压-气压联合试验替代。

5.5.3.2　试验介质

试验介质应为氦气或氮气。

5.5.3.3　程序

试验压力应按步骤逐渐增加，至少达到设计压力的1.3倍。

5.5.4　压力测试的替代方法

所有的周向、纵向和螺旋坡口焊接应按照5.4.2所述进行100%无损检测。全部焊接，包括上述没有涉及的结构附件焊接，应使用液体渗透方法进行检测。对于磁性材料，应使用5.4.4中的磁粉法进行检测。

5.6　泄漏测试

在包裹绝热层之前，除先前已按照本程序检测过的所有接头和连接，应用氦气在最大允许工作压力下进行泄漏检查，采用的方法应保证泄漏率大于10^{-4} Pa·m^3·s^{-1}的泄漏可被检测到。

所有管道、阀门、安全装置及其配件在不低于其最高允许工作压力或0.9倍设计压力(以较高者为准)时，应无氢气泄漏。

6　人员资质

为了安全，每个燃料加注系统的操作人员应熟悉系统的设计和安装，并具有操作系统和所有安全装置的资质。

液氢运输人员应接受培训，并由雇主记录存档。培训合格后颁发证书。

聘用后应立即进行培训，以后每两年一次。培训内容包括：

a)　液氢和氢气的性质、属性和危险性的信息；

b)　相关设施设备的具体说明；

c)　能与液氢兼容使用的材料的信息；

d)　防护设备和防护衣的使用和保管；

e)　标准的急救和自救教学；

f)　应急响应，如火灾、泄漏和溢流；

g） 良好的内务管理练习；

h） 紧急响应计划，计划可以扩展，包括但不受限于以下内容：

1） 紧急停车系统的使用，可用来隔离设备的各个部分和其他能够确保迅速停止或尽可能地减少液体与气体的溢出或逸出的适用措施；

2） 防火系统的使用；

3） 通知当地政府和周边单位；

4） 急救；

5） 人员尽责；

6） 疏散计划，包括疏散和消防演习。

7 安全和防护

7.1 工作区域要求

应采取保护措施避免无关人员进入或损坏液氢燃料加注系统设施。加注设施附近醒目处应张贴安全标识。

应为所有加注和处理液氢的操作人员提供防护服、面具/护目镜和手套。

7.2 警示标志

对于所有液氢燃料加注设施，应以白底红字的醒目方式显示下列标志，字体为粗体、易懂并且高度不小于 15 cm：

a） 禁止吸烟或禁止在 8 m 以内吸烟；

b） 加注前停车熄火；

c） 严禁明火；

d） 低温易燃液体；

e） 易燃气体。

8 维护

工作中的组件及各辅助系统，应通过修理、更换或其他方式，保持其可操作性或安全性。

应备有一套预防性维护方案，该方案应包括每个组件和整个系统常规测试及检查的书面程序。

ICS 27.010
F 01

中华人民共和国国家标准

GB 30720—2014

家用燃气灶具能效限定值及能效等级

Minimum allowable values of energy efficiency and energy efficiency grades for domestic gas cooking appliances

2014-06-09 发布　　2015-04-01 实施

中华人民共和国国家质量监督检验检疫总局
中国国家标准化管理委员会　发布

前 言

本标准的4.3为强制性的,其余为推荐性的。

本标准按照GB/T 1.1—2009给出的规则编写。

本标准由国家发展和改革委员会资源节约与环境保护司、工业和信息化部节能与综合利用司提出。

本标准由全国能源基础与管理标准化技术委员会(SAC/TC 20)归口。

本标准起草单位:中国标准化研究院、国家燃气用具质量监督检验中心、杭州老板电器股份有限公司、海尔集团、中山华帝燃具股份有限公司、佛山市美的厨房电器制造有限公司、宁波方太厨具有限公司、国家燃气用具产品质量监督检验中心(佛山)、广东万家乐燃气具有限公司、迅达科技集团股份有限公司、广东万和新电气股份有限公司、博西华电器(江苏)有限公司、广州市红日燃具有限公司、广东合胜金属制造有限公司、浙江美大实业股份有限公司、浙江帅康电气股份有限公司、樱花卫厨(中国)股份有限公司、浙江普田电器有限公司、上海林内有限公司、伊莱克斯(杭州)家用电器有限公司、浙江苏泊尔家电制造有限公司。

本标准主要起草人:王赓、刘彤、吴伟良、陈雄、易洪斌、曹宁、张炳卫、徐德明、胡业龙、余少言、伍斌强、赵高航、刘松辉、刘艳春、谭六明、夏志生、夏德奇、张敬宗、李波、江华、谭志、肖兵。

家用燃气灶具能效限定值及能效等级

1 范围

本标准规定了家用燃气灶具的能效限定值、节能评价值、能效等级、试验方法和检验规则。

本标准适用于仅使用城市燃气的单个燃烧器额定热负荷不大于5.23 kW的家用燃气灶具。

本标准不适用于在移动的运输交通工具中使用的燃气灶具。

2 规范性引用文件

下列文件对于本文件的应用是必不可少的。凡是注日期的引用文件,仅注日期的版本适用于本文件。凡是不注日期的引用文件,其最新版本(包括所有的修改单)适用于本文件。

GB/T 13611 城镇燃气分类和基本特性

GB 16410 家用燃气灶具

3 术语和定义

GB 16410界定的以及下列术语和定义适用于本文件。

3.1

家用燃气灶具能效限定值　minimum allowable values of energy efficiency for domestic gas cooking appliances

按照标准规定的试验条件,在额定热负荷下,家用燃气灶具应达到的最小热效率值。

3.2

家用燃气灶具节能评价值　evaluating values of energy conservation for domestic gas cooking appliances

按照标准规定的试验条件,节能家用燃气灶具在额定热负荷下,应达到的最小热效率值。

4 技术要求

4.1 基本要求

本标准所适用的燃气灶具应符合GB 16410产品标准要求。

4.2 能效等级

家用燃气灶具能效等级分为3级,其中1级能效最高。各等级的热效率值不应低于表1的规定。

表1 家用燃气灶具能效等级

类型		热效率 η/%		
		1级	2级	3级
大气式灶	台式	66	62	58
	嵌入式	63	59	55
	集成灶	59	56	53

表 1（续）

类型		热效率 η/%		
		1 级	2 级	3 级
红外线灶	台式	68	64	60
	嵌入式	65	61	57
	集成灶	61	58	55
注 1：多火眼灶具的能效等级根据最低热效率值火眼的能效等级确定。 注 2：大气-红外复合型燃烧器按红外线灶的能效等级确定。				

4.3 能效限定值

家用燃气灶具能效限定值应为表 1 中能效等级的 3 级。

4.4 节能评价值

家用燃气灶具节能评价值为表 1 中能效等级的 2 级。

5 试验和计算方法

5.1 试验条件

家用燃气灶具热效率试验条件要求如下：

a) 室温为 20 ℃±5 ℃，在每次试验过程中室温波动应小于 5 ℃；

b) 室温确定方法：在距灶具正前方、正左方及正右方各 1 m 处，将温度计感温部分固定在与灶具上端等高位置，测量上述三点的温度，取其平均值；

c) 通风换气良好，室内空气中一氧化碳含量应小于 0.002%，二氧化碳含量应小于 0.2%，试验灶具周围 1 m 处空气水平流动速度不大于 0.1 m/s；

d) 电源条件：试验室使用的交流电源，电压波动范围在±2%以内；

e) 试验用燃气：试验燃气代号按 GB/T 13611 的规定，使用 0-2 气。试验燃气的低热值华白数相对于标准值的偏差应在±2%以内，试验过程中的低热值华白数变化应在±0.5%以内。灶具停止运行时的静压力应小于或等于运行时燃气供气压力的 1.25 倍。

5.2 试验状态

家用燃气灶具热效率试验状态应符合：

a) 试验用灶边缘至墙壁等遮挡物距离应大于 150 mm；

b) 试验用灶按附录 A 所示的方法连接，测压管按附录 A 中图例加工，搅拌器按附录 B 中所示加工，或其他可使水温搅拌均匀的装置；

c) 燃烧器燃烧所需的空气量，应使用 0-2 气调节到燃烧火焰最佳状态，然后将风门固定，试验时不得再调风门；

d) 按照 GB 16410 给出的方法计算实测热负荷，试验用上限锅和下限锅及加热水量按表 C.1 选用。

5.3 试验与计算方法

家用燃气灶具热效率试验方法和计算方法如下：

a) 点燃燃烧器,燃气阀门调至最大,将燃气供气压力调整到额定值。

b) 开启集成灶吸排油烟装置,风机在最高转速下工作。

c) 将表C.1中的下限锅置于灶上,燃烧15 min后换上试验锅,水初温应取室温加5 K,水终温应取水初温加50 K。在水初温前5 K时,开始搅拌(均匀搅拌,频率不小于30次/min,下同),到水初温时停止搅拌,开始计量燃气消耗量。在水终温前5 K时又开始搅拌,到水终温时,记录所有参数,由式(1)和式(2)计算实测热效率。

$$\eta_{实}=\frac{M\times c\times(t_2-t_1)}{V_{耗}\times Q_1}\times\frac{273+t_g}{288}\times\frac{101.3}{p_{amb}+p_m-s}\times 100 \quad\cdots\cdots\cdots(1)$$

$$M=M_1+0.213M_2 \quad\cdots\cdots\cdots(2)$$

式中:

$\eta_{实}$ ——实测热效率,%;

M ——实际加水量与铝锅换算为当量加水量之和,单位为千克(kg);

c ——水的比热容,$c=4.19\times10^{-3}$ MJ/(kg·℃);

t_2 ——水的终温,单位为摄氏度(℃);

t_1 ——水的初温,单位为摄氏度(℃);

$V_{耗}$ ——实测燃气消耗量,单位为立方米(m^3);

Q_1 ——15 ℃、101.3 kPa状态下试验气低热值,单位为兆焦耳每立方米(MJ/m^3);

t_g ——测定时燃气流量计内的燃气温度,单位为摄氏度(℃);

p_{amb}——试验时的大气压力,单位为千帕(kPa);

p_m ——实测燃气流量计内的燃气相对静压力,单位为千帕(kPa);

s ——温度为t_g时的饱和水蒸气压力,单位为千帕(kPa);当使用干式流量计测量时,s值应乘以试验燃气的相对湿度进行修正;

M_1 ——加入锅内的水质量,单位为千克(kg);

M_2 ——铝锅的质量(含盖子和搅拌器),单位为千克(kg)。

d) 同一条件下做两次以上试验,连续两次热效率的差在1%以下时,取平均值为实测热效率,否则应重新试验,直到合格为止;

e) 试验完上限锅和下限锅的实测热效率后,用式(3)计算试验灶头的热效率。

$$\eta=\eta_{实,下}+\frac{q_{下}-5.47}{q_{下}-q_{上}}\times(\eta_{实,上}-\eta_{实,下}) \quad\cdots\cdots\cdots(3)$$

式中:

η ——热效率,%;

$\eta_{实,下}$ ——使用下限锅时的实测热效率,%;

$q_{下}$ ——使用下限锅试验时的锅底热强度[锅底热强度=实测热负荷(W)/试验用锅在正投影面的面积(cm^2)],单位为瓦每平方厘米(W/cm^2);

$q_{上}$ ——使用上限锅试验时的锅底热强度,单位为瓦每平方厘米(W/cm^2);

$\eta_{实,上}$ ——使用上限锅时的实测热效率,%。

注:对于热负荷小于1.72 kW的小功率燃烧器,热效率测试在同一条件下重复两次以上试验,连续两次热效率的差在1%以下时,取平均值为最终热效率。

6 检验规则

6.1 出厂检验

6.1.1 能效应作为家用燃气灶具产品出厂检验项目。

6.1.2 经检验认定能效不满足4.3能效限定值的产品不允许出厂。

6.2 型式检验

6.2.1 家用燃气灶具产品出现下列情况之一时，应进行能效型式检验：

a) 试制的新产品；

b) 改变产品设计、工艺或所用材料明显影响其性能时；

c) 质量技术监督部门提出检验要求时。

6.2.2 能效检验的抽样，每次抽 3 台，其中两台试验，一台备用。试验结果两台均符合本标准要求，则判定为合格；如果两台均不符合本标准要求，则判定为不合格。如果有一台能效限定值不符合本标准要求，应对备用燃气灶进行测试，如测试结果符合则判定为合格；如测试结果仍不符合要求，则判定为不合格。

附　录　A
（规范性附录）
热效率试验装置

燃气灶热效率试验装置如图 A.1 所示。

单位为毫米

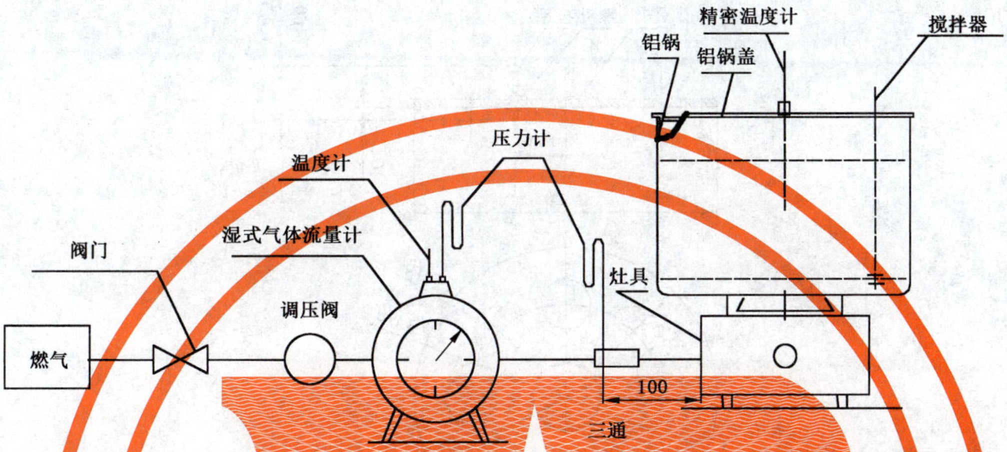

a）　试验装置连接图

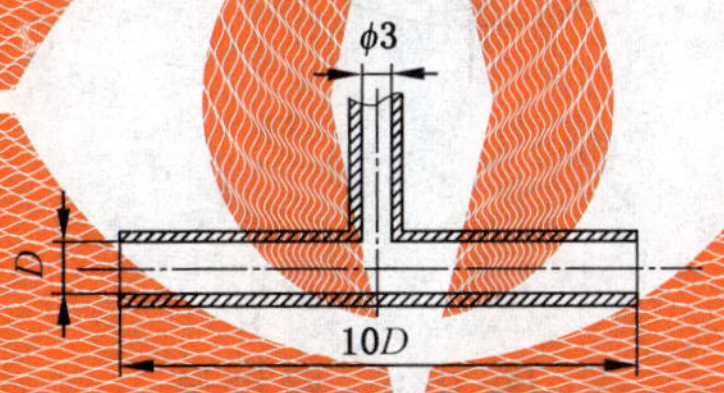

b）　燃气测压管

精密温度计应放置在水深 1/2 处的中心位置；

搅拌器应放置在不接触温度计感温探头的位置；

灶具前燃气压力测量点应为图示三通位置，距离进气口不大于 100 mm。

注 1：$D=(1\sim1.1)d$；

注 2：D——三通的内径；d——燃气管的内径，单位为毫米。

图 A.1　热效率试验装置

附 录 B
（规范性附录）
搅 拌 器

燃气灶热效率试验用搅拌器如图 B.1 所示。

单位为毫米

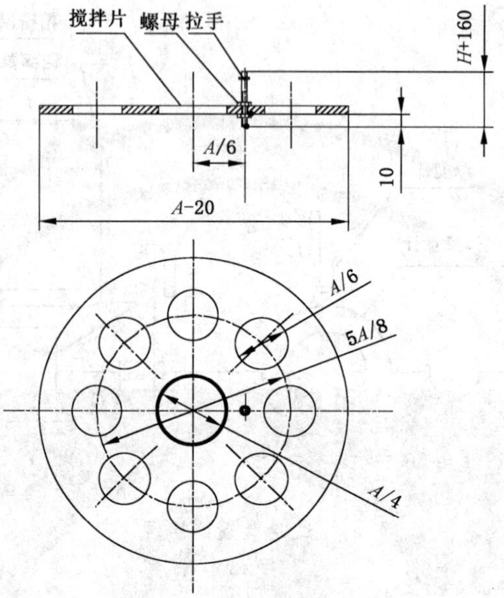

注 1：A 为铝锅内径；H 为铝锅深度。

注 2：零件材料：搅拌盘用 1 mm 铝板制作，拉手用 $\phi 4$ 不锈钢杆。

图 B.1 搅拌器

附 录 C
（规范性附录）
燃气灶试验用锅和加热水量

燃气灶试验用锅和加热水量如表 C.1 所示。

表 C.1 燃气灶试验用锅和加热水量

实测热负荷/kW	锅的尺寸/mm					锅的其他参数			加热水量/kg	锅表面处理要求
	锅内径 ϕA	锅底厚度* C	锅壁厚度* D	锅深度 H	底角半径 E	底面积/cm²	锅质量/g	锅盖质量/g		
~1.72	200	2	1.5	130	2.5	314	540	125	3	试验用锅采用：无光黑底锅，色度值满足： $L^* \leqslant 50$， $-10 \leqslant a^* \leqslant 10$， $-10 \leqslant b^* \leqslant 10$。 测试条件：采用 SCI（包含镜面反射光）方式，标准观察角为 10°，使用 D65 标准光源。
2.08	220			140	3	380	680	149	4	
2.48	240			150	3.5	452	800	177	5	
2.91	260	2.5	1.8	160		531	965	208	6	
3.36	280			170		615	1 130	290	8	
3.86	300			180		707	1 350	323	10	
4.40	320			190		804	1 520	360	12	
4.95~	340			200	4	907	1 800	402	14	
公差	±1%			±1%	0~0.5		±5%	±5%		

锅简图

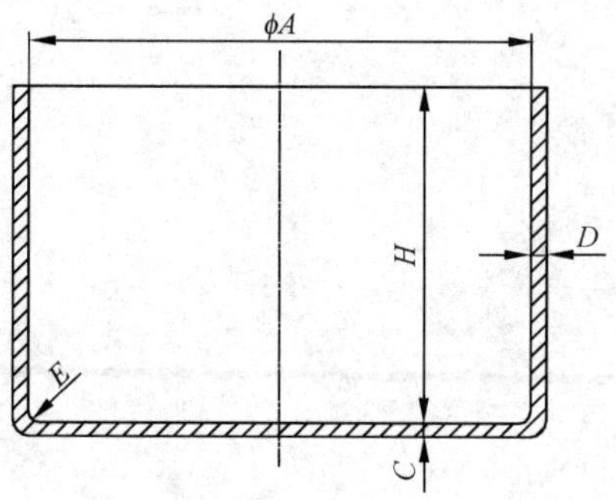

锅盖简图

单位为毫米

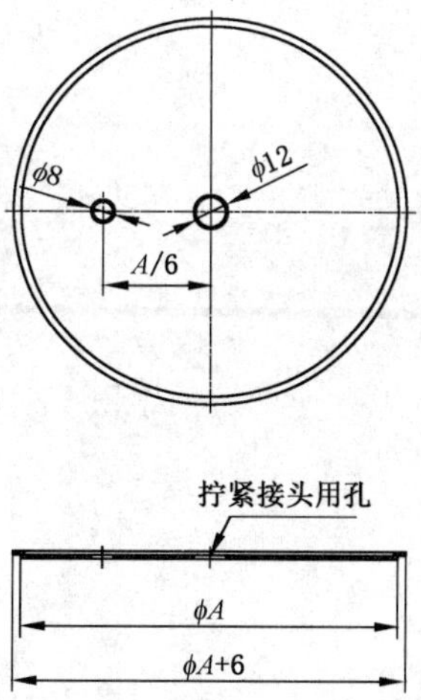

ϕA 为锅内径，公差 $\phi A^{-2}_{-2.5}$

注 1：大内径为上限锅，小内径为下限锅。

注 2：* 为推荐性尺寸和参数。

ICS 27.010
F 01

中华人民共和国国家标准

GB 30721—2014

水(地)源热泵机组能效限定值及能效等级

Minimum allowable values of energy efficiency and energy efficiency grades for water-source(ground-source) heat pumps

2014-06-09 发布　　2015-04-01 实施

中华人民共和国国家质量监督检验检疫总局
中国国家标准化管理委员会　发布

前　言

本标准的4.3为强制性的，其余为推荐性的。

本标准按照GB/T 1.1—2009给出的规则起草。

本标准由国家发展和改革委员会资源节约与环境保护司、工业和信息化部节能与综合利用司提出。

本标准由全国能源基础与管理标准化技术委员会(SAC/TC 20)归口。

本标准起草单位：合肥通用机械研究院、中国标准化研究院、美意(浙江)空调设备有限公司、深圳麦克维尔空调有限公司、江森自控楼宇设备科技(无锡)有限公司、山东富尔达空调设备有限公司、上海富田空调冷冻设备有限公司、山东宏力空调设备有限公司、宁波沃弗圣龙环境技术有限公司、浙江盾安机电科技有限公司、南京天加空调设备有限公司、特灵空调系统(中国)有限公司、劳特斯空调(江苏)有限公司、广东欧科空调制冷有限公司、合肥通用机电产品检测院。

本标准主要起草人：成建宏、张明圣、彭飞、钟瑜、汪代杰、蔡永坚、胡祥华、高翀、凌虹、葛建民、董云达、李建军、程卓明、张维加、陈昭晖、陈军。

水(地)源热泵机组能效限定值及能效等级

1 范围

本标准规定了水(地)源热泵机组能效限定值、节能评价值、能效等级、试验方法和检验规则。

本标准适用于以电动机械压缩式系统并以水为冷(热)源的户用、工商业用和类似用途的水(地)源热泵机组。

本标准不适用于单冷型和单热型水(地)源热泵机组。

2 规范性引用文件

下列文件对于本文件的应用是必不可少的。凡是注日期的引用文件,仅注日期的版本适用于本文件。凡是不注日期的引用文件,其最新版本(包括所有的修改单)适用于本文件。

GB/T 19409 水(地)源热泵机组

3 术语和定义

GB/T 19409 界定的以及下列术语和定义适用于本文件。

3.1

水(地)源热泵机组全年综合性能系数 annual coefficient of performance for water-source(ground-source)heat pumps;ACOP

水(地)源热泵机组在名义制冷工况和名义制热工况下满负荷运行时的能效,与多个典型城市的办公建筑按制冷、制热时间比例进行综合加权得到的全年性能系数。

3.2

水(地)源热泵机组能效限定值 minimum allowable values of energy efficiency for water-source(ground-source)heat pumps

水(地)源热泵机组在名义制冷工况和名义制热工况下满负荷运行时,其全年综合性能系数的最小允许值。

3.3

水(地)源热泵机组节能评价值 evaluating values of energy conservation for water-source(ground-source)heat pumps

水(地)源热泵机组在名义制冷工况和名义制热工况下满负荷运行时,节能型机组达到的全年综合性能系数的最小值。

4 技术要求

4.1 基本要求

应符合 GB/T 19409 和相关安全性要求。

4.2 能效等级

水(地)源热泵机组能效等级分为 3 级,其中 1 级能效最高。

根据水(地)源热泵机组的全年综合性能系数测试结果,依据表1,判定其能效等级。

水(地)源热泵机组的全年综合性能系数应不小于表1中所对应的规定值。

表1 水(地)源热泵机组能效等级

类型		名义制冷量(CC) kW	全年综合性能系数(ACOP) W/W		
			1级	2级	3级
冷热风型	水环式	—	4.20	3.90	3.50
	地下水式	—	4.50	4.20	3.80
	地埋管式	—	4.20	3.90	3.50
	地表水式	—	4.20	3.90	3.50
冷热水型	水环式	CC≤150	5.00	4.60	3.80
		CC>150	5.40	5.00	4.00
	地下水式	CC≤150	5.30	4.90	3.90
		CC>150	5.90	5.50	4.40
	地埋管式	CC≤150	5.00	4.60	3.80
		CC>150	5.40	5.00	4.00
	地表水式	CC≤150	5.00	4.60	3.80
		CC>150	5.40	5.00	4.00

4.3 能效限定值

水(地)源热泵机组的能效限定值为表1中3级能效值。

4.4 节能评价值

水(地)源热泵机组的节能评价值为表1中2级能效值。

5 试验方法

按GB/T 19409规定的方法检测计算水(地)源热泵机组的全年综合性能系数。

6 检验规则

在一批产品中,抽取一台样品,测试其全年综合性能系数;若不满足表1规定的对应能效等级要求,再抽取两台样品,实测值均应满足规定要求,否则判定该批产品为不合格。

对于单台产品,测试其全年综合性能系数;若不满足表1规定的对应能效等级要求,判该产品为不合格。

7 能效等级标注

7.1 生产厂家应根据本标准的要求和测试结果，确定水(地)源热泵机组的能效等级。

7.2 生产厂家应在其产品的出厂文件上注明该水(地)源热泵机组的能效等级、所依据的标准号。

ICS 17.180.20
A 26

中华人民共和国国家标准

GB/T 30722—2014

水性油墨颜色的表示方法

Method of specification for water-based ink color

2014-06-09 发布

2014-10-01 实施

中华人民共和国国家质量监督检验检疫总局
中国国家标准化管理委员会
发布

前　言

本标准按照 GB/T 1.1—2009 给出的规则起草。

本标准由全国颜色标准化技术委员会(SAC/TC 120)提出并归口。

本标准起草单位:深圳海川色彩科技有限公司、杭华油墨化学有限公司、天津东洋油墨有限公司、北京印刷学院、河源海川科技有限责任公司。

本标准主要起草人:何唯平、王守臣、黄荣海、周梅、何晓辉、方涛、姚桂宁、卢薇薇。

水性油墨颜色的表示方法

1 范围

本标准规定了水性油墨颜色和水性油墨色卡的表示方法。

本标准适用于利用水性油墨时的印刷和包装装潢等领域中颜色的定量表示，也适用于水性油墨颜色色卡的选取和制作。

2 规范性引用文件

下列文件对于本文件的应用是必不可少的。凡是注日期的引用文件，仅注日期的版本适用于本文件。凡是不注日期的引用文件，其最新版本(包括所有的修改单)适用于本文件。

GB/T 3979 物体色测量方法

GB/T 5698 颜色术语

GB/T 7921—2008 均匀色空间及色差公式

GB/T 15608—2006 中国颜色体系

GB/T 15962 油墨术语

GSB 16-2062—2007 中国颜色体系标准样册

3 术语和定义

GB/T 5698、GB/T 15962 界定的以及下列术语和定义适用于本文件。

3.1

水性油墨 water-based ink

水基型连接料组成的油墨。

3.2

水性油墨颜色 water-based ink color

在指定印刷条件、基底材料、测量条件下水性油墨印刷制品的颜色。

4 水性油墨颜色

4.1 颜色的表示

按 GB/T 15608—2006 中规定的标号及相应的色度值表示水性油墨的颜色，有彩色按“色调 明度/彩度”方式标记，无彩色按“N 明度”方式标记。

4.2 排列与颜色编号

4.2.1 排列

按照 GB/T 15608—2006 的排列规律排列。

4.2.1.1 有彩色排列在前，无彩色排列在后。

4.2.1.2 有彩色排列顺序以 GB/T 15608—2006 的图 2 所示色调环中色调 2.5R 为起点，沿逆时针方向自前向后依次排列；对色调相同的颜色，依明度值自大到小依次排列；对色调和明度值都相同的颜色，依彩度值自大到小依次排列。

4.2.1.3 无彩色排列顺序以明度值自大到小依次排列。

4.2.2 颜色编号

从 GB/T 15608—2006 的附录 A 所列颜色中选取常用水性油墨颜色 695 种，其中有彩色 680 种，无彩色 15 种，按 4.2.1 的排列规律，排成序列并依次赋以序号，作为水性油墨颜色的颜色编号，每个颜色编号有对应的颜色标号及色度值，如表 A.1 所示。

5 水性油墨色卡

5.1 定义色卡标样

使用频率较高的水性油墨颜色的实物标样。

从 GB/T 15608—2006 中选取种常用色 695 种，将常用的水性油墨颜色制成色卡标样。

5.2 颜色的选取与编排

5.2.1 水性油墨色卡的颜色应从表 A.1 中选取，选用颜色标样数量可根据需要确定，特殊需要的颜色可以从 GB/T 15608—2006 的附录 A 中选取。

5.2.2 编排方式可按常用水性油墨颜色编号数值、使用场所和习惯等确定。

5.3 色卡颜色标样的测量

色卡样片应按 GB/T 3979 和 GSB 16-2062—2007 中规定的方法测量。

5.4 色卡标样的允许误差

用 GB/T 7921—2008 中规定的 CIE 1976 ($L^*a^*b^*$)均匀颜色空间和色差公式计算实物色卡颜色测量值与附录 A 给出的标准值之间在 D65 照明体、10°标准色度观察者下的色差 ΔE^*_{ab}，并用 ΔE^*_{ab} 评价色卡的制作精度。

水性油墨色卡颜色测量值样片与其标准值的色差应满足 $\Delta E^*_{ab} \leqslant 2.0$。

附 录 A
（规范性附录）
水性油墨颜色编号对应的颜色标号及色度值

水性油墨颜色编号对应的颜色标号及色度值见表 A.1。

表 A.1 水性油墨颜色编号对应的颜色标号及色度值

颜色编号	颜色标号	色度值		
		L 值	*a* 值	*b* 值
001	2.5R 8/5	82.49	20.53	8.3
002	2.5R 8/4	82.49	15.86	6.23
003	2.5R 8/3	82.49	11.51	4.28
004	2.5R 7.5/6	77.7	25.14	9.38
005	2.5R 7.5/4	77.7	15.87	5.71
006	2.5R 7/7	72.8	29.18	9.94
007	2.5R 6.5/12	67.81	47.83	17.97
008	2.5R 6/11	62.73	45.49	17.32
009	2.5R 6/4	62.73	16.32	5.19
010	2.5R 5.5/14	57.59	57.35	23.81
011	2.5R 5.5/12	57.59	50.48	19.76
012	2.5R 5.5/10	57.59	43.16	16.07
013	2.5R 5.25/14	55	57.47	24.02
014	2.5R 5.25/3	55	13.33	3.69
015	2.5R 5/14	52.4	57.62	24.23
016	2.5R 5/11	52.4	48.13	18.52
017	2.5R 4.5/9	47.16	40.51	13.06
018	2.5R 4.5/7	47.16	32.6	9.91
019	2.5R 4.5/6	47.16	28.41	8.4
020	2.5R 4.5/5	47.16	23.6	6.8
021	2.5R 4/5	41.89	24.11	6.5
022	2.5R 4/4	41.89	19.4	5.16
023	2.5R 4/3	41.89	15.06	4.08
024	2.5R 4/2	41.89	10.75	2.99
025	5R 5.5/14	57.59	56.26	30.12
026	5R 5.5/11	57.59	46.71	22.95
027	5R 5/12	52.4	50.7	26.57
028	5R 5/7	52.4	31.56	13.93

表 A.1（续）

颜色编号	颜色标号	色度值		
		L 值	*a* 值	*b* 值
029	5R 4.5/9	47.16	39.93	18.12
030	5R 4/5	41.89	23.96	9.49
031	5R 4/4	41.89	19.32	7.35
032	5R 4/3	41.89	15.09	5.7
033	5R 4/2	41.89	10.83	4.04
034	7.5R 7/7	72.8	28.71	19.01
035	7.5R 6.5/11	67.81	43.12	30.33
036	7.5R 6.5/9	67.81	36.42	24.1
037	7.5R 6/14	62.73	54.57	39.34
038	7.5R 6/10	62.73	41.56	26.7
039	7.5R 5.5/10	57.59	42.35	27.46
040	7.5R 5.25/10	55	42.76	27.82
041	7.5R 5.25/4	55	17.68	9.08
042	7.5R 5/12	52.4	48.42	33.82
043	7.5R 4.5/2	47.16	9.91	4.98
044	10R 9/2	91.62	7.26	5.67
045	10R 8.5/1	87.13	2.91	2.37
046	10R 8/3	82.49	11.41	8.6
047	10R 7.5/5	77.7	19.68	16.19
048	10R 7.5/3	77.7	11.48	8.78
049	10R 7/11	72.8	39.26	39.28
050	10R 7/10	72.8	36.92	35.62
051	10R 7/8	72.8	31.42	28.35
052	10R 7/6	72.8	23.72	19.82
053	10R 7/4	72.8	15.94	12.49
054	10R 6.5/11	67.81	40.57	40.66
055	10R 6.5/9	67.81	34.85	32.25
056	10R 6/14	62.73	47.96	55.01
057	10R 6/12	62.73	44.19	46.32
058	10R 6/7	62.73	28.47	23.94
059	10R 6/5	62.73	20.79	16.41
060	10R 5.5/14	57.59	47.24	52.96
061	10R 5.5/10	57.59	39.54	37.22

表 A.1（续）

颜色编号	颜色标号	色度值		
		L 值	a 值	b 值
062	10R 5.5/5	57.59	21.41	16.55
063	10R 5.25/6	55	25.97	20.41
064	10R 5.25/4	55	17.46	12.83
065	10R 5/5	52.4	22.03	16.7
066	10R 5/3	52.4	13.49	9.81
067	10R 4.5/4	47.16	18.32	12.86
068	10R 4.5/2	47.16	9.81	6.57
069	10R 4/6	41.89	26.29	19.61
070	10R 4/5	41.89	22.5	16.14
071	10R 4/3	41.89	14.64	9.6
072	10R 4/2	41.89	10.56	6.55
073	10R 4/1	41.89	6.33	4.16
074	10R 3.5/2	36.57	10.42	6.48
075	2.5YR 7.5/6	77.7	22.33	24.12
076	2.5YR 7.5/4	77.7	14.95	15.02
077	2.5YR 7/11	72.8	36	48.6
078	2.5YR 7/9	72.8	31.56	39.44
079	2.5YR 6.5/10	67.81	35.34	44.08
080	2.5YR 6/3	62.73	11.72	10.82
081	2.5YR 5.5/12	57.59	39.68	51.32
082	2.5YR 5/4	52.4	17.31	15.89
083	5YR 7/10	72.8	30.56	50.32
084	5YR 7/8	72.8	26.43	40.07
085	5YR 7/4	72.8	13.98	17.65
086	5YR 6.5/11	67.81	32.6	56.77
087	5YR 6.5/5	67.81	17.46	23.15
088	5YR 6.5/3	67.81	10.62	13.15
089	5YR 6/8	62.73	26.51	40.25
090	5YR 6/6	62.73	21.31	29.35
091	5YR 5.5/9	57.59	28.26	45.76
092	5YR 5.5/7	57.59	23.83	34.97
093	5YR 5.5/5	57.59	18.22	24.29
094	5YR 5.25/6	55	21.55	29.98

表 A.1（续）

颜色编号	颜色标号	色度值		
		L 值	a 值	b 值
095	5YR 5/7	52.4	23.76	35.13
096	5YR 4.5/6	47.16	20.79	29.71
097	5YR 4.5/4	47.16	15.25	20.02
098	5YR 4/3	41.89	11.87	15.37
099	5YR 3.5/2	36.57	8.11	9.81
100	7.5YR 7.5/9	77.7	24.14	53.45
101	7.5YR 7/10	72.8	24.93	59.44
102	7.5YR 7/8	72.8	21.58	46.46
103	7.5YR 7/6	72.8	16.68	32.07
104	7.5YR 6/4	62.73	12.21	21.09
105	7.5YR 5.5/5	57.59	15.76	27.44
106	7.5YR 5/7	52.4	20.9	38.46
107	7.5YR 4.5/4	47.16	13.34	22.2
108	10YR 8.5/4	87.13	8.39	25.11
109	10YR 8.5/2	87.13	4.02	12.51
110	10YR 8/10	82.49	18.14	67.56
111	10YR 8/9	82.49	16.87	59.37
112	10YR 8/3	82.49	6.59	17.26
113	10YR 7/7	72.8	15.73	42.47
114	10YR 7/3	72.8	7.2	17.41
115	10YR 6.5/6	67.81	13.96	35.75
116	10YR 6/5	62.73	12.16	29.81
117	10YR 5.25/7	55	15.16	43
118	10YR 5.25/1	55	2.58	5.71
119	10YR 4.5/1	47.16	2.96	6.2
120	10YR 4/2	41.89	6.07	12.82
121	2.5Y 8.5/5	87.13	6.59	34.86
122	2.5Y 8.5/4	87.13	5.23	27.44
123	2.5Y 8.5/3	87.13	3.69	20.74
124	2.5Y 8.5/2	87.13	2.17	14.04
125	2.5Y 8/11	82.49	12.79	75.97
126	2.5Y 8/9	82.49	11.23	61.85
127	2.5Y 8/8	82.49	10.33	53.64

表 A.1（续）

颜色编号	颜色标号	色度值		
		L 值	*a* 值	*b* 值
128	2.5Y 8/7	82.49	9.22	47.09
129	2.5Y 8/6	82.49	8.16	40.54
130	2.5Y 5/5	52.4	7.43	33.03
131	2.5Y 4.5/4	47.16	6.6	26.15
132	2.5Y 4.5/3	47.16	5.03	19.69
133	5Y 8.5/9	87.13	3.71	65.52
134	5Y 8.5/8	87.13	3.32	57.66
135	5Y 8.5/7	87.13	2.95	51.3
136	5Y 8/9	82.49	5.73	63.49
137	5Y 8/4	82.49	2.46	26.95
138	5Y 8/1	82.49	0.12	8.03
139	5Y 7.5/7	77.7	5.27	48.6
140	5Y 7.5/1	77.7	0.43	7.53
141	5Y 7/7	72.8	5.87	48.69
142	5Y 6/4	62.73	2.75	27.01
143	5Y 5.5/3	57.59	2.01	20.19
144	5Y 5.5/2	57.59	1.17	13.4
145	5Y 4.5/3	47.16	2.68	20.26
146	7.5Y 9/5	91.62	−2.06	38.15
147	7.5Y 9/4	91.62	−1.79	31.03
148	7.5Y 8.5/12	87.13	−1.41	92.05
149	7.5Y 8.5/10	87.13	−1.37	75.35
150	7.5Y 8.5/8	87.13	−1.11	58.89
151	7.5Y 8.5/7	87.13	−1.16	52.3
152	7.5Y 8.5/6	87.13	−1.22	45.7
153	7.5Y 8.5/5	87.13	−1.23	37.94
154	7.5Y 7.5/4	77.7	0.13	28.02
155	7.5Y 5.5/7	57.59	0.79	48.09
156	7.5Y 5.5/6	57.59	0.62	42.04
157	7.5Y 5/3	52.4	0.33	20.43
158	7.5Y 4.5/4	47.16	0.44	27.13
159	7.5Y 4.5/3	47.16	0.38	20.44
160	10Y 9/7	91.62	−7.49	52.69

表 A.1（续）

颜色编号	颜色标号	色度值		
		L 值	*a* 值	*b* 值
161	10Y 9/6	91.62	−6.72	45.58
162	10Y 9/5	91.62	−5.85	38.44
163	10Y 8.5/10	87.13	−7.57	76.31
164	10Y 8.5/9	87.13	−7.12	68.11
165	10Y 8.5/8	87.13	−6.65	59.93
166	10Y 8.5/6	87.13	−5.65	45.93
167	10Y 8.5/5	87.13	−4.95	38.2
168	10Y 8/9	82.49	−4.55	64.6
169	10Y 8/8	82.49	−4.2	56.18
170	10Y 8/6	82.49	−3.5	42.86
171	10Y 8/5	82.49	−3.4	35.7
172	10Y 8/4	82.49	−3.28	28.5
173	10Y 8/3	82.49	−2.79	21.52
174	10Y 7.5/10	77.7	−5.1	71.88
175	10Y 7.5/9	77.7	−4.78	64.63
176	10Y 7.5/7	77.7	−4.14	50.24
177	10Y 7.5/6	77.7	−3.78	43.1
178	10Y 7.5/5	77.7	−3.49	35.72
179	10Y 7/5	72.8	−3.59	35.73
180	10Y 7/3	72.8	−2.47	21.52
181	10Y 6.5/7	67.81	−3.53	50.6
182	10Y 6.5/5	67.81	−2.9	35.67
183	10Y 6.5/4	67.81	−2.53	27.91
184	10Y 6.5/2	67.81	−1.69	14.35
185	10Y 6.5/1	67.81	−1.26	7.44
186	10Y 6/4	62.73	−2.01	27.63
187	10Y 6/3	62.73	−1.77	20.73
188	10Y 5.5/5	57.59	−2.82	34.67
189	10Y 5.25/3	55	−2.22	20.27
190	10Y 5/5	52.4	−3.42	33.74
191	10Y 5/4	52.4	−2.91	26.76
192	10Y 5/3	52.4	−2.39	20.12
193	10Y 5/1	52.4	−0.82	6.25

表 A.1（续）

颜色编号	颜色标号	色度值		
		L 值	a 值	b 值
194	10Y 4.5/3	47.16	−2.44	19.98
195	10Y 4.5/2	47.16	−1.81	13.42
196	10Y 4/3	41.89	−2.47	19.84
197	10Y 4/2	41.89	−1.78	13.38
198	10Y 4/1	41.89	−0.82	7.04
199	2.5GY 8.5/6	87.13	−11.54	45.25
200	2.5GY 8.5/5	87.13	−9.79	37.48
201	2.5GY 8.5/4	87.13	−8	29.68
202	2.5GY 8.5/3	87.13	−6.19	22.46
203	2.5GY 8.5/2	87.13	−4.38	15.24
204	2.5GY 8/9	82.49	−12.45	63.91
205	2.5GY 8/7	82.49	−10.58	48.7
206	2.5GY 8/3	82.49	−5.98	21.13
207	2.5GY 7.5/7	77.7	−11.02	49.28
208	2.5GY 7.5/4	77.7	−7.57	27.64
209	2.5GY 6.5/6	67.81	−9.95	42.23
210	2.5GY 6.5/4	67.81	−7.44	26.98
211	2.5GY 6.5/2	67.81	−4.49	13.76
212	2.5GY 5.5/4	57.59	−6.77	26.12
213	2.5GY 5.25/3	55	−5.1	19.38
214	2.5GY 5/4	52.4	−6.2	25.63
215	2.5GY 5/2	52.4	−3.46	12.9
216	2.5GY 4/2	41.89	−3.22	12.61
217	5GY 9/1	91.62	−4	8.38
218	5GY 8.5/6	87.13	−16.21	42.62
219	5GY 8.5/4	87.13	−11.85	27.97
220	5GY 8.5/3	87.13	−9.45	21.21
221	5GY 8.5/1	87.13	−4.33	7.84
222	5GY 8/7	82.49	−16.99	46.48
223	5GY 8/5	82.49	−13.02	33.27
224	5GY 8/1	82.49	−2.96	8.03
225	5GY 7.5/8	77.7	−19.94	53.25
226	5GY 7.5/7	77.7	−17.95	46.44

表 A.1（续）

颜色编号	颜色标号	色度值		
		L 值	*a* 值	*b* 值
227	5GY 7.5/6	77.7	−15.98	39.69
228	5GY 7.5/5	77.7	−13.66	32.95
229	5GY 7.5/2	77.7	−6.07	13.79
230	5GY 6/3	62.73	−8.43	18.04
231	5GY 5/6	52.4	−12.79	36.96
232	5GY 5/4	52.4	−9.2	24.06
233	5GY 5/2	52.4	−4.92	11.92
234	5GY 4/2	41.89	−4.78	11.37
235	7.5GY 8.5/5	87.13	−19.99	30.16
236	7.5GY 7.5/7	77.7	−25.95	39.58
237	7.5GY 7/10	72.8	−33.14	56.17
238	7.5GY 7/8	72.8	−28.58	45.72
239	7.5GY 6.5/9	67.81	−29.98	50.33
240	7.5GY 6.5/3	67.81	−11.51	16.19
241	7.5GY 6/8	62.73	−27.15	44.58
242	7.5GY 5.5/7	57.59	−23.48	37.76
243	7.5GY 5.25/6	55	−20.5	31.81
244	10GY 8.5/2	87.13	−10.92	10.45
245	10GY 8/1	82.49	−6.29	6.07
246	10GY 7.5/7	77.7	−31.08	31.39
247	10GY 7.5/6	77.7	−27.33	27
248	10GY 7.5/5	77.7	−23.25	22.63
249	10GY 7.5/3	77.7	−14.74	13.85
250	10GY 7.5/2	77.7	−10.29	9.4
251	10GY 7/7	72.8	−30.35	30.93
252	10GY 7/1	72.8	−5.29	4.48
253	10GY 6.5/8	67.81	−34.53	35.92
254	10GY 6/7	62.73	−30.4	30.93
255	10GY 5.5/8	57.59	−34.5	35.39
256	10GY 5/6	52.4	−25.76	24.55
257	10GY 4.5/3	47.16	−12.72	11.71
258	2.5G 7.5/6	77.7	−29.84	20.34
259	2.5G 7.5/5	77.7	−25.26	17.05

表 A.1（续）

颜色编号	颜色标号	色度值		
		L 值	*a* 值	*b* 值
260	2.5G 7.5/3	77.7	−15.86	10.45
261	2.5G 7.5/2	77.7	−11.06	7.16
262	2.5G 7/2	72.8	−10.7	6.91
263	2.5G 6.5/5	67.81	−24.36	15.54
264	2.5G 5.5/3	57.59	−14.3	8.68
265	2.5G 5/7	52.4	−35.5	19.83
266	2.5G 5/5	52.4	−24.51	13.84
267	2.5G 4.5/6	47.16	−30.29	16.49
268	2.5G 4.5/2	47.16	−9.23	5.6
269	2.5G 4/6	41.89	−30.55	16.22
270	2.5G 4/3	41.89	−14.8	8.17
271	2.5G 4/2	41.89	−9.01	5.27
272	5G 9/1	91.62	−7.47	4.12
273	5G 7.5/7	77.7	−35.81	17
274	5G 7.5/6	77.7	−31.13	14.64
275	5G 7.5/5	77.7	−26.31	12.28
276	5G 7.5/4	77.7	−21.58	9.9
277	5G 7.5/3	77.7	−16.52	7.62
278	5G 7.5/1	77.7	−6.52	2.97
279	5G 7/4	72.8	−20.87	8.96
280	5G 6.5/7	67.81	−36.09	15.35
281	5G 6.5/2	67.81	−10.68	4.41
282	5G 6.5/1	67.81	−6.29	2.45
283	5G 6/8	62.73	−42.81	17.93
284	5G 5.5/1	57.59	−6.15	2.45
285	5G 5/5	52.4	−25.51	9.69
286	5G 5/3	52.4	−15.04	5.85
287	5G 5/1	52.4	−5.59	2.32
288	5G 4.5/4	47.16	−20.83	7.74
289	5G 4.5/2	47.16	−9.88	4.04
290	5G 4/3	41.89	−15.68	5.94
291	5G 4/1	41.89	−5.22	2.66
292	7.5G 7/8	72.8	−41.22	13.55

表 A.1（续）

颜色编号	颜色标号	色度值		
		L 值	*a* 值	*b* 值
293	7.5G 7/2	72.8	−11.23	3.56
294	7.5G 6/8	62.73	−43.36	13.4
295	7.5G 6/2	62.73	−10.4	2.97
296	7.5G 5.25/2	55	−10.43	3
297	7.5G 5/7	52.4	−37.94	10.34
298	7.5G 4.5/2	47.16	−10.23	2.8
299	7.5G 4/3	41.89	−16.19	4.19
300	10G 8/6	82.49	−32.72	8.21
301	10G 6.5/7	67.81	−37.25	7.9
302	10G 6/8	62.73	−43.59	9.18
303	10G 6/6	62.73	−32.21	6.81
304	10G 5.25/6	55	−32.28	5.69
305	10G 4.5/6	47.16	−33.23	5.75
306	10G 4/5	41.89	−28.48	5.12
307	10G 4/3	41.89	−16.53	2.93
308	10G 4/1	41.89	−5.63	0.94
309	10G 3.5/2	36.57	−10.67	1.41
310	2.5BG 8/4	82.49	−22.27	2.24
311	2.5BG 8/3	82.49	−17.11	1.69
312	2.5BG 8/2	82.49	−11.98	1.11
313	2.5BG 7.5/5	77.7	−26.97	2.97
314	2.5BG 7.5/2	77.7	−11.56	1.13
315	2.5BG 7/2	72.8	−11.14	1.13
316	2.5BG 6.5/7	67.81	−37.31	4.4
317	2.5BG 6.5/5	67.81	−26.88	3.04
318	2.5BG 6/6	62.73	−32.48	3.6
319	2.5BG 6/2	62.73	−10.65	0.56
320	2.5BG 5.25/8	55	−44.6	3.4
321	2.5BG 5.25/6	55	−32.18	2.58
322	2.5BG 5/7	52.4	−38.48	2.55
323	2.5BG 5/5	52.4	−26.23	1.82
324	2.5BG 5/3	52.4	−15.58	0.83
325	2.5BG 4.5/4	47.16	−21.59	1.66

表 A.1（续）

颜色编号	颜色标号	色度值		
		L 值	*a* 值	*b* 值
326	2.5BG 4.5/2	47.16	−10.6	0.38
327	2.5BG 3.5/2	36.57	−10.77	0.2
328	5BG 8.5/2	87.13	−10.85	−0.19
329	5BG 8.5/1	87.13	−5.51	0.12
330	5BG 8/3	82.49	−16.81	−0.04
331	5BG 7.5/6	77.7	−31.63	−0.07
332	5BG 7.5/4	77.7	−21.6	−0.16
333	5BG 7.5/2	77.7	−11.22	−0.19
334	5BG 7/7	72.8	−35.97	0.06
335	5BG 6.5/8	67.81	−42	−0.81
336	5BG 6/7	62.73	−37.57	−1.77
337	5BG 6/5	62.73	−26.8	−1.5
338	5BG 6/4	62.73	−21.67	−1.32
339	5BG 5.5/8	57.59	−43.8	−1.76
340	5BG 5.25/3	55	−15.51	−1.4
341	5BG 5.25/1	55	−5.65	−0.92
342	5BG 5/8	52.4	−44.45	−1.68
343	5BG 4.5/7	47.16	−38.01	−1.54
344	5BG 4.5/1	47.16	−5.4	−1.06
345	5BG 4/4	41.89	−22.55	−1.19
346	5BG 3.5/3	36.57	−16.21	−1.23
347	7.5BG 8/5	82.49	−25.67	−3.38
348	7.5BG 7.5/2	77.7	−10.19	−1.95
349	7.5BG 7/5	72.8	−25.04	−3.65
350	7.5BG 6/5	62.73	−25.57	−5.23
351	7.5BG 5.5/2	57.59	−10.05	−2.39
352	10BG 8/5	82.49	−23.83	−6.42
353	10BG 7.5/6	77.7	−27.92	−8.02
354	10BG 7.5/5	77.7	−23.52	−6.9
355	10BG 7.5/4	77.7	−19.08	−5.76
356	10BG 7.5/3	77.7	−14.17	−4.44
357	10BG 7/3	72.8	−14.09	−4.69
358	10BG 6.5/8	67.81	−37.8	−10.98

表 A.1（续）

颜色编号	颜色标号	色度值		
		L 值	a 值	b 值
359	10BG 6.5/4	67.81	−19.15	−6.22
360	10BG 6/3	62.73	−14.24	−4.88
361	10BG 5.5/8	57.59	−39.23	−12.32
362	10BG 5.25/5	55	−23.37	−8.64
363	10BG 5.25/3	55	−13.68	−5.49
364	10BG 4.5/7	47.16	−33.86	−11.78
365	10BG 4.5/5	47.16	−24.22	−9.08
366	10BG 4.5/3	47.16	−13.96	−5.81
367	10BG 4/4	41.89	−19.96	−7.61
368	2.5B 8/5	82.49	−20.71	−9.74
369	2.5B 7/8	72.8	−31.54	−15.42
370	2.5B 6.5/8	67.81	−33.65	−16.15
371	2.5B 6.5/6	67.81	−25.62	−12.72
372	2.5B 6.5/3	67.81	−12.59	−6.54
373	2.5B 6/6	62.73	−26.57	−13.15
374	2.5B 6/3	62.73	−12.65	−6.57
375	2.5B 5.5/6	57.59	−26.45	−13.37
376	2.5B 5/8	52.4	−35.41	−17
377	2.5B 5/5	52.4	−21.33	−11.38
378	2.5B 4.5/7	47.16	−30.75	−15.53
379	5B 7.5/6	77.7	−20.86	−14.7
380	5B 7/7	72.8	−24.24	−16.96
381	5B 7/1	72.8	−2.98	−2.75
382	5B 6.5/8	67.81	−28.44	−19.92
383	5B 6.5/5	67.81	−17.92	−13.49
384	5B 6/7	62.73	−25.9	−18.88
385	5B 6/6	62.73	−22.2	−16.66
386	5B 6/5	62.73	−18.03	−13.94
387	5B 6/4	62.73	−13.89	−11.21
388	5B 6/2	62.73	−6.45	−5.68
389	5B 5.25/9	55	−32.93	−23.48
390	5B 5.25/6	55	−21.98	−17.1
391	5B 5/7	52.4	−25.7	−19.48

表 A.1（续）

颜色编号	颜色标号	色度值		
		L 值	*a* 值	*b* 值
392	5B 5/5	52.4	−17.75	−14.44
393	5B 4.5/7	47.16	−25.79	−19.5
394	5B 4/5	41.89	−19.05	−15.27
395	5B 3.5/3	36.57	−11.35	−9.25
396	5B 3/1	31.21	−2.48	−3.97
397	7.5B 7.5/6	77.7	−16.08	−17.01
398	7.5B 7/7	72.8	−18.84	−19.87
399	7.5B 6.5/9	67.81	−24.97	−25.71
400	7.5B 6.5/4	67.81	−10.92	−12.75
401	7.5B 6/10	62.73	−27.9	−29.1
402	7.5B 6/6	62.73	−16.61	−19.21
403	7.5B 6/4	62.73	−10.6	−12.98
404	7.5B 5.5/9	57.59	−26.02	−27.05
405	7.5B 5.25/6	55	−17.32	−19.41
406	7.5B 5/9	52.4	−27.08	−27.41
407	7.5B 4.5/8	47.16	−24.01	−24.65
408	7.5B 4/6	41.89	−18.27	−19.96
409	7.5B 4/5	41.89	−15.36	−17.14
410	7.5B 4/4	41.89	−12.42	−14.34
411	7.5B 3.5/3	36.57	−9.54	−10.48
412	10B 8.5/3	87.13	−7.96	−8.91
413	10B 8/5	82.49	−10.69	−14.91
414	10B 8/4	82.49	−8.57	−12.25
415	10B 8/2	82.49	−3.99	−5.61
416	10B 8/1	82.49	−2.1	−2.6
417	10B 7.5/6	77.7	−12.02	−18.31
418	10B 7.5/4	77.7	−8.29	−12.87
419	10B 7.5/3	77.7	−6.1	−9.42
420	10B 7/8	72.8	−15.45	−24.74
421	10B 7/7	72.8	−13.4	−21.89
422	10B 7/3	72.8	−5.96	−9.88
423	10B 6.5/9	67.81	−17.96	−28.37
424	10B 6.5/7	67.81	−13.66	−22.64

表 A.1(续)

颜色编号	颜色标号	色度值		
		L 值	*a* 值	*b* 值
425	10B 6.5/4	67.81	−7.97	−13.78
426	10B 6.5/1	67.81	−2.31	−3.69
427	10B 6/1	62.73	−2.48	−4.25
428	10B 5.25/8	55	−17.53	−26.92
429	10B 5.25/7	55	−15.18	−23.88
430	10B 5.25/5	55	−10.51	−17.41
431	10B 5.25/2	55	−3.96	−6.93
432	10B 5.25/1	55	−2.06	−3.67
433	10B 5/9	52.4	−20.89	−30.15
434	10B 5/8	52.4	−18.13	−27.19
435	10B 5/7	52.4	−15.62	−24.05
436	10B 5/5	52.4	−10.71	−17.43
437	10B 4.5/10	47.16	−23.62	−32.51
438	10B 4.5/6	47.16	−13.7	−21.13
439	10B 4.5/2	47.16	−4.02	−7.3
440	10B 4/7	41.89	−16.6	−24.06
441	10B 4/6	41.89	−14.26	−21.39
442	10B 4/5	41.89	−11.85	−18.41
443	10B 4/4	41.89	−9.46	−15.41
444	10B 4/3	41.89	−6.76	−11.5
445	10B 3.5/4	36.57	−10.62	−15.16
446	10B 3.5/3	36.57	−7.52	−11.57
447	10B 3.5/1	36.57	−1.81	−4.63
448	10B 3/4	31.21	−11.78	−14.91
449	10B 3/2	31.21	−4.7	−8.35
450	2.5PB 8/4	82.49	−4.94	−12.71
451	2.5PB 7.5/5	77.7	−6.25	−16.31
452	2.5PB 7/8	72.8	−9.53	−25.96
453	2.5PB 7/4	72.8	−5.19	−13.8
454	2.5PB 6.5/9	67.81	−10.54	−30.02
455	2.5PB 6/4	62.73	−4.67	−14.66
456	2.5PB 5.5/11	57.59	−14.63	−38.11
457	2.5PB 5.5/7	57.59	−8.67	−24.97

表 A.1（续）

颜色编号	颜色标号	色度值		
		L 值	*a* 值	*b* 值
458	2.5PB 5.5/5	57.59	−6.22	−18.27
459	2.5PB 5.25/4	55	−5.19	−14.69
460	2.5PB 5/9	52.4	−12.81	−32.27
461	2.5PB 5/4	52.4	−5.38	−14.7
462	2.5PB 4/3	41.89	−4.06	−12.33
463	5PB 8.5/3	87.13	−4.47	−10.17
464	5PB 8/2	82.49	−0.91	−5.56
465	5PB 7/6	72.8	−2.92	−20.39
466	5PB 7/2	72.8	−1.24	−6.63
467	5PB 6.5/9	67.81	−3.58	−30.61
468	5PB 6.5/7	67.81	−2.95	−24.11
469	5PB 6/12	62.73	−3.67	−41.92
470	5PB 5.5/7	57.59	−3.31	−25.31
471	5PB 4.5/6	47.16	−3.01	−22.87
472	5PB 4/5	41.89	−2.12	−20.11
473	5PB 4/3	41.89	−1.31	−12.69
474	5PB 4/1	41.89	−0.37	−5.21
475	7.5PB 8/4	82.49	0.78	−12.24
476	7.5PB 6.5/8	67.81	3.1	−26.86
477	7.5PB 6/9	62.73	4.63	−31.48
478	7.5PB 5.5/10	57.59	5.16	−35.68
479	7.5PB 5/8	52.4	3.63	−29.3
480	7.5PB 4.5/9	47.16	4.99	−33.18
481	7.5PB 4.5/3	47.16	1.37	−11.8
482	7.5PB 4/10	41.89	6.59	−36.83
483	7.5PB 3.5/7	36.57	5.77	−29.14
484	7.5PB 3.5/5	36.57	3.71	−20.96
485	7.5PB 3.5/3	36.57	1.94	−13.13
486	10PB 8/3	82.49	1.84	−8.36
487	10PB 8/1	82.49	0.04	−2.1
488	10PB 7.5/4	77.7	3.1	−12.33
489	10PB 7.5/2	77.7	0.96	−5.56
490	10PB 7/7	72.8	6.46	−22.66

表 A.1（续）

颜色编号	颜色标号	色度值		
		L 值	*a* 值	*b* 值
491	10PB 7/5	72.8	4.5	−16.43
492	10PB 6.5/6	67.81	6.1	−20.01
493	10PB 6.5/4	67.81	3.63	−13.06
494	10PB 6/9	62.73	10.42	−29.84
495	10PB 6/3	62.73	2.84	−10.08
496	10PB 6/1	62.73	0.71	−4.32
497	10PB 5.5/10	57.59	12.55	−33.76
498	10PB 5.5/8	57.59	9.67	−27.23
499	10PB 5.25/11	55	14.65	−37.49
500	10PB 5.25/7	55	8.54	−24.19
501	10PB 5/12	52.4	16.96	−41.29
502	10PB 5/8	52.4	10.42	−28.23
503	10PB 5/6	52.4	7.29	−20.93
504	10PB 5/4	52.4	4.4	−13.62
505	10PB 5/2	52.4	2.18	−7.06
506	10PB 4.5/7	47.16	9.7	−25.46
507	10PB 4.5/3	47.16	3.82	−11.21
508	10PB 4/12	41.89	18.43	−40.96
509	10PB 4/8	41.89	12.23	−29.77
510	10PB 4/6	41.89	8.9	−22.86
511	10PB 3.5/5	36.57	8.21	−20.3
512	2.5P 8.5/2	87.13	1.57	−5.44
513	2.5P 8/6	82.49	7.69	−17.26
514	2.5P 7.5/7	77.7	10.09	−21.19
515	2.5P 7.5/5	77.7	6.8	−14.93
516	2.5P 7.5/3	77.7	3.7	−8.36
517	2.5P 7/9	72.8	13.56	−26.61
518	2.5P 7/8	72.8	12.11	−24.07
519	2.5P 6.5/3	67.81	4.56	−9.02
520	2.5P 6/12	62.73	22.72	−38.55
521	2.5P 6/10	62.73	17.61	−31.07
522	2.5P 5.25/12	55	23.17	−39.15
523	2.5P 5.25/8	55	14.53	−26.16

表 A.1（续）

颜色编号	颜色标号	色度值		
		L 值	a 值	b 值
524	2.5P 5.25/4	55	6.58	−12.58
525	2.5P 5/11	52.4	20.85	−35.81
526	2.5P 5/9	52.4	16.64	−29.49
527	2.5P 5/7	52.4	12.76	−23.23
528	2.5P 5/5	52.4	8.7	−16.29
529	2.5P 5/3	52.4	4.93	−9.74
530	2.5P 4.5/6	47.16	11.86	−21
531	2.5P 4.5/4	47.16	7.57	−13.85
532	2.5P 4/11	41.89	22.95	−36.34
533	2.5P 4/9	41.89	19.01	−30.9
534	2.5P 4/5	41.89	10.69	−18.57
535	2.5P 4/3	41.89	6.4	−11.38
536	2.5P 3.5/5	36.57	12	−19.32
537	2.5P 3.5/4	36.57	9.43	−15.75
538	2.5P 3/5	31.21	13.33	−20.09
539	2.5P 3/3	31.21	7.56	−12.61
540	5P 7/11	72.8	23.97	−28.01
541	5P 6.5/8	67.81	17.95	−21.82
542	5P 6.5/6	67.81	13.56	−16.97
543	5P 6/11	62.73	27.07	−31.29
544	5P 5.5/12	57.59	30.69	−35.42
545	5P 5.5/10	57.59	24.08	−28.72
546	5P 5.5/6	57.59	13.86	−17.62
547	5P 5.25/11	55	27.54	−32.43
548	5P 5/10	52.4	24.64	−29.59
549	5P 4.5/11	47.16	27.85	−33.54
550	5P 4.5/7	47.16	17.8	−22.67
551	5P 4/2	41.89	4.91	−7.5
552	7.5P 8/3	82.49	6.53	−5.62
553	7.5P 7.5/4	77.7	10.06	−8.31
554	7.5P 7/7	72.8	19.3	−16.11
555	7.5P 6.5/6	67.81	16.59	−14.43
556	7.5P 6/7	62.73	19.52	−17.25

表 A.1（续）

颜色编号	颜色标号	色度值		
		L 值	*a* 值	*b* 值
557	7.5P 6/5	62.73	13.15	−12.12
558	7.5P 5.5/8	57.59	23.66	−20.41
559	7.5P 5.25/7	55	21.02	−18.12
560	7.5P 5/12	52.4	37.48	−31.19
561	7.5P 4.5/5	47.16	15.74	−14.28
562	7.5P 4.5/3	47.16	9.34	−8.46
563	7.5P 4/8	41.89	26.23	−24.18
564	7.5P 4/6	41.89	20.09	−18.91
565	10P 8/7	82.49	21.46	−12.06
566	10P 8/5	82.49	14.15	−8.19
567	10P 8/1	82.49	1.74	−1.27
568	10P 7.5/8	77.7	25.16	−14.43
569	10P 7.5/6	77.7	18.13	−10.53
570	10P 7.5/4	77.7	11.26	−6.64
571	10P 7.5/2	77.7	4.9	−3.01
572	10P 7/11	72.8	33.4	−19.79
573	10P 7/9	72.8	27.74	−16.41
574	10P 6.5/10	67.81	31.62	−18.74
575	10P 6.5/8	67.81	25.81	−15.23
576	10P 6/11	62.73	36.82	−21.88
577	10P 6/5	62.73	16.17	−9.21
578	10P 6/3	62.73	9.45	−4.97
579	10P 5.5/4	57.59	12.92	−7.53
580	10P 5.5/2	57.59	6.86	−3.44
581	10P 5.25/14	55	50.22	−30.87
582	10P 5.25/7	55	24.4	−15.11
583	10P 5/12	52.4	42.28	−26.49
584	10P 5/10	52.4	34.92	−21.99
585	10P 5/8	52.4	28.34	−17.86
586	10P 5/6	52.4	21.27	−13.34
587	10P 5/4	52.4	13.54	−8.25
588	10P 4.5/11	47.16	38.91	−25.33
589	10P 4.5/9	47.16	32.42	−21.19

表 A.1（续）

颜色编号	颜色标号	色度值		
		L 值	*a* 值	*b* 值
590	10P 4.5/3	47.16	11.11	−6.76
591	10P 4/6	41.89	23.66	−16
592	10P 4/2	41.89	8.21	−4.85
593	10P 3.5/7	36.57	27.23	−19.73
594	10P 3.5/3	36.57	12.22	−8.76
595	2.5RP 8/4	82.49	12.31	−4.11
596	2.5RP 7.5/4	77.7	12.85	−4.38
597	2.5RP 7/10	72.8	34.25	−11.16
598	2.5RP 7/6	72.8	20.94	−6.93
599	2.5RP 6.5/11	67.81	38.93	−13.65
600	2.5RP 5.5/14	57.59	54.52	−21.58
601	2.5RP 5.25/6	55	23.79	−9.23
602	2.5RP 5/14	52.4	55.6	−22.2
603	2.5RP 5/11	52.4	43.46	−17.35
604	2.5RP 5/9	52.4	35.66	−14.16
605	2.5RP 5/7	52.4	28.07	−11.23
606	2.5RP 4.5/8	47.16	33.74	−13.35
607	2.5RP 4/9	41.89	38.34	−15.23
608	2.5RP 4/7	41.89	31.14	−12.27
609	2.5RP 4/5	41.89	22.19	−8.62
610	5RP 8.5/2	87.13	6.22	−1.21
611	5RP 8/5	82.49	17.57	−2.55
612	5RP 8/3	82.49	9.77	−1.32
613	5RP 7.5/6	77.7	22.49	−2.42
614	5RP 7/9	72.8	34.2	−2.83
615	5RP 7/7	72.8	27.32	−2.07
616	5RP 7/5	72.8	19.11	−1.21
617	5RP 6.5/10	67.81	38.29	−2.99
618	5RP 6.5/8	67.81	32.03	−2.38
619	5RP 6/14	62.73	56.63	−4.25
620	5RP 6/5	62.73	20.11	−1.3
621	5RP 5.5/10	57.59	41.07	−4.32
622	5RP 5.5/8	57.59	33.74	−3.46

表 A.1（续）

颜色编号	颜色标号	色度值		
		L 值	a 值	b 值
623	5RP 5.25/14	55	58.62	−7.26
624	5RP 5.25/5	55	21.67	−2.52
625	5RP 5/12	52.4	50.57	−6.94
626	5RP 5/8	52.4	34.59	−4.61
627	5RP 4.5/7	47.16	31.65	−5.38
628	5RP 4/4	41.89	18.56	−3.28
629	7.5RP 8.5/3	87.13	10.73	−0.25
630	7.5RP 8/4	82.49	14.86	0.78
631	7.5RP 7.5/7	77.7	28.11	1.41
632	7.5RP 7.5/5	77.7	19.31	1.01
633	7.5RP 7/8	72.8	31.94	1.23
634	7.5RP 6.5/11	67.81	42.88	2.19
635	7.5RP 6.5/7	67.81	28.6	1.42
636	7.5RP 6/6	62.73	25.18	1.35
637	7.5RP 5/14	52.4	59.68	1.3
638	7.5RP 4.5/8	47.16	36.74	−0.77
639	7.5RP 4/5	41.89	23.73	−0.44
640	10RP 9/2	91.62	6.6	0.83
641	10RP 8.5/2	87.13	6.65	0.34
642	10RP 7.5/7	77.7	29.2	6.09
643	10RP 7.5/6	77.7	24.54	5.03
644	10RP 7.5/5	77.7	20.11	4.1
645	10RP 7.5/4	77.7	15.64	3.19
646	10RP 7.5/1	77.7	3.53	0.85
647	10RP 7/8	72.8	32.83	5.93
648	10RP 7/6	72.8	24.47	4.34
649	10RP 7/2	72.8	7.16	1.32
650	10RP 6.5/10	67.81	39.85	7.79
651	10RP 6.5/9	67.81	36.5	7.05
652	10RP 6.5/7	67.81	29.1	5.48
653	10RP 6.5/5	67.81	20.48	3.79
654	10RP 6.5/3	67.81	11.72	2.14
655	10RP 6.5/1	67.81	4.66	1.02

表 A.1（续）

颜色编号	颜色标号	色度值		
		L 值	*a* 值	*b* 值
656	10RP 6/12	62.73	49.32	10.56
657	10RP 6/4	62.73	16.27	3.02
658	10RP 5.5/14	57.59	58.43	13.38
659	10RP 5.5/5	57.59	22.12	4.31
660	10RP 5.5/1	57.59	5.37	0.88
661	10RP 5.25/10	55	44.25	9.68
662	10RP 5.25/8	55	35.05	7.33
663	10RP 5.25/6	55	27.79	5.7
664	10RP 5.25/4	55	17.66	3.22
665	10RP 5/14	52.4	58.96	13.93
666	10RP 5/11	52.4	48.61	11
667	10RP 5/7	52.4	32.03	6.75
668	10RP 5/5	52.4	23.28	4.62
669	10RP 5/3	52.4	13.59	2.29
670	10RP 4.5/10	47.16	44.68	8.13
671	10RP 4.5/8	47.16	37.09	6.41
672	10RP 4.5/6	47.16	28.65	4.98
673	10RP 4.5/4	47.16	18.83	2.96
674	10RP 4.5/2	47.16	9.91	1.44
675	10RP 4/7	41.89	33.74	4.65
676	10RP 4/5	41.89	24.19	3.32
677	10RP 4/3	41.89	15.14	2.11
678	10RP 4/1	41.89	6.69	1.27
679	10RP 3.5/4	36.57	19.96	1.88
680	10RP 3/1	31.21	7.33	0.33
681	9N	91.62	0	0
682	8.5N	87.13	0	0
683	8N	82.49	0	0
684	7.5N	77.70	0	0
685	7N	72.80	0	0
686	6.5N	67.81	0	0
687	6N	62.73	0	0
688	5.5N	57.59	0	0

表 A.1（续）

颜色编号	颜色标号	色度值		
		L 值	*a* 值	*b* 值
689	5N	52.40	0	0
690	4.5N	47.16	0	0
691	4N	41.89	0	0
692	3.5N	36.57	0	0
693	3N	31.21	0	0
694	2.75N	28.51	0	0
695	2.5N	25.77	0	0

ICS 67.080.20
B 31

中华人民共和国国家标准

GB/T 30723—2014

地理标志产品 梅里斯洋葱

Product of geographical indication—Meilisi onion

2014-07-08 发布 2014-12-01 实施

中华人民共和国国家质量监督检验检疫总局
中国国家标准化管理委员会 发布

前　言

本标准根据国家质量监督检验检疫总局颁布的《地理标志产品保护规定》、GB/T 17924《地理标志产品标准通用要求》和 GB/T 1.1—2009《标准化工作导则　第1部分：标准的结构和编写》制定。

本标准由全国地理标志产品保护工作组(SAC/WG 4)归口。

本标准起草单位：齐齐哈尔市梅里斯达斡尔族区地理标志产品保护办公室、齐齐哈尔市质量技术监督局梅里斯分局、齐齐哈尔市质量技术监督局、齐齐哈尔市梅里斯达斡尔族区农业局。

本标准主要起草人：杨跃鹏、王殿友、单继军、邢丽萍、孙凤霞、张天维、谭洪君、宋淑华。

地理标志产品　梅里斯洋葱

1　范围

本标准规定了梅里斯洋葱的术语和定义、地理标志产品保护范围、要求、试验方法、检验规则、包装、标签、运输和贮存。

本标准适用于国家质量监督检验检疫总局根据《地理标志产品保护规定》批准保护的地理标志产品梅里斯洋葱。

2　规范性引用文件

下列文件对于本文件的应用是必不可少的。凡是注日期的引用文件，仅注日期的版本适用于本文件。凡是不注日期的引用文件，其最新版本(包括所有的修改单)适用于本文件。

GB 5084　农田灌溉水质标准

GB/T 8855　新鲜水果和蔬菜　取样方法

GB/T 8858　水果、蔬菜产品中干物质和水分含量的测定方法

GB/T 10651　鲜苹果

NY/T 1071　洋葱

SB/T 10158　新鲜蔬菜包装与标识

JJF 1070　定量包装商品净含量计量检验规则

定量包装商品计量监督管理办法(国家质量监督检验检疫总局令[2005]第75号)

3　术语和定义

NY/T 1071界定的以及下列术语和定义适用于本文件。

3.1

梅里斯洋葱　Meilisi onion

产于第4章规定区域内，按照规定的生产技术规程生产并符合本标准质量要求的洋葱。

4　地理标志产品保护范围

梅里斯洋葱产地范围限于国家质量监督检验检疫总局根据《地理标志产品保护规定》批准的保护范围，即黑龙江省齐齐哈尔市梅里斯达斡尔族区现辖行政区域内，见附录A。

5　要求

5.1　种植技术

梅里斯洋葱种植技术按附录B执行。

5.2 品质要求

5.2.1 感官指标

应符合表1的规定。

表1 感官指标

项目	一等	二等	三等
基本要求	鳞茎圆球形，紧实，色泽铜黄光亮，外观无开裂及病虫疤痕，干燥，无鳞芽，无软腐，无异味，二至三层不脱皮，横径≥4.5 cm		
外观要求	具有同一品种的特征（球形指数差别＜5%），表面光滑，大小均匀一致，横径差异＜3%	具有相似品种的特征（球形指数差别＜10%），表面光滑，大小均匀一致，横径差异＜5%	具有相似品种的特征（球形指数差别＜10%），表面光滑，大小均匀一致，横径差异＜10%
不合格限度（以重量计）/%	每批产品不合格率≤5%，其中不得有机械损伤，不得有病虫斑，无软腐	每批产品不合格率≤10%，其中不得有机械损伤，病虫斑不得超过2%，无软腐	每批产品不合格率≤15%，其中机械损伤不得超过1%，病虫斑不得超过3%，软腐不得超过1%

5.2.2 理化指标

应符合表2的规定。

表2 理化指标

项 目		要 求
硬度/Pa	≥	10.0×10^5
可溶性固形物（以100 g洋葱计）/g	≥	8
干物质（以100 g洋葱计）/g	≥	10

5.3 重金属及有害物质限量

应符合NY/T 1071中有关规定。

5.4 农药最大残留限量

应符合NY/T 1071中有关规定。

5.5 净含量

净含量应符合《定量包装商品计量监督管理办法》的规定。

6 试验方法

6.1 感官指标

6.1.1 鳞茎紧实度用手握、按等方法进行检验。

6.1.2 外观有无损伤及病虫疤痕、鳞芽、软腐、异味及是否干燥、洁净等指标用目测。

6.1.3 异味用鼻闻检测。

6.1.4 色泽用目测。

6.1.5 横径用卡级板检测。

6.1.6 单项不合格率按式(1)计算：

$$w=\frac{m}{m_0}\times 100\% \qquad\cdots\cdots(1)$$

式中：

w ——单项不合格率；

m ——单项不合格洋葱重量，单位为克(g)；

m_0——检验批次总洋葱重量，单位为克(g)。

单项不合格率之和即为每批样品不合格率。

6.1.7 球形指数：用检验合格的卡尺测量鳞茎纵茎和鳞茎横茎，鳞茎纵茎与鳞茎横茎的比为球形指数。

6.2 理化指标

6.2.1 硬度

按照 GB/T 10651 中有关规定执行。

6.2.2 可溶性固形物

按照附录 C 执行。

6.2.3 干物质

按照 GB/T 8858 中有关规定执行。

6.3 重金属及有害物质

按照 NY/T 1071 中有关规定执行。

6.4 农药残留量的测定

按照 NY/T 1071 中有关规定执行。

6.5 净含量检验

按 JJF 1070 规定执行。

7 检验规则

7.1 组批

同一品种、同一产地、同一等级、相同的栽培条件、同时采收的洋葱作为一个检验批次。批发市场、农贸市场和超市相同进货渠道的洋葱作为一个检验批次。

7.2 抽样方法

按照 GB/T 8855 中的有关规定执行。

7.3 检验分类

7.3.1 交收检验

每批产品交收前应进行交收检验,交收检验项目为感官指标。检验合格并附合格证后方可交收。

7.3.2 型式检验

型式检验是对产品进行全面考核即对本标准规定的全部要求(指标)进行检验。有下列情形之一者应进行型式检验:

a) 前后两次检验结果差异较大;

b) 人为或自然因素使生产环境发生较大变化;

c) 国家质检机构或主管部门提出型式检验要求。

7.4 判定规则

7.4.1 交收检验时,在整批产品中各等级不合格品率超过规定值时,判定其等级不合格,允许重新分等,进行第二次验收,若仍不合格则判定该批产品不合格。

7.4.2 型式检验时,感官指标判定同 7.4.1。理化指标、重金属及有害物质限量和农药最大残留限量检验不合格,允许加倍抽样复检,若复检仍有不合格项则判定该批产品不合格。

8 包装、标志、标签、运输和贮存

8.1 包装

8.1.1 包装物应符合 SB/T 10158 的要求。

8.1.2 分级包装时应分产地、品种、规格等级,按规定定量包装,写明件数和重量。

8.2 标志

经批准后,可在梅里斯洋葱外包装上使用地理标志产品专用标志。

8.3 标签

销售梅里斯洋葱的定量包装标签应包括:

a) 品名、产品标准号、等级、净含量;

b) 原产地、销售单位及地址、商标、联系电话;

c) 运输、贮藏注意事项。

8.4 运输

8.4.1 洋葱收获后就地晾晒 2 d,运到临时贮存处避雨、风干,整修良好,及时包装运输。

8.4.2 装运时轻装轻卸,严防机械损伤。运输工具清洁、卫生、无污染,不与有毒、有害物品混运。

8.4.3 运输时应防雨淋、防日晒、防污染,注意通风。

8.5 贮存

8.5.1 临时贮存

临时贮存应在阴凉、通风、清洁、卫生的条件下进行,严防曝晒、雨淋、冻害及有毒物质和病虫害的损伤。分品种单贮。在温度较高时(5℃以上)应定期倒垛,以便通风。

8.5.2 长期贮存

室温 0 ℃～2 ℃,相对湿度 70%～80%。晾晒 5 d～7 d,使表皮干燥。分品种单贮,码放 5 层～8 层。温度较高时(5 ℃以上)应定期倒垛,以便通风。

附 录 A
（规范性附录）
梅里斯洋葱地理标志产品保护范围图

梅里斯洋葱地理标志产品保护范围见图 A.1。

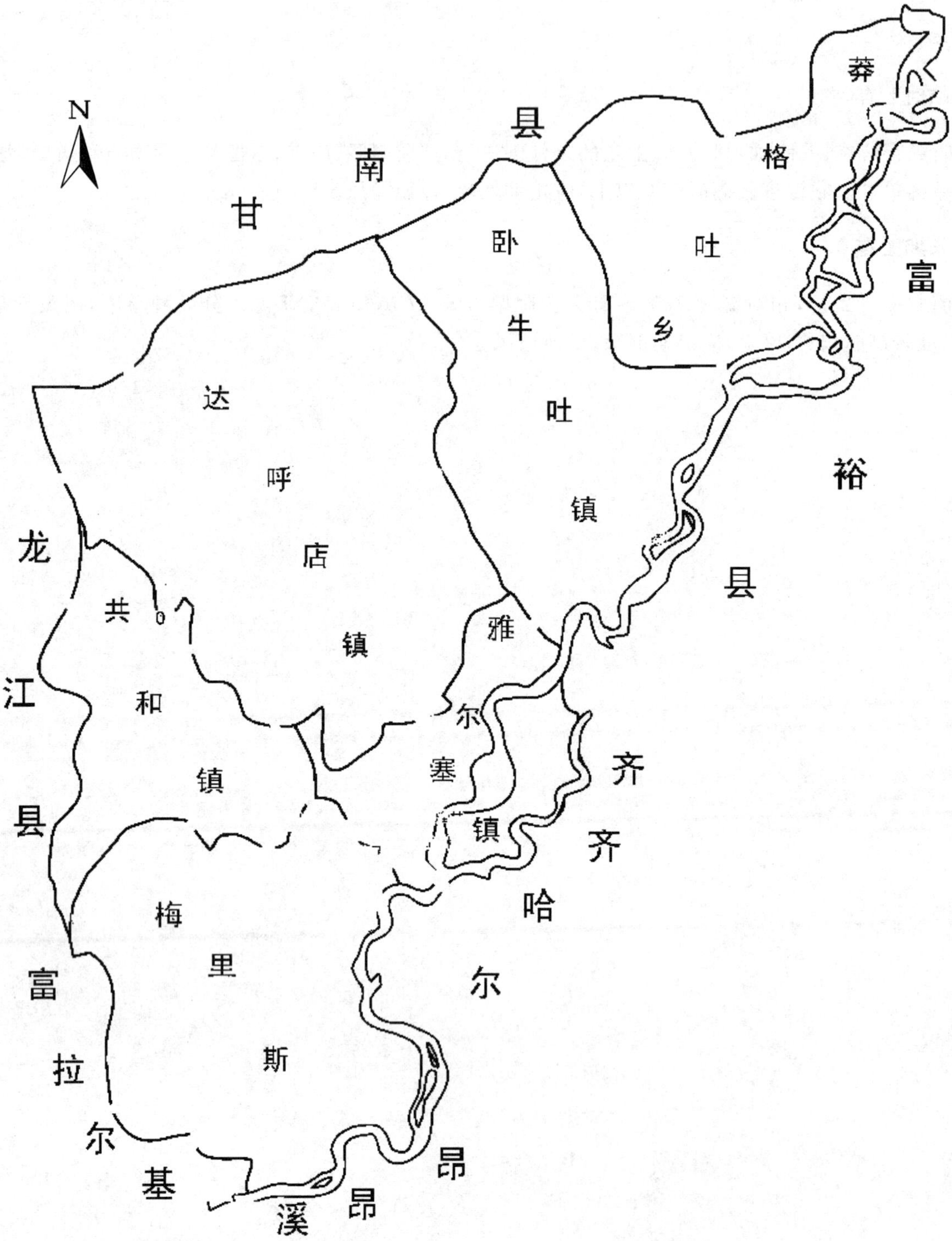

图 A.1 梅里斯洋葱地理标志产品保护范围图

附　录　B
（规范性附录）
梅里斯洋葱种植技术

B.1　产地环境条件

B.1.1　土壤条件

黑钙土或草甸土，土层深 20 cm～40 cm，pH 值为 6.8～7.0。

B.1.2　水源条件

采用保护区域内水源灌溉，水质应符合 GB 5084。

B.2　品种选择

选用圆球形、黄皮类型的品种。

B.3　培育壮苗

种子消毒后催芽，待有 50%以上出芽时播种，2 月中旬至 3 月初在温室或大棚中平畦撒播，每平方米 7 g～10 g，覆土 1.5 cm～2.0 cm。播后覆盖薄膜，待 70%苗出土揭去膜。壮苗标准为苗高应达到 20 cm 左右，假茎粗 0.6 cm～0.8 cm，真叶 3 片～4 片，苗龄 60 d 左右。

B.4　定植

定植前整地做畦，按地力条件进行测土配方施肥，一般每 667 m^2 施用有机肥 2 m^3，二铵 15 kg，硫酸钾 10 kg，并覆地膜。定植时间为 4 月中旬。将葱苗根留 1.5 cm～2.0 cm 后剪掉，用 50%辛硫磷 800 倍液蘸根，杀死葱地种蝇的卵和幼虫，定植密度为(13 cm～15 cm)×12 cm，深度为 2 cm～3 cm，随即灌定植水，每 667 m^2 保苗 2.5 万株～3.2 万株。

B.5　田间管理

及时补苗，保证全苗，定植后 15 d～25 d 浇一次缓苗水，并随水冲施硫酸铵，每 667 m^2 用量 10 kg。鳞茎膨大期前施尿素，每 667 m^2 用量 5 kg。鳞茎膨大期追施硫酸钾复合肥，每 667 m^2 用量 10 kg～15 kg。

B.6　病虫害防治

病虫害主要有霜霉病、紫斑病、软腐病、蓟马、葱蝇等。霜霉病、紫斑病可用霜脲锰锌等药剂防治；软腐病可用农用链霉素等药剂防治；葱蝇、蓟马可用阿维菌素等药剂防治。收获前 20 d 禁止使用农药。

B.7　收获

当假茎松软，倒伏，鳞茎达到商品性状时，进行采收。采收需在晴天进行，采收后就地晾晒 2 d～3 d。

附　录　C
（规范性附录）
可溶性固形物的检验方法

C.1　原理

在 20 ℃用折射仪测定试样溶液的折射率，从仪器的刻度尺上直接读出可溶性固形物的含量。

C.2　仪器设备

C.2.1　折射仪：刻度尺上的最小分度值，折射率(n_D)为 0.001，读数可估计到 0.000 3。
C.2.2　恒温水浴。
C.2.3　高速组织捣碎机：10 000 r/min～12 000 r/min。
C.2.4　架盘天平：感量 0.01 g。
C.2.5　烧杯：250 mL。

C.3　测定步骤

C.3.1　样液制备

取试样的可食部分切碎、混匀，称取 250 g，准确至 0.1 g，放入高速组织捣碎机捣碎，用双层擦镜纸或纱布挤出汁液测定。

C.3.2　测定

C.3.2.1　调节恒温水浴循环水温度在 20 ℃±0.5 ℃，使水流通过折射仪的恒温器。循环水也可在 15 ℃～25 ℃ 范围内调节，温度恒定不超过±0.5 ℃。
C.3.2.2　用蒸馏水校准折射仪读数，在 20 ℃时将可溶性固形物调整至 0%；温度不在 20 ℃时，按表 C.1 的校正值进行校准。
C.3.2.3　将棱镜表面擦干后，滴加 2 滴～3 滴待测样液于棱镜中央，立即闭合上下两块棱镜，对准光源，转动消色调节旋钮，使视野分成明暗两部分，再转动棱镜旋钮，使明暗分界线恰在物镜的十字交叉点上，读取刻度尺上所示百分数，并记录测定时的温度。

表 C.1　折射仪测定可溶性固形物温度校正

温度/℃	可溶性固形物读数/%										
	0	5	10	15	20	25	30	40	50	60	70
应减去的校正值											
15	0.27	0.29	0.31	0.33	0.34	0.34	0.35	0.37	0.38	0.39	0.40
16	0.22	0.24	0.25	0.26	0.27	0.28	0.28	0.30	0.30	0.31	0.32
17	0.17	0.18	0.19	0.20	0.21	0.21	0.21	0.22	0.22	0.23	0.24
18	0.12	0.13	0.13	0.14	0.14	0.14	0.14	0.15	0.15	0.16	0.16
19	0.06	0.06	0.06	0.07	0.07	0.07	0.07	0.08	0.08	0.08	0.08

表 C.1（续）

温度/℃	可溶性固形物读数/%										
	0	5	10	15	20	25	30	40	50	60	70
应加上的校正值											
21	0.06	0.07	0.07	0.07	0.07	0.08	0.08	0.08	0.08	0.08	0.08
22	0.13	0.13	0.14	0.14	0.15	0.15	0.15	0.15	0.16	0.16	0.16
23	0.19	0.20	0.21	0.22	0.22	0.23	0.23	0.23	0.24	0.24	0.24
24	0.26	0.27	0.28	0.29	0.30	0.30	0.31	0.31	0.31	0.32	0.32
25	0.33	0.35	0.36	0.37	0.38	0.38	0.39	0.40	0.40	0.40	0.40
注：标准温度以 20 ℃计，实际温度低于 20 ℃时应减去校正值，高于 20 ℃时应加上校正值。											

C.4 测定结果计算

C.4.1 温度校正

测定温度不在 20 ℃时，查表 C.1 将检测读数校正为 20 ℃标准温度下的可溶性固形物含量。

C.4.2 计算公式

未经稀释的试样，温度校正后的读数即为试样的可溶性固形物含量。稀释过的试样，可溶性固形物的含量按式(C.1)计算：

$$w=\frac{P\times m_1}{m_0} \qquad \cdots\cdots(\text{C.1})$$

式中：

w ——试样中可溶性固形物的含量，单位为克每百克(g/100 g)；

P ——稀释过试样测定液可溶性固形物的读数，单位为克每百克(g/100 g)；

m_1——稀释后试样质量，单位为克(g)；

m_0——稀释前试样质量，单位为克(g)。

C.4.3 结果表示

同一试样取两个平行样测定，以其算术平均值作为测定结果，保留一位小数。

C.4.4 精密度

两个平行样的测定结果最大允许绝对差，未经稀释的试样为 0.5%，稀释过的试样为 0.5%乘以稀释倍数(即稀释后试样克数与稀释前试样克数的比值)。

ICS 27.160
F 12

GB

中华人民共和国国家标准

GB/T 30724—2014

工业应用的太阳能热水系统技术规范

Specifications of solar water heating systems for industrial applications

2014-06-09 发布　　　　2014-10-01 实施

中华人民共和国国家质量监督检验检疫总局
中国国家标准化管理委员会　发布

前　言

本标准按照 GB/T 1.1—2009 给出的规则起草。

本标准由全国太阳能标准化技术委员会(SAC/TC 402)提出并归口。

本标准起草单位:江苏新阪神太阳能有限公司、江苏省产品质量监督检验研究院、深圳市嘉普通太阳能有限公司、北京市太阳能研究所集团有限公司、桑夏太阳能股份有限公司、浙江美大新能源科技有限公司、江苏奥莱佳太阳能科技有限公司、江苏辉煌太阳能股份有限公司、江苏元升太阳能集团有限公司、合肥荣事达太阳能有限公司、芜湖贝斯特新能源开发有限公司、南京华帝新能源有限公司、常州而今太阳能设备制造有限公司、皇明太阳能股份有限公司、广东万和新电气股份有限公司、中国标准化研究院。

本标准主要起草人:操恺、贾铁鹰、周连兴、赵文智、季斌、祝晓梁、黄永定、汤毅军、吴道元、潘保春、王杰、石建全、赵二斤、刘志强、王凤玲、刘学真、王柱小、张自峰。

工业应用的太阳能热水系统技术规范

1 范围

本标准规定了工业应用的太阳能热水系统的术语和定义、系统分类与特征、系统设计、要求、试运行与交验、移交用户的文件。

本标准适用于为工业生产过程提供热水，并可与多种能源提供的热源相组合的太阳能热水系统(以下简称系统)。

2 规范性引用文件

下列文件对于本文件的应用是必不可少的。凡是注日期的引用文件，仅注日期的版本适用于本文件。凡是不注日期的引用文件，其最新版本(包括所有的修改单)适用于本文件。

GB/T 1028—2000 工业余热术语、分类、等级及余热资源量计算方法

GB/T 5657 离心泵技术条件(Ⅲ类)

GB/T 6424 平板型太阳能集热器

GB/T 8175 设备及管道绝热设计导则

GB 8877 家用和类似用途电器安装、使用、维修安全要求

GB/T 12936 太阳能热利用术语

GB/T 17116.1—1997 管道支吊架 第1部分：技术规范

GB/T 17581 真空管型太阳能集热器

GB/T 18713—2002 太阳热水系统设计、安装及工程验收技术规范

GB/T 19409 水源热泵机组

GB/T 20095—2006 太阳热水系统性能评定规范

GB/T 21362 商业或工业用及类似用途的热泵热水机

GB/T 26973 空气源热泵辅助的太阳能热水系统(储水箱容积大于 0.6 m^3)技术规范

GB 50009 建筑结构荷载规范

GB 50010 混凝土结构设计规范

GB 50015—2003 建筑给水排水设计规范(2009 年版)

GB 50017 钢结构设计规范

GB 50019 采暖通风与空气调节设计规范

GB 50057 建筑物防雷设计规范

GB 50171 电气装置安装工程 盘、柜及二次回路接线施工及验收规范

GB 50205 钢结构工程施工质量验收规范

GB 50207 屋面工程质量验收规范

GB 50212 建筑防腐蚀工程施工规范

GB 50224 建筑防腐蚀工程施工质量验收规范

GB 50242 建筑给水排水及采暖工程施工质量验收规范

GB 50303 建筑电气工程施工质量验收规范

GB 50364—2005 民用建筑太阳能热水系统应用技术规范

GB 50366　地源热泵系统工程技术规范
GB 50495—2009　太阳能供热采暖工程技术规范
CECS 134　燃油、燃气热水机组生活热水供应设计规程
CJ 128—2007　热量表
HG/T 4077　防腐蚀涂层涂装技术规范
JB/T 8928　钢铁制件机械镀锌
NB/T 47003.1　钢制焊接常压容器
NB/T 47004　板式热交换器

3　术语和定义

GB/T 12936 界定的以及下列术语和定义适用于本文件。

3.1

余热　waste heat in industry

以环境温度为基准，工业企业生产过程中排出的热载体可释放的可利用热能。

3.2

余热资源（量）　quantity of waste heat resources

经技术经济分析确定的可利用的余热量。

3.3

辅助热源　auxiliary heat source

用于补充太阳能加热系统输出的非太阳能热源。

4　系统分类与特征

本标准根据需要，将太阳能工业系统进行了分类，如表 1 所示。

表 1　太阳能工业系统分类

序号	系统分类特征	类　型		
1	系统组合方式	太阳能单独集热系统	太阳能辅助预热系统	太阳能与其他辅助能源联合系统
2	系统循环方式	自然循环系统	强制循环系统	直流式系统
3	有无换热器	直接系统	间接系统	—
4	传热工质在集热器内状况	充满系统	回流系统	排放系统
5	传热工质与大气接触方式	敞开系统	开口系统	封闭系统

5　系统设计

5.1　调查用户基本情况

5.1.1　原有能源配置情况和太阳能利用需求：

a)　能源需求量和已有能源配置情况；

b)　可利用余热资源基本情况；

c) 太阳能热水系统与已配置能源系统相匹配的基本要求、运行方式、热能需求量。

5.1.2 气候条件及气象资料：

a) 安装地纬度；

b) 日照时间；

c) 环境温度；

d) 月均辐照量。

5.1.3 场地情况：

a) 可利用的场地面积和场地形状；

b) 可利用建筑物的荷载能力；

c) 周边环境遮挡情况。

5.1.4 水电情况：

a) 水压(水质)；

b) 电源参数(最大负荷、相数、电压)；

c) 水、电供应情况。

5.2 系统运行、组合方式

5.2.1 系统运行方式

系统的热源主体应优先使用太阳能，根据企业的要求，必要时可配置辅助热源。系统运行方式根据工程的基本条件和企业的需求确定，可参照本标准第4章和GB/T 20095—2006第5章选用。

5.2.2 系统组合方式

系统可由两级或多级太阳能集热系统构成，也可与其他形式的供热系统、余热回收系统匹配结合运用。集热器类型可参照GB/T 18713—2002中的表2选用。

5.3 太阳能集热器

5.3.1 太阳能集热器的设置应和建筑结构、给排水、热能动力等专业统一规划协调，既满足热水系统的要求，又不影响结构安全和建筑外观。

5.3.2 太阳能集热器集热面积根据GB 50364—2005中4.4.2规定的公式计算。

5.4 贮热水容器

5.4.1 太阳能集热系统贮热水容器的容积根据GB 50015—2003中5.4.2规定的公式计算。

5.4.2 如系统中热流体量较大，设计时宜考虑必要的储液能力，设计较大的贮热水容器。贮热水容器根据选用的材料和形式、太阳能集热系统的供热能力和运行规律、常规能源辅助加热和余热利用装置工作制度，以及加热特性和工业应用温度控制装置等因素按积分曲线计算确定，并按相应的设计规范设计。

5.4.3 贮热水容器的设计应保证其具有足够的强度和刚度。根据选用的材料和结构，贮热水容器可按GB 50010和NB/T 47003.1设计规范设计。

5.4.4 贮热水容器宜采用外保温，设计应符合GB 50019、GB/T 8175的规定。

5.4.5 贮热水容器内壁应作防腐处理(保持水质清洁)，设计应符合GB 50212和GB 50224的规定。

5.4.6 贮热水容器应在适当位置设置通气孔、溢流孔、检修孔和排污孔等。

5.5 循环泵

循环泵的流量和扬程根据GB 50015—2003中5.4.2规定的公式计算。

5.6 换热设计

5.6.1 集热系统的换热量应按式(1)计算：

$$Q_Z=\frac{kfQ_W c\rho_r(t_{end}-t_L)}{3\ 600S_y} \qquad \cdots\cdots\cdots\cdots(1)$$

式中：

Q_Z ——换热量，单位为千瓦(kW)；

k ——太阳辐照度时变系数，无具体资料时可取 1.5～1.8，取高限对太阳能利用有利，取底限时对降低投资有利，无量纲；

f ——太阳能保证率，无量纲；

Q_W——日平均用热水量，单位为千克(kg)；

c ——水的定压比热容，单位为千焦每千克摄氏度[kJ/(kg·℃)]；

ρ_r ——水的密度，单位为千克每升(kg/L)；

t_{end}——贮热水容器内水的终止温度，单位为摄氏度(℃)；

t_L ——水的初始温度，单位为摄氏度(℃)；

S_y ——年或月平均单日日照时间，单位为小时(h)。

5.6.2 换热设备的换热面积应按式(2)计算：

$$A_{hx}=\frac{C_r Q_Z}{\varepsilon U_{hx}\Delta t_j} \qquad \cdots\cdots\cdots\cdots(2)$$

式中：

A_{hx}——换热设备的换热面积，单位为平方米(m^2)；

C_r ——集热系统热损失系数，一般为 1.1～1.2，无量纲；

Q_Z ——集热系统的换热量，单位为千瓦(kW)；

ε ——结垢影响系数，一般为 0.6～0.8，无量纲；

U_{hx}——传热系数，单位为瓦每平方米摄氏度[W/(m^2·℃)]；

Δt_j——热媒与被加热水的温度差，单位为摄氏度(℃)，可按 5 ℃～10 ℃取值，集热器性能好，温差取高值，否则取低值。

5.6.3 换热设备的数量不宜少于两台，一台换热设备检修时，其余各台的总换热能力不得小于集热器集热量 Q_Z 的 50%。

5.7 余热

5.7.1 工业企业中尚未利用、并能与太阳能热水系统组合匹配的余热，应经技术经济论证后确定其回收利用的方式。

5.7.2 余热资源量根据 GB/T 1028—2000 中 5.2 规定的公式计算。

5.8 辅助热源设计

5.8.1 系统可设其他热源及其加热设施，设计计算应符合下列要求：

a) 辅助热源可因地制宜选择热力管网、燃气、燃油、热泵、电等；

b) 辅助热源类型和容量依照技术经济性合理原则确定，其中辅助热源的容量应保证不利条件下生产过程的热能需要；

c) 辅助热源设备的技术性能应符合相关国家、行业标准规定，辅助热源设备的选型应根据热水系统的需要以及设备生产企业提供的技术规格等资料经技术经济分析后确定；

d) 热源加热设备应根据热源种类及其供水水质、冷热水系统型式等选用直接加热或间接加热设

备;当选用间接加热设备时,可按 GB 50015—2003 中有关规定选用;

e) 热源设备可采用手动、全自动或定时自动等控制方案。

5.8.2 热泵按 GB/T 19409、GB/T 26973、GB 50366 或 GB/T 21362 等标准进行设计或选型。

5.8.3 燃油、燃气热水机组按 CECS 134 进行设计。

5.9 系统控制

根据企业需要及双方技术要求,系统控制应按以下四项原则进行设计:

a) 系统控制参数,包括运行温度、流量、压力、液位、热能等;

b) 控制方式,包括自动控制、手动控制、现场控制和远程监控等;其中远程监控基本要求参照附录 A 的规定;远程监控的基本功能和控制要素参照表 A.1 的规定。

c) 选择合适的仪器仪表、控制装置及元件,包括温度计、流量计、压力表、液位计、热能表、电磁阀、传感器、温控仪等;

d) 系统控制应安全可靠、操作方便,安全措施应包括系统或热源设备发生故障时能够保证系统和相应设备处于安全状态。

5.10 系统布局

5.10.1 系统布局原则

系统布局应根据企业实际情况合理布局,布局应遵循以下基本原则:

a) 充分利用场地和空间,做到紧凑合理;

b) 应保证管道、设备、仪器仪表等的安装位置,并便于操作、维护和保养等。

5.10.2 贮热水容器和集热器定位

5.10.2.1 一般要求

贮热水容器和集热器的安装位置应从企业实际出发,因地制宜。如利用建筑物的顶部则应满足建筑物上所处部位的承载能力,设计时应请建筑结构专业人员会审。热水系统不应破坏建筑物的整体观瞻效果,应避免集热器的反射光对附近建筑物引起的光污染。为了减少热损失及循环阻力,在确保建筑物承重安全的前提下,贮热水容器和集热器的相对位置应使循环管路尽可能短。

5.10.2.2 贮热水容器定位

5.10.2.2.1 在自然循环系统中,为了促进集热循环和防止夜间倒流散热,水箱底部一般应比集热器顶部高 0.3 m～0.5 m。

5.10.2.2.2 在全年运行的非自然循环系统中,有条件时应将贮热水容器放在室内,有利于保温。

5.10.2.2.3 贮热水容器的顶部和四周应有足够的作业(手工操作、维修等)空间和距离。

5.10.2.2.4 容积在 300 m^3 以上的贮热水容器宜设置在地下,并按混凝土结构设计。

5.10.2.3 集热器定位

5.10.2.3.1 集热器安装倾角应根据当地纬度及使用季节确定。如系统主要在夏季使用,安装倾角宜等于当地纬度减 10°;若系统主要在冬季使用,安装倾角宜等于当地纬度加 10°;如系统全年使用,安装倾角宜等于当地纬度。

5.10.2.3.2 集热器摆放宜朝向正南,或南偏东、偏西 30°的范围位置。

5.10.2.3.3 集热器应避免安装在受建筑自身及周围设施和树林遮挡的部位,且满足不小于 4 h 日照时数的要求。

5.10.2.3.4 集热器不应跨越建筑变形缝装置。

5.10.2.3.5 集热器与遮光物、前后排的最小距离可按式(3)计算：

$$D = H \times \cot\alpha_s \times \cot\gamma_0 \quad \cdots\cdots (3)$$

式中：

D ——集热器与遮光物或前后各排的最小距离，单位为(m)；

H ——遮光物最高点与集热器最低点的垂直高度，单位为(m)；

α_s ——太阳高度角，单位为度(°)，全年运行系统宜选当地春分/秋分日 9:00 或 15:00 的太阳高度角，主要在春、夏、秋三季运行系统宜选当地春分/秋分日 8:00 或 16:00 的太阳高度角，主要在冬季运行系统宜选当地冬至日 10:00 或 14:00 的太阳高度角；

γ_0 ——计算时刻太阳光线在水平面上的投影线与集热器表面法线在水平面上的投影线之间的夹角，单位为度(°)。

5.10.3 集热器阵列

5.10.3.1 集热器的相互连接

5.10.3.1.1 集热器可通过并联、串联和串并联方式连接成集热器组，形成矩阵式排列方式。

5.10.3.1.2 全玻璃真空管东西向放置的集热器，在同一斜面上多层布置时，串联的集热器不宜超过 3 个(每个集热器联箱长度不大于 2 m)。

5.10.3.2 集热器组的相互连接

5.10.3.2.1 集热器组应按同程原则布置成并联，即应使每个集热器的传热介质流入路径与回流路径的长度相同。

5.10.3.2.2 受场地条件限制，不能通过简单管路布置实现流量平衡时，可在集热器组的进出口管道上设置辅助阀门以获得均匀的流量分布。

5.10.3.2.3 在串联的集热器组流体进出口管路上设置具有自动调控功能的传感器和电磁阀等元件，以实施自动调控和故障识别功能。

5.11 系统管路设计

5.11.1 循环管路

5.11.1.1 充分考虑系统的防冻要求，应与防冻措施相结合设计。

5.11.1.2 流量应平衡以减少管路阻力损失和热损。

5.11.1.3 管路的通径面积应与并联集热器管路通径面积相适应。

5.11.1.4 循环管路应有 0.3%～0.5%的坡面，以避免气塞现象，满足循环、排空或回流的要求。

5.11.1.5 易发生气塞的位置应设排气阀，管路的最低点和易积液的位置应设排空阀。

5.11.1.6 不允许流体倒流的管路中应设置单向阀。

5.11.1.7 应充分考虑系统中由于温差引起的热胀冷缩现象而导致系统运行出现故障，可采用在管路中设置补偿器、系统中设置膨胀箱等措施。

5.11.1.8 为了便于观察系统的运行情况和检修，宜在系统的管路中设流量计和压力表。

5.11.1.9 集热器阵列为多排或多层时，每排或每层的进口管道应设置维修用阀门。

5.11.1.10 系统中换热器一般高低温流体的流向为逆向，管路设计应按逆向连接方式设计。

5.11.2 取热水管路

5.11.2.1 当贮热水容器位置高于用水口时，可采用直流落水法取热水。取水管路较长、距离较远，流量不能满足使用要求时,可安装加压泵。

5.11.2.2 当贮热水容器位置低于用水口时,可采用加压泵强制输送。

5.11.2.3 取热水管路系统一般按 1.0 m/s 的设计流速选取管径。

5.11.3 系统管路与其他管路的衔接

5.11.3.1 系统管路设计时应充分考虑与企业中其他管路系统的衔接。

5.11.3.2 系统管路设计时应设置便于安装、观察的仪表接口。

5.12 系统保温

系统的保温设计应按 GB/T 8175 的规定执行,选用的保温材料导热系数不大于 0.06 W/(m·℃)。

5.13 系统防冻措施

为保证系统正常运行,根据用户所处地理位置、当地气候条件、系统类型等按 GB 50495—2009 中 3.4.6 的规定选择防冻措施。

5.14 系统防垢和防过热

5.14.1 当日用水量(按 60 ℃计)大于或等于 10 m^3 且原水总硬度(以 $CaCO_3$ 计)大于 300 mg/L 时,宜进行水质软化或稳定处理。经软化处理后水质硬度宜为 75 mg/L~150 mg/L。

5.14.2 水质总硬度不大于 300 mg/L,且冷、热水压力平衡要求一般的系统可采用水源热泵与贮热设备联合直接供热水的方式;水质总硬度大于 300 mg/L(以 $CaCO_3$ 计),冷、热水压力平衡要求较高的系统宜采用经换热设备换热间接供热水的方式;采用间接换热供热水时,间接水加热设备宜根据热源温度采用一级或两级串联加热的方式,也可采用被加热水循环加热的方式;间接加热设备的设计计算可按 GB 50015—2003 中相关条款执行。

5.14.3 系统中所选用材料的最高许用温度应高于该材料在系统运行中所接触介质的最高运行温度。

5.15 系统抗风载能力

系统抗风载能力应按不低于当地历史最大风力设计。

5.16 钢结构及支架

系统中使用的钢结构及支架应按 GB 50017 的规定进行设计,从工程实际情况出发,合理选用材料、结构方案和构造措施,满足结构构件在运输、安装和使用过程中的强度、稳定性和刚度要求。

5.17 建筑物承载能力

安装太阳能热水系统的建筑物的设计应考虑风载、雪载等环境条件,并采取必要的安全措施,应与建筑等专业统一规划和协调,设计应符合 GB 50009 的规定。建在屋顶的贮水容器的基础应设在建筑物的承重梁或承重墙上,其水满时的荷载不得超过建筑设计的承载能力。

6 要求

6.1 系统总体要求

6.1.1 系统中热交换器的热交换效率应不低于 90%,与太阳能系统联合使用的余热利用率应不低于 50%,试验方法应符合附录 B 的规定。

6.1.2 太阳能系统的日有用得热量和温升性能应符合 GB/T 20095—2006 中表 2 的规定，试验方法按 GB/T 20095—2006 中 8.1.3 的规定执行。

6.1.3 流体洁净度应符合下述要求：

a) 系统中传热工质的洁净度应能保证系统正常运行，不会因洁净度而影响传热效果和流动速度；

b) 系统中提供生产用热水的水质应符合工业生产的工艺要求；

c) 为保证系统洁净度，凡与流体接触的设备、管路、管件等内壁不应发生锈蚀现象。

6.1.4 对于封闭系统，系统应能承受 1.5 倍工作压力；对于开口系统，系统中的任何部件及连接处应能承受最大工作压力。系统应经受承压试验无渗漏后才能投入使用。承压试验按 GB 50242 的规定进行。

6.1.5 系统中电器设备和带电设备的安全性能应符合 GB 50303 的要求。

6.2 材料、管件

所选用的金属材料、保温材料、管件、阀门和连接软管等均应符合相应的国家或行业标准，相关国家标准、行业标准参照附录 C 的规定。原材料、设备、零部件等相关国家标准、行业标准参照表 C.1 的规定。

6.3 集热器

应符合 GB/T 6424 和 GB/T 17581 的规定。

6.4 流体输送泵

流体输送泵的性能应适合系统中的工作条件，流量和扬程按 5.5 进行计算。流体输送泵的质量应符合 GB/T 5657 的规定。

6.5 换热器

换热器的换热面积按 5.6.2 进行计算。板式换热器的技术性能应符合 NB/T 47004 的规定。

6.6 控制系统及控制元件精确度

系统运行时，控制系统应操作稳定、可靠、灵活、有效，仪器仪表显示灵敏、正确。

控制元件、仪器仪表的精确度应符合表 2 的规定，质量应符合相关国家标准或行业标准，相关国家标准、行业标准参照附录 C 的规定。控制元件、仪表质量相关国家标准、行业标准参照表 C.1 的规定。

表 2 控制元件及仪器仪表的精确度

名 称	精确度
压力表	±5.0%
流量计	±1.0%
温度传感器	±1.0 ℃
温控阀	±2.5 ℃
热能表	应符合 CJ 128—2007 中表 1 的规定

6.7 贮热水容器

6.7.1 系统中贮热水容器应无泄漏，经验收合格后才能投入使用。

6.7.2 贮热水容器保温性能：当贮水温度低于60℃时，其昼夜温降值≤5℃。当贮水温度高于60℃时，昼夜温降值应符合系统设计要求。试验方法按GB/T 20095—2006中8.1.4规定执行。

6.8 系统的施工安装要求

6.8.1 系统应按GB 50057的规定设置避雷设施。

6.8.2 建在屋顶结构层上的集热器基础与建筑主体结构应牢固连接，基础与屋面应做好防水处理，防水的制作应符合GB 50207规定的要求。

6.8.3 系统中使用的支架焊接应符合GB 50205规定，支架应采用螺栓或焊接固定在基础上。建在屋顶防水层上的热水系统，其支架摆在基础上并用角钢等材料与建筑物连成一体，提高抗风能力。

6.8.4 集热器的定位应符合5.10.2.3的规定。太阳能集热器相互连接以及真空管与联箱的密封应按照产品设计要求安装，具体操作按产品说明书进行。集热器应可靠地固定在支架上。

6.8.5 贮热水容器可现场制作。贮热水容器和支架间应设置隔热垫，其与基础或支架连接应牢固可靠，不宜直接刚性连接而增加热损。

6.8.6 管路系统安装应符合下述要求：

a) 管路的坡向及坡度应符合设计要求；
b) 压力表、流量计和热能表等应安装在便于观察的地方，手动阀门应安装在易操作的位置；
c) 管道中固定支点设置的最大距离应符合GB/T 17116.1—1997中附录B的规定；
d) 管道直线较长时，按设计要求应安装补偿器；管道穿过障碍物、屋面、露台时应加装保护套管；
e) 泵应固定位置，并做减振及防腐处理；泵的流量大于设计值时应设旁通管道及手动阀调节流量，在室外安装时应加保护罩；
f) 电磁阀应水平安装，在其进水口前应安装过滤器；阀的两端应设旁通管路及手动阀，作为发生故障时的备用管路；
g) 用于控制热水温度的温控阀感温部分应安装在集热器集管(或联箱)的热水出口处，用于防冻排空的温控阀应安装在室外系统管路的最低处；
h) 使用软管连接时，应做好连接软管的防老化保护。

6.8.7 电控系统安装应符合下述要求：

a) 系统电气控制箱的安装应符合GB 50171的规定；
b) 温控器应安放在控制箱内，安装后的安全性应符合GB 8877的规定；
c) 导线布置、安装应符合GB 50303的要求；
d) 温度传感器的定位和安装应确保与被测部位有良好的热接触，保证测试数据准确。

6.8.8 系统中需作防腐处理的管道、钢结构和设备的涂装应符合HG/T 4077的规定。使用镀锌型材制作支架的，其涂锌质量应符合JB/T 8928的规定。

7 试运行与交验

7.1 试运行

7.1.1 试运行条件

系统安装完毕后，应进行试运行。系统在试运行前应完成下述检查和试验：

a) 所有采购的原材料、设备、零部件、仪器、仪表等质量资料是否齐全、完整，并填写表D.1和表D.2；
b) 应进行系统承压试验，试验结果应符合6.1.4的规定；
c) 对系统中的保温、防冻、防垢和防过热、抗风、防雷、防腐进行全面检查，检查结果应符合5.12、5.13、5.14、5.15、6.8.1、6.8.8的规定；
d) 对系统中的设备、管道及附件安装进行全面检查，检查结果应符合6.8.2～6.8.6的规定；

e) 对系统中的控制、电气系统进行全面检查,检查结果应符合 6.6、6.8.7 的规定;
f) 对系统的建筑物、钢结构(含支架)进行全面检查,检查结果应符合 6.8.2、6.8.3、6.8.5 的规定。

7.1.2 试运行准备和试运行时间

7.1.2.1 试运行前应将贮热水容器、集热器及管路内部冲洗干净。
7.1.2.2 给系统充填传热工质,全玻璃真空管热水系统应在无阳光照射的条件下充填传热工质。
7.1.2.3 与太阳能系统相关联的部件、仪器、仪表应进行调试,使其处于待运行状态。
7.1.2.4 与太阳能系统相关联的机械单机设备应进行单机空转试验,无异常状况才能接入运行。
7.1.2.5 在所有准备工作完成后,系统应连续运行 72 h。

7.1.3 试运行工作

7.1.3.1 试运行期间应对系统需要控制的参数进行记录,记录频次为正常运行时记录频次的 3 倍。需要控制的参数应包括温度、流量、压力、热能等。
7.1.3.2 检查系统运行过程中各单元设备、控制系统、仪器仪表等运行情况,系统运行应处于稳定正常状态。
7.1.3.3 对试运行过程中出现的故障应及时排除,当出现的故障必须停止系统运行后才能排除,则试运行时间重新开始计算。
7.1.3.4 连续试运行时间达到 72 h、结果达到设计要求并能投入正常运行,则该工程为合格。

7.1.4 系统保温性能和热性能测试

7.1.4.1 测试在投入正常运行后的晴好天气条件下进行,热性能测试只针对太阳能集热系统。
7.1.4.2 热性能测试方法应符合 6.1.2 的规定。
7.1.4.3 系统保温性能测试方法应符合 6.7.2 的规定。

7.2 交验

7.2.1 系统交验过程应由系统工程竣工交验小组完成,该小组由设计施工(乙)方、用户(甲)方组成,成员和人数由双方协商确定,必要时由双方协商聘用双方认可的第三方参加。
7.2.2 交验小组应参与试运行、保温性能和效率测试过程,并按合同规定做出评议。
7.2.3 如甲方需要,双方应按 GB 50495—2009 中附录 F 的规定对系统进行效益评估。

8 移交用户的文件

在系统运行正常后,乙方应在各项工作完成后的一个月内向甲方移交下列文件:
a) 设计变更证明文件和竣工图;
b) 主要材料、设备、成品、半成品、仪表的出厂合格证明或检验资料;
c) 屋面防水检漏记录;
d) 隐蔽工程验收记录和中间验收记录;
e) 系统水压试验记录;
f) 系统水质检验记录;
g) 系统调试和试运行记录;
h) 系统热性能检验记录;
i) 工程使用维护说明书。

附 录 A
（资料性附录）
远程监控

A.1 远程监控基本原理和方法

A.1.1 基本原理

远程监控的主要功能是把远端设备的数据通过无线的方式传送回后台中心。要完成数据的传输需要建立一套完整的数据传输系统，在这个系统中包括：DTU、客户设备、移动网络、中间服务器转发、后台监控中心。在前端，DTU 和客户的设备通过 232 或者 485 接口相连。DTU 运行后先注册到移动的 GPRS 网络，然后和设置在 DTU 中的中间服务器数据中心建立 SOCKET 连接。中间服务器数据中心作为 SOCKET 的服务端，DTU 是 SOCKET 连接的客户端。因此只有 DTU 是不能完成数据的无线传输的，还需要有中间服务器数据软件和后台监控中心软件的配合一起使用。在建立连接后，前端的设备和后台的监控软件就可以通过 DTU 进行无线数据传输了，而且是双向的传输。

A.1.2 方法

A.1.2.1 在现有工业应用的太阳能热水系统中加装 DTU 无线数据采集器，DTU 通过 GPRS 网络与 Internet 互联网，将现有 PLC 人机界面程序移植到远端普通计算机上，在远端普通计算机上实现原有 PLC 人机界面程序的功能，从而通过远端计算机实现对工业应用的太阳能热水系统的远程监控功能。

A.1.2.2 对工业应用的太阳能热水系统的运行数据与参数进行有效记录，帮助提供整个系统的数据分析与决策。

A.1.2.3 根据预设的预警条件，DTU 无线数据采集器自动发送手机短信通知系统管理人员进行预警处理。

A.2 远程监控的基本功能和控制要素

远程监控的基本功能和控制要素如表 A.1 所示。

表 A.1 远程监控的基本功能和控制要素

项目	内 容
前端现场数据采集	a) 采集器硬件：通过 RS232 串口与系统 PLC 进行通信，通过 DTU 模块与 Internet 互联网进行通信。 b) 采集器软件：通过从串口采集到的系统 PLC 数据，进行运算处理转换成网络 TCP 数据包，通过 DTU 网络发送给中间服务器软件进行数据存储与转发。通过从 DTU 网络接收到的数据，进行运算处理转换成串口信号，发送给系统 PLC，达到系统控制的目的。 c) 短信预警：根据系统采集到的 PLC 数据，对比预警条件，向系统管理人员发送手机预警及报警短信
中间服务器数据库服务	a) 通信转发：将所有第三方客户系统采集器的数据转发给远程控制计算机，将远程控制计算机的控制命令转发给对应的第三方客户系统采集器。 b) 数据存储：将所有第三方系统中采集器采集到的 PLC 数据存储到服务器数据库中，以便远程计算机日后的数据分析与决策

表 A.1（续）

项目	内　容
后端计算机监控服务	a）数据监视:通过本地计算机实时监视远程第三方客户系统中的系统运行数据。 b）系统控制:通过本地计算机控制远程第三方客户系统,在本地计算机中远程实现原有 PLC 人机界面程序的功能。 c）数据分析:调用服务器中记录的历史运行数据,在本地计算机中查看分析第三方客户系统的历史数据运行记录

附 录 B
（规范性附录）
系统中热交换器热交换效率和余热利用率试验方法

B.1 测试环境气象条件

应符合 6.1.2 中规定的要求，系统应处于正常运行中。

B.2 系统中热交换器热交换效率测试

B.2.1 可按式(B.1)计算热交换效率 η_1：

$$\eta_1=\frac{V_2\times\rho_2\times c_{p2}\times\Delta t}{V_1\times\rho_1\times c_{p1}\times\Delta T}\times 100\% \qquad \text{(B.1)}$$

式中：

η_1 ——热交换效率，%；

V_2 ——低温流体流量，单位为升每小时(L/h)；

ρ_2 ——低温流体密度，单位为千克每升(kg/L)；

c_{p2} ——低温流体比热容，单位为千焦每千克摄氏度[kJ/(kg・℃)]；

Δt ——低温流体进出口温差，单位为摄氏度(℃)；

V_1 ——高温流体流量，单位为升每小时(L/h)；

ρ_1 ——高温流体密度，单位为千克每升(kg/L)；

c_{p1} ——高温流体比热容，单位为千焦每千克摄氏度[kJ/(kg・℃)]；

ΔT——高温流体进出口温差，单位为摄氏度(℃)。

B.2.2 用准确度等级为±1.0%的流量计分别测定高低温流体的流量 V_1 和 V_2。

B.2.3 用准确度为±0.5℃的温度计分别测定高低温流体的进出口温度 T_1、T_2 和 t_1、t_2。高温流体进出口温差 $\Delta T=T_1-T_2$，低温流体出进口温差 $\Delta t=t_2-t_1$。

B.3 太阳能与其他辅助能源联合系统的余热利用率测试

B.3.1 可按式(B.2)计算余热利用率 R_R：

$$R_R=\frac{R}{Q}\times 100\% \qquad \text{(B.2)}$$

式中：

R_R ——余热资源回收率，%；

R ——回收利用的余热资源量，单位为千焦(kJ)；

Q ——体系总余热资源量，单位为千焦(kJ)。

B.3.2 以加热冷水为例，可按式(B.3)计算余热利用率 R_R：

$$R_R=\frac{V_2\times\rho_2\times c_{p2}\times\Delta t}{V\times\rho\times c_p\times\Delta T}\times 100\% \qquad \text{(B.3)}$$

式中：

V_2 ——被加热冷水流量，单位为升每小时(L/h)；

ρ_2 ——冷水密度,单位为千克每升(kg/L);

c_{p2} ——冷水比热容,单位为千焦每千克摄氏度[kJ/(kg·℃)];

Δt ——冷水进出口温差,单位为摄氏度(℃);

V ——余热流体流量,单位为升每小时(L/h);

ρ ——余热流体密度,单位为千克每升(kg/L);

c_p ——余热流体比热容,单位为千焦每千克摄氏度[kJ/(kg·℃)];

ΔT——余热流体与环境之温差,单位为摄氏度(℃)。

B.3.3 用准确度等级为±1.0%的流量计分别测定余热流体流量 V 和被余热流体加热的冷水流量 V_2。

B.3.4 用准确度为±0.5℃的温度计测定余热流体的进口温度 T_1,分别测定冷水的进出口温度 t_1 和 t_2。余热流体温度 T_1 与环境温度 $T_{环}$ 的温差 $\Delta T = T_1 - T_{环}$,冷水进出口温差 $\Delta t = t_2 - t_1$。

注:环境温度可取当地全年平均温度。

附 录 C
（资料性附录）
主要原材料、设备、零部件、仪表等相关国家标准、行业标准一览表

主要原材料、设备、零部件、仪表等相关国家标准、行业标准如表C.1所示。

表C.1 主要原材料、设备、零部件、仪表等相关国家标准、行业标准一览表

名 称	标准代号	标准名称
碳素钢	GB/T 700	碳素结构钢
桥梁钢	GB/T 714	桥梁用结构钢
不锈钢	GB/T 20878	不锈钢和耐热钢 牌号及化学成分
无缝钢管	GB/T 8163	输送流体用无缝钢管
无缝钢管	GB/T 14976	流体输送用不锈钢无缝钢管
不锈钢焊制管	GB/T 12771	流体输送用不锈钢焊接钢管
型 钢	GB/T 706	热轧型钢
镀锌角铁	JB/T 8928	钢铁制件机械镀锌
法 兰	JB/T 74	管路法兰 技术条件
管 件	GB/T 12459	钢制对焊无缝管件
保温材料	GB/T 10801.1	绝热用模塑聚苯乙烯泡沫塑料
保温材料	GB/T 21558	建筑绝热用硬质聚氨酯泡沫塑料
阀 门	JB/T 7928	通用阀门 供货要求
阀 门	JB/T 9092	阀门的检验与试验
气动调节阀	GB/T 4213	气动调节阀
电磁阀	JB/T 7352	工业过程控制系统用电磁阀
温控仪	GB 14536.1	家用和类似用途电自动控制器 第1部分：通用要求
温度传感器	JB/T 10500.1	电机用埋置式热电阻 第1部分：一般规定、测量方法和检验规则
流量计	CJ/T 3063	给排水用超声流量计（传播速度差法）
压力表	GB/T 1226	一般压力表
热能表	CJ 128	热量表
离心泵	GB/T 5657	离心泵技术条件（Ⅲ类）
换热器	NB/T 47004	板式热交换器
连接软管	ISO 9808	太阳能热水器 吸收器用橡胶材料 连接管与配件 评审方法

附　录　D
（规范性附录）
系统中主要原材料、设备、仪器仪表检查验收记录表

D.1　系统中外购主要原材料质量检查验收记录

系统中外购主要原材料质量检查验收记录如表 D.1 所示。

表 D.1　系统中外购主要原材料质量检查验收记录表

序号	名　称		适用标准	有(√)　无(×)			
				合格证	质保书	产品说明书	测试报告
1	金属材料						
2	保温材料						
3	电气材料及器材						
4	管道材料及管件						
5	其他						

检查人员(签字)________　________　________

日期：________年____月____日

D.2 系统中外购主要设备、仪器仪表质量检查验收记录

系统中外购主要设备、仪器仪表质量检查验收记录如表 D.2 所示。

表 D.2 系统中外购主要设备、仪器仪表质量检查验收记录表

序号	名称		适用标准	有(√) 无(×)			
				合格证	质保书	产品说明书	测试报告
1	集热器						
2	热交换器						
3	流体输送设备						
4	温控仪						
5	流量计						
6	压力表						
7	热能表						
8	其他						

检查人员(签字)________ ________ ________

日期：________年____月____日

ICS 75.160.10
D 21

中华人民共和国国家标准

GB/T 30725—2014

固体生物质燃料灰成分测定方法

Determination of ash composition in solid biofuels

2014-06-09 发布　　　　2014-10-01 实施

中华人民共和国国家质量监督检验检疫总局
中国国家标准化管理委员会　发布

前　言

本标准根据 GB/T 1.1—2009 给出的规则起草。

本标准由中国煤炭工业协会提出。

本标准由全国煤炭标准化技术委员会(SAC/TC 42)归口。

本标准起草单位:煤炭科学研究总院检测研究分院。

本标准主要起草人:邢秀云、王秋湘、张克芮。

固体生物质燃料灰成分测定方法

1 范围

本标准规定了测定固体生物质燃料灰中硅、钛、铝、铁、钙、镁、钾、钠、磷、硫的方法提要、试剂和材料、仪器设备、分析步骤、结果计算及方法精密度等。

本标准适用于固体生物质燃料。

2 规范性引用文件

下列文件对于本文件的应用是必不可少的。凡是注日期的引用文件，仅注日期的版本适用于本文件。凡是不注日期的引用文件，其最新版本(包括所有的修改单)适用于本文件。

GB/T 21923 固体生物质燃料检验通则

GB/T 28731 固体生物质燃料工业分析方法

3 试剂和材料

除非另有说明，在分析中仅使用确认为合格的分析纯试剂和蒸馏水或去离子水或相当纯度的水。

3.1 铂坩埚：30 mL。

3.2 银坩埚：30 mL。

3.3 瓷坩埚：30 mL。

3.4 聚四氟乙烯坩埚：30 mL。

3.5 灰皿：瓷质，120 mm×60 mm×14 mm。

4 仪器设备

4.1 紫外可见分光光度计。

4.2 原子吸收分光光度计：具备火焰原子化器装置。

4.3 马弗炉：温度范围为室温至 900 ℃，炉膛具有足够的恒温区，能以 5 ℃/min 的速度升温并能保持温度为(550±10)℃。炉内通风速度以每分钟进行 5～10 次空气交换为宜。

4.4 高温炉：带有控温装置，能保持(1 000±10)℃。

4.5 分析天平：最小分度值 0.1 mg。

4.6 电热板：带调温装置，表面最高温度不超 300 ℃。

4.7 电炉：额定电压 220 V，额定功率 1 kW，带调温装置，炉温不超 300 ℃。

5 灰样制备

称取一定量的固体生物质燃料分析试样于灰皿中，使其每平方厘米不超过 0.15 g，将灰皿送入马弗炉中，按 GB/T 28731 规定程序灰化。取出冷却后，用玛瑙乳钵将灰样研细到 0.1 mm 以下。然后，再置于灰皿内，于(550±10)℃下再灼烧不少于 30 min，直至其质量变化不超过灰样质量的 0.1%为止，即为质量恒定。将灼烧至质量恒定的灰样保存于干燥器中，及时称取。如不能及时称样，则需在称样前于(550±10)℃下再灼烧 30 min。

6 二氧化硅、二氧化钛、三氧化二铝测定

6.1 溶液制备

6.1.1 试剂

6.1.1.1 氢氧化钠：粒状。

6.1.1.2 盐酸：相对密度 1.19 g/cm^3。

6.1.1.3 盐酸溶液：(1+1)(V_1+V_2)。

6.1.1.4 乙醇：无水乙醇或 95%乙醇。

6.1.2 灰样处理

称取灰样 0.10 g，称准至 0.000 2 g，于银坩埚中，用几滴乙醇润湿。加氢氧化钠 2 g，盖上坩埚盖，放入马弗炉中，在 1 h～1.5 h 内将炉温从室温缓慢升至 650 ℃～700 ℃，熔融 15 min～20 min。取出坩埚，用水激冷后，擦净坩埚外壁，放于 250 mL 烧杯中，加入约 150 mL 沸水，立即盖上表面皿，待剧烈反应停止后，用极少量盐酸溶液(见 6.1.1.3)和热水交替洗净坩埚和坩埚盖，此时溶液体积约 180 mL。在不断搅拌下，迅速加入盐酸(见 6.1.1.2)20 mL，于电炉上微沸约 1 min，取下，迅速冷至室温，移入 250 mL容量瓶中，用水稀释至刻度，摇匀，制备为试样溶液。

6.1.3 空白溶液

银坩埚内不加入灰样，其余操作同 6.1.2。

6.2 二氧化硅测定(硅钼蓝分光光度法)

6.2.1 方法提要

在乙醇存在下，于盐酸溶液介质中，正硅酸与钼酸生成稳定的硅钼黄，提高酸度至 2.0 mol/L 以上，以抗坏血酸还原硅钼黄为硅钼蓝，用分光光度法测定二氧化硅含量。

6.2.2 试剂

6.2.2.1 盐酸溶液：(1+9)(V_1+V_2)。

6.2.2.2 盐酸溶液：(1+11)(V_1+V_2)。

6.2.2.3 钼酸铵溶液：50 g/L。称取钼酸铵[$(NH_4)_6MoO_{24}\cdot 4H_2O$]5 g，溶于水中，用水稀释至 100 mL，过滤后，储于聚乙烯瓶中。

6.2.2.4 抗坏血酸溶液：10 g/L，现用现配。

6.2.2.5 二氧化硅标准储备溶液：1 mg/mL。准确称取已在(1 000±10)℃下灼烧 30 min 的光谱纯二氧化硅 0.500 0 g(称准至 0.000 2 g)于已有优级纯无水碳酸钠 5 g 的铂坩埚，混匀，表面再覆盖优级纯无水碳酸钠 1 g，盖上坩埚盖，置于高温炉中，由室温缓慢升至 950 ℃～1 000 ℃，熔融 40 min。取出坩埚，用水激冷后，擦净坩埚外壁，放于 250 mL 塑料杯中，加沸水约 100 mL 浸取，立即盖上表面皿，待剧烈反应停止后，用热水洗净坩埚和盖，熔块完全溶解后，冷至室温，移入 500 mL 容量瓶中，稀释、定容，摇匀，立即转入聚乙烯瓶中保存备用。也可准确称取光谱纯二氧化硅 0.500 0 g(称准至 0.000 2 g)于银坩埚中，加几滴乙醇润湿，加氢氧化钠 4 g，盖上坩埚盖，放入马弗炉中，由室温缓慢升至 650 ℃～700 ℃，熔

融15 min～20 min,取出坩埚,用水激冷后,擦净坩埚外壁,放于250 mL塑料杯中,加沸水约150 mL浸取,立即盖上表面皿,待剧烈反应停止后,用热水洗净坩埚和盖,熔块完全溶解后,冷至室温,移入500 mL容量瓶中,用水稀释至刻度,摇匀,立即转入聚乙烯瓶中保存备用。

注:亦可使用二氧化硅溶液有证标准物质。

6.2.2.6 二氧化硅标准工作溶液:0.05 mg/mL。准确吸取二氧化硅标准储备溶液25 mL,在不断搅拌下放入内有盐酸溶液(见6.2.2.1)100 mL的400 mL烧杯中,加水约100 mL,加热煮沸1 min,取下,立即冷至室温。移入500 mL容量瓶中,用水稀释至刻度,摇匀。

6.2.3 分析步骤

6.2.3.1 工作曲线绘制

6.2.3.1.1 准确吸取二氧化硅标准工作溶液(见6.2.2.6)0 mL,5 mL,10 mL,15 mL,20 mL,25 mL,30 mL,分别注入100 mL容量瓶中,依次加入盐酸溶液(见6.2.2.2)5 mL,4 mL,3 mL,2 mL,1 mL,0 mL,0 mL,加水至各容量瓶中总体积约30 mL,再依次加入乙醇8 mL、钼酸铵溶液5 mL,摇匀,在20 ℃～30 ℃下放置20 min。

6.2.3.1.2 加盐酸溶液(见6.1.1.3)30 mL,摇匀,放置1 min～5 min,加入抗坏血酸溶液5 mL,摇匀,用水稀释至刻度,摇匀。放置1 h后,用1 cm比色皿,于波长620 nm处,测定吸光度。

6.2.3.1.3 以二氧化硅的质量(mg)为横坐标,吸光度为纵坐标,绘制工作曲线。

6.2.3.2 样品测定

6.2.3.2.1 准确吸取试样溶液(见6.1.2)和空白溶液(见6.1.3)各5 mL,分别注入100 mL容量瓶中,依次加水约20 mL、乙醇8 mL、钼酸铵溶液5 mL,摇匀,在20 ℃～30 ℃下放置20 min。

6.2.3.2.2 按6.2.3.1.2进行操作。

6.2.3.2.3 将6.2.3.2.2测得的吸光度做空白校正后,在工作曲线上查出相应的二氧化硅质量(mg)。

6.2.4 结果计算

二氧化硅的质量分数$SiO_2(\%)$按公式(1)计算,以两次重复测定结果的平均值,按GB/T 21923修约到小数点后第二位报出。

$$SiO_2(\%)=\frac{V_1\times m_{SiO_2}\times 10^{-3}}{V\times m}\times 100 \qquad (1)$$

式中:

$SiO_2(\%)$——二氧化硅的质量分数(%);

m_{SiO_2}——由工作曲线上查得的二氧化硅的质量,单位为毫克(mg);

m——灰样的质量,单位为克(g);

V——准确吸取试样溶液(见6.1.2)的体积数,单位为毫升(mL);

V_1——制备试样溶液(见6.1.2)的体积数,以250计,单位为毫升(mL);

10^{-3}——m_{SiO_2}由单位毫克转换成单位为克的换算系数。

6.2.5 方法精密度

二氧化硅测定结果的精密度见表1。

表1 二氧化硅测定结果精密度

质量分数/%	重复性限/%
SiO_2(%)≤10.00	0.30
10.00<SiO_2(%)≤60.00	0.70
SiO_2(%)>60.00	1.00

6.3 二氧化钛测定(二安替比林甲烷分光光度法)

6.3.1 方法提要

在(0.5～1.0) mol/L 的酸度下,以抗坏血酸消除铁的干扰,四价钛离子与二安替比林甲烷生成黄色络合物,用分光光度法测定二氧化钛的含量。

6.3.2 试剂

6.3.2.1 盐酸溶液:(1+5)(V_1+V_2)。

6.3.2.2 盐酸溶液:(1+1)(V_1+V_2)。

6.3.2.3 二安替比林甲烷溶液:20 g/L。将20 g二安替比林甲烷溶于盐酸溶液(见6.3.2.1)中,并用盐酸溶液(见6.3.2.1)稀释至1 000 mL。

6.3.2.4 抗坏血酸溶液:同6.2.2.4。

6.3.2.5 硫酸溶液:50 mL/L。量取硫酸5 mL,缓缓加入水中并用水稀释至100 mL。

6.3.2.6 二氧化钛标准储备溶液:1 mg/mL。准确称取已在1 000 ℃灼烧30 min的优级纯二氧化钛0.500 0 g(称准至0.000 2 g),置于30 mL瓷坩埚中,加入焦硫酸钾8 g,置于马弗炉中,逐渐升温至800 ℃,并在此温度下保温30 min,使熔融物呈透明状。取出,冷却后,放入250 mL烧杯中,加入硫酸溶液150 mL浸取,待熔融物脱落后,用硫酸溶液洗净坩埚,在低温下加热至溶液清澈透明,冷却至室温,移入500 mL容量瓶中,并用硫酸溶液稀释至刻度,摇匀。

6.3.2.7 二氧化钛标准工作溶液:0.05 mg/mL。准确吸取二氧化钛标准储备溶液5 mL,注入100 mL容量瓶中,用硫酸溶液(见6.3.2.5)稀释至刻度,摇匀。

6.3.3 分析步骤

6.3.3.1 工作曲线绘制

6.3.3.1.1 准确吸取二氧化钛标准工作溶液(见6.3.2.7)0 mL,1 mL,2 mL,3 mL,4 mL,分别注入50 mL容量瓶中,加水至10 mL,加盐酸溶液(见6.3.2.2)2 mL,抗坏血酸溶液(见6.3.2.4)1 mL,摇匀。放置2 min后,加二安替比林甲烷溶液10 mL,用水稀释至刻度,摇匀。放置40 min后,用1 cm比色皿,于波长450 nm处,测定吸光度。

6.3.3.1.2 以二氧化钛的质量(mg)为横坐标,吸光度为纵坐标,绘制二氧化钛的工作曲线。

6.3.3.2 样品测定

6.3.3.2.1 准确吸取试样溶液(见6.1.2)和空白溶液(见6.1.3)各10 mL,分别注入50 mL容量瓶中,加入抗坏血酸溶液(见6.3.2.4)1 mL,摇匀。其余步骤同6.3.3.1.1。

6.3.3.2.2 将所测得的试样溶液的吸光度扣除空白溶液的吸光度后,在工作曲线上查得相应的二氧化钛的质量(mg)。

6.3.4 结果计算

二氧化钛的质量分数 $TiO_2(\%)$按公式(2)计算，以两次重复测定结果的平均值，按 GB/T 21923 修约到小数点后第二位报出。

$$TiO_2(\%)=\frac{V_1\times m_{TiO_2}\times 10^{-3}}{V\times m}\times 100 \quad \cdots\cdots(2)$$

式中：

$TiO_2(\%)$——二氧化钛的质量分数(%)；

m_{TiO_2}——从工作曲线上查得的二氧化钛的质量，单位为毫克(mg)；

m——灰样的质量，单位为克(g)；

V——准确吸取试样溶液(见 6.1.2)的体积数，单位为毫升(mL)；

V_1——制备试样溶液(见 6.1.2)的体积数，以 250 计，单位为毫升(mL)；

10^{-3}——m_{TiO_2} 由单位毫克转换成单位为克的换算系数。

6.3.5 方法精密度

二氧化钛测定结果的精密度见表 2。

表 2 二氧化钛测定结果精密度

质量分数/%	重复性限/%
$TiO_2(\%)\leqslant 1.00$	0.10

6.4 三氧化二铝测定(氟盐取代 EDTA 络合滴定法)

6.4.1 方法提要

于弱酸性溶液中，加入过量 EDTA 溶液，使之与铁、铝、钛等离子络合，在 pH=5.9 的条件下，以二甲酚橙为指示剂，用锌盐回滴剩余的 EDTA 溶液，然后加入氟盐置换出与铝、钛络合的 EDTA，用乙酸锌标准溶液滴定，扣除钛的量，得到铝的量。

6.4.2 试剂

6.4.2.1 EDTA 溶液：11 g/L。称取 EDTA($C_{10}H_{14}N_2O_8Na_2\cdot 2H_2O$)1.1 g，溶于水中，用水稀释至 100 mL。

6.4.2.2 缓冲溶液：pH=5.9。称取三水乙酸钠($CH_3COONa\cdot 3H_2O$)200 g 或无水乙酸钠(CH_3COONa)120.6 g，溶于水中，加冰乙酸 6.0 mL，用水稀释至 1 000 mL。

6.4.2.3 乙酸锌溶液：20 g/L。称取乙酸锌[$Zn(CH_3COO)_2\cdot 2H_2O$]2 g，溶于水中，用水稀释至 100 mL。

6.4.2.4 氟化钾溶液：100 g/L。称取氟化钾($KF\cdot 2H_2O$)10 g，溶于水中，用水稀释至 100 mL，储于聚乙烯瓶中。

6.4.2.5 冰乙酸溶液：(1+3)(V_1+V_2)。

6.4.2.6 氨水溶液：(1+1)(V_1+V_2)。

6.4.2.7 三氧化二铝标准工作溶液：1 mg/mL。将光谱纯铝片放于烧杯中，用(1+9)盐酸溶液浸溶几分钟，使表面氧化层溶解，倒去盐酸溶液，用水洗涤数次后，用无水乙醇洗涤数次，放入干燥器中干燥 4 h。选用以下任一方法处理。方法一(酸溶法)：准确称取处理后的铝片 0.529 3 g(称准至 0.000 2 g)，置于 150 mL 烧杯中,加(1+1)盐酸溶液 50 mL,在电炉上低温加热溶解,将溶液移入 1 000 mL 容量瓶中,用水稀释至刻度,摇匀。方法二(碱溶法):准确称取处理后的铝片 0.529 3 g(称准至 0.000 2 g),置于 150 mL 烧杯中,加氢氧化钾 2 g,水 10 mL,待溶解后,用(1+1)盐酸酸化,使氢氧化铝沉淀又溶解,再过量 10 mL,冷至室温,移入 1 000 mL 容量瓶中,用水稀释至刻度,摇匀。

6.4.2.8 乙酸锌标准溶液:$c[Zn(CH_3COO)_2]=0.01$ mol/L。称取乙酸锌$[Zn(CH_3COO)_2 \cdot 2H_2O]$ 2.3 g或无水乙酸锌$[Zn(CH_3COO)_2]$1.9 g 于 250 mL 烧杯中,加冰乙酸 1 mL,用水溶解,移入1 000 mL 容量瓶中,用水稀释至刻度,摇匀。准确吸取三氧化二铝标准工作溶液 10 mL 于 250 mL 烧杯中,加水稀释至约 100 mL,加 EDTA 溶液 10 mL,加二甲酚橙指示剂 1 滴,用氨水溶液中和至刚出现浅藕合色,再加冰乙酸溶液至浅藕合色消失,然后,加缓冲溶液 10 mL,于电炉上微沸 3 min~5 min,取下,冷至室温。加入二甲酚橙指示剂 4~5 滴,立即用乙酸锌溶液滴定至近终点,再用乙酸锌标准溶液滴定至橙红(或紫红)色。加入氟化钾溶液 10 mL,煮沸 2 min~3 min,冷至室温,加二甲酚橙指示剂 2 滴,用乙酸锌标准溶液滴定至橙红(或紫红)色,即为终点。乙酸锌标准溶液对三氧化二铝的滴定度 $T_{Al_2O_3}$(mg/mL)按公式(3)计算:

$$T_{Al_2O_3}=\frac{V\times c}{V_1} \quad\cdots\cdots(3)$$

式中:

$T_{Al_2O_3}$——乙酸锌标准溶液对三氧化二铝的滴定度,单位为(mg/mL);

V ——氟化钾溶液体积,以 10 计,单位为毫升(mL);

c ——三氧化二铝标准工作溶液的浓度,单位为毫克每毫升(mg/mL);

V_1 ——标定时所耗乙酸锌标准溶液的体积,单位为毫升(mL)。

6.4.2.9 二甲酚橙溶液:1 g/L。称取二甲酚橙 0.1 g 溶于 pH=5.9 的缓冲溶液中,并用该缓冲溶液稀释至 100 mL。保存期不超过两个星期。

6.4.3 分析步骤

吸取试样溶液 50 mL,加水稀释至约 100 mL,按 6.4.2.8 中乙酸锌标准溶液的标定方法进行操作。

6.4.4 结果计算

三氧化二铝的质量分数 Al_2O_3(%)按公式(4)计算,以两次重复测定结果的平均值,按 GB/T 21923 修约到小数点后第二位报出。

$$Al_2O_3(\%)=\frac{V_1\times T_{Al_2O_3}\times V_2\times 10^{-3}}{V\times m}\times 100-k[TiO_2(\%)] \quad\cdots\cdots(4)$$

式中:

Al_2O_3——三氧化二铝的质量分数(%);

$T_{Al_2O_3}$——乙酸锌标准溶液对三氧化二铝的滴定度,单位为毫克每毫升(mg/mL);

V_2 ——试液所耗乙酸锌标准溶液的体积,单位为毫升(mL);

m ——灰样的质量,单位为克(g);

V ——准确吸取试样溶液(见 6.1.2)的体积数,单位为毫升(mL);

V_1 ——制备试样溶液(见 6.1.2)的体积数,以 250 计,单位为毫升(mL);

10^{-3} ——$T_{Al_2O_3}$ 由单位毫克转换成单位为克的换算系数;

k ——由二氧化钛换算为三氧化二铝的因数,以 0.638 计。

6.4.5 方法精密度

三氧化二铝测定结果的精密度见表 3。

表 3 三氧化二铝测定结果精密度

质量分数/%	重复性限/%
Al_2O_3(%)≤20.00	0.40

7 钾、钠、铁、钙、镁的测定(原子吸收法)

7.1 方法提要

灰样经氢氟酸、高氯酸分解,在盐酸介质中,加入释放剂镧或锶消除铝、钛等对钙、镁的干扰,用空气-乙炔火焰进行原子吸收测定。

7.2 试剂

7.2.1 氢氟酸:质量含量 40%以上。

7.2.2 高氯酸:质量含量 70%以上。

7.2.3 盐酸溶液:(1+1)(V_1+V_2)。

7.2.4 盐酸溶液:(1+3)(V_1+V_2)。

7.2.5 镧溶液:50 mg/mL。称取高纯(99.99%)三氧化二镧 29.4 g 于 400 mL 烧杯中,加水 50 mL,缓缓加入盐酸溶液(见 7.2.3)100 mL,加热溶解,冷却后移入 500 mL 容量瓶中,加水稀释至刻度,摇匀。转入塑料瓶中贮存。

7.2.6 锶溶液:50 mg/mL。称取经重结晶提纯的氯化锶($SrCl_2 \cdot 6H_2O$)152 g 于 400 mL 烧杯中,加水溶解,移入 1 000 mL 容量瓶中,用水稀释至刻度,摇匀。转入塑料瓶中贮存。

注:氯化锶提纯方法:1 000 g 氯化锶($SrCl_2 \cdot 6H_2O$)加水 400 mL,加热至 70 ℃左右溶解,趁热加入 400 mL 乙醇,低温重结晶后抽滤,在 40 ℃~50 ℃下烘干。

7.2.7 铝溶液:1 mg/mL。称取氯化铝($AlCl_3 \cdot 6H_2O$)4.736 g 于 400 mL 烧杯中,加水溶解,移入 1 000 mL容量瓶中,加水稀释至刻度,摇匀。转入塑料瓶中贮存。

7.2.8 氧化钾标准储备溶液:1 mg/mL。称取已在 500 ℃灼烧 30 min 的高纯氯化钾(99.99%)1.582 9 g于 400 mL 烧杯中,加水溶解,移入 1 000 mL 容量瓶中,加水稀释至刻度,摇匀。转入塑料瓶中贮存。

7.2.9 氧化钠标准储备溶液:1 mg/mL。称取已在 500 ℃灼烧 30 min 的高纯氯化钠(99.99%)1.885 9 g于 400 mL 烧杯中,加水溶解,移入 1 000 mL 容量瓶中,加水稀释至刻度,摇匀。转入塑料瓶中贮存。

7.2.10 氧化钙标准储备溶液:1 mg/mL。称取已在 110 ℃烘过 1 h 的高纯碳酸钙(99.99%)1.784 0 g于 400 mL 烧杯中,加水 50 mL,盖上表面皿,沿杯壁缓缓加入盐酸溶液(见 7.2.3)20 mL,溶解完全后,加热煮沸驱尽二氧化碳,用水冲洗表面皿及杯壁,冷至室温,转入 1 000 mL 容量瓶中,用水稀释至刻度,摇匀。转入塑料瓶中贮存。

7.2.11 氧化镁标准储备溶液:1 mg/mL。称取高纯金属镁(99.99%)0.603 0 g 于 400 mL 烧杯中,加入盐酸溶液(见 7.2.3)40 mL,加热溶解完全,冷至室温,移入 1 000 mL 容量瓶中,用水稀释至刻度,摇匀。转入塑料瓶中贮存。

7.2.12 三氧化二铁标准储备溶液:1 mg/mL。称取已在 110 ℃烘过 1 h 的高纯三氧化二铁(99.99%)1.000 0 g 于 400 mL 烧杯中,加入盐酸溶液(见 7.2.3)40 mL,盖上表面皿缓缓加热溶解,冷至室温,移入 1 000 mL 容量瓶中,用水稀释至刻度,摇匀。转入塑料瓶中贮存。

注:钾、钠、铁、钙、镁标准储备溶液也可使用市售的有证标准溶液。

7.2.13 铁、钙、镁混合标准工作溶液：$c(Fe_2O_3)$ = 200 μg/mL，$c(CaO)$ = 200 μg/mL，$c(MgO)$ = 50 μg/mL。准确吸取三氧化二铁标准储备溶液 100 mL、氧化钙标准储备溶液 100 mL 及氧化镁标准储备溶液 25 mL 于 500 mL 容量瓶中，加水稀释至刻度，摇匀。转入塑料瓶中贮存。

7.2.14 钾、钠混合标准工作溶液：$c(K_2O)$ = 50 μg/mL，$c(Na_2O)$ = 50 μg/mL。准确吸取氧化钾标准储备溶液和氧化钠标准储备溶液各 25 mL 于 500 mL 容量瓶中，加水稀释至刻度，摇匀。转入塑料瓶中贮存。

7.3 分析步骤

7.3.1 灰样处理

称取灰样(0.05±0.005)g(称准至 0.000 2 g)于聚四氟乙烯坩埚中，用少量水润湿，加高氯酸 2 mL、氢氟酸 10 mL，置于电热板上低温缓缓加热(温度不高于 250 ℃)，蒸至近干，再升高温度继续加热至白烟基本冒尽，溶液蒸至干涸但不焦黑为止。取下坩埚稍冷，加入盐酸溶液(见 7.2.3)10 mL、水 10 mL，再放在电热板上加热至近沸，并保温 2 min。取下坩埚，用热水将坩埚中的试样溶液移入 100 mL 容量瓶中，冷至室温，用水稀释至刻度，摇匀，制备为样品溶液。

7.3.2 样品空白溶液制备

分解一批样品应同时制备一个样品空白溶液，样品空白溶液的制备除不加样品外，其余操作同7.3.1。

7.3.3 待测样品溶液制备

7.3.3.1 铁、钙、镁待测样品溶液：准确吸取样品溶液(见 7.3.1)和样品空白溶液(见 7.3.2)各 2 mL 分别于 100 mL 容量瓶中(用于测钙、镁)，各 10 mL 分别于另一个 100 mL 容量瓶中(用于测铁)，往容量瓶中加镧溶液 4 mL(用锶作释放剂时，改加锶溶液 4 mL)、盐酸溶液(见 7.2.4)2 mL，加水稀释至刻度，摇匀。

7.3.3.2 钾、钠待测样品溶液：准确吸取样品溶液(见 7.3.1)和空白溶液(见 7.3.2)各 1 mL 分别于 100 mL容量瓶中(用于测钾)，各 10 mL 分别于另一个 100 mL 容量瓶中(用于测钠)，盐酸溶液(见 7.2.4)2 mL，加水稀释至刻度，摇匀。

7.3.4 混合标准系列溶液配制

7.3.4.1 铁、钙、镁混合标准系列溶液：分别吸取铁、钙、镁混合标准工作溶液 0 mL、1 mL、2 mL、3 mL、4 mL、5 mL、6 mL、7 mL、8 mL、9 mL、10 mL 于 100 mL 容量瓶中，加镧溶液 4 mL(用锶作释放剂时，改加锶溶液 4 mL 和铝溶液 3 mL)、盐酸溶液(见 7.2.4)2 mL，用水稀释至刻度，摇匀。

7.3.4.2 钾、钠混合标准系列溶液：分别吸取钾、钠混合标准工作溶液 0 mL、1 mL、2 mL、3 mL、4 mL、5 mL、6 mL、7 mL、8 mL、9 mL、10 mL 于 100 mL 容量瓶中，盐酸溶液(见 7.2.4)2 mL，用水稀释至刻度，摇匀。

注：7.3.4.1 和 7.3.4.2 的混合标准系列溶液的浓度间隔，根据仪器性能及工作曲线弯曲情况适当增减。

7.3.5 分析步骤

7.3.5.1 仪器工作条件的确定：除表 4 所规定的各元素的分析线和所使用的火焰气体外，将仪器的其他参数，如灯电流、通带宽度、燃烧器高度及转角，燃气和助燃气的流量、压力等调至最佳值。

表 4 推荐的仪器工作条件

元素	分析线/nm	火焰气体
K	766.5	乙炔-空气
Na	589.0	乙炔-空气
Fe	248.3	乙炔-空气
Ca	422.7	乙炔-空气
Mg	285.2	乙炔-空气

7.3.5.2 样品测定：按 7.3.5.1 确定的仪器工作条件，分别测定标准系列溶液(见 7.3.4.1 和 7.3.4.2)及待测样品溶液(见 7.3.3.1 和 7.3.3.2)中相应元素的吸光度。

7.3.5.3 工作曲线绘制：以标准系列溶液中测定的成分的氧化物浓度(μg/mL)为横坐标，相应的吸光度为纵坐标，绘制各成分的工作曲线。

7.4 结果计算

各成分的质量分数 R_mO_n(%)按公式(5)计算，以两次重复测定结果的平均值，按 GB/T 21923 修约到小数点后第二位报出。

$$R_mO_n(\%)=\frac{c\times V_1\times V_2\times 10^{-6}}{V\times m}\times 100 \qquad (5)$$

式中：

R_mO_n(%)——各成分的质量分数(%)；

c ——由工作曲线上查得的测定成分的浓度，单位为微克每毫升(μg/mL)；

m ——灰样的质量，单位为克(g)；

V ——吸取相应成分的样品溶液体积，单位为毫升(mL)；

V_1 ——根据 7.3.1 中制备的样品溶液体积，以 100 计，单位为毫升(mL)；

V_2 ——根据 7.3.1 中制备的样品溶液吸取相应体积后稀释到体积，以 100 计，单位为毫升(mL)；

10^{-6} ——μg 转换为 g 的转换系数。

7.5 方法精密度

铁、钙、镁、钾、钠测定结果的精密度见表 5。

表 5 铁、钙、镁、钾、钠测定结果精密度

成分	质量分数/%	重复性限/%
Fe_2O_3	Fe_2O_3(%)≤5.00	0.20
	5.00 <Fe_2O_3(%)≤10.00	0.40
CaO	CaO(%)≤5.00	0.20
	5.00 <CaO(%)≤10.00	0.40
	CaO(%)>10.00	1.00
MgO	MgO(%)≤2.00	0.10
	MgO(%)>2.00	0.20

表 5（续）

成分	质量分数/%	重复性限/%
K_2O	$K_2O(\%)\leqslant 1.00$	0.10
	$1.00<K_2O(\%)\leqslant 10.00$	0.25
	$K_2O(\%)>10.00$	0.80
Na_2O	$Na_2O(\%)\leqslant 1.00$	0.10
	$Na_2O(\%)>1.00$	0.20

8　五氧化二磷测定(磷钼蓝分光光度法)

8.1　方法提要

灰样用氢氟酸-高氯酸分解以脱除二氧化硅，吸取部分溶液加入钼酸铵和抗坏血酸溶液，生成磷钼蓝，用分光光度法进行测定。

8.2　试剂

8.2.1　氢氟酸：质量分数 40%以上。

8.2.2　高氯酸：质量分数 70%以上。

8.2.3　盐酸：相对密度 1.19 g/cm^3。

8.2.4　盐酸溶液：(1+1)(V_1+V_2)。

8.2.5　抗坏血酸溶液：50 g/L。称取抗坏血酸 5 g 溶于 100 mL 水中，现用现配。

8.2.6　硫酸溶液：(1+4)(V_1+V_2)。

8.2.7　钼酸铵-硫酸溶液：称取钼酸铵 17.2 g 溶于 1 L 硫酸溶液(见 8.2.6)。

8.2.8　酒石酸锑钾溶液：称取酒石酸锑钾 0.34 g 溶于 250 mL 水中。

8.2.9　试剂溶液：往 35 mL 钼酸铵-硫酸溶液(见 8.2.7)中加入 10 mL 抗坏血酸溶液(见 8.2.5)和 5 mL 酒石酸锑钾溶液(见 8.2.8)，混匀。现用现配。

8.2.10　五氧化二磷标准储备溶液：0.229 2 g/L。准确称取已在 110 ℃干燥 1 h 的优级纯磷酸二氢钾 0.439 2 g(称准至 0.000 2 g)，溶于水中，移入 1 L 的容量瓶中，用水稀释至刻度，摇匀。

8.2.11　五氧化二磷标准工作溶液：0.022 92 g/L。准确吸取五氧化二磷标准储备溶液 10 mL，注入 100 mL容量瓶中，用水稀释至刻度，摇匀。现用现配。

8.3　分析步骤

8.3.1　待测样品溶液制备

同 7.3.1。

8.3.2　空白溶液制备

同 7.3.2。

8.3.3　工作曲线绘制

8.3.3.1　准确吸取五氧化二磷标准工作溶液 0 mL、1 mL、2 mL、3 mL 分别注入 50 mL 容量瓶中，加入试剂溶液(见8.2.9)5 mL,放置1 min～2 min后,用水稀释至刻度,摇匀。于20 ℃～30 ℃下放置1 h后,在分光光度计上,用1 cm比色皿,在波长650 nm处,测定吸光度。

8.3.3.2 以五氧化二磷的质量(mg)为横坐标,吸光度为纵坐标,绘制工作曲线。

8.3.4 样品测定

准确吸取1 mL待测样品溶液(见8.3.1),注入50 mL容量瓶中,加9 mL空白溶液(见8.3.2),按8.3.3.1进行操作(除不加标准工作溶液外),测定样品溶液的吸光度值。

同时吸取10 mL空白溶液(见8.3.2)注入另一个50 mL容量瓶中,按8.3.3.1进行空白值的测定,测定空白溶液的吸光度值。

样品溶液的吸光度值扣除空白溶液的吸光度值后,从工作曲线上查得相应的五氧化二磷的质量(mg)。

8.4 结果计算

五氧化二磷的质量分数P_2O_5(%)按公式(6)计算,以两次重复测定结果的平均值,按GB/T 21923修约到小数点后第二位报出。

$$P_2O_5(\%)=\frac{100\times m_{P_2O_5}\times 10^{-3}}{m\times V}\times 100 \qquad \cdots\cdots(6)$$

式中:

$m_{P_2O_5}$ ——由工作曲线上查得的五氧化二磷的量,单位为毫克(mg);

V ——从灰样溶液总体积(100 mL)中分取的溶液的体积,单位为毫升(mL);

m ——灰样的质量,单位为克(g);

100 ——根据(7.3.1)制备的样品溶液体积,单位为毫升(mL);

10^{-3} ——$m_{P_2O_5}$由mg转换为g的转换系数。

报出结果取两次重复测定的算术平均值,按GB/T 21923修约至小数点后第二位。

8.5 方法精密度

五氧化二磷测定结果的精密度见表6。

表6 五氧化二磷测定结果的精密度

质量分数/%	重复性限/%
$P_2O_5(\%)\leqslant 1.00$	0.05
$1.00<P_2O_5(\%)\leqslant 5.00$	0.15
$P_2O_5(\%)>5.00$	0.40

9 三氧化硫的测定(硫酸钡质量法)

9.1 方法提要

用盐酸浸取灰样中的硫,将溶液过滤,滤液用氢氧化铵中和并沉淀铁,过滤后的溶液中加氯化钡溶液,生成硫酸钡沉淀后用质量法测定。

9.2 试剂

9.2.1 盐酸溶液:(1+3)(V_1+V_2)。

9.2.2 氨水溶液：(1+1)(V_1+V_2)。

9.2.3 盐酸溶液：(1+1)(V_1+V_2)。

9.2.4 氯化钡溶液：100 g/L。称取氯化钡 10 g 溶于 100 mL 水中。

9.2.5 硝酸银溶液：10 g/L。称取硝酸银 1 g 溶于 100 mL 水中，加几滴硝酸，储于棕色瓶中。

9.2.6 甲基橙指示剂：2 g/L。称取甲基橙 0.2 g 溶于 100 mL 水中。

9.2.7 中速定性滤纸。

9.2.8 慢速定量滤纸。

9.3 分析步骤

9.3.1 称取灰样 0.3 g(称准至 0.000 2 g)，置于 250 mL 烧杯中，加入盐酸溶液(见 9.2.1)50 mL，盖上表面皿，加热微沸 20 min，取下，趁热加入甲基橙指示剂 2 滴，滴加氨水中和至溶液刚变色，再过量 3～6 滴，待氢氧化铁沉淀后，用中速定性滤纸过滤于 300 mL 烧杯中，用近沸的热水洗涤沉淀 10～12 次，向滤液中滴加盐酸溶液(见 9.2.3)至溶液刚变色，再过量 2 mL，往溶液中加水稀释至约 250 mL。

9.3.2 将溶液加热至微沸，在不断搅拌下滴加氯化钡溶液 10 mL，在电热板微沸 5 min，加表面皿，于 80 ℃～90 ℃下保温 2 h，溶液最后体积保持在 200 mL 左右。

9.3.3 溶液用慢速定量滤纸过滤，用热水洗至无氯离子为止(用硝酸银溶液检验)。

9.3.4 将沉淀连同滤纸移入已恒重的瓷坩埚中，先在低温下灰化滤纸，然后在 800 ℃～850 ℃的马弗炉中灼烧 40 min，取出坩埚，稍冷，放入干燥器中，冷至室温后，称量。

9.3.5 每配制一批试剂或改换其他任一试剂时，应进行空白试验(不加灰样，其余步骤同 9.3.1～9.3.4)。

9.4 结果计算

三氧化硫的质量分数 SO_3(%)按公式(7)计算，以两次重复测定结果的平均值，按 GB/T 21923 修约到小数点后第二位报出。

$$SO_3(\%)=\frac{k\times(m_1-m_2)}{m}\times 100 \qquad \cdots\cdots(7)$$

式中：

m_1——硫酸钡的质量，单位为克(g)；

m_2——空白试验测定的硫酸钡质量，单位为克(g)；

m ——灰样的质量，单位为克(g)；

k ——由硫酸钡质量换算为三氧化硫质量的换算系数，以 0.343 0 计。

9.5 方法精密度

三氧化硫测定结果的精密度见表 7。

表 7 三氧化硫测定结果精密度

质量分数/%	重复性限/%
SO_3(%)≤5.00	0.20
SO_3(%)>5.00	0.30

10 试验报告

试验报告至少应包含下列信息：

——样品标识；
——依据标准；
——使用方法；
——试验结果；
——与标准的偏离；
——试验中观察到的异常现象；
——试验日期。

ICS 75.160.10
D 21

中华人民共和国国家标准

GB/T 30726—2014

固体生物质燃料灰熔融性测定方法

Determination of ash fusibility of solid biofuels

2014-06-09 发布 2014-10-01 实施

中华人民共和国国家质量监督检验检疫总局
中国国家标准化管理委员会 发布

前　言

本标准按照 GB/T 1.1—2009 给出的规则起草。

本标准由中国煤炭工业协会提出。

本标准由全国煤炭标准化技术委员会(SAC/TC 42)归口。

本标准起草单位:煤炭科学研究总院检测研究分院、龙口矿业集团有限公司。

本标准主要起草人:隋艳、迟丽华、孙刚、张博。

固体生物质燃料灰熔融性测定方法

1 范围

本标准规定了测定固体生物质燃料灰熔融性的术语和定义、方法提要、试剂和材料、仪器设备、试验条件、测定步骤以及精密度等。

本标准适用于固体生物质燃料。

2 规范性引用文件

下列文件对于本文件的应用是必不可少的。凡是注日期的引用文件，仅注日期的版本适用于本文件。凡是不注日期的引用文件，其最新版本(包括所有的修改单)适用于本文件。

GB/T 21923　固体生物质燃料检验通则

GB/T 28731　固体生物质燃料工业分析方法

3 术语和定义

GB/T 21923 中界定的术语和定义适用于本文件。为了便于使用，以下重复列出了 GB/T 21923 中的某些术语和定义。

3.1

灰的变形温度(DT)　Deformation temperature of ash

灰锥尖端或棱开始变圆或弯曲时的温度(图 1 中 DT)。

注 1：如灰锥尖保持原形则锥体收缩和倾斜不算变形温度。

注 2：改写 GB/T 21923 定义 3.117。

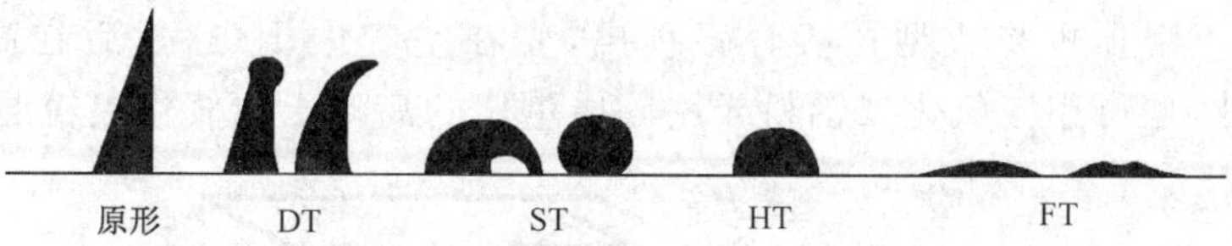

图 1　灰锥熔融特征示意图

3.2

灰的软化温度(ST)　Sphere temperature of ash

灰锥弯曲至锥尖触及托板或灰锥变成球形时的温度(图 1 中 ST)。

注：改写 GB/T 21923 定义 3.118。

3.3

灰的半球温度(HT)　Hemisphere temperature of ash

灰锥形变至近似半球形，即高约等于底长的一半时的温度(图 1 中 HT)。

注：改写 GB/T 21923 定义 3.119。

3.4

灰的流动温度(FT)　Flow temperature of ash

灰锥熔化展开成高度在1.5 mm以下的薄层时的温度(图1中FT)。

注：改写GB/T 21923定义3.120。

4　方法提要

将固体生物质燃料灰样制成一定尺寸的三角锥(简称灰锥),在一定的气体介质中,以一定的升温速度加热,观察灰锥在受热过程中的形态变化,观测并记录它的四个特征熔融温度:变形温度、软化温度、半球温度和流动温度。

5　试剂和材料

5.1　氧化镁:工业品,研细至粒度小于0.1 mm。

5.2　碳物质:灰分低于15%,粒度小于1 mm的无烟煤、石墨或其他碳物质。

5.3　有证煤灰熔融性标准物质:可用来检查试验气氛性质的有证煤灰熔融性标准物质。

5.4　二氧化碳:99.5%纯度。

5.5　还原性气体:氢气:99.5%纯度;或一氧化碳:99.5%纯度。

5.6　刚玉舟(图2):耐温1 500 ℃以上,能盛足够量的碳物质。

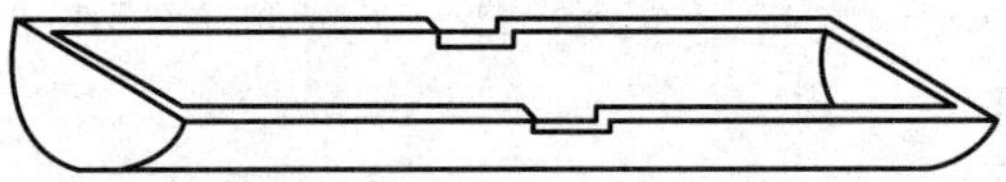

图2　刚玉舟

5.7　灰锥托板(图3):在1 500 ℃不变形,不与灰锥发生反应,不吸收灰样。可购置或按下述方法制做:取适量氧化镁,用糊精溶液润湿成可塑状。将灰锥托板模的垫片放入模座,用小刀将氧化镁铲入模中,用小锤轻轻锤打成型。用顶板将成型托板轻轻顶出,先在空气中干燥,然后在高温炉中逐渐加热到1 500 ℃。除氧化镁外,也可用三氧化二铝粉或用等质量比的高岭土和氧化铝粉混合物制做托板。

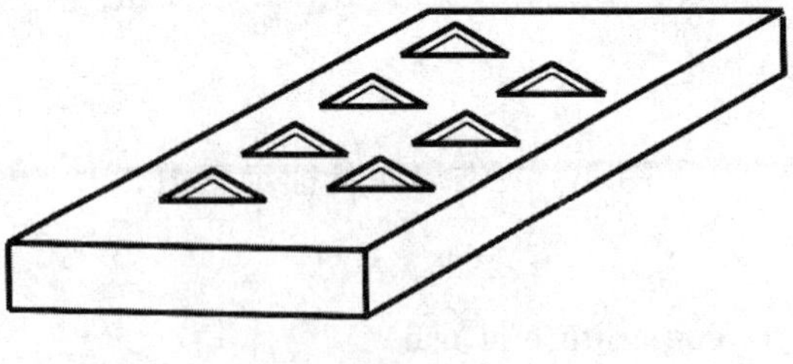

图3　灰锥托板

5.8　三氧化二铝:工业品。

5.9　高岭土:工业品。

5.10　可溶性淀粉:工业品。

5.11　玛瑙研钵。

5.12　金丝:直径不小于0.5 mm,或金片,厚度0.5 mm～1.0 mm,纯度99.99%,熔点1 064 ℃。

5.13　钯丝:直径不小于0.5 mm,或钯片,厚度0.5 mm～1.0 mm,纯度99.9%,熔点1 554 ℃。

5.14 糊精溶液：糊精(化学纯)10 g溶于100 mL蒸馏水中，配成100 g/L溶液。

6 仪器设备

6.1 高温炉：凡满足下列条件的高温炉都可使用：

——能加热到1 500 ℃以上；

——有足够的恒温带(各部位温差小于5 ℃)；

——能按规定的程序加热；

——炉内气氛可控制为弱还原性；

——能在试验过程中观察试样形态变化。

图4给出了常用的管式硅碳管高温炉示意图。

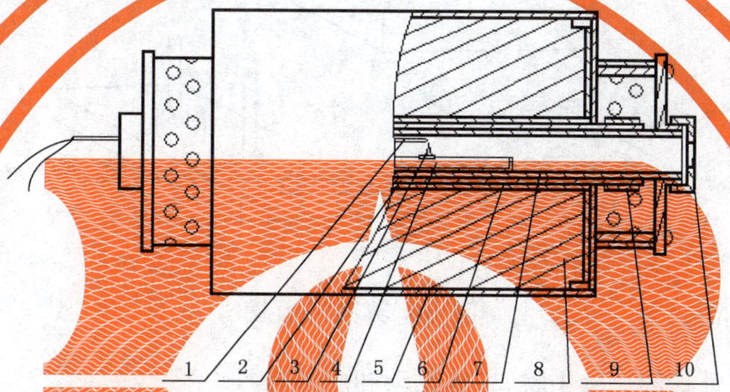

说明：

1 ——热电偶；
2 ——硅碳管；
3 ——灰锥；
4 ——刚玉舟；
5 ——炉壳；
6 ——刚玉外套管；
7 ——刚玉内套管(内径50 mm，长600 mm)；
8 ——保温材料；
9 ——硅碳管电极片；
10——观察孔。

图4 管式硅碳管高温炉

6.2 热电偶及高温计：测量范围0 ℃～1 500 ℃，最小分度1 ℃，加气密刚玉保护管使用。高温计和热电偶至少每年校准一次。用下列方法之一进行高温计和热电偶的校准：

a) 用标准热电偶校准高温计和热电偶；

b) 在日常测定条件下，定期观测金丝的熔点(如可能)和钯丝的熔点。如果观测到的金丝和钯丝的熔点与5.12和5.13中给出的熔点差值超过10 ℃，则重新进行调节或校准。

6.3 灰锥模子(图5)：材质为黄铜或不锈钢，由对称的两个半块构成。

单位为毫米

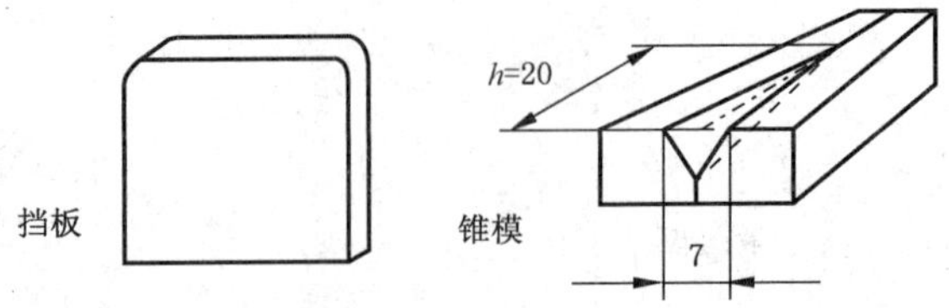

图 5 灰锥模子

6.4 灰锥托板模(图 6):由模座、垫片和顶板三部分构成。用硬木或其他坚硬材料制作。

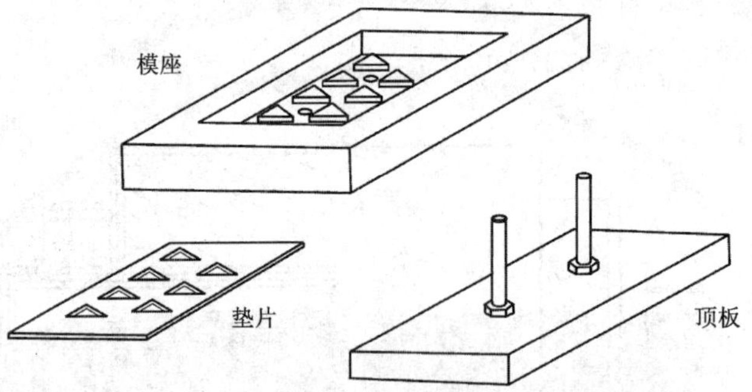

图 6 灰锥托板模

6.5 常量气体分析仪:可测量一氧化碳、二氧化碳和氧气含量。

7 试验条件

7.1 试验气氛及其控制

7.1.1 弱还原性气氛,可用通气法或封碳法控制。

7.1.2 通气法,炉内通入下述两种混合气体之一:

——(50±10)%的氢气和(50±10)%的二氧化碳混合气体(体积分数);

——(60±5)%的一氧化碳和(40±5)%的二氧化碳混合气体(体积分数)。

7.1.3 封碳法,炉内封入碳物质。

7.2 试样形状和尺寸

试样为三角锥体,高 20 mm,底为边长 7 mm 的正三角形,锥体的一侧面垂直于底面。

8 灰锥制备

8.1 灰的制备

取一定量的固体生物质燃料试样,按 GB/T 28731 规定将其完全灰化,然后用玛瑙研钵研细至 0.1 mm以下。

8.2 灰锥的制做

取 1 g～2 g 灰放在瓷板或玻璃板上,用数滴糊精溶液润湿并调成可塑状,然后用小尖刀铲入灰锥模中挤压成型。用小尖刀将模内灰锥小心地推至瓷板或玻璃板上，于空气中风干或于 60 ℃下干燥备用。

注：除糊精溶液外，可视灰的可塑性用水或 100 g/L 的可溶性淀粉溶液。

9 测定步骤

9.1 在弱还原性气氛中测定

9.1.1 用糊精溶液将少量氧化镁调成糊状，用它将灰锥固定在灰锥托板的三角坑内，并使灰锥垂直于底面的侧面与托板表面垂直。

9.1.2 将带灰锥的托板置于刚玉舟上。如用封碳法来产生弱还原性气氛，则预先在舟内放置足够量的碳物质。炉内封入的碳物质种类和量根据炉膛大小和密封性用试验的方法确定。对于图 4 所示高温炉，一般可在刚玉舟中央放置石墨粉 15 g～20 g，两端放置无烟煤 40 g～50 g(对气疏高刚玉管炉膛)或在刚玉舟中央放置石墨粉 5 g～6 g(对气密刚玉管炉膛)。

9.1.3 打开高温炉炉盖，将刚玉舟徐徐推入炉内，至灰锥位于高温带并紧邻热电偶热端(相距 2 mm 左右)。

9.1.4 关上炉盖，当炉温低于 700 ℃时，升温速度为 15 ℃/min～20 ℃/min。炉温超过 700 ℃，升温速度为 4 ℃/min～6 ℃/min。如用通气法产生弱还原性气氛，则从 600 ℃开始通入氢气(或一氧化碳)和二氧化碳混合气体(见 7.1.2)，通气速度以能避免空气渗入为准。流经灰锥的气体线速度不低于 400 mm/min，对于图 4 所示高温炉，可为 800 mL/min～1 000 mL/min。

警告——从炉内排出的气体中含有部分一氧化碳，因此，须将这些气体排放到外部大气中(可使用排风罩或高效风扇系统)。如果使用了氢气，要特别注意防止发生爆炸，应在通入氢气前和停止氢气供入后用二氧化碳吹扫炉内。

9.1.5 随时观察灰锥的形态变化(高温下观察时，需戴上墨镜)，记录灰锥的四个熔融特征温度：变形温度、软化温度、半球温度和流动温度。

9.1.6 待全部灰锥都达到流动温度或炉温升至 1 500 ℃时断电、结束试验。

9.1.7 待炉子冷却后，取出刚玉舟、拿下托板，仔细检查其表面，如发现试样与托板发生化学反应，则另换一种托板重新试验。

9.2 用自动测定仪测定

使用带有自动判断功能的自动测定仪时，在测定后应对记录下来的图像进行人工核验，且应经常用标准物质检查试验气氛[见 10 a)]。

10 弱还原性气氛检查

实验室应定期或不定期地检查炉内气氛性质，检查方法如下：

a) 标准物质测定法：用有证煤灰熔融性标准物质制成灰锥并测定其熔融特征温度(ST、HT 和 FT)。如其实际测定值与弱还原性气氛下的标准值相差不超过 40 ℃，则证明炉内气氛为弱还原性；如超过 40 ℃，则根据它们与强还原性或氧化性气氛下的参比值的接近程度以及刚玉舟中碳物质的氧化情况来判断炉内气氛，并加以调整。

b) 取气分析法：用一根气密刚玉管从炉子高温带以一定的速度(以不改变炉内气体组成为准，对于图 4 所示高温炉，一般为 6 mL/min～7 mL/min 取出气体并进行成分分析。如在 1 000 ℃～1 300 ℃范围内，还原性气体(一氧化碳、氢气和甲烷等)的体积分数为 10%～70%，同时1 100 ℃以下还原性气体的总体积和二氧化碳的体积比不大于 1：1、氧含量低于 0.5%，则炉内气氛为弱还原性。

11 结果表述

灰锥的四个熔融特征温度DT、ST、HT和FT的结果计算重复测定值的平均值并化整到10 ℃报出。

12 精密度

固体生物质燃料灰熔融性测定的精密度如表1所示。

表1 固体生物质燃料灰熔融性测定的精密度

特征温度	重复性限/℃	再现性临界差/℃
变形温度 DT	60	—
软化温度 ST	40	80
半球温度 HT	40	80
流动温度 FT	40	80

13 试验报告

试验结果报告至少应包括以下内容：

——试样编号；

——依据标准；

——试验气氛性质及控制方法；

——试验结果；

——托板材料及试验后的表面状况；

——试验中出现的异常现象，包括试验过程中产生的烧结、收缩、膨胀和鼓泡等现象及其相应温度。

ICS 75.160.10
D 21

中华人民共和国国家标准

GB/T 30727—2014

固体生物质燃料发热量测定方法

Determination of calorific value for solid biofuels

2014-06-09 发布　　2014-10-01 实施

中华人民共和国国家质量监督检验检疫总局
中国国家标准化管理委员会　发布

前　言

本标准按照 GB/T 1.1—2009 给出的规则起草。

本标准由中国煤炭工业协会提出。

本标准由全国煤炭标准化技术委员会(SAC/TC 42)归口。

本标准起草单位:煤炭科学研究总院检测研究分院。

本标准主要起草人:隋艳、杨华玉、李英华。

固体生物质燃料发热量测定方法

1 范围

标准规定了用氧弹量热法测定固体生物质燃料的高位发热量的原理、试验条件、试剂和材料、仪器设备、测定步骤、测定结果的计算、热容量、仪器常数标定、方法精密度以及低位发热量的计算方法等。

本标准适用于各种固体生物质燃料。

2 规范性引用文件

下列文件对于本文件的应用是必不可少的。凡是注日期的引用文件，仅注日期的版本适用于本文件。凡是不注日期的引用文件，其最新版本(包括所有的修改单)适用于本文件。

GB/T 21923 固体生物质燃料检验通则

GB/T 28730 固体生物质燃料样品制备方法

GB/T 28731 固体生物质燃料工业分析方法

GB/T 28732 固体生物质燃料全硫测定方法

GB/T 28733 固体生物质燃料全水分测定方法

GB/T 28734 固体生物质燃料中碳氢测定方法

3 术语和定义

GB/T 28734 中界定的以及下列术语和定义适用于本文件。

3.1

弹筒发热量 bomb calorific value

单位质量的固体生物质燃料试样在充有过量氧气的氧弹内燃烧，其燃烧后的物质组成为氧气、氮气、二氧化碳、硝酸和硫酸、液态水以及固态灰时放出的热量。

3.2

恒容高位发热量 gross calorific value at constant volume

单位质量的固体生物质燃料试样在充有过量氧气的氧弹内燃烧，其燃烧后的物质组成为氧气、氮气、二氧化碳、二氧化硫、液态水以及固态灰时放出的热量。

恒容高位发热量即由弹筒发热量减去硝酸形成热和硫酸校正热后得到的发热量。

3.3

恒容低位发热量 net calorific value at constant volume

单位质量的固体生物质燃料试样在恒容条件下，在过量氧气中燃烧，其燃烧后的物质组成为氧气、氮气、二氧化碳、二氧化硫、气态水(假定压力为 0.1 MPa)以及固态灰时放出的热量。

恒容低位发热量即由恒容高位发热量减去水(固体生物质燃料中原有的水和其中的氢燃烧生成的水)的气化热后得到的发热量。

3.4

恒压低位发热量 net calorific value at constant pressure

单位质量的固体生物质燃料试样在恒压条件下，在过量氧气中燃烧，其燃烧后的物质组成为氧气、氮气、二氧化碳、二氧化硫、气态水(假定压力为0.1 MPa)以及固态灰时放出的热量。

3.5

热量计的有效热容量　effective heat capacity of the calorimeter

量热系统产生单位温升所需的热量(简称热容量)。通常以焦耳每开尔文(J/K)表示。

4　热量单位

热量的单位为焦耳(J),1 J=1 N·m。

固体生物质燃料的发热量测定结果以兆焦每千克(MJ/kg)或焦耳每克(J/g)表示。需要时,可用千瓦时每立方米(kW·h/m^3)表示。

注:MJ/kg×1 000/3 600=kW·h/kg×BD(容积密度,kg/m^3)=kW·h/m^3。

5　原理

5.1　恒容高位发热量

固体生物质燃料的发热量在氧弹热量计中进行测定。一定量的分析试样在氧弹热量计中,在充有过量氧气的氧弹内燃烧,热量计的热容量通过在相近条件下燃烧一定量的基准量热物质苯甲酸来确定,根据试样燃烧前后量热系统产生的温升,并对点火热等附加热进行校正后即可求得试样的弹筒发热量。

从弹筒发热量中扣除硝酸形成热和硫酸校正热(氧弹反应中形成的水合硫酸与气态二氧化硫的形成热之差)即得高位发热量。

5.2　低位发热量

固体生物质燃料的恒容低位发热量和恒压低位发热量可以通过试样的高位发热量计算。计算恒容低位发热量需要知道固体生物质燃料试样中水分和氢的含量;计算恒压低位发热量还需知道固体生物质燃料试样中氧和氮的含量。

6　试验室条件

进行发热量测定的试验室应满足以下条件:

——进行发热量测定的试验室,应为单独房间,不得在同一房间内同时进行其他试验项目;

——室温应保持相对稳定,每次测定室温变化不应超过1 ℃,室温以在15 ℃～30 ℃范围为宜;

——室内应无强烈的空气对流,因此不应有强烈的热源、冷源和风扇等,试验过程中应避免开启门窗;

——试验室最好朝北,以避免阳光照射,否则热量计应放在不受阳光直射的地方。

7　试剂和材料

7.1　氧气:纯度不低于99.5%,不含可燃成分,不允许使用电解氧;压力足以使氧弹充氧至3.0 MPa。

7.2　苯甲酸:二等或二等以上有证基准量热物质。

7.3　点火丝:直径0.1 mm左右的铁、铜、镍丝或其他已知热值的金属丝或棉线,如使用棉线,则应选用粗细均匀,不涂蜡的白棉线。

注:各种点火丝的热值为:铁丝(6 700 J/g)、镍铬丝(6 000 J/g)、铜丝(2 500 J/g)、棉线(17 500 J/g)。

7.4　点火导线:直径0.3 mm左右的镍铬丝或其他金属丝。

7.5　擦镜纸：使用前先测出燃烧热，抽取 3～4 张纸，团紧，称准质量，放入燃烧皿中，然后按常规方法测定发热量。取三次结果的平均值作为擦镜纸热值。

8　仪器设备

8.1　热量计

8.1.1　总则

热量计是由氧弹、内筒、外筒、搅拌器、水、温度传感器、试样点火装置、温度测量和控制系统构成。

通常热量计有两种，恒温式和绝热式，它们的量热系统被包围在充满水的双层夹套(外筒)中，它们的差别只在于外筒的控温方式不同，其余部分无明显区别。

无水热量计的内筒、搅拌器和水被一个金属块代替。氧弹为双层金属构成，其中嵌有温度传感器，氧弹本身组成了量热系统。

自动氧弹热量计原则上应按照第 8 章和第 10 章中的原理和规定设计并构造，并按照第 11 章的规定计算分析试样的弹筒发热量和恒容高位发热量。

自动氧弹热量计在每次试验中应记录(打印或其他方式)并给出详细的信息，如观测温升、冷却校正值(恒温式)、有效热容量、样品质量和样品编号、点火热和其他附加热等，以便可对由此进行的所有计算都能进行人工验证，所用的计算公式应在仪器操作说明书中给出。计算中用到的附加热应清楚地确定，所用的点火热、副反应热的校正应该明确说明。

本标准也允许使用其他非经典原理的氧弹热量计，只要它们的标定条件、标定试验和发热量测定时条件的相似性，试样质量与氧弹的容积之比、充氧压力、氧弹中加水量、以及测定的精密度和准确度等都符合本标准的基本要求。

热量计的准确度要求为，用苯甲酸作为样品进行 5 次发热量测定，其 5 次测定结果的相对标准差不大于 0.20%，且其平均值与标准热值之差不超过 50 J/g。计算中除燃烧不完全的结果外，所有的测试结果不能随意舍弃。

8.1.2　氧弹

由耐热、耐腐蚀的镍铬或镍铬钼等合金钢制成，需要具备三个主要性能：

a)　不受燃烧过程中出现的高温和腐蚀性产物的影响而产生热效应；

b)　能承受充氧压力和燃烧过程中产生的瞬时高压；

c)　试验过程中能保持完全气密。

弹筒容积一般为 250 mL～350 mL，弹头上应装有供充氧和排气的阀门以及点火电源的接线电极。新氧弹和新换部件(弹筒、弹头、连接环)的氧弹应经 20.0 MPa 的水压试验，证明无问题后方能使用。此外，应经常注意观察与氧弹强度有关的部件，如弹筒和连接环的螺纹、进气阀、出气阀和电极与弹头的连接处等，如发现显著磨损或松动，应进行修理，并经水压试验合格后再用。

氧弹应定期进行水压试验，每次水压试验后，氧弹的使用时间一般不应超过 2 年。

当使用多个氧弹时，每一个氧弹都应作为一个完整的单元使用。各氧弹部件不得交换使用。

8.1.3　内筒

用紫铜、黄铜或不锈钢制成，断面可为椭圆形、菱形或其他适当形状。筒内装水通常为 2 000 mL～3 000 mL，以能浸没氧弹(进、出气阀和电极除外)为准。

内筒外面应高度抛光，以减少与外筒间的辐射作用。

8.1.4 外筒

为金属制成的双壁容器,并有上盖。外壁为圆形,内壁形状则依内筒的形状而定;外筒应完全包围内筒,内外筒间应有 10 mm～12 mm 的间距,外筒底部有绝缘支架,以便放置内筒。

恒温式外筒和绝热式外筒的控温方式不同,应分别满足以下要求:

a) 恒温式外筒:恒温式热量计配置恒温式外筒。自动控温的外筒在整个试验过程中,外筒水温变化应控制在±0.1 K 之内;非自动控温式外筒——静态式外筒,盛满水后其热容量应不小于热量计热容量的 5 倍(通常 12.5 L 的水量可以满足外筒恒温的要求),以便试验过程中保持外筒温度基本恒定。外筒的热容量应该是:当冷却常数约为 0.002 0 min^{-1} 时,从试样点火到末期结束时的外筒温度变化小于 0.16 K;当冷却常数约为 0.003 0 min^{-1} 时,此温度变化应小于 0.11 K。外筒外面可加绝热保护层,以减少室温波动的影响。用于外筒的温度计应有 0.1 K 的最小分度值;

b) 绝热式外筒:绝热式热量计配置绝热式外筒。外筒中水量应较少,最好装有浸没式加热装置,当样品点燃后能迅速提供足够的热量以维持外筒水温与内筒水温相差在 0.1 K 之内。通过自动控温装置,外筒水温能紧密跟踪内筒的温度。外筒的水还应在特制的双层盖中循环。自动控温装置的灵敏度应能达到使点火前和终点后内筒温度保持稳定(5 min 内温度变化平均不超过 0.000 5 K/min);在一次试验的升温过程中,内外筒间热交换量应不超过 20 J。

8.1.5 搅拌器

螺旋桨式或其他形式。转速 400 r/min～600 r/min 为宜,并应保持恒定。搅拌器轴杆应有较低的热传导或与外界采用有效的隔热措施,以尽量减少量热系统与外界的热交换。搅拌器的搅拌效率应能使热容量标定中由点火到终点的时间不超过 10 min,同时又要避免产生过多的搅拌热。

注:搅拌速度过快将导致搅拌热增加,使搅拌速度难以保持恒定。

8.1.6 量热温度计

用于内筒温度测量的量热温度计至少应有 0.001 K 的分辨率,以便能以 0.002 K 或更好的分辨率测定 2 K 到 3 K 的温升;它代表的绝对温度应能达到近 0.1 K。量热温度计在它测量的每个温度变化范围内应是线性的或线性化的。它们均应经过计量部门的检定。

有以下两种类型的温度计可用于此目的:

a) 玻璃水银温度计:常用的玻璃水银温度计一种是固定测温范围的精密温度计,另一种是可变测温范围的贝克曼温度计。两者的最小分度值应为 0.01 K。使用时应根据计量机关检定证书中的修正值做必要的校正。两种温度计都应进行温度校正(贝克曼温度计称为孔径校正),贝克曼温度计除孔径校正值外还有平均分度值校正值。为了满足所需要的分辨率,需要使用 5 倍的放大镜来读取温度,为防止水银柱在玻璃上的粘滞,通常需要一个机械振荡器来敲击温度计。如果没有机械振荡器,在读取温度前应人工敲击温度计;

b) 数字显示温度计:数字显示温度计可代替传统的玻璃水银温度计,这些温度计是由诸如铂电阻、热敏电阻以及石英晶体共振器等配备合适的电桥,零点控制器、频率计数器或其他电子设备构成,其分辨率至少应为 0.001 K,短期重复性不应超过 0.001 K,6 个月内的长期漂移不应超过 0.05 K。线性温度传感器在发热量测定中引起的偏倚比非线性温度传感器的小。

8.2 附属设备

8.2.1 燃烧皿

铂制品最理想,一般可用镍铬钢制品。规格可采用高 17 mm～18 mm、底部直径 19 mm～20 mm、上部直径 25 mm～26 mm，厚 0.5 mm。其他合金钢或石英制的燃烧皿也可使用，但以能保证试样燃烧完全而本身又不受腐蚀和产生热效应为原则。

8.2.2 压力表和氧气导管

压力表由两个表头组成：一个指示氧气瓶中的压力，一个指示充氧时氧弹内的压力。压力表应装有减压阀和保险阀。压力表每 2 年应经计量部门检定一次，以保证指示正确和操作安全。

压力表通过内径 1 mm～2 mm 的无缝铜管与氧弹连接，或通过高强度尼龙管与充氧装置连接，以便导入氧气。

压力表和各连接部分不得与油脂接触或使用润滑油。如不慎沾污，应依次用苯和酒精清洗，并待风干后再用。

8.2.3 点火装置

点火采用 12 V～24 V 的电源。点火线路中可串接一个调节电压的变阻器和一个指示点火情况的指示灯或电流计。

点火电压应预先试验确定。方法：接好点火丝，在空气中通电试验。在熔断式点火的情况下，调节电压使点火丝在 1 s～2 s 内达到亮红；在非熔断式点火的情况下，调节电压使点火线在 4 s～5 s 内达到暗红。

在非熔断式点火的情况下如采用棉线点火，则在遮火罩以上的两电极柱间连接一段直径约 0.3 mm 的镍铬丝，丝的中部预先绕成螺旋数圈，以便发热集中。通电，准确测出电压、电流和通电时间，以便计算电能产生的热量。

8.2.4 天平

8.2.4.1 分析天平：最小分度值 0.1 mg。

8.2.4.2 工业天平：最大称量 5 kg，最小分度值 0.1 g。

9 分析试样

用于测定发热量的固体生物质燃料样品应按 GB/T 28730 制备成小于 1 mm 的一般分析试样。可能时，制备成小于 0.5 mm 或小于 0.2 mm 的一般分析试样，以保证样品完全燃烧和测定结果满足方法精密度要求。

试样应充分混匀，并与实验室环境达到湿度平衡。为了能对分析试样进行正确的水分校正，应该在称量发热量试样时同时称出水分测定试样，并尽快进行水分测定（测定程序见 GB/T 28731）。

10 测定步骤

10.1 概述

发热量的测定由两个独立的试验组成，即在规定的条件下基准量热物质的燃烧试验（热容量标定）和试样的燃烧试验。为消除未受控制的热交换引起的系统误差，要求两种试验的条件尽量相近。

试验包括定量进行燃烧反应到定义的产物和测量整个燃烧过程引起的温度变化。

试验过程分为初期、主期（燃烧反应期）和末期。对于绝热式热量计，初期和末期是为了确定开始点火的温度和终点温度；对于恒温式热量计，初期和末期的作用是确定热量计的热交换特性，以便在燃烧反应主期内对热量计内筒与外筒间的热交换进行正确的校正。初期和末期的时间应足够长。

由于固体生物质燃料的密度低，它们需用已知热值的擦镜纸包裹并压紧后再进行发热量测定，以防止试样在燃烧试验中爆燃而导致燃烧不完全(氧弹内有黑色碳迹)。有些固体生物质燃料试样,包纸后仍出现爆燃和燃烧不完全现象,可采取减少氧弹内的加水量为 1 mL 或降低氧弹内充氧压力为 1.8 MPa～2.0 MPa 的方法防止其爆燃。此时,仪器的热容量应采用相同"加水量"或相同"充氧压力"下的标定值。

10.2 恒温式热量计法

10.2.1 按使用说明书安装调节热量计。

10.2.2 取一张已标定了热值的擦镜纸,折叠为三层,准确称其质量。然后在擦镜纸上称取粒度小于 1 mm 的固体生物质燃料试样(1.0±0.1)g,称准到 0.000 2 g。用擦镜纸将试样包裹紧后放入燃烧皿内。

10.2.3 在熔断式点火的情况下,取一段已知质量的点火丝,把两端分别接在氧弹的两个电极柱上,弯曲点火丝接触包裹试样的擦镜纸;并注意勿使点火丝接触燃烧皿,以免形成短路而导致点火失败,甚至烧毁燃烧皿。同时还应注意防止两电极间以及燃烧皿与另一电极之间的短路。在非熔断式点火的情况下,当用棉线点火时,把已知质量的棉线的一端固定在已连接到两电极柱上的点火导线上(最好夹紧在点火导线的螺旋中),另一端与包裹的试样搭接。往氧弹中加入 5 mL 蒸馏水。小心拧紧氧弹盖,注意避免燃烧皿和点火丝的位置因受震动而改变,往氧弹中缓缓充入氧气,直至压力到 2.8 MPa～3.0 MPa,达到压力后的持续充氧时间不得少于 15 s。如果不小心充氧压力超过 3.2 MPa,停止试验,放掉氧气后,重新充氧。当钢瓶中氧气压力降到 5.0 MPa 以下时,充氧时间应酌量延长,压力降到 4.0 MPa 以下时,应更换新的钢瓶氧气。

10.2.4 往内筒中加入足够的蒸馏水,使氧弹盖的顶面(不包括突出的进、出气阀和电极)淹没在水面下 10 mm～20 mm。内筒水量应在所有试验中保持相同,相差不超过 0.5 g。水量最好用称量法测定。如用容量法,则需对温度变化进行校正。注意恰当调节内筒水温,使终点时内筒比外筒温度高 1 K 左右,以使终点时内筒温度出现明显下降。外筒温度应尽量接近室温,相差不得超过 1.5 K。

注:可根据样品热值除以热容量估计大致的主期温升,然后确定内筒温度应比外筒低多少。多数固体生物质燃料的发热量在 17 MJ/kg～20 MJ/kg 范围内波动,对于热容量为 9 000 J/K 左右的热量计,试验前内筒水温可调至比外筒水温低 1 K 左右。

10.2.5 把氧弹放入装好水的内筒中,如氧弹中无气泡漏出,则表明气密性良好,即可把内筒放在热量计中的绝缘架上;如有气泡出现,则表明漏气,应找出原因,加以纠正,重新充氧。然后接上点火电极插头,装上搅拌器和量热温度计,并盖上热量计的盖子。温度计的水银球(或温度传感器)对准氧弹主体(进、出气阀和电极除外)的中部,温度计和搅拌器均不得接触氧弹和内筒。靠近量热温度计的露出水银柱的部位(使用玻璃水银温度计时),应另悬一支普通温度计,用以测定露出柱的温度。

10.2.6 开动搅拌器,5 min 后开始计时,读取内筒温度(t_0)后立即通电点火。随后记下外筒温度(t_j)和露出柱温度(t_e)。外筒温度至少读到 0.05 K,内筒温度借助放大镜读到 0.001 K。读取温度时,视线、放大镜中线和水银柱顶端应位于同一水平上,以避免视差对读数的影响。每次读数前,应开动振荡器振动 3 s～5 s。

10.2.7 观察内筒温度(注意,点火后 20 s 内不要把身体的任何部位伸到热量计上方)。如在 30 s 内温度急剧上升,则表明点火成功。当用式(4)计算冷却校正值时,点火后 1′40″时读取一次内筒温度($t_{1'40''}$),接近终点时,开始按 1 min 间隔读取内筒温度;当用式(5)计算冷却校正值时,点火后按 1 min 间隔读取内筒温度直至终点。点火后最初几分钟内,温度急剧上升,读温精确到 0.01 K 即可,但只要有可能,读温应精确到 0.001 K。

10.2.8 以第一个下降温度作为终点温度(t_n),试验主期阶段至此结束。一般热量计由点火到终点的时间为 8 min～10 min。若终点时不能观察到温度下降(内筒温度低于或略高于外筒温度时),可以随后连续 5 min 内温度读数增量(以 1 min 间隔)的平均变化不超过 0.001 K/min 时的温度为终点温度 t_n。

10.2.9 停止搅拌,取出内筒和氧弹,开启放气阀,放出燃烧废气。打开氧弹,仔细观察弹筒和燃烧皿内部,如果有试样燃烧不完全的迹象或有炭黑存在,试验应作废。量出未烧完的点火丝长度,以便计算实际消耗量。

10.3 绝热式热量计法

10.3.1 按使用说明书安装和调节热量计。

10.3.2 按10.2.2称取试样。

10.3.3 按10.2.3准备氧弹。

10.3.4 按10.2.4称出内筒中所需的水。调节水温使其尽量接近室温，相差不要超过5 K，以稍低于室温为最理想。内筒温度过低，易引起水蒸气凝结在内筒外壁；温度过高，易造成内筒水的过多蒸发。这都对获得准确的测定结果不利。

10.3.5 按10.2.5安放内筒、氧弹、搅拌器和温度计。

10.3.6 开动搅拌器和外筒循环水泵，开通外筒冷却水和加热器。当内筒温度趋于稳定后，调节冷却水流速，使外筒加热器每分钟自动接通3～5次(由电流计或指示灯观察)。如自动控温线路采用可控硅代替继电器，则冷却水的调节应以加热器中有微弱电流为准。

10.3.7 调好冷却水后，开始读取内筒温度，借助放大镜读到0.001 K，每次读数前，开动振荡器3 s～5 s。当以1 min为间隔连续3次温度读数极差不超过0.001 K时，即可通电点火，此时的温度即为点火温度 t_0。否则，调节电桥平衡钮，直到内筒温度达到稳定，再行点火。

10.3.8 点火后6 min～7 min，再以1 min间隔读取内筒温度，直到连续三次读数极差不超过0.001 K为止。取最高的一次读数作为终点温度 t_n。

注1：用铂电阻为内、外筒测温元件的自动控温系统中，在内筒初始温度下调定电桥的平衡位置后，到达终点温度(一般比初始温度高2 K～3 K)后，内筒温度也能自动保持稳定。

注2：在用半导体热敏元件的仪器中，可能出现初始温度下调定的平衡位置，不能保持终点温度的稳定。凡遇此种情况时，平衡钮的调定位置服从终点温度的需要。

注3：平衡钮位置的确定：先按常规步骤安放氧弹和内筒，但不必装试样和充氧。把内筒水温调节到可能出现的最高终点温度。然后开动仪器，搅拌5 min～10 min。精确观察内筒温度。根据温度变化方向(上升或下降)调节平衡钮位置，以达到内筒温度能达到以每分钟为间隔连续5次的温度读数极差不超过0.002 K。平衡钮的位置一经调定后，就不要再动，只有在又出现终点温度不稳定的情况下，才需重新调定。

注4：对于已调节平衡钮的仪器，在使用步骤上应做如下修正：装好内筒和氧弹后，开动搅拌器、加热器、循环水泵和冷却水，搅拌5 min后(此时内筒温度可能缓慢持续上升)，准确读取内筒温度并立即通电点火，而无需等内筒温度稳定。

10.3.9 关闭搅拌器和加热器(循环水泵继续开动)，然后按10.2.9步骤结束试验。

10.4 自动氧弹热量计法

10.4.1 按照仪器说明书安装和调节热量计。

10.4.2 按10.2.2称取试样。

10.4.3 按10.2.3准备氧弹。

10.4.4 按仪器操作说明书进行其余步骤的试验，然后按10.2.9结束试验。

10.4.5 试验结果被打印或显示后，校对输入的参数，确定无误后报出结果。

11 结果计算

11.1 温度校正

11.1.1 温度计校正

11.1.1.1 温度计刻度校正

使用玻璃温度计时，应根据检定证书中所给的孔径修正值校正点火温度 t_0 和终点温度 t_n，再由校正后的温度(t_0+h_0)和(t_n+h_n)求出温升，其中 h_0 和 h_n 分别代表 t_0 和 t_n 的孔径修正值。

11.1.1.2 平均分度值校正

若使用贝克曼温度计,需进行平均分度值的校正。试验过程中,当试验时的露出柱温度 t_e 与标准露出柱温度相差 3 ℃ 以上时,按式(1)计算平均分度值 H:

$$H = H^0 + \alpha(t_s - t_e) \qquad \cdots\cdots(1)$$

式中:

H ——平均分度值,单位为摄氏度(℃);

H^0 ——该基点温度下对应于标准露出柱温度时的平均分度值,单位为摄氏度(℃);

t_s ——该基点温度所对应的标准露出柱温度,单位为摄氏度(℃);

t_e ——试验中的实际露出柱温度,单位为摄氏度(℃);

α ——水银对玻璃的相对膨胀系数,以 0.000 16 计。

调定基点温度后,应根据检定证书中所给的平均分度值计算该基点温度下的对应于标准露出柱温度(根据检定证书所给的露出柱温度计算而得)的平均分度值 H^0。

11.1.2 冷却校正(热交换校正)

绝热式热量计的热量损失可以忽略不计,因而无需冷却校正。恒温式热量计在试验过程中内筒与外筒间始终发生热交换,对此散失的热量应予校正,办法是在温升中加上一个校正值 C,这个校正值称为冷却校正值,计算方法如下:

首先根据点火时和终点时的内外筒温差(t_0-t_j)和(t_n-t_j)从 v-($t-t_j$)关系曲线(按 12.1～12.4 标定)中查出相应的 v_0 和 v_n,或根据预先标定出的式(2)、式(3)计算出 v_0 和 v_n:

$$v_0 = k(t_0 - t_j) + A \qquad \cdots\cdots(2)$$

$$v_n = k(t_n - t_j) + A \qquad \cdots\cdots(3)$$

式中:

v_0 ——对应于点火时内外筒温差的内筒降温速度,单位为开尔文每分钟(K/min);

v_n ——对应于终点时内外筒温差的内筒降温速度,单位为开尔文每分钟(K/min);

k ——热量计的冷却常数(按 12.3～12.4 标定),单位为每分钟(min^{-1});

A ——热量计的综合常数(按 12.3～12.4 标定),单位为开尔文每分钟(K/min);

t_0-t_j ——点火时的内、外筒温差,单位为开尔文(K);

t_n-t_j ——终点时的内、外筒温差,单位为开尔文(K)。

注:当内筒使用贝克曼温度计,外筒使用普通温度计,应从实测的外筒温度(见 10.2.6)中减掉贝克曼温度计的基点温度后作为外筒温度 t_j,用来计算内外筒温差(t_0-t_j)和(t_n-t_j)。如内、外筒都使用贝克曼温度计,则应对实测的外筒温度校正内外筒温度计基点温度之差,以便求得内外筒的真正温差。

然后按式(4)计算冷却校正值:

$$C = (n - \alpha)v_n + \alpha v_0 \qquad \cdots\cdots(4)$$

式中:

C ——冷却校正值,单位为开尔文(K);

n ——由点火到终点的时间,单位为分钟(min);

α ——时间矫正系数,单位为分钟(min):

当 $\Delta/\Delta_{1'40''} \leqslant 1.20$ 时,$\alpha = \Delta/\Delta_{1'40''} - 0.10$

当 $\Delta/\Delta_{1'40''} > 1.20$ 时,$\alpha = \Delta/\Delta_{1'40''}$;

其中 Δ 为主期内总温升($\Delta = t_n - t_0$),$\Delta_{1'40''}$ 为点火后 1′40″时的温升($\Delta_{1'40''} = t_{1'40''} - t_0$)。

v_0 ——对应于点火时内外筒温差的内筒降温速度,单位为开尔文每分钟(K/min);

v_n ——对应于终点时内外筒温差的内筒降温速度,单位为开尔文每分钟(K/min);

在自动氧弹热量计中，或在特殊需要的情况下，可使用瑞-方(Regnault-Pfaundler)公式，见式(5)：

$$C = nv_0 + \frac{v_n - v_0}{t_n - t_0}\left(\frac{t_0 + t_n}{2} + \sum_{i=1}^{n-1} t_i - nt_0\right) \quad \cdots\cdots (5)$$

式中：

t_i——主期内第 i 分钟时的内筒温度，单位为开尔文(K)。

其余符号意义同前。

11.2 点火热校正

在熔断式点火法中，应由点火丝的实际消耗量(原用量减掉残余量)和点火丝的燃烧热计算试验中点火丝放出的热量。

在非熔断式点火法中，用棉线点燃样品时，首先算出所用一根棉线的燃烧热(剪下一定数量适当长度的棉线，称出它们的质量，然后算出一根棉线的质量，再乘以棉线的单位热值)，然后按下式确定每次产生的电能热：

电能热(J)=电压(V)×电流(A)×时间(s)。

二者放出的总热量即为点火热。

11.3 弹筒发热量和高位发热量的计算

11.3.1 按式(6)或式(7)计算固体生物质燃料空气干燥试样的弹筒发热量 $Q_{b,ad}$。

使用恒温式热量计时：

$$Q_{b,ad} = \frac{EH[(t_n + t_h) - (t_0 + h_0) + C] - (q_1 + q_2)}{m} \quad \cdots\cdots (6)$$

式中：

$Q_{b,ad}$——固体生物质燃料空气干燥试样的弹筒发热量，单位为焦耳每克(J/g)；

E ——热量计的热容量，单位为焦耳每开尔文(J/K)；

q_1 ——点火热，单位为焦耳(J)；

q_2 ——添加物如包纸等产生的总热量，单位为焦耳(J)；

m ——称取的试样质量，单位为克(g)；

H ——贝克曼温度计的平均分度值；使用数字显示温度计时，$H=1$；

h_0 ——t_0的孔径修正值，使用数字显示温度计时，$h_0=0$；

h_n ——t_n的孔径修正值，使用数字显示温度计时，$h_n=0$。

使用绝热式热量计时：

$$Q_{b,ad} = \frac{EH[(t_n + t_h) - (t_0 + h_0)] - (q_1 + q_2)}{m} \quad \cdots\cdots (7)$$

11.3.2 按式(8)计算空气干燥试样的恒容高位发热量 $Q_{gr,ad}$。

$$Q_{gr,ad} = Q_{b,ad} - (\beta \times S_{t,ad} + \alpha \times Q_{b,ad}) \quad \cdots\cdots (8)$$

式中：

$Q_{gr,ad}$——固体生物质燃料空气干燥基恒容高位发热量，单位为焦耳每克(J/g)；

$S_{t,ad}$——固体生物质燃料空气干燥基的全硫质量分数(按 GB/T 28732 测定)，%；

β ——固体生物质燃料空气干燥试样每 1.00%硫的校正值，以 94.1 计，单位为焦耳每克(J/g)；

α ——硝酸形成热校正系数：

当 $Q_{b,ad} \leqslant 16.70$ MJ/kg，$\alpha = 0.001\,0$；

当 16.70 MJ/kg$< Q_{b,ad} \leqslant 25.10$ MJ/kg，$\alpha = 0.001\,2$；

当 $Q_{b,ad} > 25.10$ MJ/kg，$\alpha = 0.001\,6$。

注：用添加物与试样的总热值计算硝酸生成热。

12 热容量和仪器常数的标定

12.1 计算发热量所需热容量 E 和恒温式热量计中计算冷却校正值所需的 v-$(t-t_j)$ 关系曲线或仪器常数 k 和 A 通过同一试验进行标定。

12.2 在不加衬垫的燃烧皿中称取经过干燥和压片的苯甲酸，苯甲酸片的质量以(1.0±0.1)g 为宜。苯甲酸应预先研细并在盛有浓硫酸的干燥器中干燥 3 天或在 60 ℃～70 ℃ 烘箱中干燥 3 h～4 h，冷却后压片，也可直接使用片状苯甲酸量热标准物质。苯甲酸也可以在燃烧皿中熔融后使用。熔融可在 121 ℃～126 ℃ 的烘箱中放置 1 h，或在酒精灯的小火焰上进行，放入干燥器中冷却后使用。熔体表面出现的针状结晶，应用小刷刷掉，以防燃烧不完全。

12.3 根据所用热量计的类型(恒温式或绝热式)，按照发热量测定的相应步骤准备氧弹和内、外筒，然后点火和测量温升。对于恒温式热量计，开始搅拌 5 min 后准确读取一次内筒温度(T_0)，经 10 min 后再读取一次内筒温度(t_0)。随后即按发热量测定步骤点火，记下外筒温度(t_j)和露出柱温度(t_e)，并继续进行试验直至得出终点温度(t_n)(见 10.2.6～10.2.8)。然后再继续搅拌 10 min 并记下内筒温度(T_n)，试验即告结束。对于绝热式热量计，步骤同 10.3。打开氧弹，注意检查氧弹内部，如发现有炭黑存在，试验应作废。

12.4 根据观测数据，计算出 v_0、v_n 和对应的内外筒温差($t-t_j$)。上述的 t_j 为对实测的外筒温度按 11.1 注的方法校正贝克曼温度计基点所得的数值。热容量标定试验结束之后，列出 v_0、v_n 及对应的内、外筒温差(见表 1)。

表 1 v_0、v_n 和对应的内、外筒温差($t-t_j$)

v	$(t-t_j)$
$v_0=\dfrac{T_0-t_0}{10}$	$\dfrac{T_0+t_0}{2}-t_j$
$v_n=\dfrac{t_n-T_n}{10}$	$\dfrac{t_n+T_n}{2}-t_j$

以 v 为纵坐标，以 $t-t_j$ 为横坐标作出 v-$(t-t_j)$ 关系曲线(如图 1)或用一元线性回归的方法计算出 k 和 A(计算方法见附录 A 的 A.1)。

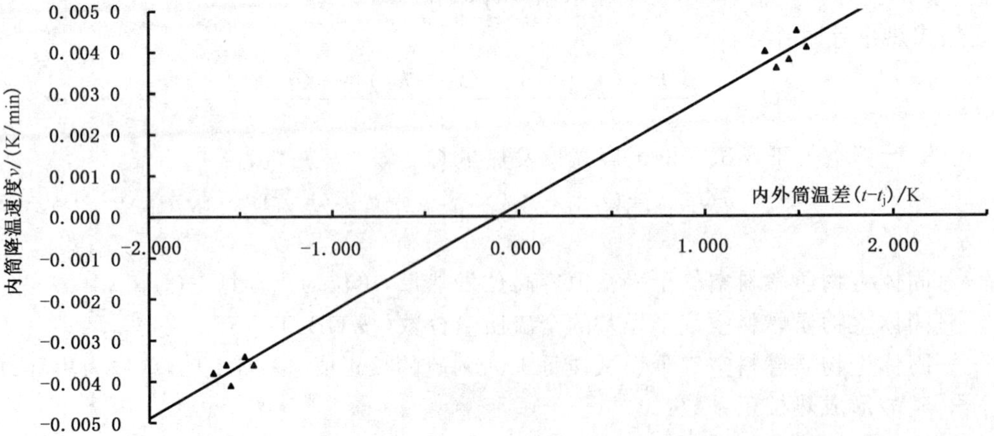

图 1 v-$(t-t_j)$ 关系曲线

12.5 热容量标定中硝酸形成热可按式(9)求得：

$$q_n = Q \times m \times k \quad \cdots\cdots(9)$$

式中：

q_n——硝酸形成热，单位为焦耳(J)；

Q——苯甲酸的标准热值，单位焦耳每克(J/g)；

m——苯甲酸的用量，单位为克(g)；

k——苯甲酸燃烧时的硝酸形成热校正系数，以 0.001 5 计。

12.6 按照 11.1 和 11.2 的方法进行各项必要的校正。

12.7 热容量 E 按式(10)计算：

$$E = \frac{Q \times m + q_1 + q_n}{H[(t_n + h_n) - (t_0 + h_0) + C]} \quad \cdots\cdots(10)$$

这里 C 的计算中所用的 v_0 和 v_n 应是根据每次试验中实测的内外筒温差$(t_0 - t_j)$、$(t_n - t_j)$从 v-$(t - t_j)$关系曲线中查得的值，或由式(2)和式(3)计算的值。

当例常测定中采用瑞-方公式计算冷却校正值时，热容量计算中也应采用同一公式。

12.8 热容量标定一般应进行 5 次重复试验。计算 5 次重复试验结果的平均值和相对标准差(计算方法见 A.3)，其相对标准差不应超过 0.20%；若超过 0.20%，再补做一次试验，取符合要求的 5 次结果的平均值，修约至 1 J/K，作为该仪器的热容量。若任何 5 次结果的相对标准差都超过 0.20%，则应对试验条件和操作技术仔细检查并纠正存在问题后，重新进行标定，舍弃已有的全部结果。

12.9 在使用新型热量计前，需确定其热容量的有效工作范围。方法是：用苯甲酸至少进行 8 次热容量标定试验，苯甲酸片的质量一般从 0.6 g 至 1.2 g，或根据被测样品可能涉及的热值范围(温升)确定苯甲酸片的质量。在两个端点处，至少分别做 2 次重复测定。然后，以温升 Δt 为横坐标，以热容量 E 为纵坐标，绘制温升与热容量值的关系图。如果从图中观察到的热容量值在整个范围内没有明显的系统性变化，该热量计的热容量可视为常数；如果观察到的热容量值与温升有明显的相关性，用一元线性回归的方法求得热容量 E 和温升 Δt 的关系式：

$$E = a + b \times \Delta t \quad \cdots\cdots(11)$$

并计算线性回归方程的估计方差和相对标准差(计算方法见 A.1 和 A.2)，其相对标准差不应超过 0.20%。除了燃烧不完全的试验结果必须舍弃，所有的结果都应包括在计算中。如果精密度满足要求，在测定试样的发热量时，就可根据实际的温升 Δt 查图或用式(11)确定所用的热容量值。如果精密度不能满足要求，应查找原因，解决问题后，进行一组新的标定。

12.10 热容量标定值的有效期为 3 个月，超过此期限时应重新标定。但有下列情况时，应立即重测：

——更换量热温度计；

——更换热量计大部件如氧弹头、连接环，由厂家供给的或自制的相同规格的小部件(如氧弹的密封圈、电极柱、螺母等)不在此列；

——标定热容量和测定发热量时的内筒温度相差超过 5 K；

——热量计经过较大的搬动之后。

如果热量计量热系统没有显著改变，重新标定的热容量值与前一次的热容量值相差不应大于 0.25%，否则，应检查仪器和试验程序，解决问题后再重新进行标定。

缺乏确切物理定义或偏离经典方法的自动热量计(指自动化程度很高、但未按照第 8 章和第 10 章中的原理和规定设计并构造，或未按照第 11 章的规定进行结果计算的热量计)，应增加标定频率，必要时应每天进行标定。

13 结果表述

弹筒发热量和高位发热量的结果计算到 1 J/g，取高位发热量的两次重复测定的平均值，按

GB/T 21923 规则修约到最接近的 10 J/g 的倍数，按 J/g 或 MJ/kg 的形式报出。

14 方法精密度

固体生物质燃料发热量测定的重复性限和再现性临界差如表 2 规定。

表 2 发热量测定的重复性限和再现性临界差

高位发热量 $Q_{gr,ad}$/(J/g)	重复性限(以 $Q_{gr,ad}$ 表示)	再现性临界差(以 $Q_{gr,d}$ 表示)
	120	300

15 低位发热量的计算

15.1 恒容低位发热量

固体生物质燃料的收到基恒容低位发热量按式(12)计算。

$$Q_{net,v,ar}=(Q_{gr,v,ad}-L_1H_{ad})\times\frac{100-M_t}{100-M_{ad}}-L_2M_t \quad\cdots\cdots(12)$$

式中：

$Q_{net,v,ar}$——固体生物质燃料的收到基恒容低位发热量，单位为焦耳每克(J/g)；

$Q_{gr,v,ad}$——固体生物质燃料的空气干燥基恒容高位发热量，单位为焦耳每克(J/g)；

M_t——固体生物质燃料的收到基全水分(按 GB/T 28733 测定)，以质量分数(%)计；

M_{ad}——固体生物质燃料空气干燥基水分，以质量分数(%)计；

H_{ad}——固体生物质燃料的空气干燥基氢(按 GB/T 28734 测定)，以质量分数(%)计；

L_1——对应于固体生物质燃料空气干燥基试样中每 1% 氢的气化热校正值(恒容)，以 206 计，单位为焦耳每克(J/g)；

L_2——对应于收到基固体生物质燃料中每 1% 水分的气化热校正值(恒容)，以 23 计，单位为焦耳每克(J/g)。

15.2 恒压低位发热量

由弹筒发热量算出的高位发热量和低位发热量都属恒容状态，在实际工业燃烧中则是恒压状态，严格地讲，工业计算中应使用恒压低位发热量。如有必要，固体生物质燃料的恒压低位发热量可按式(13)计算。

$$Q_{net,p,ar}=[Q_{gr,v,ad}-L_1H_{ad}-L_2(O_{ad}+N_{ad})]\times\frac{100-M_t}{100-M_{ad}}-L_3M_t \quad\cdots\cdots(13)$$

式中：

$Q_{net,p,ar}$——固体生物质燃料的收到基恒压低位发热量，单位为焦耳每克(J/g)；

O_{ad}——固体生物质燃料空气干燥基氧含量，以质量分数(%)计；

N_{ad}——固体生物质燃料空气干燥基氮含量，以质量分数(%)计；

L_1——对应于空气干燥试样中每 1% 氢的气化热校正值(恒压)，以 212 计，单位为焦耳每克(J/g)；

L_2——对应于空气干燥试样中每 1% 氧和氮的体积膨胀功能量校正值(恒压)，以 0.8 计，单位为焦耳每克(J/g)；

L_3——对应于收到基试样中每 1% 水分的气化热校正值(恒压)，以 24.4 计，单位为焦耳每克(J/g)；

其余符号意义同前。

$(O_{ad}+N_{ad})$可按式(14)计算。

$$(O_{ad}+N_{ad})=100-M_{ad}-A_{ad}-C_{ad}-H_{ad}-S_{t,ad} \quad\cdots\cdots(14)$$

16 各种不同基的固体生物质燃料的发热量的换算

16.1 高位发热量基的换算

固体生物质燃料的各种不同基的高位发热量按 GB/T 21923 规定进行换算。

16.2 低位发热量基的换算

固体生物质燃料的各种不同水分基的恒容低位发热量按式(15)换算。

$$Q_{net,v,M}=(Q_{gr,v,ad}-L_1H_{ad})\times\frac{100-M}{100-M_{ad}}-L_2M \quad\cdots\cdots(15)$$

式中:

$Q_{net,v,M}$——水分为 M 的固体生物质燃料的恒容低位发热量,单位为焦耳每克(J/g);

M ——固体生物质燃料的水分,以质量分数(%)计;

干燥基时 $M=0$;空气干燥基时 $M=M_{ad}$;收到基时,$M=M_t$;

L_1 ——对应于固体生物质燃料空气干燥基试样中每 1%氢的气化热校正值(恒容),以 206 计,单位为焦耳每克(J/g);

L_2 ——对应于收到基固体生物质燃料中每 1%水分的气化热校正值(恒容),以 23 计,单位为焦耳每克(J/g)。

17 试验报告

试验结果报告至少应包括以下信息:

——试样编号;

——依据标准;

——试验结果;

——与标准的任何偏离;

——试验中出现的异常现象;

——试验日期。

附 录 A
（规范性附录）
一元线性回归和标准差计算方法

A.1 一元线性回归法求 k 和 A

按照以下步骤求 $v=k(t-t_j)+A$ 公式中的 k 和 A。

试验数据[以 v 为 Y，以 $(t-t_j)$ 为 X]：

Y_i	X_i
v_1	$(t-t_j)_1$
v_2	$(t-t_j)_2$
⋮	⋮
v_n	$(t-t_j)_n$

$$l_{xx}=\sum_{i=1}^{n}(X_i-\bar{X})^2=\sum_{i=1}^{n}X_i^2-\frac{1}{n}\left(\sum_{i=1}^{n}X_i\right)^2 \qquad \text{(A.1)}$$

$$l_{xy}=\sum_{i=1}^{n}(X_i-\bar{X})(Y_i-\bar{Y})$$

$$=\sum_{i=1}^{n}X_iY_i-\frac{i}{n}\left(\sum_{i=1}^{n}X_i\right)\times\frac{i}{n}\left(\sum_{i=1}^{n}Y_i\right) \qquad \text{(A.2)}$$

$$l_{YY}=\sum_{i=1}^{n}(Y_i-\bar{Y})^2=\sum_{i=1}^{n}Y_i^2-\frac{1}{n}\left(\sum_{i=1}^{n}Y_i\right)^2 \qquad \text{(A.3)}$$

$$k=\frac{l_{xy}}{l_{xx}} \qquad \text{(A.4)}$$

$$A=\bar{Y}-k\bar{X}=\frac{1}{n}\sum_{i=1}^{n}Y_i-k\times\frac{1}{n}\sum_{i=1}^{n}X_i \qquad \text{(A.5)}$$

A.2 一元线性回归法求热容量 E 与温升 Δt 的关系

A.2.1 以试验数据中的热容量 E 值为 Y，以温升值 Δt 为 X，按 A.1 的步骤求出 $E=a+b\times\Delta t$ 公式中的 a 和 b。

A.2.2 计算相关系数 r

$$r=\frac{l_{xy}}{\sqrt{l_{xx}l_{yy}}} \qquad \text{(A.6)}$$

A.2.3 计算一元线性回归方程 $E=a+b\times\Delta t$ 的估计方差（剩余方差）$S_{余}^2$

$$S_{余}^2=\frac{l_{yy}-bl_{xy}}{n-2} \qquad \text{(A.7)}$$

A.2.4 回归方程的相对标准偏差（%）为：

$$相对标准偏差=\frac{S_{余}}{\bar{E}}\times 100 \qquad \text{(A.8)}$$

$S_{余}$——剩余标准差；

$\bar{E}$ ——n 个热容量标定值的平均值。

A.2.5　举例

用 0.7 g～1.3 g 苯甲酸标定某台热量计有效热容量的试验数据如表 A.1 所示，据此推断热容量与温升的相关性并计算其相对标准差。

$$l_{xx}=\sum(\Delta t-\overline{\Delta t})^2=\sum\Delta t^2-\frac{1}{n}(\sum\Delta t)^2=3.579\ 4$$

$$l_{xy}=\sum(\Delta t-\overline{\Delta t})\times(E-\bar{E})=\sum\Delta t\times E-\frac{1}{n}(\sum\Delta t)\times\sum E$$

$$=211\ 932.55-\frac{1}{8}\times(23.733\ 4)\times(71\ 468)$$

$$=-89.778\ 9$$

$$l_{yy}=\sum(E-\bar{E})^2=\sum E^2-\frac{1}{n}(\sum E)^2=274\ 6$$

$$\overline{\Delta t}=\frac{1}{8}\times 23.733\ 4=2.966\ 7$$

$$\bar{E}=\frac{1}{8}\times 71\ 468=8\ 933.5\approx 8\ 934$$

$$b=\frac{l_{xy}}{l_{xx}}=\frac{-89.778\ 9}{3.579\ 4}=-25.08$$

$$a=\bar{E}-b\times\overline{\Delta t}=8\ 934-(-25.08\times 2.966\ 7)=9\ 008$$

相关系数 r：

$$r=\frac{l_{xy}}{\sqrt{l_{xx}l_{yy}}}=\frac{-89.778\ 9}{\sqrt{3.579\ 4\times 2\ 746}}=-0.905\ 6$$

查表得相关系数临界值 $r_{0.05,6}=0.707$。

$|r|>r_{0.05,6}$，热容量 E 与温升 Δt 线性相关显著。

它们的相关性方程为：

$$E=9\ 008-25.08\times\Delta t$$

估计方差(剩余方差)：

$$S_{余}^2=\frac{l_{yy}-bl_{xy}}{n-2}$$

$$=\frac{2\ 746-(-25.08)\times(-89.778\ 9)}{8-2}$$

$$=82.39$$

相对标准差：

$$\frac{S_{余}}{\bar{E}}\times 100=\frac{\sqrt{82.39}}{8\ 934}\times 100=0.1\%$$

表 A.1　某热量计有效热容量标定试验数据

序号	苯甲酸片质量/g	温升 Δt/K	测得的热容量值 E/(J/K)
1	0.700 3	2.084 0	8 965
2	0.702 2	2.092 3	8 953
3	0.816 2	2.432 7	8 943
4	0.955 0	2.850 1	8 924

表 A.1（续）

序号	苯甲酸片质量/g	温升 Δt/K	测得的热容量值 E/(J/K)
5	1.066 9	3.176 8	8 940
6	1.170 7	3.495 3	8 912
7	1.240 3	3.698 9	8 920
8	1.307 7	3.903 3	8 911

A.3 重复测定值相对标准差的计算

$$S=\sqrt{\frac{\sum X_i^2-\frac{1}{n}(\sum X_i)^2}{n-1}}$$

$$相对标准差=(S/\overline{X})\times 100$$

式中：

X_i——苯甲酸燃烧试验中热容量值或发热量测定值；

$\overline{X}$——苯甲酸燃烧试验中热容量值或发热量测定值的平均值。

ICS 75.160.10
D 21

中华人民共和国国家标准

GB/T 30728—2014

固体生物质燃料中氮的测定方法

Determination of nitrogen in solid biofuels

2014-06-09 发布　　2014-10-01 实施

中华人民共和国国家质量监督检验检疫总局
中国国家标准化管理委员会　发布

前言

本标准按照 GB/T 1.1—2009 给出的规则起草。

本标准由中国煤炭工业协会提出。

本标准由全国煤炭标准化技术委员会(SAC/TC 42)归口。

本标准起草单位:煤炭科学研究总院检测研究分院。

本标准主要起草人:孙刚、邢秀云、武增礼。

固体生物质燃料中氮的测定方法

1 范围

本标准规定了固体生物质燃料中氮测定的方法原理、试剂、仪器设备、测定步骤、结果计算以及方法精密度。

本标准适用于各种固体生物质燃料。

2 规范性引用文件

下列文件对于本文件的应用是必不可少的。凡是注日期的引用文件，仅注日期的版本适用于本文件。凡是不注日期的引用文件，其最新版本(包括所有的修改单)适用于本文件。

GB/T 21923 固体生物质燃料检验通则

3 方法原理

称取一定量的空气干燥固体生物质燃料试样，加入混合催化剂和硫酸，加热分解，氮转化为硫酸氢铵。加入过量的氢氧化钠溶液，把氨蒸出并吸收在硼酸溶液中。用硫酸标准溶液滴定，根据硫酸的用量，计算固体生物质燃料中氮的含量。

4 试剂

除非另有说明，在分析中使用确认为分析纯的试剂和蒸馏水或去离子水或相当纯度的水。

4.1 无水碳酸钠：基准试剂或碳酸钠纯度标准物质。

4.2 蔗糖。

4.3 混合催化剂：将无水硫酸钠、硫酸汞和化学纯硒粉按质量比(64+10+1)混合(如将 32 g 无水硫酸钠、5 g 硫酸汞和 0.5 g 硒粉混合)，研细且混匀后备用。

4.4 硫酸：密度 1.84 g/cm^3。

4.5 乙醇：质量分数 95%及以上。

4.6 混合碱溶液：将氢氧化钠 370 g 和硫化钠 30 g 溶解于水中，配制成 1 000 mL 溶液。

4.7 硼酸溶液：约 30 g/L。将 30 g 硼酸溶入 1 L 热水中，配制时加热溶解，冷却后滤去不溶物。

4.8 硫酸标准溶液：$c\left(\frac{1}{2}H_2SO_4\right)\approx 0.025$ mol/L。硫酸标准溶液的配制：在烧杯中加入约 40 mL 水，用移液管吸取 0.7 mL 硫酸(见 4.4)缓缓加入烧杯中，之后将溶液转移至 1 000 mL 容量瓶中，加水稀释至刻度，充分振荡均匀。硫酸标准溶液的标定：于锥形瓶中称取 0.02 g(称准至 0.000 2 g)预先在 130 ℃下干燥到质量恒定的无水碳酸钠(见 4.1)，加入 50 mL～60 mL 水使之溶解，然后加入 2～3 滴甲基橙指示剂(见 4.9)，用硫酸标准溶液滴定到由黄色变为橙色。煮沸，赶出二氧化碳，冷却后，继续滴定到橙色。按式(1)计算硫酸标准溶液的浓度。硫酸标准溶液的浓度需 2 人标定，每人各做 4 次重复标定，8 次重复标定结果的极差不大于 0.000 60 mol/L，以其算术平均值作为硫酸标准溶液的浓度，保留 4 位有效数字。若极差超过 0.000 60 mol/L，再补做 2 次试验，取符合要求的 8 次结果的算术平均值作为硫酸标准溶液的浓度；若任何 8 次结果的极差都超过 0.000 60 mol/L，则舍弃全部结果，并对标定条件和操作技术仔细检查和纠正存在问题后，重新进行标定。

$$c=\frac{m}{MV} \qquad \cdots\cdots(1)$$

式中：

c ——硫酸标准溶液的浓度，单位为摩尔每升(mol/L)；

m ——称取的碳酸钠的质量，单位为克(g)；

V ——硫酸标准溶液用量，单位为毫升(mL)；

M ——碳酸钠$\left(\frac{1}{2}Na_2CO_3\right)$的摩尔质量，以 0.053 计，单位为克每毫摩尔(g/mmol)。

4.9 甲基橙指示剂：1 g/L。0.1 g 甲基橙溶于 100 mL 水中。

4.10 甲基红和亚甲基蓝混合指示剂：称取 0.175 g 甲基红，研细，溶入 50 mL 乙醇(见 4.5)中，存于棕色瓶；称取 0.083 g 亚甲基蓝，研细，溶入 50 mL 乙醇中，存于棕色瓶；使用时将上述两种液体按体积比(1+1)混合。混合指示剂的使用期一般不应超过 7 天。

5 仪器设备

5.1 消化装置

5.1.1 开氏瓶：容量 50 mL。

5.1.2 短颈玻璃漏斗：直径约 30 mm。

5.1.3 加热体：具有良好的导热性能以保证温度均匀。使用时四周以绝热材料如石棉绳等缠绕。图 1 为铝加热体示意图。

5.1.4 加热炉：带有控温装置，能控温在(350±10)℃。

5.2 蒸馏装置(见图 2)

5.2.1 开氏瓶：容量 250 mL。

5.2.2 锥形瓶：容量 250 mL。

5.2.3 直形玻璃冷凝管：冷却部分长约 300 mm。

5.2.4 开氏球：直径约 55 mm。

5.2.5 圆底烧瓶：容量 1 000 mL。

5.2.6 加热电炉：额定功率 1 000 W，功率可调。

5.3 微量滴定管

A 级，容积 10 mL，分度值 0.05 mL。

5.4 分析天平

最小分度值 0.1 mg。

单位为毫米

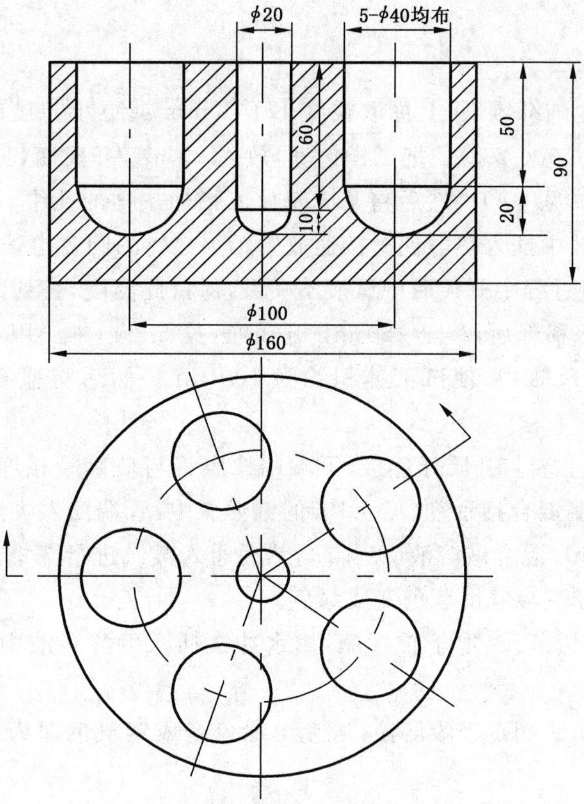

图1 铝加热体示意图

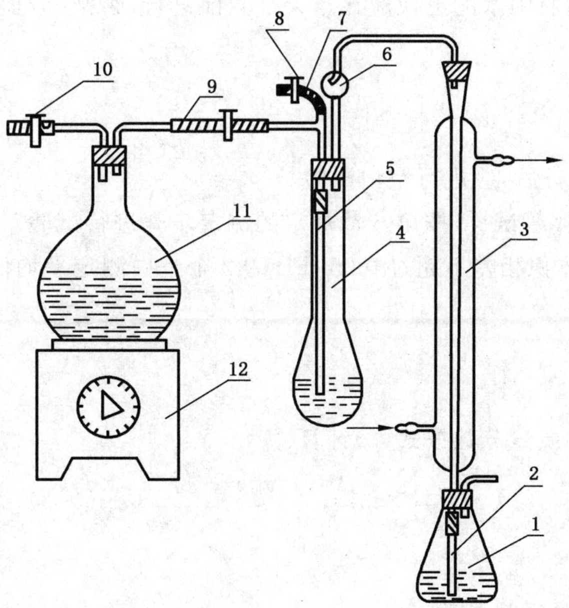

说明：

1——锥形瓶；

2——玻璃管；

3——直形玻璃冷凝管；

4——开氏瓶；

5——玻璃管；

6——开氏球；

7——橡皮管；

8——止水夹；

9——橡皮管；

10——止水夹；

11——圆底烧瓶；

12——加热电炉。

图2 蒸馏装置示意图

6 测定步骤

6.1 在薄纸(擦镜纸或其他纯纤维纸)上称取粒度小于1 mm或更小粒度的空气干燥固体生物质燃料试样(0.2±0.01)g(称准至0.000 2 g)。把试样包好,放入50 mL开氏瓶(见5.1.1)中,加入混合催化剂2 g(见4.3)和浓硫酸5 mL(见4.4)。然后将开氏瓶放入铝加热体的孔中,并在瓶口插入一短颈玻璃漏斗。在铝加热体的中心小孔中插入热电偶。接通放置铝加热体的圆盘电炉的电源,在不少于60 min缓缓加热到350 ℃左右,加热过程中开氏瓶中试液不喷溅,保持此温度,直到试液清澈透明为止。

6.2 将试液冷却,用少量水稀释后,移至250 mL开氏瓶(见5.2.1)中。用水充分洗净原开氏瓶中的剩余物,洗液并入250 mL开氏瓶中,使试液体积约为100 mL。然后将盛有试液的开氏瓶放在蒸馏装置上。

6.3 将直形玻璃冷凝管的上端与开氏球连接,下端用橡胶管与玻璃管相连,直接插入一个盛有20 mL硼酸溶液(见4.7)和2～3滴混合指示剂(见4.10)的锥形瓶中,管端插入溶液并距瓶底约2 mm。

6.4 往开氏瓶中加入25 mL混合碱溶液(见4.6),然后通入蒸汽进行蒸馏。蒸馏至锥形瓶中馏出液达到80 mL左右为止,此时硼酸溶液由紫色变成绿色。

6.5 拆下开氏瓶并停止供给蒸汽,取下锥形瓶,用水冲洗插入硼酸溶液中的玻璃管,洗液收入锥形瓶中,总体积约110 mL。

6.6 用硫酸标准溶液(见4.8)滴定吸收溶液,溶液由绿色变成钢灰色即为终点。记录硫酸标准溶液的用量。

6.7 当天在试样分析前蒸馏装置须用蒸汽进行冲洗空蒸,待馏出物体积达100 mL～200 mL后,再正式放入试样进行蒸馏。蒸馏瓶中水的更换应在当天空蒸前进行,否则,应加入刚煮沸过的水。

7 空白试验

7.1 更换水、试剂或仪器设备后,应进行空白试验。

7.2 用0.2 g蔗糖(见4.2)代替试样,按第6章规定的测定步骤进行试验。

7.3 以硫酸标准溶液滴定体积相差不超过0.05 mL的2个空白测定平均值作为空白值。

8 结果计算

固体生物质燃料中氮的质量分数按式(2)计算:

$$N_{ad}=\frac{c\times(V_1-V_0)\times M_N}{m}\times 100 \qquad \cdots\cdots(2)$$

式中:

N_{ad}——空气干燥基氮的质量分数,%;

c ——硫酸标准溶液的浓度,单位为摩尔每升(mol/L);

m ——称取的空气干燥试样的质量,单位为克(g);

V_1 ——试样试验时硫酸标准溶液的用量,单位为毫升(mL);

V_0 ——空白试验时硫酸标准溶液的用量,单位为毫升(mL);

M_N——氮的摩尔质量,以0.014计,单位为克每毫摩尔(g/mmol)。

测定值和报告值均保留到小数点后两位,其他基准的氮含量按照GB/T 21923换算。

9　方法精密度

固体生物质燃料中氮测定的重复性限(以 N_{ad} 表示)为 0.08%。

10　试验报告

试验报告应至少包括以下信息：

a)　试样标识；

b)　依据标准；

c)　使用的方法；

d)　试验结果；

e)　与标准的任何偏离；

f)　试验中出现的异常现象；

g)　试验日期。

ICS 75.160.10
D 21

中华人民共和国国家标准

GB/T 30729—2014

固体生物质燃料中氯的测定方法

Determination of chlorine in solid biofuels

2014-06-09 发布 2014-10-01 实施

中华人民共和国国家质量监督检验检疫总局
中国国家标准化管理委员会 发布

前言

本标准按照 GB/T 1.1—2009 给出的规则起草。

本标准由中国煤炭工业协会提出。

本标准由全国煤炭标准化技术委员会(SAC/TC 42)归口。

本标准起草单位:煤炭科学研究总院检测研究分院。

本标准主要起草人:史明志、李婷、杨华玉。

固体生物质燃料中氯的测定方法

1 范围

本标准规定了高温燃烧水解-电位滴定法测定固体生物质燃料中氯含量的方法提要、试剂和材料、仪器设备、测定步骤、结果计算和方法精密度等。

本标准适用于固体生物质燃料。

2 规范性引用文件

下列文件对于本标准的应用是必不可少的。凡是注日期的引用文件，仅注日期的版本适用于本文件。凡是不注日期的引用文件，其最新版本(包括所有的修改单)适用于本文件。

GB/T 21923 固体生物质燃料检验通则

3 方法提要

固体生物质燃料试样在氧气和水蒸气混合气流中燃烧和水解，试样中氯全部转化为氯化物并定量地溶于水中。以银为指示电极，银-氯化银为参比电极，用标准硝酸银电位法直接滴定冷凝液中的氯离子，根据标准硝酸银滴定溶液用量计算固体生物质燃料中氯含量。

4 试剂和材料

除非另有说明，在分析中仅使用确认为合格的分析纯试剂和蒸馏水或去离子水或相当纯度的水。

4.1 无水乙醇：C_2H_5OH，$\rho_{20\,℃}=0.79$ g/mL。

4.2 硫酸溶液：(1+23)(V_1+V_2)，将1体积优级纯浓硫酸缓慢加入23体积水中，混匀。

4.3 氢氧化钠溶液：10 g/L，将1 g优级纯氢氧化钠溶于100 mL水中。

4.4 硝酸钾饱和溶液：将足够量优级纯硝酸钾溶于适量水中，继续加入硝酸钾直至不再溶解，且溶液中有一定量的固体硝酸钾存在。

4.5 氯化钠标准溶液：氯离子浓度0.20 mg/mL。准确称取预先在500 ℃～600 ℃灼烧1 h后的优级纯氯化钠0.659 6 g，溶于少量水中，再转入2 000 mL容量瓶中，稀释到刻度，摇匀。

4.6 硝酸银标准溶液：$c(AgNO_3)=0.014\ 11$ mol/L。准确称取预先在110 ℃烘烤1 h后的优级纯硝酸银2.396 9 g，溶于少量水中，再转入1 000 mL棕色容量瓶中，稀释到刻度，摇匀。

4.7 溴甲酚绿指示剂(10 g/L)：称取1 g溴甲酚绿溶于100 mL乙醇(95%)中。

4.8 氧气：纯度大于99.5%。

4.9 石英砂：粒度0.5 mm～1.0 mm。

4.10 琼脂粉：化学纯。

4.11 瓷舟：长77 mm，高和宽10 mm，耐温1 100 ℃以上。

4.12 高温棉：玻璃纤维棉或硅酸铝棉，耐温1 100 ℃以上。

5 仪器设备

5.1 高温燃烧水解装置(图 1)

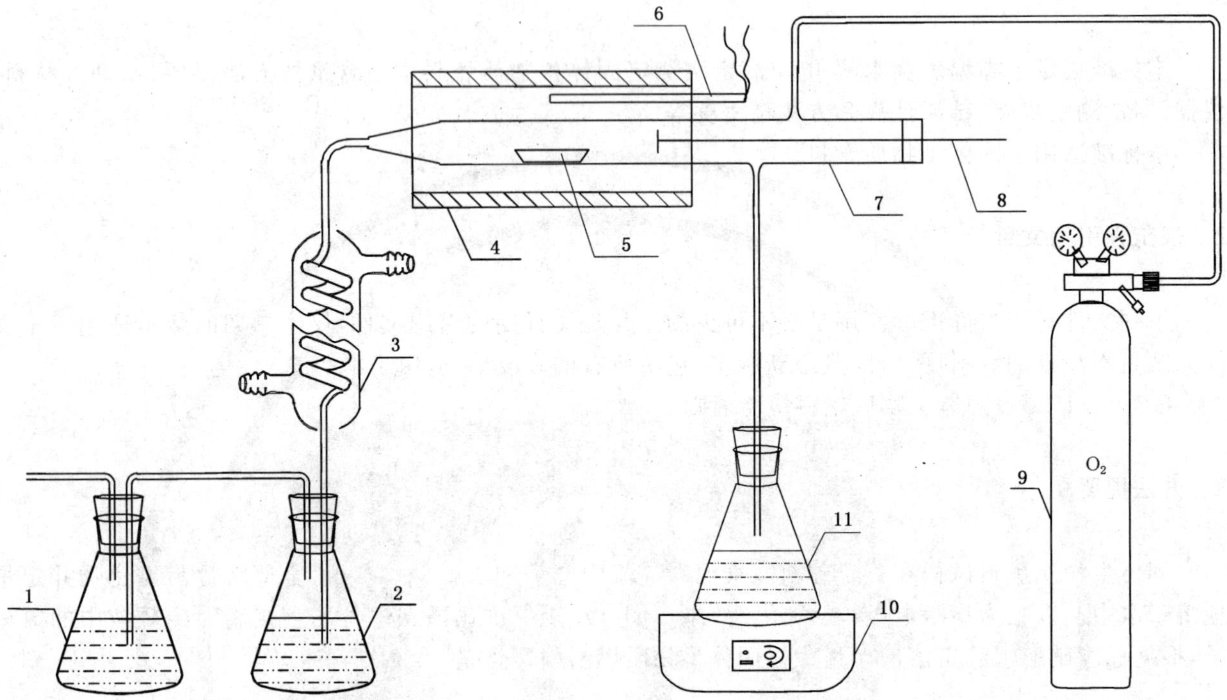

说明：

1——二号吸收瓶；

2——一号吸收瓶；

3——冷凝管；

4——高温炉；

5——瓷舟；

6——铂铑-铂热电偶；

7——燃烧管；

8——进样推棒；

9——氧气瓶；

10——可调压圆盘炉；

11——平底烧瓶。

图 1 高温燃烧水解装置

5.1.1 高温炉：能加热到 1 100 ℃以上，有长 80 mm～100 mm 的(1 100±10)℃的恒温区。配有温度控制器。

5.1.2 燃烧管：透明石英管，耐温 1 300 ℃以上，规格尺寸见图 2。出口端填充少许高温棉。

单位为毫米

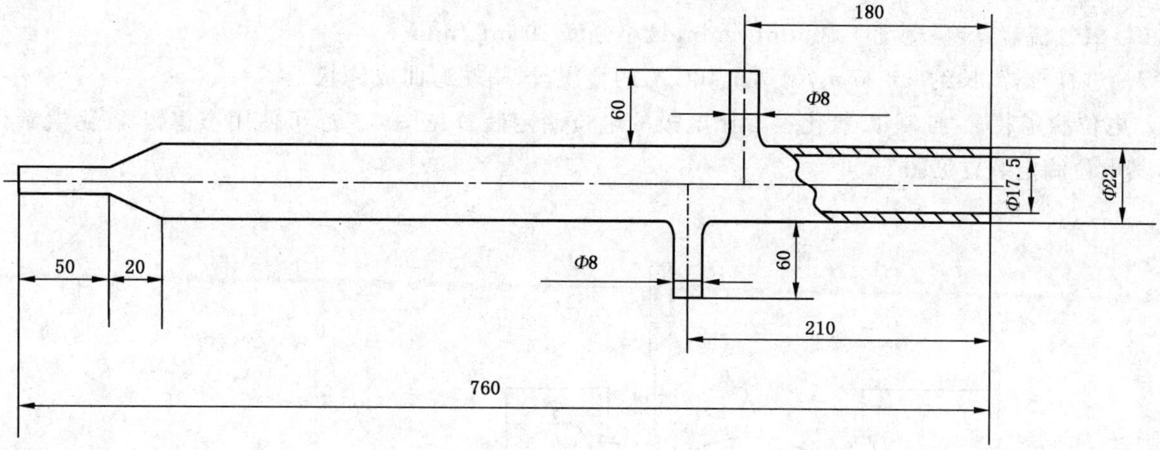

图 2　石英管

5.1.3　冷凝管：蛇形，规格尺寸见图 3。

单位为毫米

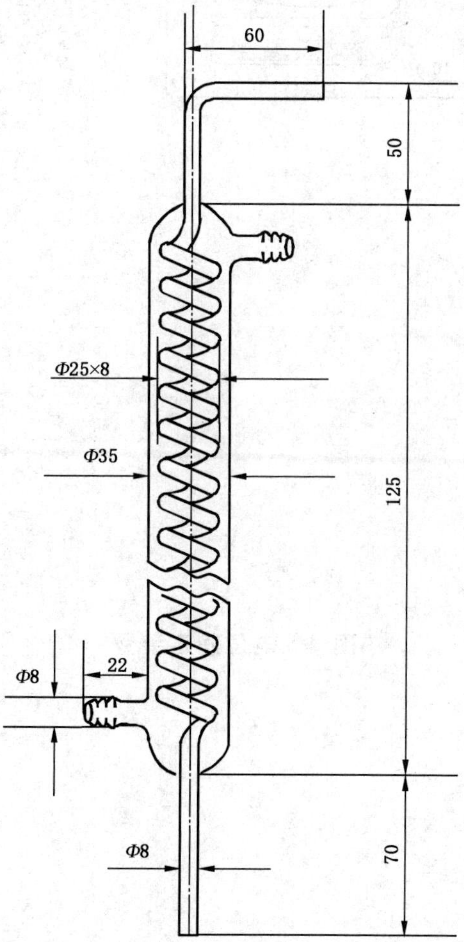

图 3　冷凝管

5.1.4 水蒸气发生器：由 500 mL 平底烧瓶和可调压圆盘电炉(0.5 kW，电压连续可调)构成。

5.1.5 吸收器：由 2 个 250 mL 的锥形瓶以及玻璃管和橡胶塞组成。

5.1.6 氧气流量计：满刻度 1 000 mL/min，最小分度 10 mL/min。

5.1.7 进样推棒：长约 600 mm，耐温 1 100 ℃的金属丝，一端弯曲成钩状。

5.2 电位滴定装置：自制银-氯化银参比电极的电位滴定装置见图 4。亦可使用市售银-氯化银参比电极，其电位滴定装置见图 5。

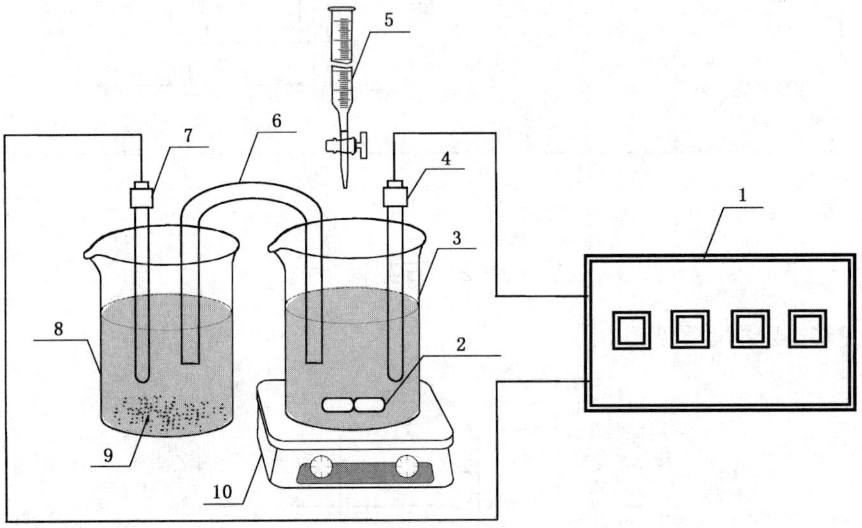

说明：

1——毫伏计；

2——搅拌子；

3——烧杯；

4——银丝(指示电极)；

5——滴定管；

6——盐桥；

7——银丝；

8——烧杯；

9——氯化银沉淀；

10——电磁搅拌器。

图 4 电位滴定装置

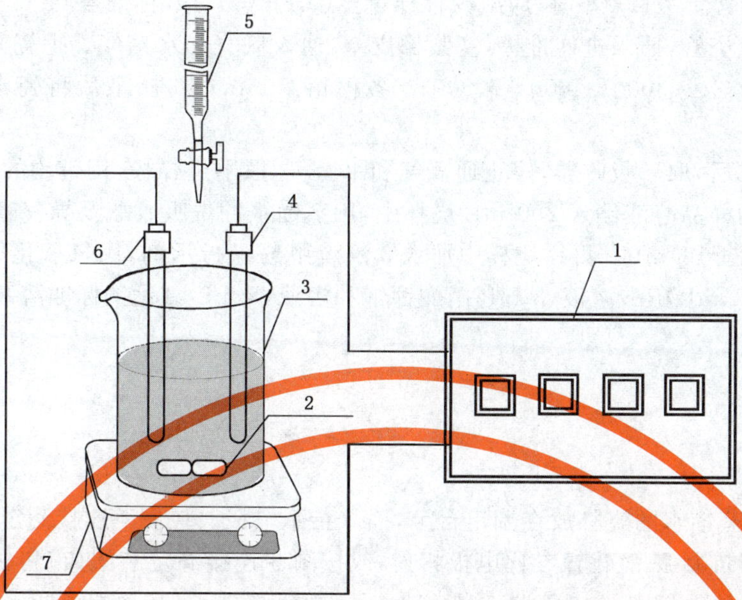

说明：
1——毫伏计；
2——搅拌子；
3——烧杯；
4——指示电极；
5——滴定管；
6——市售银-氯化银参比电极；
7——电磁搅拌器。

图 5 电位滴定装置(市售银-氯化银参比电极)

5.2.1 毫伏计：数字式，精度 0.1 mV。

5.2.2 磁力搅拌器：转速约 500 r/min 且连续可调。

5.2.3 滴定管：10 mL，A 级。

5.2.4 盐桥：加热溶解 10 g 硝酸钾和 1.5 g 琼脂粉于 50 mL 蒸馏水中，稍冷后注入 U 形玻璃管内。

5.2.5 指示电极：直径 3 mm 的纯银丝。

5.2.6 参比电极：由直径 3 mm 的纯银丝插在含有氯离子(Cl^-)和氯化银沉淀的水溶液中构成自制银-氯化银参比电极。容器要求有避光性能或措施。亦可使用市售的银-氯化银参比电极。

5.3 分析天平：感量 0.1 mg。

6 燃烧水解试样

6.1 仪器准备

按图 1 所示装配仪器，在燃烧管出气口端塞进少许耐高温棉，连接好电路、气路和冷凝水。往一号吸收瓶加入约 30 mL 蒸馏水，二号吸收瓶加入约 20 mL 蒸馏水。将高温炉升温到 1 100 ℃，并标记燃烧管内的 300 ℃、600 ℃、800 ℃温度区域。塞紧进样推棒橡皮塞，调节氧气流量 500 mL/min，水蒸气发生器的水蒸发量约 2 mL/min，检查是否漏气。

6.2 高温水解试样

6.2.1 在瓷舟中准确称取固体生物质燃料一般分析试样(0.2±0.01)g(称准至 0.000 2 g)，再用 0.5 g 石英砂覆盖试样。当氯含量>1.00%时,应减少称样量至(0.1±0.01)g(称准至0.000 2 g)。

6.2.2 将瓷舟置于燃烧管,插入进样推棒,塞紧橡皮塞,通入氧气和水蒸气。把瓷舟前端推到300 ℃温度区,在15 min内分三段(300 ℃、600 ℃、800 ℃各停留5 min)推进,最后将瓷舟推到恒温区并停留15 min。

6.2.3 燃烧水解完成后,取下吸收器,停止通氧气和水蒸气,取下进样棒,用带钩的镍铬丝取出瓷舟。

6.2.4 将吸收瓶内的样品溶液倒入200 mL烧杯中,用蒸馏水冲洗吸收瓶及导气管,洗液直接冲入烧杯内。加蒸馏水至(140±10)mL。再往烧杯中加入3滴溴甲酚绿指示剂,用氢氧化钠溶液中和到指示剂变为浅蓝色,再加入1 mL硫酸溶液,3 mL硝酸钾饱和溶液,5 mL氯化钠标准溶液。

7 电位滴定

7.1 准备工作

将盛有150 mL蒸馏水的烧杯放在滴定台上,插入指示电极。按图4连接滴定装置(自制银-氯化银参比电极),用盐桥与自制银-氯化银参比电极相连,或按图5连接滴定装置(市售银-氯化银参比电极)。将指示电极引线和参比电极引线与毫伏计测量端连接,放入搅拌子,开动搅拌器。此时毫伏计应显示两电极间的电位差(±mV),否则应检查测量电路连接是否正确。

7.2 终点电位标定

7.2.1 空白溶液制备:除不加固体生物质燃料试样外,其余同6.2,至少应制备2个空白溶液。

7.2.2 滴定终点电位标定:将盛有空白溶液的烧杯放在滴定台上,以0.03 mL/s的速度滴入已确定滴入量的硝酸银标准溶液,记下此时的电位值。如上进行2次电位测定,测定值之差不应超出±3 mV,以其平均值作为滴定终点电位。第一次测定或更换化学试剂时,按附录A制作滴定微分曲线,以确定标定终点电位时的硝酸银标准溶液用量(V_0)。

7.3 试样溶液滴定

将盛有样品溶液的烧杯放在滴定台上。先以0.05 mL/s的速度滴入硝酸银标准溶液,观察毫伏计显示的毫伏数,当电位接近标定的终点电位时,以0.02 mL/s速度滴定直至达到标定的终点电位。搅拌1 min后记下硝酸银标准溶液加入量及实际滴定终点电位。计算结果时,实际终点电位每偏离标定的终点电位±1 mV,应减去或加上0.01 mL硝酸银标准溶液的用量,但偏离数不能超出±3 mV,否则应再加入0.50 mL氯化钠标准溶液重新滴定。

注:每多加入0.50 mL氯化钠标准溶液,可在相应的终点电位的硝酸银溶液用量中扣除0.20 mL,以此类推。

8 结果计算

按式(1)计算固体生物质燃料中氯含量,以两次重复测定结果的平均值,按GB/T 21923修约到小数点后第三位报出。

$$Cl_{ad}=\frac{(V-V_0)c\times M_{Cl}}{m}\times 100 \qquad \cdots\cdots(1)$$

式中:

Cl_{ad}——空气干燥试样氯含量,以质量分数(%)计;

V_0 ——标定终点电位的硝酸银标准溶液用量,单位为毫升(mL);

V ——滴定试样溶液的硝酸银标准溶液用量,单位为毫升(mL);

c ——硝酸银标准溶液的浓度,单位为毫摩尔每毫升(mmol/mL);

M_{Cl}——氯的毫摩尔质量，以 0.035 45 计，单位为克每毫摩尔(g/mmol)；

m ——空气干燥试样质量，单位为克(g)。

9 方法精密度

固体生物质燃料中氯测定结果的精密度见表1。

表 1 固体生物质燃料中氯测定结果的精密度

氯含量 Cl_{ad}/%	重复性限 [以 Cl_{ad}(绝对值)表示]/%
Cl_{ad}<0.100	0.010
0.100≤Cl_{ad}<0.500	0.020
Cl_{ad}≥0.500	0.050

10 试验报告

试验结果报告至少应包括以下信息：

——样品编号；

——依据标准；

——使用的方法；

——试验结果；

——与标准的任何偏离；

——试验中出现的异常现象；

——试验日期。

附 录 A
（规范性附录）
滴定微分曲线的绘制

将盛有空白溶液的烧杯放在滴定台上，连接好滴定装置。缓慢滴入硝酸银标准溶液，每滴入硝酸银标准溶液 0.10 mL，记录一次电位值 E(mV)，临近终点时，每滴入 0.05 mL，记录一次电位值。以加入硝酸银标准溶液体积 V(mL)为横坐标，以单位体积硝酸银标准溶液引起的电位变化值$\triangle E/\triangle V$(mV/mL)为纵坐标，绘制微分曲线。以$\triangle E/\triangle V$(mV/mL)峰值所对应的硝酸银标准溶液体积(mL)做为标定终点电位的硝酸银标准溶液加入量。

示例：某化验室绘制滴定微分曲线的数据见表 A.1，其对应的微分曲线见图 A.1。从表 A.1 和图 A.1 可看出，以$\triangle E/\triangle V$(mV/mL)峰值 62.0 (mV/mL)所对应的硝酸银标准溶液体积 2.05 mL 作为标定终点电位的硝酸银标准溶液加入量(mL)。

表 A.1 滴定微分曲线数据

累计标准硝酸银标准溶液体积数值 V mL	电位 E mV	每次标准 $AgNO_3$ 加入量 $\triangle V$ mL	电位变化值 $\triangle E$ mV	$\triangle E/\triangle V$ mV/mL
0.00	238.3	—	—	—
0.50	248.0	0.50	9.70	19.4
1.00	263.6	0.50	15.60	31.2
1.50	282.5	0.50	18.90	37.8
1.60	286.5	0.10	4.00	40.0
1.70	290.8	0.10	4.30	43.0
1.80	295.4	0.10	4.60	46.0
1.85	297.8	0.05	2.40	48.0
1.90	300.2	0.05	2.40	48.0
1.95	302.6	0.05	2.40	48.0
2.00	305.2	0.05	2.60	52.0
2.05	308.3	0.05	3.10	62.0
2.10	310.9	0.05	2.60	52.0
2.15	313.4	0.05	2.50	50.0
2.20	315.9	0.05	2.50	50.0
2.30	318.3	0.05	2.40	48.0
2.35	320.6	0.05	2.30	46.0
2.40	322.9	0.05	2.30	46.0
2.45	325.2	0.05	2.30	46.0
2.50	327.4	0.05	2.20	44.0
2.55	329.1	0.05	1.70	34.0

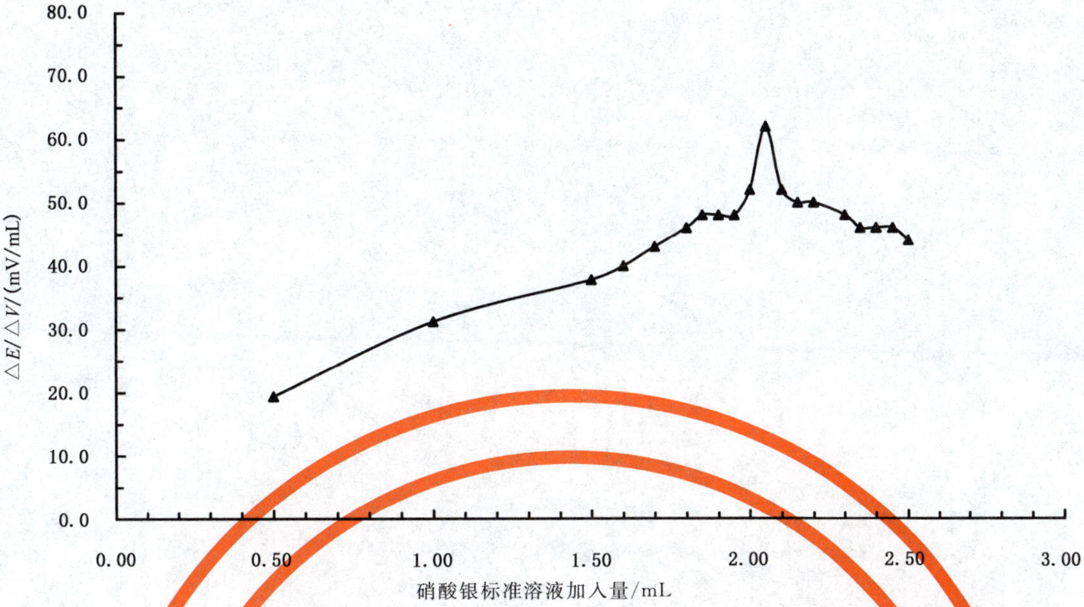
80.0
70.0
60.0
50.0
40.0
30.0
20.0
10.0
0.0
$\triangle E/\triangle V$/(mV/mL)
0.00
0.50
1.00
1.50
2.00
2.50
3.00
硝酸银标准溶液加入量/mL

图 A.1 滴定微分曲线

ICS 73.040
D 21

中华人民共和国国家标准

GB/T 30730—2014

煤炭机械化采样系统技术条件

Specifications of mechanical sampling equipment for coal

2014-06-09 发布　　　　2014-10-01 实施

中华人民共和国国家质量监督检验检疫总局
中国国家标准化管理委员会　发布

前　言

本标准按照 GB/T 1.1—2009 给出的规则起草。

本标准由中国煤炭工业协会提出。

本标准由全国煤炭标准化技术委员会(SAC/TC 42)归口。

本标准起草单位:煤炭科学研究总院检测研究分院、神华销售集团有限公司、长沙通发高新技术开发有限公司。

本标准主要起草人:孙刚、韩立亭、杨兴伟、阎国基、王元臣、陈明华。

煤炭机械化采样系统技术条件

1 范围

本标准规定了煤炭机械化采样系统(以下简称采样机)的结构及主要组成设备的类型、技术要求、检验方法、检验规则以及标志、包装、运输和贮存。

本标准适用于煤流采样机和静止煤(火车和汽车载煤)采样机。

2 规范性引用文件

下列文件对于本文件的应用是必不可少的。凡是注日期的引用文件,仅注日期的版本适用于本文件。凡是不注日期的引用文件,其最新版本(包括所有的修改单)适用于本文件。

GB/T 191 包装储运图示标志

GB/T 985.1 气焊、焊条电弧焊、气体保护焊和高能束焊的推荐坡口

GB/T 9286 色漆和清漆 漆膜的划格试验

GB 12348 工业企业厂界环境噪声排放标准

GB/T 13306 标牌

GB/T 13384 机电产品包装通用技术条件

GB/T 19494.1 煤炭机械化采样 第1部分:采样方法

GB/T 19494.2 煤炭机械化采样 第2部分:煤样的制备

GB/T 19494.3 煤炭机械化采样 第3部分:精密度测定和偏倚试验

GB/T 19867.1 电弧焊焊接工艺规程

GB 50150 电气装置安装工程 电气设备交接试验标准

3 采样机结构及主要组成设备的类型

3.1 基本结构

采样机由采样单元、在线制样单元和控制单元构成。采样单元,包括采样器等,负责煤样的采取;在线制样单元包括给料机、破碎机、缩分器、煤样接收器、弃样返排设备,有的在线制样单元还包括除铁器、混匀器、筛分设备和打包机等,负责所采取煤样的制备;控制单元负责协调采样机各部件的操作,完成采样和制样功能。

图1为一阶段在线制样的采样机结构示意图,图2为二阶段在线制样的采样机结构示意图,符合本标准要求的其他结构的采样机也可使用。

3.2 采样器的类型

采样器分为移动煤流采样器和静止煤采样器。移动煤流采样器包括落流采样器和横过皮带采样器,静止煤采样器使用较多的一种为机械螺杆采样器。典型采样器的示例见附录A,符合本标准要求的其他类型的采样器也可使用。

3.3 缩分器的类型

缩分器包括落流缩分器和横过皮带缩分器。典型缩分器的示例见附录B,符合本标准要求的其他

类型的缩分器也可使用。

3.4 破碎机的类型

破碎机包括锤式破碎机、颚式破碎机和对辊破碎机等。采样机中应用较多的是密封锤式破碎机，按旋转轴方向锤式破碎机分为卧式和立式两种。符合本标准要求的其他类型的破碎机也可使用。

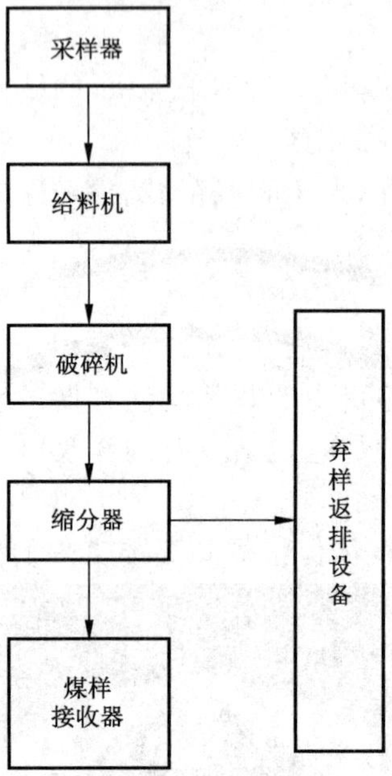

图 1 一阶段在线制样的采样机结构示意

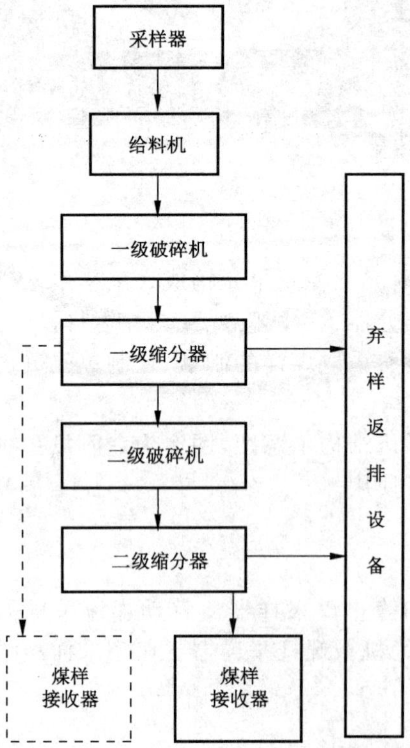

图 2 二阶段在线制样的采样机结构示意

4 技术要求

4.1 整机系统

4.1.1 偏倚和精密度性能

采样机应无灰分和全水分的实质性偏倚。最大允许偏倚宜如下确定：使最大允许偏倚(B)和可能产生的最大偏倚相匹配，例如取10%最大颗粒被排斥时的偏倚为最大允许偏倚(附录C)。

采样机性能应能使采样精密度满足预期精密度的要求。

4.1.2 工作能力

4.1.2.1 匹配性

采样机的各组成设备及控制部分应匹配合理，可保证采样和在线制样程序顺利执行。

4.1.2.2 处理能力

采样机应能保证初级子样采取间隔和在线制样样品处理能力满足使用者的要求，并能保证采样精密度符合要求。

4.1.2.3 煤炭适应性

采样机应能适应所采煤的粒度和水分。

4.1.3 其他要求

4.1.3.1 采样机有能力保持样品通道清洁，避免样品被污染。

4.1.3.2 采样机各部件应结构合理、配合紧密，水分和煤样损失达到最小程度。

4.1.3.3 采样机所采子样数目和煤样质量符合 GB/T 19494.1 的规定。

4.2 采样器

4.2.1 基本要求

4.2.1.1 采样器能无实质性偏倚地收集子样。

4.2.1.2 采样器的开口尺寸至少应为被采样煤标称最大粒度的3倍，且不得小于30 mm。

4.2.1.3 采样器应有足够的容量以收集整个子样或让其全部通过，子样不堵塞、不溢流。

4.2.1.4 采样器能按 GB/T 19494.1 的规定在被采样煤的不同部位采取子样。

4.2.1.5 子样采取间隔可调。

4.2.1.6 采取粒度分析煤样时，煤样破损降至最低程度。

4.2.2 移动煤流采样器

4.2.2.1 落流采样器

4.2.2.1.1 采样器能截取一完整的煤流横截段，采样器开口长度应大于煤流厚度(左右移动采样器)或宽度(前后移动采样器)。

4.2.2.1.2 采样器应以均匀的速度(各点切割速度变化不超过预定速度的5%)通过煤流，最大运行速度应不大于1.5 m/s。

4.2.2.1.3 采样器的前缘和后缘应在同一平面或同一圆柱面上，该平面或圆柱面最好能垂直煤流下落轨迹。

4.2.2.1.4 采样器的开口应设计得使煤流的各部分通过开口的时间相等。

4.2.2.2 横过皮带采样器

4.2.2.2.1 采样器能切取一完整的煤流横截段，截段横断面可以垂直于皮带中心线，也可与之成一定的倾角。

4.2.2.2.2 采样器应以均匀速度(各点速度差不大于10%)通过煤流，其运行速度应不小于皮带速度的1.5倍。

4.2.2.2.3 采样器应沿与皮带中心线相垂直的方向切取煤流。

4.2.2.2.4 采样器边板的弧度应与皮带的曲率相匹配，边板和后板与皮带表面应保持一最小距离，不直接与皮带接触，后板上配有弹性刮板或扫煤刷子。

4.2.3 静止煤采样器

4.2.3.1 静止煤采样器应能进行全深度采样或深部分层采样。对于深部分层采样，采样器能插入被采样煤下部进行采样，各层子样应能构成全深度煤柱。

4.2.3.2 采样器采样时不同粒度的煤均有相等的几率被采入。

4.2.3.3 静止煤采样器插入被采样煤采样后提起时应避免漏煤。

4.2.3.4 机械螺杆采样器螺旋的螺距和环距应不小于被采样煤标称最大粒度的3倍。

4.3 在线制样单元

4.3.1 基本要求

4.3.1.1 制样精密度应符合GB/T 19494.2的要求，且无实质性偏倚。

4.3.1.2 在线制样各阶段的留样量应满足GB/T 19494.2关于相应粒度下最少总样(或子样)质量的要求。

4.3.1.3 第一制样阶段前的适当位置应有除铁装置，避免铁质物损坏破碎机或缩分器。

4.3.2 给料机

4.3.2.1 给料速度应和与之配套的破碎机或缩分器匹配，不会引起破碎机堵塞和缩分器切割次数不足以及缩分器堵塞。

4.3.2.2 给料机应供料均匀，粒度离析达最小程度。

4.3.2.3 给料机应有检查口以方便检查。

4.3.2.4 对于皮带给料机，应有防止皮带跑偏装置及煤流整形调节装置。

4.3.2.5 皮带给料机应具有自清扫功能，保证样品不沾黏在给料皮带上。

4.3.3 破碎机

4.3.3.1 破碎机破碎时生热应最少，以防煤样氧化和水分损失，不宜使用圆盘磨和转速大于950 r/min的锤式破碎机及频率大于20 Hz的高速球磨机。当锤式破碎机转速较高时，宜在破碎机出口与入口间配备循环风管。

4.3.3.2 破碎机能将煤样破碎到符合要求的粒度(超过此粒度的煤样质量不大于5%)，且应避免过度破碎。

4.3.3.3 入料口的尺寸应与最大入料粒度相匹配，保证煤样不堵在破碎机入料口。

4.3.3.4 破碎能力应与供料速度匹配，不因破碎能力不足而堵煤。

4.3.4 缩分器

4.3.4.1 基本要求

4.3.4.1.1 缩分器缩分煤样应无偏倚或无实质性偏倚。

4.3.4.1.2 切割器开口尺寸应至少为被缩分煤样标称最大粒度的3倍。

4.3.4.1.3 缩分器能截取一完整的煤流横截段且以均匀的速度(各点速度差不大于10%)通过煤流。

4.3.4.1.4 质量缩分比稳定,单次缩分比不超过平均质量缩分比的25%。

4.3.4.1.5 质量缩分比可调。

4.3.4.1.6 缩分器的切割次数应符合GB/T 19494.2中的规定。

4.3.4.1.7 缩分器有足够的容量,能完全容纳或通过整个煤样,子样不堵塞。

4.3.4.2 落流缩分器

4.3.4.2.1 当切割器的开口尺寸为煤样标称最大粒度的3倍时,其切割线速度不应超过0.6 m/s;当切割器的开口尺寸大于煤样标称最大粒度的3倍时,可适当增加切割速度,但不应超过式(1)的计算值,且最大不能超过1.5 m/s。

$$v = k \times \left(1 + \frac{b}{3d}\right) \qquad \cdots\cdots(1)$$

式中:

v——切割器切割速度,单位为米每秒(m/s);

b——切割器开口尺寸,单位为毫米(mm);

d——被采样煤标称最大粒度,单位为毫米(mm);

k——换算系数,以0.3计,单位为米每秒(m/s)。

注:如落流缩分器的运行速度不超过0.46 m/s,通常认为其运行速度不会使缩分器性能变差。

4.3.4.2.2 缩分器的前缘和后缘应在同一平面或同一圆柱面上,该平面或圆柱面最好能垂直煤流下落轨迹。

4.3.4.2.3 缩分器的开口应设计得使煤流的各部分在开口内通过的时间都相等。

4.3.4.3 横过皮带缩分器

4.3.4.3.1 缩分器应沿与皮带中心线相垂直的方向切取煤流。

4.3.4.3.2 缩分器应以均匀速度(各点速度差不大于10%)通过煤流,其运行速度应不小于皮带速度的1.5倍。

4.3.4.3.3 缩分器边板的弧度应与皮带的曲率相匹配,边板和后板与皮带表面应保持一最小距离,不直接与皮带接触,后板上配有扫煤刷子或弹性刮板。

4.3.5 煤样收集器

4.3.5.1 收集器的容量应满足使用者的要求。

4.3.5.2 多容器收集器能自动或手动换位,应满足使用者多样品采集及精密度试验样品采集的需要。

4.3.5.3 收集器应密闭,能防尘、防潮,煤样水分损失达到最小。

4.3.5.4 收集器应安装在阴凉处,避开热源和阳光。

4.3.6 溜槽和溜管

4.3.6.1 溜槽和溜管应内表面光滑,煤样流通顺畅,煤样沾黏达最低程度,且易清扫。

4.3.6.2 溜槽和溜管的水平倾角不小于60°,不宜有转向结构。

4.3.6.3 溜槽和溜管中应设置密封的、便于开启的检查、检修孔或易拆卸的管节。

4.3.6.4 在天气寒冷地区要避免溜槽、溜管被冻结而产生堵塞。

4.3.7 弃煤返排设备

4.3.7.1 弃煤返排能力应与弃煤量匹配，不造成余煤堵塞。

4.3.7.2 弃煤的排放点应选择在弃煤不会被再采样的地方。

4.3.7.3 弃煤反排设备应密闭，无煤尘外泄。

4.4 控制单元

4.4.1 采样机运行以自动控制方式为主、人工控制方式为辅，两者须同时具备。

4.4.2 控制单元应包括整机联合运行控制功能和单元(设备)单独运行控制功能，同时具备采样系统失控或出现故障的紧急控制功能。

4.4.3 自动控制和人工控制，均应符合 GB/T 19494.1 和 GB/T 19494.2 规定的系统采样、随机采样和分层随机采样以及煤样制备的要求。

4.4.4 控制单元宜具备故障诊断功能，能在设备发生故障时停机报警并指出故障点、给出修复建议。

4.4.5 控制单元应具有较好的电磁兼容性。

4.4.6 控制单元应有采样数据记录、储存、运算和显示、打印功能。

4.4.7 自动控制系统宜具有采样部位煤表面或煤量探测功能，避免出现空采现象。

4.4.8 采样机应具备采样器就地人工控制、在线制样单元自动控制运行等便于偏倚试验进行的控制功能。

4.4.9 使用者要求的其他功能。

4.5 设计制造和加工

4.5.1 设计

采样机的设计应符合国家标准 GB/T 19494.1 和 GB/T 19494.2 的要求，满足用户的煤炭特性、使用条件和特别要求，且应方便采样机检查、维护和故障处理。

4.5.2 制造

采样机部件及连接件应符合必要的强度和刚度的要求，宜采用标准件。

4.5.3 装配

4.5.3.1 采样机在运转过程中紧固件应紧固可靠，各传动件运转灵活、无卡滞和金属碰撞异响。

4.5.3.2 运转过程中轴承温升不大于 70 ℃。

4.5.3.3 需润滑的部位应提供适当的润滑装置，保证机械设备有运动的部件充分润滑，各润滑点的选择应使操作人员便于接近和无任何危险。

4.5.3.4 焊接应符合 GB/T 19867.1 和 GB/T 985.1 的要求。

4.5.4 噪声

噪声应符合 GB 12348 的规定，运转时最大声级应不大于 80 dB(A)。

4.5.5 外观

金属镀层和漆层表面应色泽均匀、无露底、起皮和显见的擦伤、划痕等缺陷。漆膜附着力应符合

GB/T 9286 中规定的 2 级质量要求。抛光件表面应光泽均匀,无显见的擦伤和划痕。

4.6 安全

4.6.1 采样机应有避免因采样器失控或故障而导致生产和安全事故的有效保护设施,如采样器紧急复位装置等。

4.6.2 采样器应具有运行过载保护功能,如当静止煤采样器受到过大阻力时,能自动返回。

4.6.3 采样机应具备完善的电气保护功能,如:电源相序保护、缺相保护、接地保护、电机过载保护、边界限位保护、行走受阻保护等。

4.6.4 电气设备的绝缘性能应符合 GB 50150。

4.6.5 开式齿轮、联轴器、传动轴等转动和传动部件,均应安装防护罩。

4.6.6 采样机敷设便于检修的通道和安全栏杆,通道宽 500 mm 以上,安全栏杆高 1 050 mm 以上。

4.6.7 可能存在不安全因素的设备和位置应有明显的安全警示。

4.6.8 符合其他安全方面的有关规定和要求。

5 检验方法

5.1 偏倚和精密度性能

采样机、采样器和在线制样单元(包括缩分器)应按照 GB/T 19494.3 进行偏倚/精密度试验。试验结果应分别符合 4.1.1、4.2.1.1、4.3.1.1 以及 4.3.4.1.1。

5.2 切割速度

采样器或缩分器切割速度可根据有关参数计算,例如,对于落流采样器,根据已准确测量的切割煤流所用时间和煤流宽度(或厚度)来计算;对于横过皮带采样器,根据转速和半径来计算。

5.3 质量缩分比

通过称量留样和弃样来检验。将留样质量与弃样质量之和作为入料质量,计算每个煤样留样质量与入料质量的比值(缩分比),至少进行 10 个初级子样的测定。缩分比的平均值,其结果应符合 4.3.4.1.4。缩分比按式(2)计算。

$$R_d = \frac{m_1}{m_1 + m_2} \qquad \cdots\cdots (2)$$

式中:

R_d——质量缩分比;

m_1——单个初级子样的留样质量,单位为克(g);

m_2——单个初级子样的弃样质量,单位为克(g)。

5.4 噪声

按 GB 12348 测定,测得的噪声值应符合 4.5.4。

5.5 电气设备绝缘性能

按 GB 50150 测定,应符合 4.6.4。

5.6 其他

其他要求的检验方法见表 1,检验结果应符合相关条款的规定。

6 检验规则

6.1 总则

6.1.1 采样机应经制造厂或使用单位按6.2和6.3规定及表1规定项目进行型式检验和出厂检验。

6.1.2 出厂检验合格的采样机仍需每两年按出厂检验项目进行性能检验,合格后方可继续使用。

6.2 型式检验

在下列情况下,应进行型式检验:

a) 新产品投产或老产品转厂生产的定型鉴定;

b) 正式投产后,如结构、部件、材料有较大变更,可能影响产品性能时;

c) 出厂检验结果与上次型式检验有较大差异时。

注:部分检验项目可在安装现场进行。

6.3 出厂检验

每台采样机均应按表1规定项目进行出厂检验,出厂检验合格后采样机方能开始使用。

注:部分检验项目可在安装现场进行。

6.4 检验项目

型式检验和出厂检验的检验项目见表1规定。

表1 采样机检验项目和检验方法

项目		检验方法	技术要求条款号	型式检验	出厂检验
采样器	采样偏倚	试验测定	4.2.1.1	△	—
	开口尺寸	测量	4.2.1.2	△	△
	容量	观察	4.2.1.3	△	—
	子样分布	试验观察	4.2.1.4	△	△
	子样间隔	测量	4.2.1.5	△	△
	粒度破损	观察	4.2.1.6	△	—
	全煤流截取	试验观察	4.2.2.1.1,4.2.2.2.1	△	—
	切割速度	测量	4.2.2.1.2,4.2.2.2.2	△	—
	运行轨迹	试验观察	4.2.2.1.3,4.2.2.2.3	△	—
	时间一致性	测量	4.2.2.1.4	△	—
	弧度和刮扫	观察	4.2.2.2.4	△	△
	采样方式	测量	4.2.3.1	△	△
	粒度排斥	观察	4.2.3.2	△	—
	漏煤	观察	4.2.3.3	△	△
	螺距和环距	观察	4.2.3.4	△	△

表 1（续）

项目		检验方法	技术要求条款号	型式检验	出厂检验
在线制样单元	精密度和偏倚	试验测定	4.3.1.1	△	△
	煤样质量	测定	4.3.1.2	△	△
	除铁装置	观察	4.3.1.3	△	—
各级给料机	供料速度	试验观察	4.3.2.1	△	—
	供料均匀性	试验观察	4.3.2.2	△	—
	检查口	观察	4.3.2.3	△	—
	防跑偏和煤流整形	观察	4.3.2.4	△	△
	自清扫	观察	4.3.2.5	△	—
各级破碎机	生热情况	观察	4.3.3.1	△	—
	出料粒度	试验测定	4.3.3.2	△	△
	入料口尺寸	测量	4.3.3.3	△	—
	破碎能力	试验观察	4.3.3.4	△	—
各级缩分器	缩分偏倚	试验测定	4.3.4.1.1	△	—
	开口尺寸	测量	4.3.4.1.2	△	△
	全煤流截取	试验观察	4.3.4.1.3	△	—
	切割速度	测量	4.3.4.1.3,4.3.4.2.1,4.3.4.3.2	△	—
	缩分稳定性	试验测定	4.3.4.1.4	△	△
	缩分比调整	试验测定	4.3.4.1.5	△	△
	切割数	试验观察	4.3.4.1.6	△	△
	容量	测量	4.3.4.1.7	△	—
	运行轨迹	观察	4.3.4.2.2,4.3.4.3.1	△	—
	时间一致性	测量	4.3.4.2.1	△	—
	弧度和刮扫	观察	4.3.4.3.1	△	△
煤样接收器	容积和个数	测量	4.3.5.1	△	—
	容器换位	观察	4.3.5.2	△	△
	密封性	观察	4.3.5.3	△	—
	环境	观察与测量	4.3.5.4	△	—
溜槽和溜管	煤样沾黏	观察	4.3.6.1	△	—
	倾角	测量	4.3.6.2	△	△
	检查口	观察	4.3.6.3	△	—
	冻结	观察	4.3.6.4	△	—

表 1（续）

项　　目		检验方法	技术要求条款号	型式检验	出厂检验
弃煤返排设备	能力	试验观察	4.3.7.1	△	—
	堵塞	试验观察	4.3.7.1	△	—
	位置	试验观察	4.3.7.2	△	—
	密封性	试验观察	4.3.7.3	△	—
控制单元	控制方式	试验观察	4.4.1	△	△
	控制功能	试验观察	4.4.2	△	—
	采样方式	试验观察	4.4.3	△	△
	故障诊断	试验观察	4.4.4	△	—
	电磁兼容性	试验观察	4.4.5	△	—
	数据处理	试验观察	4.4.6	△	—
	来煤探测	试验观察	4.4.7	△	—
	偏倚试验控制功能	试验观察	4.4.8	△	△
设计、制造、装配、噪声、外观	设计	检查	4.5.1	△	—
	制造	检查	4.5.2	△	—
	紧固件和传动件	观察	4.5.3.1	△	—
	轴承温升	测量	4.5.3.2	△	—
	润滑	观察	4.5.3.3	△	—
	焊接	试验测定	4.5.3.4	△	—
	噪声	测量	4.5.4	△	—
	外观	观察	4.5.5	△	—
安全	失控保护	试验观察	4.6.1	△	—
	过载保护	试验观察	4.6.2	△	—
	电气保护	试验观察	4.6.3	△	—
	绝缘	试验测定	4.6.4	△	—
	防护罩	观察	4.6.5	△	—
	安全栏	测量	4.6.6	△	—
	安全警示	观察	4.6.7	△	—
整机系统	偏倚和精密度	试验测定	4.1.1	△	△
	匹配性	试验观察	4.1.2.1	△	—
	处理能力	试验观察	4.1.2.2	△	—
	煤的适应性	试验观察	4.1.2.3	△	—
	煤样污染	观察	4.1.3.1	△	—
	煤样损失	观察	4.1.3.2	△	—
	子样数目和质量	测量	4.1.3.3	△	△

7 标志、包装、运输、贮存

7.1 标志

应在产品的适当、明显的位置上固定产品铭牌。铭牌应符合 GB/T 13306 的规定，并标明下列内容：

a) 制造单位；

b) 产品名称、商标、型号；

c) 制造日期和编号；

d) 产品主要参数。

7.2 包装

7.2.1 产品的包装应牢固可靠，并符合 GB/T 13384 的有关规定。

7.2.2 包装箱内应至少附有以下文件：

a) 产品合格证；

b) 产品使用说明书；

c) 产品维修服务卡；

d) 装箱单。

7.2.3 包装箱外表面应至少有以下清晰和整齐的标志：

a) 产品名称和型号；

b) 制造单位名称和发货站名称；

c) 收货单位名称和到货站名称；

d) 包装箱外形尺寸、毛重、出厂日期；

e) “小心轻放”、“向上”、“防湿”、“由此起吊”等图示标志应符合 GB/T 191 的规定。

7.3 运输

包装好的产品在能够避免雨、雪直接影响的条件下运送。运输过程中应小心轻放，不准倒置，严禁摔压。

7.4 贮存

产品应贮存在通风、干燥、周围无酸性或碱性等有害气体的库房中，超大件可在有防雨防晒防压措施的露天场地存放。

附 录 A
（资料性附录）
煤炭机械化采样系统中典型采样器的示例

典型落流采样器的示例见图 A.1 和图 A.2，典型横过皮带采样器的示例见图 A.3 和图 A.4，典型机械螺杆采样器的示例见图 A.5 和图 A.6。

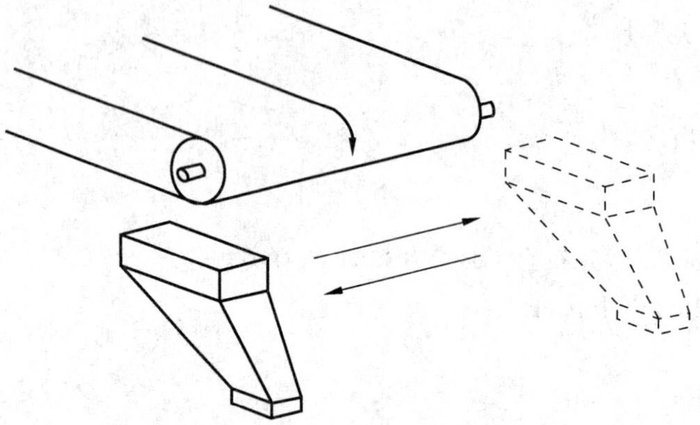

图 A.1 切割槽式落流采样器

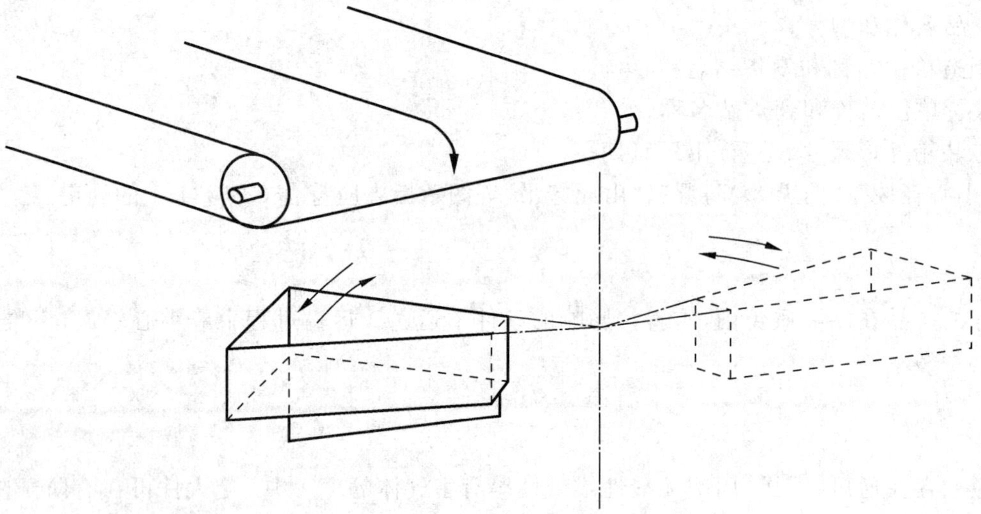

图 A.2 摇臂式落流采样器

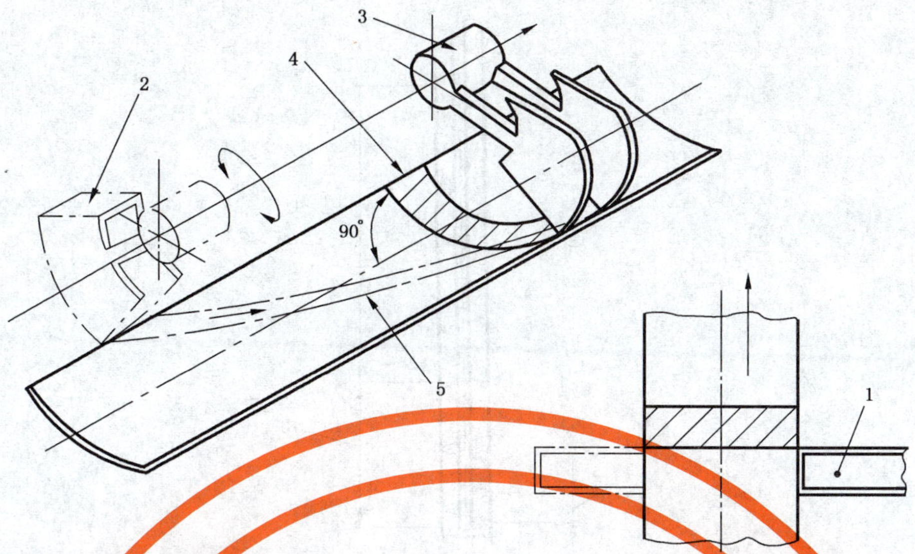

说明：

1——采样器；

2——采样器停止部位；

3——采样器采样结束部位；

4——切取的煤流断面；

5——采样器运行轨迹。

图 A.3 移动式(垂直切割)横过皮带采样器

说明：

1——采样器；

2——输煤皮带。

图 A.4 固定式(倾斜切割)横过皮带采样器

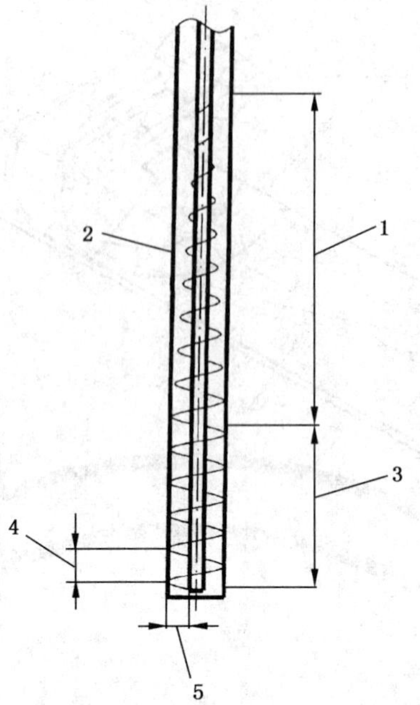

说明：
1——锥形螺旋；
2——钢筒；
3——全螺旋；
4——螺距；
5——环距。

图 A.5　典型机械螺杆采样器示例

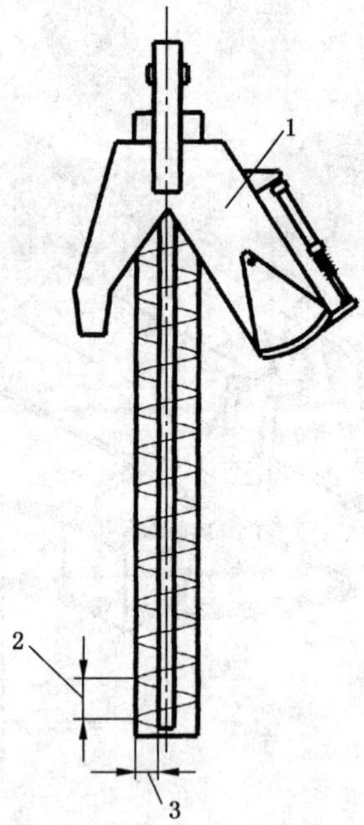

说明：
1——出料口；
2——螺距；
3——环距。

图 A.6　典型机械螺杆采样器示例

附　录　B
（资料性附录）
煤炭机械化采样系统中典型缩分器的示例

图 B.1 和图 B.2 给出了典型落流缩分器的示例，图 B.3 给出了典型横过皮带缩分器的示例。

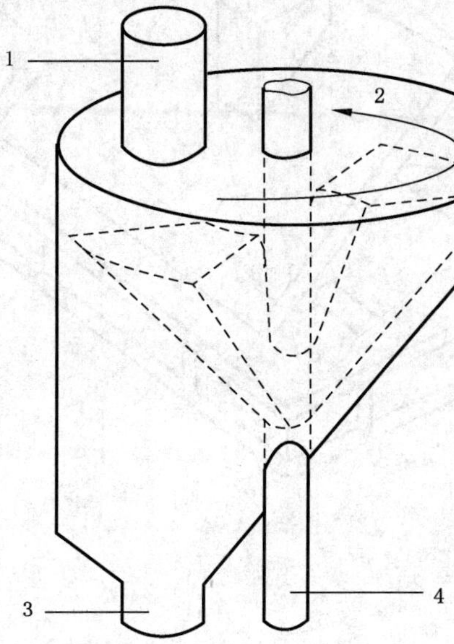

说明：
1——供料；
2——旋转槽；
3——弃样；
4——缩分后煤样。

图 B.1　旋转槽型缩分器

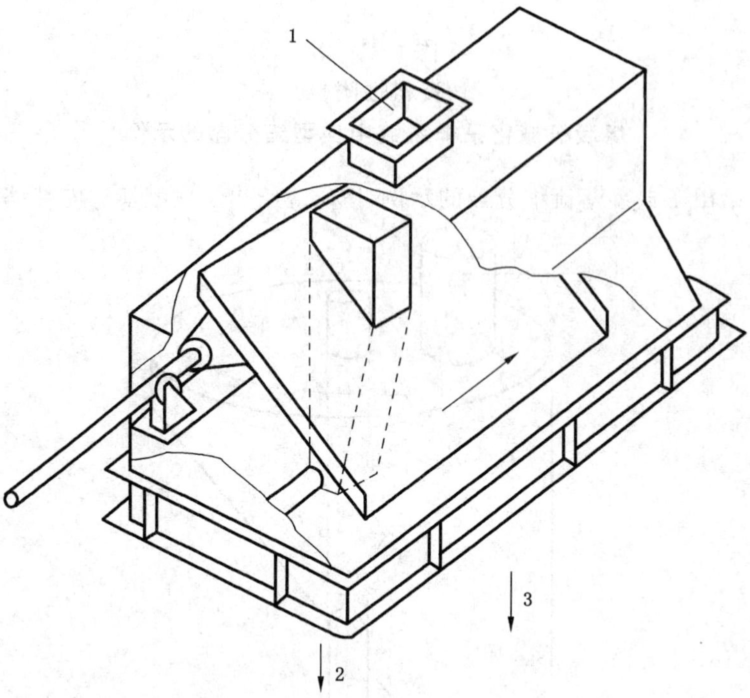

说明：

1——供料；

2——弃样；

3——缩分后煤样。

图 B.2 切割槽型缩分器

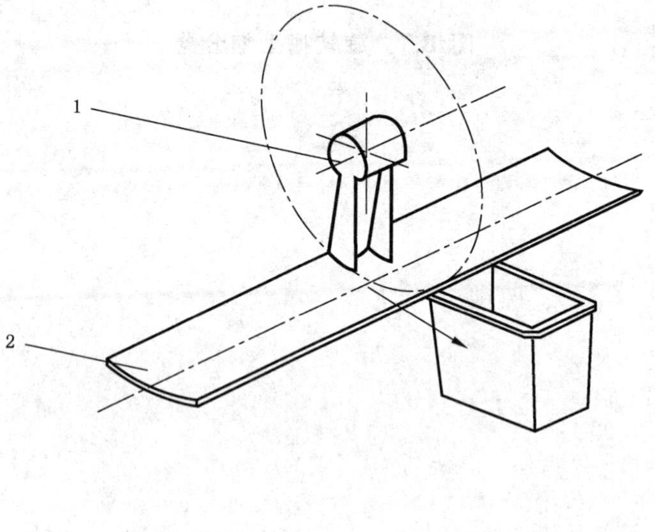

说明：

1——切割器；

2——给料皮带。

图 B.3 典型横过皮带缩分器的示例

附 录 C
（资料性附录）
通过粒度排斥试验确定最大允许偏倚

C.1 被排斥煤颗粒大小的确定

C.1.1 对试验煤种，仔细观察采样机采样时的粒度选择性，即主要漏采煤的大颗粒还是小颗粒，根据采样机类型和漏采颗粒特点确定被排斥煤的颗粒大小。

注：一般机械螺杆采样器易漏采大颗粒煤，横过皮带采样器易漏采小颗粒煤。

C.1.2 当采样机漏采大颗粒煤为主时，测定最大煤颗粒被排斥时的偏倚；当采样机漏采小颗粒煤为主时，测定最小煤颗粒被排斥时的偏倚。

C.2 试验煤样的采取

对每个待确定最大允许偏倚的煤炭品种取10个煤样，可在皮带、火车或汽车载煤处采样，采样时采样位置处所有粒度煤样均不可漏采，每个煤样不少于100 kg。

C.3 试验煤样的制备

C.3.1 称取并记录每个试验煤样的质量。

C.3.2 测定最大煤颗粒被排斥的偏倚时，制备10%最大煤粒度试样；测定最小煤颗粒被排斥的偏倚时，制备10%最小煤粒度试样。

C.3.2.1 10%最大粒度煤样制备：用试验用煤标称最大粒度下一级筛孔尺寸的筛子（如标称最大粒度50 mm的煤炭，采用25 mm筛孔尺寸的筛子）进行煤样筛分，称取筛上物。如筛上物比例大于10%，从筛上物中取出小粒度煤样放到筛下物中，直至筛上物比例为10%；如筛上物比例小于10%，从筛下物中取大粒度煤样放到筛上物中，直至筛上物比例为10%。如此时筛上物质量为零，则选用下一级筛孔尺寸的筛子（如用25 mm筛孔尺寸的筛子筛分煤样时，筛上物质量为零，则用13 mm筛子过筛），记录筛孔尺寸。

C.3.2.2 10%最小粒度煤样制备：用3 mm筛孔尺寸的筛子筛分煤样，称取筛下物。如筛下物比例大于10%，从筛下物中取出或筛选出大粒度煤样放到筛上物中，直至筛下物比例为10%；如筛下物比例小于10%，从筛上物中取出或筛选出小粒度煤样放到筛下物中，直至筛下物比例为10%。

C.3.2.3 将10%粒度（最大粒度或最小粒度）煤样和其余90%煤样分别按GB 474制备出全水分试样和一般分析试样。

C.4 试验煤样的化验

全水分试样测定全水分（M_t）；一般分析试样测定水分（M_{ad}）和灰分（A_{ad}），并计算干燥基灰分值。如需进行其他项目的偏倚试验，应化验相应的项目。

C.5 偏倚值的确定

C.5.1 10%粒度煤样偏倚的计算

C.5.1.1 以 X 代表测定项目(一般为 M_t 和 A_d),计算出每个煤样的10%粒度煤样与其余90%煤样的加权平均值($X_{i总}$),计算方法如式(C.1):

$$X_{i,总}=\frac{X_{i(10)}+9X_{i(90)}}{10} \tag{C.1}$$

式中:

$X_{i(10)}$——第 i 号10%粒度煤样测定值;

$X_{i(90)}$——第 i 号90%粒度煤样测定值;

i ——煤样的顺序号。

C.5.1.2 第 i 号煤样10%粒度被排斥导致的偏倚 B_i 的计算见式(C.2):

$$B_i=X_{i(90)}-X_{i,总} \tag{C.2}$$

C.5.1.3 10%粒度被排斥导致的偏倚的计算见式(C.3):

$$B=\sum_{i=1}^{n}B_i \tag{C.3}$$

式中:

B——10%粒度被排斥导致的偏倚;

n——采取的煤样数量。

C.5.2 最大允许偏倚值的确定

C.5.2.1 将式(C.3)计算得到的数值进行修约,如化验项目规定保留小数位后仍有数字,则向上进位,以此值作为最大允许偏倚(B)值。

C.5.2.2 如C.5.2.1所得 B 值过大,可缩小粒度排斥煤样的比例,如取5%的粒度排斥比例。

注:对于灰分(A_d)大于30%的煤,最大允许偏倚(B 值)不宜超过预期采样精密度的$\frac{1}{3}$。

ICS 73.040
D 21

中华人民共和国国家标准

GB/T 30731—2014

煤炭联合制样系统技术条件

Specifications of combined equipment for coal sample preparation

2014-06-09 发布　　　　2014-10-01 实施

中华人民共和国国家质量监督检验检疫总局
中国国家标准化管理委员会　发布

前　言

本标准按照GB/T 1.1—2009给出的规则起草。

本标准由中国煤炭工业协会提出。

本标准由全国煤炭标准化技术委员会(SAC/TC 42)归口。

本标准起草单位:南昌光明化验设备有限公司、煤炭科学研究总院检测研究分院、神华销售集团有限公司、煤炭科学研究总院煤化工分院。

本标准主要起草人:何文莉、皮中原、邢勇峰、姜英、杨明。

煤炭联合制样系统技术条件

1 范围

本标准规定了煤炭联合制样系统(以下简称制样系统)的术语和定义、技术要求、试验方法、检验规则、以及标志、包装、运输和贮存等。

本标准适用于各种形式的煤炭联合制样系统。

2 规范性引用文件

下列文件对于本文件的应用是必不可少的。凡是注日期的引用文件,仅注日期的版本适用于本文件。凡是不注日期的引用文件,其最新版本(包括所有的修改单)适用于本文件。

GB/T 191 包装储运图示标志

GB/T 307.3 滚动轴承 通用技术规则

GB 474 煤样的制备方法

GB/T 524 平型传动带

GB/T 700 碳素结构钢

GB 755 旋转电机 定额和性能

GB/T 985.1 气焊、焊条电弧焊、气体保护焊和高能束焊的推荐坡口

GB/T 1840 圆弧圆柱齿轮模数

GB/T 2828.1 计数抽样检验程序 第1部分:按接收质量限(AQL)检索的逐批检验抽样计划

GB/T 3768 声学 声压法测定噪声源声功率级 反射面上方采用包络测量表面的简易法

GB/T 10613 工业用筛板 板厚≥3 mm的圆孔和方孔筛板

GB/T 11544 带传动 普通V带和窄V带 尺寸(基准宽度制)

GB/T 13306 标牌

GB/T 13384 机电产品包装通用技术条件

GB/T 15479 工业自动化仪表绝缘电阻、绝缘强度技术要求和试验方法

GB/T 19494.2 煤炭机械化采样 第2部分:煤样的制备

GB/T 19494.3 煤炭机械化采样 第3部分:精密度测定和偏倚试验

GB/T 19867.1 电弧焊焊接工艺规程

JB/T 5945 工程机械 装配通用技术条件

JB/T 9050.1 圆柱齿轮减速器 通用技术条件

3 术语和定义

以下术语和定义适用于本文件。

3.1

联合制样系统 combined equipment for sample preparation

具有破碎、缩分和样品收集等功能联合组成的制样设备系统,有时还包括给料和弃样排放功能。

注:联合制样系统一般分为一阶段联合制样系统和多阶段联合制样系统,其中一阶段联合制样系统主要包括一个

破碎单元和一个缩分单元等制样设备组成(图1);多阶段联合制样系统包括两个(或多个)破碎单元和两个(或多个)缩分单元等制样设备组成(图2)。

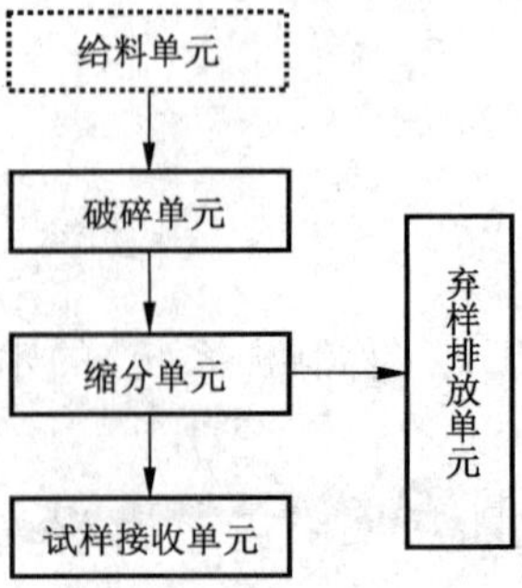

图1　一阶段联合制样系统示意图

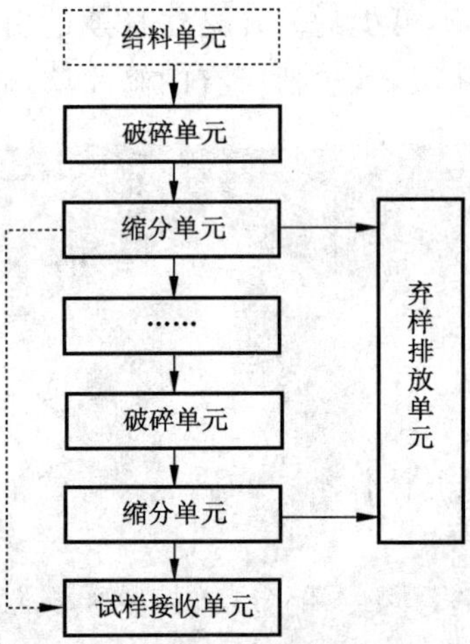

图2　多阶段联合制样系统示意图

4　技术要求

4.1　工作环境条件

制样系统在以下工作环境中应能正常工作:

——温度:0 ℃～50 ℃;

——相对湿度:＜85%;

——电源:AC(380±38)V,(50±1)Hz。

4.2　系统整体

4.2.1　制样系统的制样精密度应符合GB 474和GB/T 19494.2的要求,且在精密度符合要求时灰分差值的平均值与零无显著性偏倚。全水分最大允许偏倚不大于0.5%。

4.2.2　制样系统的制样能力应不小于铭牌上所标明的数值。

4.2.3　制样系统的外在水分适应性应不低于8%。

4.2.4　制样系统能在规定条件下保持工作的能力。

4.3 设计制造和加工

4.3.1 总则

4.3.1.1 制样系统应结构紧凑，布局合理，机械传动性能好，无明显生热；密封良好，样品损失小；各单元应具备清扫残留样品的功能。

4.3.1.2 制样系统应具有联合运行功能，其各单元宜能独立运行。制样系统主要部件的运行参数应有足够的可调性，以适应不同粒度的制样要求；各部件宜有可开闭的检查口，并留有足够的接近空间，便于检查和维修。

4.3.1.3 制样系统的绝缘电阻和绝缘强度应符合 GB/T 15479 的要求，制样系统独立供电部分的电源接线端与机壳间的绝缘电阻不小于 20 MΩ。应能承受 1 500 V、50 Hz 交流电，历时 1 min 无电弧和击穿。

4.3.1.4 制样系统运行控制电路中，应有防止工作人员误操作的保护措施；传动件均应安装防护罩；可能存在不安全因素的部件和部位应有明显的安全警示。

4.3.2 零部件

4.3.2.1 零部件一般应采用标准件；若使用非标准件，其设计应满足相关标准和规范的要求。

4.3.2.2 主要零部件的性能应符合以下标准要求：

——电动机：GB 755；

——滚动轴承：GB/T 307.3；

——减速机：JB/T 9050.1；

——齿轮：GB/T 1840；

——输送皮带：GB/T 524；

——V 带：GB/T 11544。

4.3.3 材料

4.3.3.1 金属结构中主要承载结构至少应采用符合 GB/T 700 要求的碳素结构钢。

4.3.3.2 轴类零件应调质处理。

4.3.3.3 破碎元件(如：牙板、锤头、辊筒、筛板、破碎腔等)应采用耐磨材料，其中牙板、锤头、辊筒、表面硬度应不小于 35HRC；筛板、破碎腔表面硬度应不小于 20HRC。

4.3.3.4 筛板的厚度宜不小于 3 mm，破碎腔厚度宜不小于 10 mm。

4.3.4 焊接

4.3.4.1 焊接件应符合 GB/T 19867.1 的要求。

4.3.4.2 焊接接头型式符合 GB/T 985.1 的要求。

4.3.4.3 焊接缝处不得有目测可见的明显缺陷。

4.4 供料单元

4.4.1 供料方式应使煤流均匀、粒度离析达到最低程度，试样输送中无堆堵、黏附、撒漏。对于皮带供料机，应有防止皮带跑偏装置、清扫装置和煤流整形及厚度调节装置。

4.4.2 供料流量应与下级设备匹配，并能保证各阶段缩分器切割数符合 GB 474 和 GB/T 19494.2 规定。

4.5 破碎单元

4.5.1 破碎机破碎时生热应最少，以防煤样氧化和水分损失，不宜使用圆盘磨和转速大于 950 r/min 的锤式破碎机及频率大于 20 Hz 的高速球磨机。当锤式破碎机转速较高时，宜在破碎机出口与入口间配备循环风管。

4.5.2 破碎机能将煤样破碎到符合要求的粒度(超过此粒度的煤样质量不大于 5%)，且应避免过度破碎。

4.5.3 入料口尺寸应与最大入料粒度相匹配，保证煤样不堵在破碎机入料口，且不小于最大标称粒度的 1.2 倍。

4.5.4 破碎能力应与供料速度匹配，不因破碎能力不足而堵煤。

4.6 缩分单元

4.6.1 总则

4.6.1.1 切割器应垂直于煤流方向截取一完整的煤流横截段。

4.6.1.2 切割器开口尺寸至少为煤样标称最大粒度的 3 倍。

4.6.1.3 切割器应以均匀速度通过煤流，对于落流切割器任一点切割速度变化不超过 5%，对于横过皮带切割器各点切割速度变化不超过 10%。

4.6.1.4 全部子样或缩分后子样合成试样缩分的切割数应不少于 60；且后续切割器的切割周期与前一切割器切割周期不重合。

4.6.1.5 缩分后的留样量应满足 GB 474 和 GB/T 19494.2 规定的相应粒度下的最少试样量要求。

4.6.1.6 具有足够的容量，能完全保留或通过最大煤流量下的一个完整的切割样，试样不堵塞、撒漏或溢出。

4.6.2 落流缩分器

4.6.2.1 当切割器的开口尺寸为煤样标称最大粒度的 3 倍时，其切割线速度不应超过 0.6 m/s；当切割器的开口尺寸大于煤样标称最大粒度的 3 倍时，可适当增加切割速度，但不应超过式(1)的计算值，且最大不能超过 1.5 m/s。

$$v = k \times \left(1 + \frac{b}{3d}\right) \qquad \cdots\cdots(1)$$

式中：

v——切割器切割速度，单位为米每秒(m/s)；

b——切割器开口尺寸，单位为毫米(mm)；

d——被采样煤标称最大粒度，单位为毫米(mm)；

k——换算系数，以 0.3 计，单位为米每秒(m/s)。

注：如落流缩分器的运行速度不超过 0.46 m/s，通常认为其运行速度不会使缩分器性能变差。

4.6.2.2 缩分器的前缘和后缘应在同一平面或同一圆柱面上，该平面或圆柱面最好能垂直下落煤流平均轨迹。

4.6.2.3 缩分器的开口应设计得使煤流在开口内各部分通过的时间都相等。

4.6.3 横过皮带缩分器

4.6.3.1 切割器应以均匀速度(各点速度差不大于 10%)通过煤流，其运行速度应不小于皮带速度的 1.5倍。

4.6.3.2 切割器边板的弧度应与皮带的曲率相匹配，边板和后板与皮带表面应保持一最小距离，不直接与皮带接触，后板上配有扫煤刷子或弹性刮板。

4.7 样品接收单元

4.7.1 样品接收单元应具有较好的密封性能和足够的容量。

4.7.2 接收单元应有标识区分，若使用多个接收器，其应能自动或人工换位。

4.7.3 接收单元与前方入料装置配合紧密，样品能完全进入接收器，不洒落。

4.7.4 入料装置若使用溜槽和(或)溜管，其应为直形、水平倾角不小于 60°，并尽量短，溜槽和(或)溜管内表面光滑，煤样流通顺畅，沾黏少，易清扫。

4.8 弃样排放单元(适用时)

4.8.1 弃样排放单元其处理量应与弃煤流量匹配，不造成堵塞。

4.8.2 弃样排放单元整个装置应密封，无明显煤尘外泄。

4.9 装配

4.9.1 装配应符合 JB/T 5945 要求。

4.9.2 制样系统承受动载构件应使用高强度螺栓。组装后制样系统运转过程中紧固件应紧固可靠，各传动件运转灵活、无卡滞和金属碰撞异响。

4.9.3 轴承应润滑、密封良好，在设计载荷和转速下，使用寿命应满足 GB/T 307.3 的规定，温升不超过 35 ℃，工作时轴承最高温度不大于 70 ℃。

4.9.4 制样系统空载运转时噪声不大于 70 dB(A)；制样工作时，在距各传动机构边缘 1 m、上方 1.5 m 处测得的噪声值应不大于 90 dB(A)。

4.9.5 制样系统需要润滑部位应提供适当的润滑装置，保证机械设备所有运动部件的充分润滑。润滑方法简单，润滑点布置方便、安全，润滑时不需拆卸或移动设备零件。

4.10 外观

制样系统结构合理，金属镀层及化学处理表面应色泽均匀、不得有露底、起皮、斑痕或有擦伤和划痕，具有较好的防腐和防锈性能。

5 试验方法

5.1 整机性能试验

5.1.1 精密度检验：按 GB/T 19494.3 进行，试验结果应符合 4.2.1 的要求。

5.1.2 偏倚检验：按 GB/T 19494.3 进行，试验结果应符合 4.2.1 的要求。

5.1.3 制样处理能力检验：将一定量粒度不大于最大入料粒度的煤样，以最大供料速度供入制样系统，计算单位时间内的处理量，应符合 4.2.2 的要求。

5.1.4 水分适应性检验：将外在水分接近规定值的煤样送入制样系统进行制备，制样过程中应不出现堵塞现象，符合 4.2.3 的要求。

5.1.5 运行检查：用目测法检查，应符合 4.2.4 的要求。

5.2 供料单元试验

5.2.1 供料均匀性检验：目测给料单元在送料过程中，样品是否均匀的通过，输送过程中有无堆堵、黏附和撒漏现象,应符合 4.4.1 的要求。

5.2.2 供料流量检验:人工计数单位时间内各阶段切割器切割数,应符合 4.4.2 的要求。

5.3 破碎单元试验

5.3.1 出料粒度检验:取一定量不大于最大入料粒度的煤样通过制样系统制样,然后用筛孔尺寸与出料粒度相应的标准筛过筛,筛上物质量分数应符合 4.5.2 的要求。

5.3.2 入料口尺寸检验:用常规量具测量,测量结果应符合 4.5.3 的要求。

5.3.3 运行性能:目测破碎过程中是否有堵塞现象,应符合 4.5.3 和 4.5.4 的要求。

5.3.4 破碎腔检验(适用时)应满足以下要求:

——材质硬度:用硬度计测量,应符合 4.3.3.3 的要求;

——壁厚:用常规量具测量,应符合 4.3.3.4 的要求。

5.3.5 筛板检验(适用时)应满足以下要求:

——孔径和孔距的极限偏差:按 GB/T 10613 规定的方法检验,并符合该标准规定;

——材质硬度:用硬度计测量,应符合 4.3.3.3 的要求;

——厚度:用常规量具测量,应符合 4.3.3.4 的要求。

5.4 缩分单元检验

5.4.1 切割器

5.4.1.1 运行检查:用目视法检查,应符合 4.6.1.1 和 4.6.1.6 的要求。

5.4.1.2 开口尺寸检验:用常规量具测量,测量结果应符合 4.6.1.2 的要求。

5.4.1.3 切割速度检验:通过测量,其结果应符合 4.6.2 或 4.6.3 的要求。

5.4.1.4 切割次数检验:通过观察和计数器测定,应符合 4.6.1.4 的要求。

5.4.1.5 缩分后留样的最少质量:称量经制样操作后留样的质量,应符合 4.6.1.5 的要求。

5.4.2 缩分器

5.4.2.1 运行检查:用目视法检测,应符合 4.6.2.2、4.6.2.3 和 4.6.3.2 的要求。

5.4.2.2 开口尺寸检验:用常规量具测量,测量结果应符合 4.6.2.3 的要求。

5.5 样品接收单元检验

5.5.1 接收器:开启样品接收单元,用目测法检查,应符合 4.7.2 的要求。

5.5.2 溜槽或溜管水平倾角(适用时):用角尺测量,应符合 4.7.4 的要求。

5.5.3 装配性能:用目测法检查,应符合 4.7.1、4.7.3 的要求。

5.6 弃样排放单元检验(适用时)

用目测法检查,应符合 4.8 的要求。

5.7 装配检验

5.7.1 运行检验:制样系统运转过程中,目测各部分紧固件和传动件,应符合 4.9.2 和 4.9.5 的要求。

5.7.2 轴承温升检验:用测温设备测量,应符合 4.9.3 的要求。

5.7.3 噪声检验:按 GB/T 3768 进行测量,应符合 4.9.4 的要求。

5.8 外观检验

目测制样系统表面和金属镀层，应符合4.10的要求。

5.9 防护措施检验

5.9.1 绝缘电阻和绝缘强度：按照GB/T 15479进行，应符合4.3.1.3的要求。

5.9.2 保护措施检验：用目测法检查，应符合4.3.1.4的要求。

6 检验规则

6.1 总则

制样系统应进行出厂检验和型式检验，检验项目如表1。

6.2 出厂检验

每台/套制样系统必须经制造厂质量检验部门按表1规定的出厂检验项目逐台/套检验，检验合格并发给合格证后方可出厂。

6.3 型式检验

6.3.1 型式检验的抽样和判定规则按GB/T 2828.1的规定进行。

6.3.2 产品凡遇有下列情况之一时，应进行型式检验：

a) 新产品投产或老产品转厂生产的定型鉴定；

b) 正式投产后，如结构、材料、工艺有较大变更，可能影响产品性能时；

c) 停产2年以上，再次恢复生产时；

d) 批量生产时，每2年进行1次；

e) 出厂检验结果与上次型式检验有较大差异时；

f) 国家质量监督机构提出进行型式检验的要求时。

6.3.3 产品型式检验应按下列要求进行抽样：

a) 批量不超过25台/套时，抽样2台；

b) 批量超过25台/套时，抽样3台。

表1 制样系统检验项目表

序号	项目		技术要求条号	出厂检验	型式检验
1	整机性能	制样精密度	4.2.1	—	△
2		偏倚	4.2.1	—	△
3		制样能力	4.2.2	—	△
4		水分适应性	4.2.3	—	△
5		水分损失	4.2.1	—	△
6		运行检查	4.2.4	△	△
7	供料单元	供料均匀性	4.4.1	—	△
8		供料流量	4.4.2	—	△

表 1（续）

序号	项　　目		技术要求条号	出厂检验	型式检验
9	破碎单元	入料口尺寸	4.5.3	△	△
10		出料粒度	4.5.2	—	△
11		运行性能	4.5.4	—	△
12		破碎腔(适用时)	4.3.3.3;4.3.3.4	△	△
13		筛板(适用时)	4.3.3.3;4.3.3.4	△	△
14	缩分单元	切割器运行检查	4.6.1.1;4.6.1.6	—	△
15		切割器开口尺寸	4.6.1.2	△	△
16		切割器切割速度	4.6.2;4.6.3	—	△
17		切割器切割次数	4.6.1.4	—	△
18		缩分后子样最少质量	4.6.1.5	—	△
19		缩分器运行检查	4.6.2.2;4.6.2.3;4.6.3.2	—	△
20		缩分器开口尺寸	4.6.2.3	△	△
21	样品接收单元	接收器	4.7.2	△	△
22		溜槽或溜管水平倾角(适用时)	4.7.4	△	△
23		装配性能	4.7.1;4.7.3	△	△
24	弃样排放单元(适用时)		4.8	—	△
25	装配	运行检查	4.9.2;4.9.5	△	△
26		轴承温升	4.9.3	△	△
27		噪声	4.9.4	△	△
28	整机外观		4.10	△	△
29	防护措施	绝缘电阻和绝缘强度	4.3.1.3	△	△
30		保护措施	4.1.3.4	△	△

6.3.4 判定规则

6.3.4.1 小批量(不超过 25 台/套)判定规则

根据抽检的样品(第一样本)检查的结果,若品数(检验项目)全部合格,则该批产品判为合格;如不合格品数大于或等于 2,则该批产品判为不合格。

如果第一样本不合格品数等于 1,应再按 6.3.3 随机抽取 2 台/套作为第二样本,进行重复检查。两次样本中不合格品数总和等于 1,则判为合格,否则判为不合格。

6.3.4.2 大批量(超过 25 台/套)判定规则

根据抽检的样品(第一样本)检查的结果,若品数(检验项目)全部合格,则该批产品判为合格;如不合格品数大于或等于 3,则该批产品判为不合格。

如果第一样本不合格品数大于 0 小于 3,应再按 6.3.3 随机抽取 3 台/套作为第二样本,进行重复检查。两次样本中不合格品数总和小于或等于 3,则判为合格,否则判为不合格。

7 标志、包装、运输和贮存

7.1 标志

应在产品适当、明显的位置上固定产品铭牌，铭牌应符合 GB/T 13306 规定，并至少标明下列内容：

a） 制造单位名称；

b） 产品名称、商标、型号；

c） 制造日期和编号；

d） 产品主要参数：出料粒度、入料粒度、处理量、缩分比等。

7.2 包装

7.2.1 产品的包装应牢固可靠，应符合 GB/T 191 和 GB/T 13384 的有关规定。

7.2.2 包装箱内应至少附有以下文件：

a） 产品合格证；

b） 产品使用说明书；

c） 产品维修服务卡；

d） 装箱单。

7.2.3 包装箱外表面应有清晰和整齐的标志，并至少包括以下内容：

a） 产品名称、商标和型号；

b） 制造单位名称和发货站名称；

c） 收货单位名称和收(货)到站名称；

d） 包装箱外形尺寸、毛重，出厂日期；

e） “小心轻放”、“向上”、“怕湿”、“由此起吊”等图示标志应符合 GB/T 191 的规定。

7.3 运输

包装好的产品在能够避免雨雪直接影响的条件下，可用任何运输工具运送。运输过程中应小心轻放，不准倒置，严禁摔压，防止损坏。

7.4 贮存

产品应贮存在通风、干燥、周围无酸性或碱性等有害气体的库房中。

ICS 73.040
D 21

中华人民共和国国家标准

GB/T 30732—2014

煤的工业分析方法 仪器法

Proximate analysis of coal—Instrumental method

2014-06-09 发布　　2014-10-01 实施

中华人民共和国国家质量监督检验检疫总局
中国国家标准化管理委员会　发布

前　言

本标准按照 GB/T 1.1—2009 给出的规则起草。

本标准由中国煤炭工业协会提出。

本标准由全国煤炭标准化技术委员会归口(SAC/TC 42)。

本标准起草单位:煤炭科学研究总院检测研究分院、湖北省电力公司电力科学研究院、长沙开元仪器股份有限公司、湖南三德科技发展有限公司。

本标准主要起草人:王秋湘、李宏图、张太平、文胜、吴汉炯。

煤的工业分析方法　仪器法

1　范围

本标准规定了使用自动工业分析仪测定煤的水分、灰分和挥发分的方法提要、试剂和材料、仪器设备、测定步骤、结果计算、精密度以及固定碳的计算等。

本标准适用于褐煤、烟煤和无烟煤。

2　规范性引用文件

下列文件对于本文件的应用是必不可少的。凡是注日期的引用文件，仅注日期的版本适用于本文件。凡是不注日期的引用文件，其最新版本(包括所有的修改单)适用于本文件。

GB/T 212　煤的工业分析方法

GB/T 483　煤炭分析试验方法一般规定

3　方法提要

3.1　水分测定

称取一定量的一般分析试验煤样，于加热炉内、在 105 ℃～110 ℃下于空气或氮气流中干燥到质量恒定，根据煤样的质量损失计算煤样的水分质量分数。

3.2　灰分测定

称取一定量的一般分析试验煤样，于加热炉内、按规定的程序加热至(815±10)℃，并在此过程中于空气或氧气流中灰化并灼烧至质量恒定，根据残留物的质量计算煤样的灰分质量分数。

3.3　挥发分测定

称取一定量的一般分析试验煤样，于加热炉内、在(900±10)℃下隔绝空气加热 7 min，以减少的质量占煤样质量的质量分数，减去该煤样的水分质量分数作为煤样的挥发分质量分数。

4　试剂和材料

4.1　氮气：纯度 99.9%。

4.2　氧气：99.9%，不含氢。

4.3　无水氯化钙：化学纯，粒状。

4.4　变色硅胶：工业用品。

4.5　坩埚：水分和灰分测定用，瓷或石英制，有足够的底面积，能保证在煤样摊平后每平方厘米的煤样质量不超过 0.15 g。

4.6　挥发分坩埚：瓷或石英制，配有严密的盖，形状和尺寸符合 GB/T 212 要求。

4.7　有证煤标准物质：国家一级煤物理特性和化学成分分析标准物质。

5 仪器设备

5.1 自动工业分析仪

5.1.1 总则

自动工业分析仪应包括高温炉、内置天平、试样承接和传送装置、温度测控和显示系统、炉膛气氛控制系统、结果显示和打印装置等。附录A给出了几种自动工业分析仪结构示意图。自动工业分析仪应在每次试验中，以打印或其他方式记录并给出空坩埚质量、煤样质量、热态坩埚质量和浮力效应校正值等详细信息。

5.1.2 高温炉

5.1.2.1 水分测定炉：能控温在105 ℃～110 ℃，有足够的恒温区，有较小的炉膛自由空间和通气、排气口。恒温区至少每年测定一次。

5.1.2.2 灰分测定炉：能控温在(815±10)℃，有足够的恒温区，有较小的炉膛自由空间和通气、排气口。能按规定的程序加热。恒温区至少每年测定一次。

5.1.2.3 挥发分测定炉：能控温在(900±10)℃，有足够的(900±5)℃的恒温区。炉子热容量为炉温在900 ℃～920 ℃时放入室温下的坩埚和坩埚架后在3 min内恢复到(900±10)℃。需要时炉膛可通入惰性气体。恒温区至少每年测定一次。

5.1.3 温度测控和显示系统

能准确显示和控制炉膛温度，分辨率1 ℃，控温范围符合5.1.2.1～5.1.2.3的要求。至少每年检定/校准一次。

5.1.4 炉膛气氛控制系统

能以一定的速度往炉膛中通入气体，同时能将试验产生的气体产物排出炉膛。表1给出了测定水分、灰分和挥发分时通入气体的换气次数参考值。

表1 测定水分、灰分和挥发分时通入气体的流量

测定项目	通入气体	换气次数/(次/h)
水分	氮气或空气	≥30
灰分	空气	≥60
	氧气	≥24
挥发分	氮气(适用时)	≥120

5.2 天平

最小分度值0.1 mg。

5.3 压饼机

螺旋式或杠杆式，能压制直径约为10 mm的煤饼。

5.4 干燥器

内装变色硅胶或无水氯化钙。

6 测定程序

6.1 总则

6.1.1 水分和灰分可用同一份试样、在同一加热炉中连续测定，也可用两份试样分别测定；挥发分应单独称样测定。

6.1.2 每次测定应同时用一个或多个空坩埚进行坩埚热态质量浮力效应校正。

注：浮力效应校正计算见附录B。

6.1.3 试验过程中所有称量应称准至0.000 2 g。

6.1.4 仪器操作按仪器使用说明书进行。

6.1.5 仪器应根据实际使用情况不定期用有证煤标准物质进行检查。

6.2 水分测定

6.2.1 在测定仪中，准确称量预先干燥至质量恒定的坩埚，向坩埚中加入(1±0.1)g一般分析试验煤样，摊平并准确称量。

6.2.2 按5.1.4规定预先向加热炉通入空气或氮气(褐煤试样必须通入氮气)，炉温缓慢升至105 ℃～110 ℃并恒定，仪器按设定的时间间隔自动进行称量，直至质量恒定(10 min间隔下质量减少不超过0.000 5 g)或质量增加时为止，在后一种情况下，采用质量增加前一次的质量为计算依据。

6.3 灰分测定

6.3.1 缓慢灰化法单独测定

6.3.1.1 在温度接近室温的环境中准确称量预先干燥至质量恒定的坩埚，向坩埚中加入(1±0.1)g一般分析试验煤样，摊平并准确称量。

6.3.1.2 按5.1.4规定往炉中通入空气或氧气，在不少于30 min的时间内将炉温缓慢升至500 ℃，并在此温度下保持30 min。继续升温到(815±10)℃，在此温度下将试样灼烧到质量恒定。以最后一次灼烧后残余物的质量进行计算。灼烧过程中，仪器按设定的时间间隔自动进行称量，直至10 min间隔下质量变化不超过0.000 5 g为止。

6.3.2 缓慢灰化法连续测定

水分测定完成后(见6.2)，按6.3.1.2步骤测定灰分。

6.3.3 快速测定

以煤样不发生爆燃的速度(升温时间不少于30 min)将炉子快速升温至(815±10)℃。除此之外，其余同6.3.1.1和6.3.1.2。必要时应增大空气流量。

6.4 挥发分测定

6.4.1 在测定仪称量室中，准确称量预先干燥至质量恒定的坩埚，向坩埚中加入(1±0.01)g一般分析试验煤样，摊平并准确称量。褐煤和长焰煤试样应先压成饼，然后切成约3 mm粒度的小块。

6.4.2 预先将高温炉加热至900 ℃～920 ℃(需要时可按5.1.4规定通入氮气保持炉内惰性气氛)，试样承接和传送装置将带盖坩埚送入高温炉恒温区,准确加热 7 min 后再送回称量室,冷却到设定温度后再次称量。

6.4.3 挥发分坩埚放入高温炉后,炉温应在 3 min 内恢复到(900±10)℃,此后保持在(900±10)℃否则此次试验作废。加热时间包括温度恢复时间在内。

7 结果计算

7.1 水分计算

按式(1)计算一般分析试验煤样的水分。

$$M_{ad}=\frac{m_0+m_1-m_2}{m_1}\times 100 \qquad \cdots\cdots(1)$$

式中:

M_{ad}——一般分析试验煤样的水分质量分数,%;

m_0——室温下空坩埚质量,单位为克(g);

m_1——称取的一般分析试验煤样质量,单位为克(g);

m_2——加热后样品和坩埚质量(经浮力效应校正后的质量),单位为克(g)。

7.2 灰分计算

按式(2)计算煤样的空气干燥基灰分。

$$A_{ad}=\frac{m_3-m_0}{m_1}\times 100 \qquad \cdots\cdots(2)$$

式中:

A_{ad}——空气干燥基灰分的质量分数,%;

m_0——室温下空坩埚质量,单位为克(g);

m_1——称取的一般分析试验煤样质量,单位为克(g);

m_3——灼烧后残渣和坩埚的质量(经浮力效应校正后的质量),单位为克(g)。

7.3 挥发分计算

按式(3)计算煤样的空气干燥基挥发分。

$$V_{ad}=\frac{m_0+m_1-m_4}{m_1}\times 100-M_{ad} \qquad \cdots\cdots(3)$$

式中:

V_{ad}——空气干燥基挥发分的质量分数,%;

m_0——室温下带盖空坩埚质量,单位为克(g);

m_1——称取的一般分析试验煤样质量,单位为克(g);

m_4——加热后残余物和坩埚质量(经浮力效应校正后的质量),单位为克(g)。

注:干燥无灰基挥发分及干燥无矿物质基挥发分计算见 GB/T 212。

7.4 固定碳计算

按式(4)计算煤样的空气干燥基固定碳。

$$FC_{ad}=100-M_{ad}-A_{ad}-V_{ad} \qquad \cdots\cdots(4)$$

式中:

FC_{ad}——空气干燥基固定碳的质量分数,%。

8 方法精密度

8.1 空气干燥基水分测定的重复性如表 2 规定。

表 2 空气干燥基水分测定的精密度

水分 M_{ad}/%	重复性限/%
$M_{ad}<5.00$	0.20
$5.00\leqslant M_{ad}\leqslant 10.00$	0.30
$M_{ad}>10.00$	0.40

8.2 灰分测定的重复性和再现性如表 3 规定。

表 3 灰分测定的精密度

灰分 A_{ad}/%	重复性限(以 A_{ad} 表示)/%	再现性临界差(以 A_{d} 表示)/%
$A_{ad}<15.00$	0.20	0.30
$15.00\leqslant A_{ad}\leqslant 30.00$	0.30	0.50
$A_{ad}>30.00$	0.50	0.70

8.3 挥发分测定的重复性和再现性如表 4 规定。

表 4 挥发分测定的精密度

挥发分 V_{ad}/%	重复性限(以 V_{ad} 表示)/%	再现性临界差(以 V_{d} 表示)/%
$V_{ad}<20.00$	0.30	0.50
$20.00\leqslant V_{ad}\leqslant 40.00$	0.50	1.00
$V_{ad}>40.00$	0.80	1.50

9 试验报告

试验结果报告应至少包括以下信息：

——样品标识；

——依据标准；

——仪器设备；

——试验结果；

——测定人员和审核人员；

——与标准的任何偏离；

——试验中出现的异常现象；

——试验日期。

附　录　A
（资料性附录）
几种自动工业分析仪结构示意图

A.1　卧式盆状炉型自动工业分析仪

A.1.1　水灰测定炉

水灰测定炉结构示意图见图 A.1。

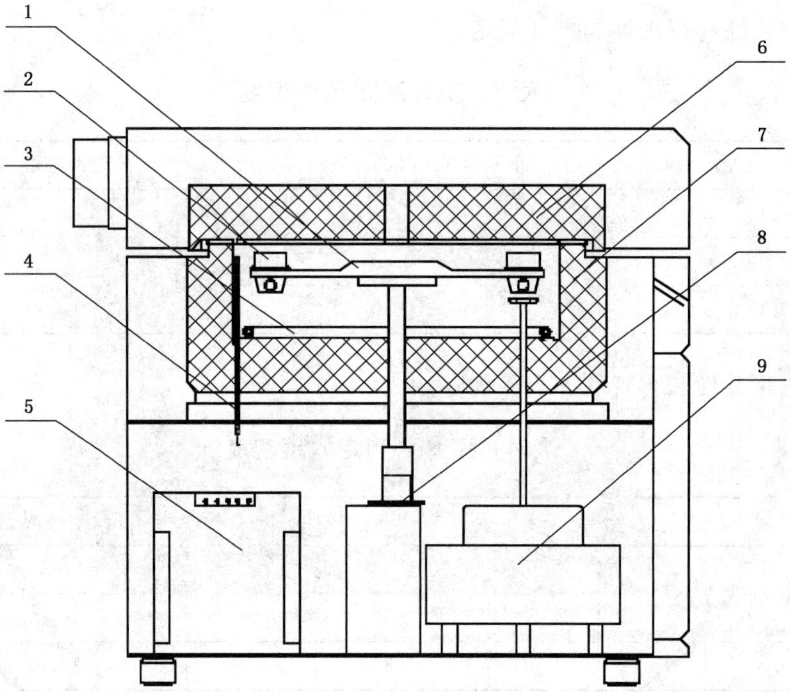

说明：
1——转盘；
2——坩埚；
3——通气环；
4——热电偶；
5——电路板；
6——上炉体；
7——下炉膛；
8——升降旋转机构；
9——称量机构。

图 A.1　水灰测定炉结构示意图

A.1.2　挥发分测定炉

挥发分测定炉结构示意图见图 A.2。

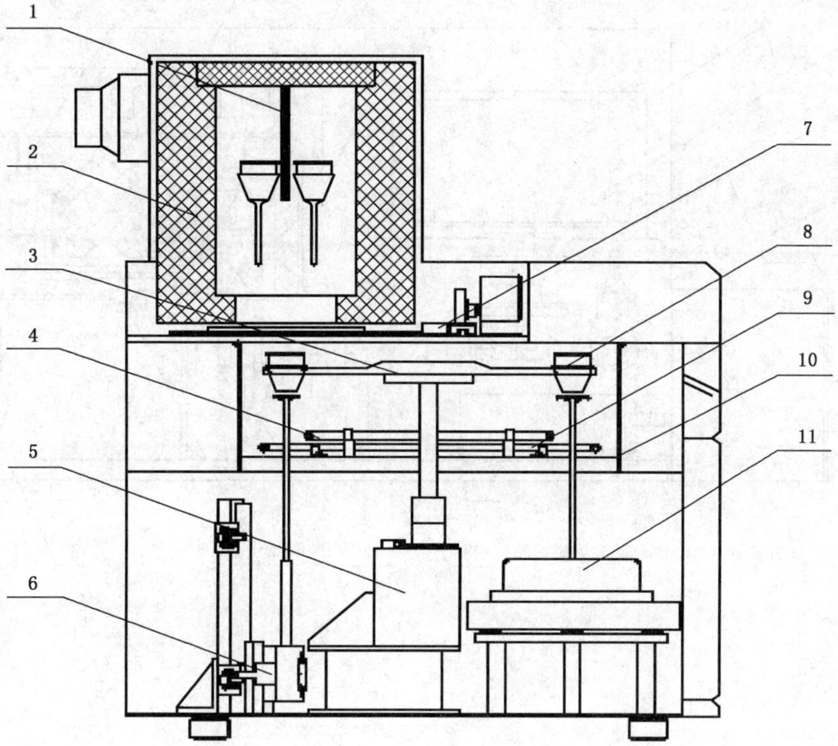

说明：

1 ——热电偶；

2 ——高温炉；

3 ——转盘；

4 ——加热管；

5 ——升降旋转机构；

6 ——送样机构；

7 ——高温炉口开合机构；

8 ——坩埚；

9 ——通气环；

10 ——恒温炉；

11——称量机构。

图 A.2 挥发分测定炉结构示意图

A.2 卧式环状炉型自动工业分析仪

卧式环状炉型自动工业分析仪结构示意图见图 A.3。

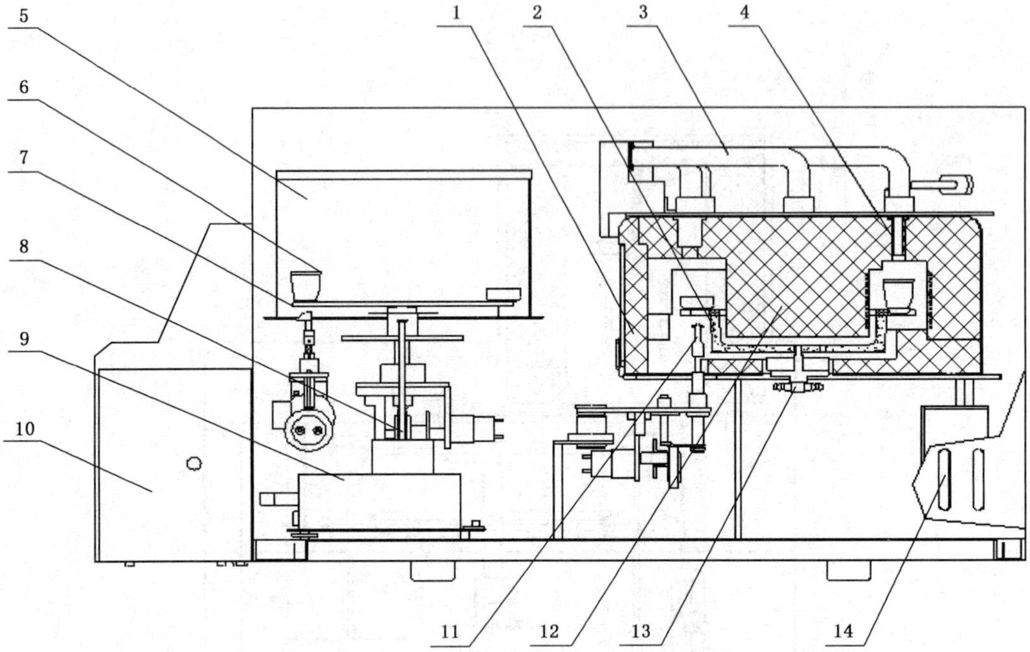

说明：

1 ——炉门；

2 ——高温样品架；

3 ——排烟管；

4 ——高温热电偶；

5 ——恒温室；

6 ——坩埚；

7 ——恒温样品架；

8 ——称样杆；

9 ——天平；

10——弃样盒；

11——移动送样装置；

12——高温炉；

13——进气管；

14——流量计。

图 A.3 卧式环状炉型自动工业分析仪结构示意图

附 录 B
（资料性附录）
浮力效应校正

B.1 浮力效应

在煤质分析中，常温实验室称量条件下通常忽略空气浮力对物体质量的影响。一个在热作用下不发生变化的物体，加热时，由于受到气体密度、气体流量、温度和相对湿度变化等因素的影响，物体的质量相对于常温实验室称量条件而产生的质量变化的现象称为浮力效应。浮力效应值见式(B.1)。

$$\Delta m = m_r - m_{st} \qquad \text{(B.1)}$$

式中：

Δm ——浮力效应值，单位为克(g)；

m_r ——室温下称量物体质量，单位为克(g)；

m_{st} ——加热后称量物体的质量，单位为克(g)。

B.2 浮力效应校正经验公式

浮力效应校正经验公式见式(B.2)。

$$m_f = m_{st} \times \left(1 + \frac{m_a - m_t}{m_a}\right) \qquad \text{(B.2)}$$

式中：

m_f ——加热后并经浮力效应校正后的样品和坩埚质量，单位为克(g)；

m_a ——室温下空白坩埚质量，单位为克(g)；

m_t ——测定温度下空白坩埚质量，单位为克(g)；

m_{st} ——测定温度下带样坩埚质量，单位为克(g)。

注：m_f 在式(1)中是 m_2；在式(2)中是 m_3；在式(3)中是 m_4。

ICS 73.040
D 21

中华人民共和国国家标准

GB/T 30733—2014

煤中碳氢氮的测定 仪器法

Determination of total carbon, hydrogen and nitrogen content in coal—Instrumental method

(ISO 29541:2010, Solid mineral fuels—Determination of total carbon, hydrogen and nitrogen content—Instrumental method, MOD)

2014-06-09 发布 2014-10-01 实施

中华人民共和国国家质量监督检验检疫总局
中国国家标准化管理委员会 发布

前　言

本标准按照 GB/T 1.1—2009 给出的规则起草。

本标准使用重新起草法修改采用 ISO 29541:2010《固体矿物燃料　总碳、氢和氮的测定　仪器法》。

本标准与 ISO 29541:2010 相比在结构上有所调整，附录 A 中列出了本标准与 ISO 29541:2010 的章条编号对照一览表。

本标准与 ISO 29541:2010 相比存在技术性差异，这些差异涉及的条款已通过在其外侧页边空白位置的垂直单线(|)进行了标示，附录 B 中给出了相应技术性差异及其原因的一览表。

本标准由中国煤炭工业协会提出。

本标准由全国煤炭标准化技术委员会(SAC/TC 42)归口。

本标准起草单位：煤炭科学研究总院检测分院、神华销售集团有限公司、长沙开元仪器股份有限公司。

本标准主要起草人：皮中原、李婷、张全军、文胜、周永旺。

煤中碳氢氮的测定　仪器法

1　范围

本标准规定了仪器法测定煤中碳、氢和氮的方法提要、试剂和材料、仪器设备、测定、标定、结果表述和精密度等。

本标准适用于褐煤、烟煤和无烟煤中碳、氢和氮的快速测定。

2　规范性引用文件

下列文件对于本文件的应用是必不可少的。凡是注日期的引用文件，仅注日期的版本适用于本文件。凡是不注日期的引用文件，其最新版本(包括所有的修改单)适用于本文件。

GB/T 212　煤的工业分析方法

GB/T 218　煤中碳酸盐二氧化碳含量的测定方法

GB/T 483　煤炭分析试验方法一般规定

3　方法提要

已知质量的煤样在高温和氧气流中充分燃烧，煤中的碳、氢和氮完全燃烧生成二氧化碳、水和氮气/氮氧化物混合物。由特定的处理系统滤除对测定有干扰的影响因素(如硫、氯等的燃烧产物)，并将氮氧化物全部还原为氮气。煤中的碳、氢和氮的含量分别以二氧化碳、水蒸气和氮气的形式由特定的检测系统定量测定。

4　试剂和材料

4.1　载气：选用仪器说明书指定的氦气或其他适合的气体。

4.2　氧气：选用仪器说明书指定的氧气。

4.3　试剂：选用仪器说明书指定的试剂。

4.4　校准物质：基准试剂。使用前干燥至质量恒定。推荐使用表1中给出的校准物质。

注1：有证煤标准物质可用于煤中氢和氮的校准。

注2：苯甲酸不宜作为校准物质。

表1　常用校准物质及其碳、氢和氮含量(质量分数)　%

名　　称	分子式	碳	氢	氮
EDTA(乙二胺四乙酸)	$C_{10}H_{16}N_2O_8$	41.098	5.518	9.586
苯丙氨酸	$C_9H_{11}NO_2$	65.438	6.712	8.479
乙酰苯胺	C_8H_9NO	71.089	6.712	10.363
BBOT2,5-双(5-叔-丁基-2-苯唑基)噻吩	$C_{26}H_{26}N_2O_2S$	72.528	6.087	6.506

4.5　煤标准物质：带有碳、氢、氮含量的有证煤标准物质。

5 仪器设备

5.1 分析仪器：组成如图1所示，主要组成及其附件应满足的条件如下：

a) 燃烧系统：燃烧温度及燃烧时间可调，以保证煤样能充分燃烧；

b) 处理系统：应能滤除各种对测定有影响因素，并可将氮氧化物还原为氮气。必要时，应有特定的程序将各元素的燃烧产物分离以便分别检测或过滤；

c) 检测系统：用于检测二氧化碳、水及氮气的量，如非色散红外检测器、热导池检测器等；

d) 控制系统：主要包括分析条件选择设置、分析过程的监控和报警中断、分析数据的采集、计算、校准处理等程序。

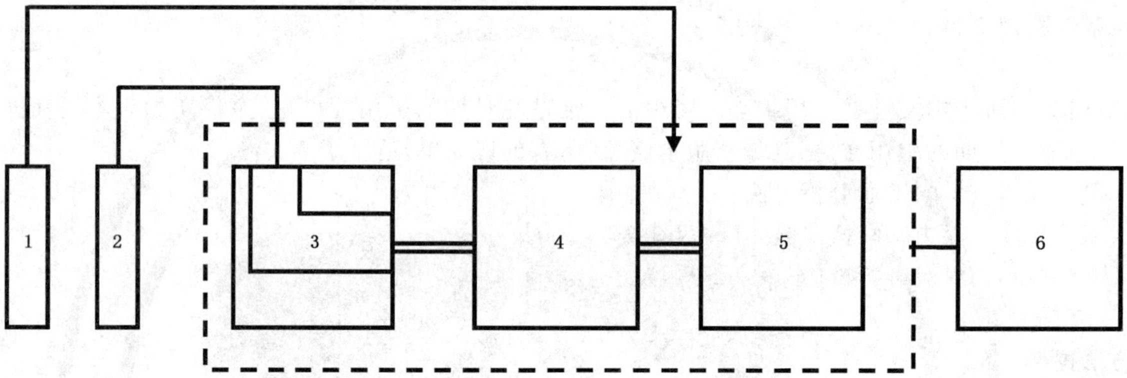

说明：

1——载气；

2——氧气；

3——燃烧系统；

4——处理系统；

5——检测系统；

6——控制系统。

图1 仪器组成示意图

5.2 分析天平：最小分度值0.1 mg。

6 测定

开启和调试仪器（包括气密性检查），并进行空白试验（如果试验过程中更换了试剂或材料，应重新进行空白试验）。称取不少于70 mg的一般分析试验煤样，置于仪器中，依照仪器预先设置的程序进行测定。

7 标定

7.1 标定方法

7.1.1 标准曲线标定方法

标准曲线标定应按照以下要求进行：

a) 单点标定：选用与被测样品中碳、氢和氮含量相近的校准物质进行标定；

b) 多点标定:选用一个或多个校准物质进行标定。其中若使用一个校准物质,则通过改变校准物质的称样量来进行标定。所标定的校准曲线的测量范围应能覆盖全部被测煤样中碳、氢和氮的含量范围。

7.1.2 曲线拟合方法

可使用以下拟合方法之一拟合校准曲线:

a) 线性拟合;

b) 二次曲线拟合;

c) 乘方曲线拟合;

d) 三次曲线拟合。

7.2 标定程序

7.2.1 确定标定方法。对于单点标定,则标定点数为 1;对于多点标定,标定点数不得少于表 2 中的规定,且在实验室内可实现。

表 2 多点标定最少标定点数

曲线拟合方法	校准点数
线性	6
二次	7
乘方	8
三次	9

7.2.2 按照测定步骤,使用仪器测定上述校准物质。每一校准点应重复测定 4 次,如果 4 次重复测定结果极差在重复性限范围内,那么以 4 次测定结果的平均值作为校准物质的测定值。

7.2.3 将校准物质的碳、氢和氮测定值以及标准值输入仪器(或仪器自动读取),生成校准曲线或校准系数。

注:对于需要人工计算校准系数的仪器,计算后需将该系数输入仪器。

7.3 标定有效性核验

另外选取 1～2 个校准物质或其他控制样品,用已完成标定的仪器测定其碳、氢和氮含量,若测定值与标准值(或控制值)之差在标准值(或控制值)的不确定度范围内,说明标定有效,否则应查明原因,重新标定。

7.4 标定检查

标定检查是在样品测定期间使用已知碳、氢和氮含量的煤样、校准物质或有证煤标准物质进行测定,当测定值不在已知煤样测定值的重复性限内或标准值的不确定度范围内时,应查找原因,解决问题,必要时按 7.2 重新标定仪器,并且对检查前完成的试验结果重新测定。标定检查推荐在每批样品试验的开始和结束时进行;在测定期间每进行 10 次样品测定后应进行标定检查。

8 结果表述

8.1 煤中氢含量的计算

煤中氢含量按式(1)进行计算。

$$H_{ad} = H_{t,ad} - 0.111\,9M_{ad} \quad \cdots\cdots(1)$$

式中：

H_{ad} ——煤中氢的含量，以质量分数(%)计；

$H_{t,ad}$——仪器测定的总氢含量，以质量分数(%)计；

M_{ad} ——煤样的空气干燥基水分含量(按 GB/T 212 测定)，以质量分数(%)计。

8.2 煤中有机碳含量的计算

当需要测定有机碳时，按式(2)计算有机碳($C_{o,ad}$)的质量分数。

$$C_{o,ad} = C_{ad} - 0.272\,9(CO_2)_{ad} \quad \cdots\cdots(2)$$

式中：

$C_{o,ad}$ ——煤中有机碳的含量，以质量分数(%)计；

C_{ad} ——仪器测定的总碳含量，以质量分数(%)计；

$(CO_2)_{ad}$——煤中碳酸盐二氧化碳的含量(按 GB/T 218 测定)，以质量分数(%)计。

8.3 结果表述

样品的碳、氢和氮含量(以质量分数计，%)以两次重复测定结果的平均值，按 GB/T 483 修约到 0.01%报出。

9 方法精密度

煤中碳、氢和氮测定的重复性限和再现性临界差按表 3 规定。

表 3 方法精密度

元　素	重复性限(以 X_{ad} 表示)/%	再现性临界差(以 X_d 表示)/%
碳	0.50	1.30
氢	0.15	0.40
氮	0.08	0.15

10 试验报告

试验报告至少应包括以下信息：

——样品编号；

——依据标准；

——试验结果；

——与标准的任何偏离；

——试验中出现的异常现象；

——试验日期。

附 录 A
(资料性附录)
本标准与 ISO 29541:2010 章条编号对照表

表 A.1 给出了本标准章条编号与 ISO 29541:2010 章条编号对照一览表。

表 A.1 本标准章条编号与 ISO 29541:2010 章条编号对照

本标准章条编号	ISO 29541:2010 章条编号
1	1
2	2
—	3
3	4
4	5
4.1	5.1
4.2	5.2
4.3	5.3
4.4	5.4
—	5.5
5	6
5.1	6.1
5.2	6.2
—	7
6	8
6	8.1
6	8.2
7	8.4
7.1	8.4
7.1.1	8.4
7.1.1 a)	—
7.1.1 b)	8.4
7.1.2	A.1
7.2	—
7.3	8.5
7.4	8.3、8.6
8	9
9	10
10	11
附录 A	—
附录 B	—
附录 C	附录 A

附 录 B
（资料性附录）
本标准与 ISO 29541:2010 的技术性差异及其原因

表 B.1 给出了本标准与 ISO 29541:2010 的技术性差异及其原因对照一览表。

表 B.1 本标准与 ISO 29541:2010 的技术性差异及其原因

本标准章条编号	技术性差异	原 因
1	适用范围不包括焦炭，并修改为快速测定	适合中国国情
2	引用标准为中国标准	适合中国国情
4.4	校准物质中增加了煤标准物质	中国有证煤标准物质每年重新定值，氮和氢标准值有很好的稳定性，试验表明可用于仪器标定
4.4	表 1 中校准物质计量值精确到 0.001%	加强标准的可操作性
5.1	增加了仪器组成示意图	使标准表述更加清晰，利于说明
5.1	对分析仪器作出具体要求	加强标准的可操作性
—	删除 ISO 29541 条款 7 样品相关内容	与 GB 474 及 GB/T 483 内容重复
6	删除了对于气体氮含量要求	与 4.1、4.2 重复
6	删除了关于水分测定、重复测定、重复性限及干基结果换算的要求	与 GB/T 483 及本标准第 9 章重复
7.1.1 a)	增加单点标定	适合中国国情
7.2	增加具体标定程序	加强标准可操作性
8	删除了结果表述中干基计算部分	与 GB/T 483 内容重复
8	增加了有机碳的计算方法	适合中国国情
9	删除了重复性限和再现性临界差的定义	与 GB/T 483 内容重复
9	对精密度进行了调整	根据中国试验室协同试验给出
10	增加了异常现象记录、日期等具体信息	根据相应中国国家标准要求给出
附录 C	删除标定推荐称样量表格，增加了标定方法具体示例	使表述更加清晰，利于说明

附 录 C
（资料性附录）
仪器标定方法示例

C.1 确定日常测量的煤样的碳、氢和氮含量范围，根据仪器说明书规定的煤样称样量，依照式(C.1)计算出校准物质的称样量范围。如选用纯物质作为校准物质，使用其计量值作为标准值；如选用有证煤标准物质，则应将标准值换算成空气干燥基数值。

$$m_{标}=\frac{m\cdot x}{x_{标}} \qquad \cdots\cdots\cdots\cdots(C.1)$$

式中：

$m_{标}$——校准物质称样量，单位为克(g)；

m ——仪器说明书规定的煤样质量，单位为克(g)；

x ——各元素含量测量范围(%)；

$x_{标}$——校准物质的标准值(%)。

如果选用单点校准，则

$$m_{标}=m \qquad \cdots\cdots\cdots\cdots(C.2)$$

C.2 示例：

实验室日常所测煤样的碳含量范围为40.00%～70.00%，氢含量范围为3.00%～4.00%，氮含量范围为0.60%～1.00%，仪器说明书规定的称样量为80 mg。选用EDTA作为校准物质拟合碳和氢的校准曲线，选用有证煤标准物质作为校准物质拟合氮的校准曲线。EDTA的计量值分别为碳：41.098%，氢：5.518%，有证煤标准物质的标准值为氮：0.82%。

依照式(C.1)进行计算：

拟合碳校准曲线时，EDTA称样量范围计算：

$$m_{C40\%}=\frac{80\times 40}{41.098}\approx 78\ \text{mg},m_{C70\%}=\frac{80\times 70}{41.098}\approx 136\ \text{mg};$$

拟合氢校准曲线时，EDTA称样量范围计算：

$$m_{H3\%}=\frac{80\times 3}{5.518}\approx 43\ \text{mg},m_{H4\%}=\frac{80\times 4}{5.518}\approx 58\ \text{mg};$$

拟合氮校准曲线时，有证煤标准物质称样量范围计算：

$$m_{N0.6\%}=\frac{80\times 0.6}{0.82}\approx 59\ \text{mg},m_{N1\%}=\frac{80\times 1}{0.82}\approx 98\ \text{mg}$$

因此，EDTA的称样量范围是40 mg～140 mg，有证煤标准物质的称样量范围是60 mg～100 mg。

如果采用二次曲线拟合方法拟合碳和氢的校准曲线，根据7.2.1规定，校准点数则不得小于7，如果确定校准点数为11，则：

$$称样量间隔=\frac{140-40}{10}=10$$

所以，称样量间隔为10 mg。即11个校准点的EDTA的称样量分别为40 mg，50 mg，60 mg，70 mg，80 mg，90 mg，100 mg，110 mg，120 mg，130 mg，140 mg。

如果采用线性拟合方法拟合氮的校准曲线，根据7.2.1规定，校准点数不得小于6，如果确定校准点数为9，则：

$$称样量间隔=\frac{100-60}{8}=5$$

所以，称样量间隔为5 mg。即9个校准点的有证煤标准物质的称样量分别为60 mg，65 mg，

70 mg,75 mg,80 mg,85 mg,90 mg,95 mg,100 mg。

校准物质称样量对应的测定范围见表 C.1、表 C.2。

表 C.1 EDTA 称样量对应的 C、H 测定范围 %

EDTA	40 mg	50 mg	60 mg	70 mg	80 mg	90 mg	100 mg	110 mg	120 mg	130 mg	140 mg
C	—	—	—	—	41.10	46.24	51.37	56.51	61.65	66.78	71.92
H	2.76	3.45	4.14	—	—	—	—	—	—	—	—

表 C.2 有证煤标准物质称样量对应的 N 测定范围 %

煤标准物质	60 mg	65 mg	70 mg	75 mg	80 mg	85 mg	90 mg	95 mg	100 mg
N	0.62	0.67	0.72	0.77	0.82	0.87	0.92	0.97	1.02

碳二次校准曲线参见图 C.1。

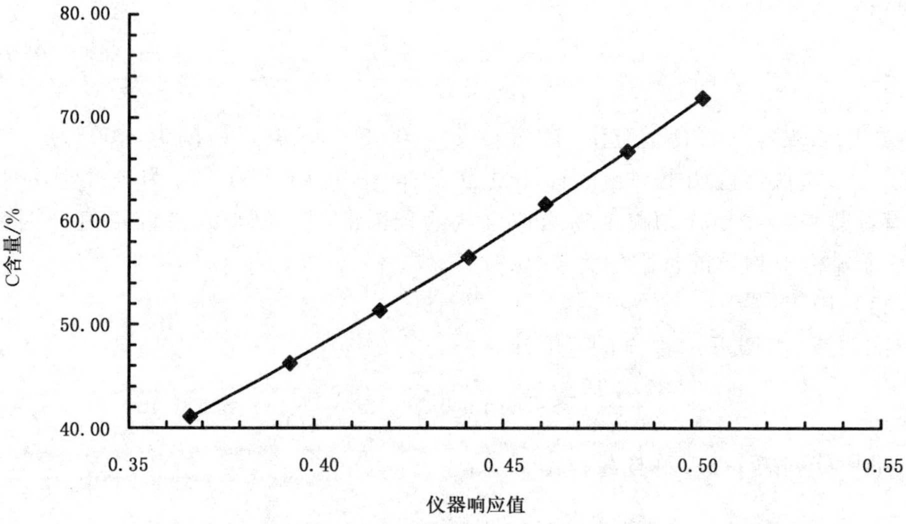

图 C.1 碳标准曲线示例图

ICS 13.220.10
C 85

中华人民共和国国家标准

GB 30734—2014

消防员照明灯具

Luminaires for firefighters

2014-06-09 发布　　2015-04-01 实施

中华人民共和国国家质量监督检验检疫总局
中国国家标准化管理委员会　发布

前　言

本标准的第5、7章和8.1为强制性的，其余为推荐性的。

本标准按照GB/T 1.1—2009给出的规则编写。

本标准由中华人民共和国公安部提出。

本标准由全国消防标准化技术委员会消防员防护装备分技术委员会(SAC/TC 113/SC 12)归口。

本标准起草单位:公安部上海消防研究所。

本标准主要起草人:马伟光、周凯、李睿堃、殷海波、吴赟、曹永强、张燕、常松、刘咏梅、柳素燕、谢春龙、许健、李妙华。

消 防 员 照 明 灯 具

1 范围

本标准规定了消防员照明灯具的定义、分类与型号、技术要求、试验方法、检验规则、标志、包装、运输和贮存。

本标准适用于消防员在各种光线不足的场所进行灭火救援作业时单人使用的照明灯具。

2 规范性引用文件

下列文件对于本文件的应用是必不可少的。凡是注日期的引用文件，仅注日期的版本适用于本文件。凡是不注日期的引用文件，其最新版本（包括所有的修改单）适用于本文件。

GB/T 191—2008 包装储运图示标志

GB/T 2423.1—2008 电工电子产品环境试验 第2部分：试验方法 试验A：低温

GB/T 2423.2—2008 电工电子产品环境试验 第2部分：试验方法 试验B：高温

GB/T 2423.4—2008 电工电子产品环境试验 第2部分：试验方法 试验Db：交变湿热（12 h+12 h循环）

GB/T 2423.10—2008 电工电子产品环境试验 第2部分：试验方法 试验Fc：振动（正弦）

GB 3836.1—2010 爆炸性环境 第1部分：设备 通用要求

GB 4208—2008 外壳防护等级（IP代码）

GB 7000.1—2007 灯具 第1部分：一般要求与试验

3 术语和定义

下列术语和定义适用于本文件。

3.1

消防员照明灯具 luminaire for firefighter

消防员单人使用的照明灯具。

3.2

佩戴式消防员照明灯具 wearable luminaire for firefighter

使用时固定佩戴于消防员身体某一部位的消防员照明灯具。

3.3

手提式Ⅰ型消防员照明灯具 type Ⅰ handheld luminaire for firefighter

质量小于或等于1.5 kg，使用时可手握或手提的轻型消防员照明灯具。

3.4

手提式Ⅱ型消防员照明灯具 type Ⅱ handheld luminaire for firefighter

质量大于1.5 kg但小于或等于25 kg，使用时可手提或拖拽的重型消防员照明灯具。

3.5

灯头 lighting assembly

灯具的照明部分，由发光装置、反光罩、透明部件等组成。

4 分类与型号

4.1 分类

消防员照明灯具(以下简称为灯具)按照使用方式进行分类,类别及代号见表1。

表 1

类别名称		类别代号
佩戴式		P
手提式	Ⅰ型	SⅠ
	Ⅱ型	SⅡ

4.2 型号

灯具产品型号的编制应符合下列规定:

F D-F B □ □ /□

- □(最后一项)——企业自定义代号(由英文字母或阿拉伯数字组成)
- □(第二项)——强光连续稳定工作时间,单位为分(min)
- □(第一项)——类别代号
- B——防爆代号
- D——照明灯具
- F——消防员防护装备

示例:FD-FBSⅠ240/A 表示强光连续稳定工作时间为 240 min 的手提式Ⅰ型防爆类消防员照明灯具,企业自定义代号为 A。

5 技术要求

5.1 一般要求

5.1.1 灯具的供电电源应采用可充电电池,电池可替换的灯具应配备独立电池充电底座。

5.1.2 灯具的充电器应采用插头与交直流转换器分离式结构,灯具或充电器应设置充、放电保护电路。

5.1.3 灯具的防爆性能应符合 GB 3836.1—2010 的要求。

5.1.4 佩戴式灯具应具有与消防头盔匹配的固定连接件。

5.2 功能要求

5.2.1 灯具应具有强、弱光切换功能。

5.2.2 灯具应具有闪烁方式的低电压告警功能。

5.3 性能要求

5.3.1 外观及装配

5.3.1.1 灯具外观应清洁、光滑、整齐,无污损、腐蚀、划伤、毛刺、裂痕、变形现象。

5.3.1.2 灯具各零部件装配应完整、精确、牢靠，无缺损、错位、松动现象，开关操作应方便、灵活、可靠。

5.3.2 质量

灯具的质量（含电池和附件）应符合表 2 的规定。

表 2

单位为千克

类别		质量
佩戴式		≤0.15
手提式	Ⅰ型	≤1.5
	Ⅱ型	>1.5 且 ≤25.0

5.3.3 照度

在按 6.5 规定的方法进行试验时，灯具在稳定工作状态下的照度值应符合表 3 的规定。

表 3

类别		测试距离 m	测试光束直径 mm	照度 lx			
				强光		弱光	
				平均值	最小值	平均值	最小值
佩戴式		2	150	≥450	≥300	≥200	≥150
手提式	Ⅰ型	5	300	≥250	≥150	≥150	≥100
	Ⅱ型	10	800	≥500	≥300	≥200	≥100

5.3.4 连续稳定工作时间

灯具的连续稳定工作时间应符合表 4 的规定。

表 4

单位为分

类别		连续稳定工作时间		低电压状态下连续工作时间	
		强光	弱光	强光	弱光
佩戴式		≥240	≥480	≥15	≥30
手提式	Ⅰ型	≥300	≥600		
	Ⅱ型	≥560	≥840		

5.3.5 低电压报警时间

灯具的低电压报警时间应为 10 s～20 s。

5.3.6 低电压状态下连续工作时间

灯具在低电压状态下连续工作时间应符合表 4 的规定。

5.3.7 绝缘性能

在常温环境下，灯具带电端子与外壳间的绝缘电阻应不小于 20 MΩ，交变湿热试验后应不小于 5 MΩ。

5.3.8 耐电压性能

灯具应能耐受频率为 50 Hz±0.5 Hz，交流电压为 500 V±50 V，历时 60 s±5 s 的耐电压试验。试验过程中，灯具不应出现表面飞弧和击穿现象。试验结束后，灯具应能正常进行开、关和强、弱光切换。

5.3.9 耐气候环境性能

灯具应能耐受表 5 所规定的气候环境条件下的各项试验。每项试验后，灯具应能正常进行开、关和强、弱光切换。

表 5

试验项目名称	试验参数	试验条件				试样状态
低温性能	温度 ℃	−25±2				强光工作状态
	持续时间 h	2				
高温性能	温度 ℃	55±2				
	持续时间 h	2				
交变湿热性能	温度 ℃	25±3 升至 40±2	40±2	40±2 降至 25±3	25±3	非工作状态
	相对湿度 %	95～100	90～96	80～100	95～100	
	持续时间 h	3	9	6	6	
低温贮存	温度 ℃	−40±2				
	持续时间 h	16				
	常温恢复时间 h	8				
高温贮存	温度 ℃	70±2				
	持续时间 h	16				
	常温恢复时间 h	8				

5.3.10 耐机械环境性能

灯具应能耐受住表 6 所规定的机械环境条件下各项试验。每项试验后，灯具应无机械损伤和紧固件松动现象,且能正常进行开、关和强、弱光切换。

表 6

<table>
<tr><th>试验项目名称</th><th colspan="2">试验参数</th><th>试验条件</th><th>试样状态</th></tr>
<tr><td rowspan="5">抗振动(正弦)性能</td><td colspan="2">频率循环范围
Hz</td><td>10～150</td><td rowspan="10">非工作状态</td></tr>
<tr><td colspan="2">加速度幅值
g</td><td>1</td></tr>
<tr><td colspan="2">扫频速率
oct/min</td><td>1</td></tr>
<tr><td colspan="2">振动方向</td><td>X、Y、Z</td></tr>
<tr><td colspan="2">每轴线扫描循环次数</td><td>10</td></tr>
<tr><td rowspan="5">抗跌落性能</td><td rowspan="3">跌落高度
m</td><td>佩戴式</td><td>1.5</td></tr>
<tr><td>手提式Ⅰ型</td><td>1.0</td></tr>
<tr><td>手提式Ⅱ型</td><td>0.5</td></tr>
<tr><td colspan="2">跌落方向</td><td>X、Y、Z</td></tr>
<tr><td colspan="2">每轴线跌落次数</td><td>1</td></tr>
</table>

5.3.11 开关可靠性

灯具的开关经 50 000 次可靠性试验后应保持完好,且灯具应能正常点亮并实现强、弱光切换。

5.3.12 外壳防护等级

灯具的外壳防护等级应为 GB/T 4208—2008 规定的 IP 66/IP 67 或 IP 66/IP 68 的要求。当防护等级为 IP 66/IP 68 时,生产厂应标明灯具的潜水深度和持续时间。

6 试验方法

6.1 试验环境

若相关条文中没有特殊说明,则试验均应在下述大气条件下进行:

a) 温度:15 ℃～35 ℃;

b) 相对湿度:45%～75%;

c) 大气压力:86 kPa～106 kPa。

6.2 功能试验

6.2.1 操作灯具开关,检查灯具的强、弱光切换功能。

6.2.2 将灯具处于低电压状态,通过感官检查灯具的闪烁方式及低电压报警形式。

6.3 外观及装配检查

通过感官观察、触摸、操作进行外观及装配检查。

6.4 质量测量

用精度不低于 1 g 的电子秤测量灯具的质量。

6.5 照度测量

灯具充满电后，在暗室(完全密封无光线空间)内开启灯具开关，持续 10 min 后，将灯具分别处于强光、弱光状态，按图 1 所示，在灯头正前方并按表 3 规定的测试距离，沿光束直径方向，用分布式照度计测量规定的光束直径上平均分布 5 点的照度值。取 5 点测量值的算术平均值和最小值作为照度值。

6.6 连续稳定工作时间试验

将灯具进行放电后，再充满电，开启开关，分别使灯具处于强光、弱光状态并用计时器开始计时，按 6.5 的方法连续测量并记录灯具的照度值，直至其小于表 3 规定的照度最小值或出现低电压告警状态时停止计时。该时间即为灯具的连续稳定工作时间。

6.7 低电压报警时间试验

将灯具进行放电后，再充满电，开启开关，分别使灯具处于强光、弱光状态，当灯具在强光、弱光状态下出现低电压告警时，用计时器开始计时，直至灯具闪烁方式的低电压告警状态消失时停止计时。该时间即为灯具的低电压告警时间。

6.8 低电压状态下连续工作时间试验

在连续 20 次充、放电后，将灯具充满电，开启开关，分别使灯具处于强光、弱光状态，当灯具在强光、弱光状态下的低电压告警状态消失时，用计时器开始计时，并按 6.5 的方法连续测量并记录灯具的照度值，直至其小于表 3 规定的照度最小值时停止计时。该时间即为灯具的低电压状态下连续工作时间。

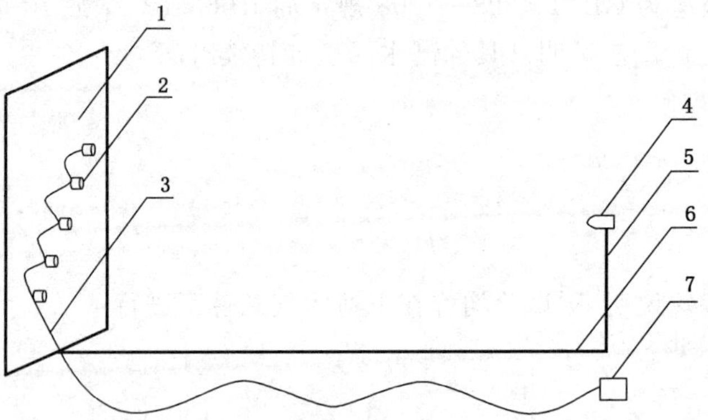

说明：

1——背板；

2——分布式照度计；

3——导线

4——灯具；

5——灯具支架；

6——支架滑轨；

7——照度测量分析系统。

图 1 照度测量方法

6.9 绝缘性能试验

按 GB 7000.1—2007 中 10.2.1 的规定进行。

6.10 耐电压性能试验

按 GB 7000.1—2007 中 10.2.2 的规定进行。

6.11 低温性能试验

按表 5 中低温试验条件及 GB/T 2423.1—2008 的规定进行试验。

6.12 高温性能试验

按表 5 中高温试验条件及 GB/T 2423.2—2008 的规定进行试验。

6.13 交变湿热性能试验

按表 5 中交变湿热试验条件及 GB/T 2423.4—2008 的规定进行试验，试验后再按 6.9 的方法进行绝缘性能试验。

6.14 低温贮存试验

按表 5 中低温贮存试验条件及 GB/T 2423.1—2008 的规定进行试验。

6.15 高温贮存试验

按表 5 中高温贮存试验条件及 GB/T 2423.2—2008 的规定进行试验。

6.16 抗振动性能试验

按表 6 中振动(正弦)试验条件及 GB/T 2423.10—2008 的规定进行试验。

6.17 抗跌落性能试验

按照表 6 规定的试验高度，将灯具沿 X、Y、Z 三个轴方向各跌落到混凝土地面一次。

6.18 开关可靠性试验

在断开电源条件下，对灯具开关进行连续 50 000 次的操作。

6.19 外壳防护等级试验

灯具的外壳防护试验按 GB 4208—2008 第 13 章、第 14 章规定的方法进行试验。

7 检验规则

7.1 检验分类

灯具的检验分为出厂检验和型式检验。

7.2 出厂检验

7.2.1 出厂检验以每 100 件(套)为一批，不足 100 件(套)以实际生产量为一批，每批随机抽取 2 件(套)提交检验。

7.2.2 出厂检验项目应至少包括5.3.1、5.3.2、5.3.3、5.3.5、5.3.7、5.3.8、5.3.12。如有一项不合格，则对不合格项进行加倍抽样检验，若仍出现不合格，则该批灯具产品出厂检验为不合格。

7.3 型式检验

7.3.1 有下列情况之一时，应进行型式检验：

a) 新产品试制定型及老产品转厂生产；
b) 定型产品材料、设计、结构、工艺方面有较大改变可能影响产品性能；
c) 产品停产一年恢复生产；
d) 发生重大质量事故。

7.3.2 型式检验的样品应从出厂检验合格的产品中随机抽取，抽样数量为3件(套)。

7.3.3 型式检验项目和试验程序应符合表7的规定。

7.3.4 型式检验项目结果全部符合本标准规定时，判型式检验为合格。

表 7

序号	标准条款号	项目名称		样本编号		
				1	2	3
1	5.1	一般要求		√	√	√
2	5.2	功能要求		√	√	√
3	5.3.1	外观及装配质量		√	√	√
4	5.3.2	质量		√	√	√
5	5.3.3	照度		√	√	√
6	5.3.4	连续稳定工作时间	强光	√		
			弱光		√	
7	5.3.5	低电压报警时间	强光	√		
			弱光		√	
8	5.3.6	低电压状态下连续工作时间	强光	√		
			弱光		√	
9	5.3.7	绝缘性能			√	
10	5.3.8	耐电压性能			√	
11	5.3.9	耐气候环境性能	低温性能			√
12			高温性能	√		
13			交变湿热性能		√	
14			低温贮存	√		
15			高温贮存			√
16	5.3.10	耐机械环境性能	抗振动(正弦)性能		√	
17			抗跌落性能		√	
18	5.3.11	开关可靠性		√		
19	5.3.12	外壳防护等级				√
20	8.1.1	灯具标志		√	√	√
21	8.1.2	充电器标志		√	√	√

注："√"表示进行该项目检验。

8 标志、包装、运输和贮存

8.1 标志

8.1.1 灯具标志

灯具的明显位置处应有清晰且与灯具为一体的标志，包括以下内容：

a) 产品名称；
b) 产品型号；
c) 防护等级(等级为 IP 66/IP 68 时，需标注潜水深度和持续时间)；
d) 防爆标志；
e) 生产日期；
f) 产品编号；
g) 生产厂名称。

8.1.2 充电器标志

充电器的明显位置处应有清晰、耐久的标志，包括以下内容：

a) 产品名称；
b) 产品型号；
c) 适配灯具型号；
d) 生产日期；
e) 产品编号；
f) 生产厂名称。

8.1.3 包装标志

包装箱上应印明显、清晰、耐久的文字标志，包括以下内容：

a) 产品名称、型号；
b) 产品数量；
c) 生产日期；
d) 生产厂名及地址；
e) 外形尺寸及重量；
f) 执行标准号；
g) 向上、防潮、小心轻放等标志，并应符合 GB/T 191—2008 有关标记的规定。

8.2 包装

灯具及附件的内包装为塑料袋包装，再用纸盒或塑料泡沫包装，并附有产品合格证和使用说明书。

8.3 运输

产品在运输过程中，应避免重压、碰撞、雨淋。

8.4 贮存

灯具应存放在通风、干燥、清洁及无腐蚀性化学品的场所。

ICS 133.20.40
C 80

中华人民共和国国家标准

GB/T 30735—2014

屋顶及屋顶覆盖制品外部对火反应试验方法

Test methods for external exposure of roofs and roof coverings to fire

(ISO 12468-1:2003 External exposure of roofs to fire —Part 1: Test method, NEQ)

2014-06-09 发布 2014-10-01 实施

中华人民共和国国家质量监督检验检疫总局
中国国家标准化管理委员会 发布

前　言

本标准按照 GB/T 1.1—2009 给出的规则起草。

本标准参照 ISO 12468-1:2003《屋顶材料外部对火反应　第 1 部分:试验方法》(英文版)、ENV 1187:2002《屋顶外部对火反应试验方法》编制,与 ISO 12468-1:2003 的一致性程度为非等效。

本标准由中华人民共和国公安部提出。

本标准由全国消防标准化技术委员会防火材料分技术委员会(SAC/TC 113/SC 7)归口。

本标准负责起草单位:公安部四川消防研究所。

本标准参加起草单位:西卡渗耐防水系统(上海)有限公司、中国建材检验认证集团苏州有限公司、广东省建筑科学研究院、广州市建筑材料工业研究所有限公司、上海华峰普恩聚氨酯有限公司。

本标准主要起草人:曾绪斌、赵成刚、葛兆、刘松林、邓小兵、王元光、刘建勇、周全会、王宣程、赵丽、唐志勇。

屋顶及屋顶覆盖制品外部对火反应试验方法

1 范围

本标准规定了3种测试屋顶及屋顶覆盖制品外部对火反应的试验方法,并分别规定了不同的试验条件:

——试验方法A:火源A;

——试验方法B:火源B和风;

——试验方法C:火源C、风和附加辐射热。

本标准适用于建筑屋顶及屋顶覆盖制品包括其绝热层、防潮层或系统的外部对火反应试验。

2 规范性引用文件

下列文件对于本文件的应用是必不可少的。凡是注日期的引用文件,仅注日期的版本适用于本文件。凡是不注日期的引用文件,其最新版本(包括所有的修改单)适用于本文件。

GB/T 5907 消防基本术语 第一部分

GB 8624—2012 建筑材料及制品燃烧性能分级

3 术语和定义

GB 8624、GB/T 5907界定的以及下列术语和定义适用于本文件。

3.1

组件 assembly

单一材料或复合材料的制成品,如夹层板。

注:组件可包含空气间隙。

3.2

复合材料 composite

由两种或两种以上单一材料组合而成的复合物,如表面有涂层的材料或层压材料。

3.3

连续基材 continuous deck

支撑屋顶覆盖物的基材,相邻基材间的间距不大于0.5 mm(具有平整边缘的木板间距不超过5.0 mm)。

3.4

损毁材料 damaged material

受热发生燃烧、熔化或其他损坏变化的材料,但不包括变色或熏黑的材料。

3.5

火焰穿透 fire penetration

试验过程中在试样底部由于燃烧出现的任何烧穿、持续火焰或灼烧现象,或者出现燃烧滴落物或微粒从试样上或试样底部脱落。

3.6

受火面 exposed surface

制品与试验的热条件邻近的表面。

3.7

外部火焰传播 external fire spread

在试样受火面上火焰传播的范围。

3.8

内部损毁 internal damage

试样内部每个构造层的材料损毁的范围。

3.9

穿孔 opening

试验过程中，试样上出现的完全穿透且面积大于 25 mm^2 的孔或宽度大于 2 mm 缝隙，燃烧掉落物可通过该穿孔掉落。

3.10

屋顶覆盖制品 roof covering

建筑物屋顶基材上的覆盖物，包括绝热层、防潮层及辅助物(胶水、固定件)等。

4 试验设备

4.1 计时器

计时器 24 h 误差应在±5 s 以内，分辨率 1 s 以内。

4.2 天平

天平量程不小于 2 kg，精度为±1 g。

4.3 风速仪

风速仪精度不低于 0.1 m/s。

4.4 热通量计

热通量计测试范围 0 kW/m^2～20 kW/m^2，精度不低于 5%。

4.5 烘箱

烘箱测温范围应不低于 200 ℃，精度±2 ℃。

4.6 温湿度计

温湿度计精度不低于温度±1 ℃、相对湿度±5%。

4.7 试样支架

试样支架用于支撑试样，可根据屋顶坡度调节试样角度，并能固定试样。

4.8 校准板

校准板由尺寸为 1 200 mm×2 000 mm×12 mm、密度为 900 kg/m^3±100 kg/m^3 的硅钙板制成，

表面应光滑。

4.9　火源 A

火源 A 由刨花和金属框构成。将刨花装入金属框，金属框采用直径为 3 mm 的钢丝制成，金属网格尺寸为 50 mm×50 mm。金属框上部和底部敞开，每个角配有 1 条伸出长度为 10 mm 的支脚。金属框的整体尺寸应为 300 mm×300 mm，深 200 mm(见图 1)。刨花由软木材(如云杉、松树或杉木)加工而成，其宽度约 2 mm，厚度 0.2 mm～0.3 mm。

单位为毫米

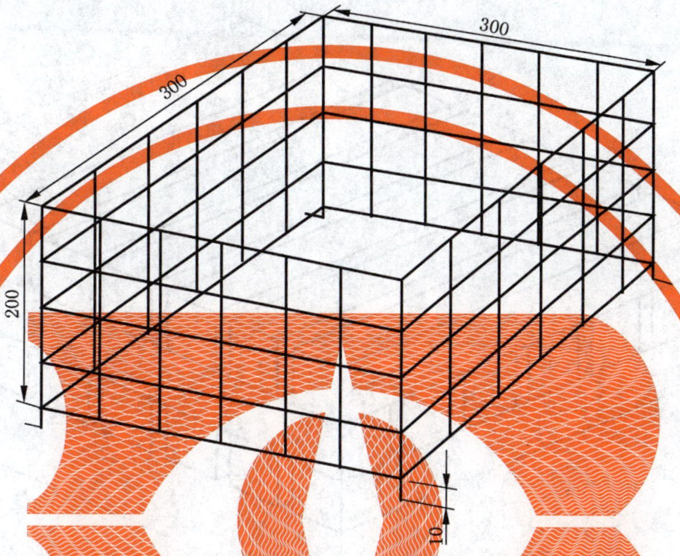

图 1　填装刨花的金属框

4.10　火源 B

火源 B 由两个木块构成。试验木块以标称尺寸 40 mm×40 mm×40 mm 的榉木制作而成。木块顶面和底面中心，用锯子锯成宽 3 mm，深为木块高度一半的锯槽，相对面的锯槽应互为直角(见图 2)。

单位为毫米

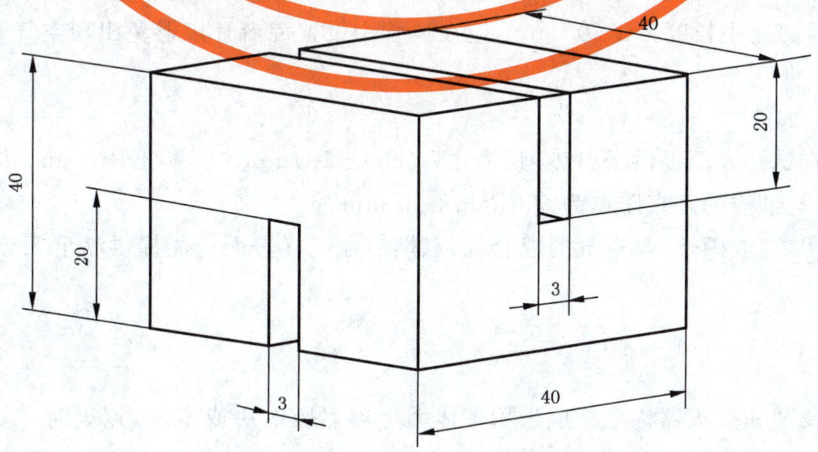

图 2　火源 B 的木块

制好的木块在温度为 40 ℃～50 ℃的条件下放置至少 24 h，试验时质量应为 33 g±5 g。

4.11 火源 C

火源 C 由两个木垛构成。试验木垛以标称尺寸为 19 mm×19 mm×150 mm 的榉木木条制作而成。木垛整体尺寸为 150 mm×150 mm、高 57 mm，共 3 层，每层由 6 根木条构成，相邻两层的木条互为直角，木头间以相同的间距通过轻质钢钉固定制作而成(见图 3)。

制好的木垛在温度为 40 ℃～50 ℃的条件下放置至少 24 h，试验时质量应为 550 g±50 g。

单位为毫米

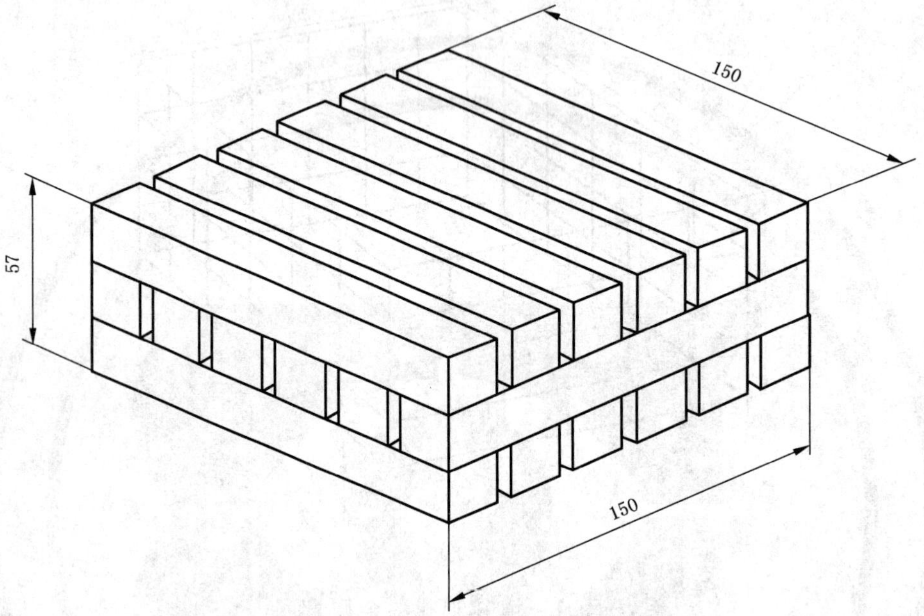

图 3　火源 C 的木块

4.12 鼓风装置

鼓风装置应能调节风速，并满足 7.4.2.2 的要求。鼓风装置风管出口的最小尺寸为 250 mm 高，1 000 mm宽，风管的最小长度为 1 200 mm，应在风管中设置混流片以避免出现空气紊流。

4.13 辐射板

辐射板用于在试样表面提供辐射热，其尺寸为(600±10)mm×(600±10)mm。试验时辐射板应平行于试样表面，且与试样的垂直距离为 500 mm±10 mm。

试验时通入甲烷(或丙烷)与空气的混合气，点燃后在试样表面应能提供满足 7.5.2.3 规定的热辐射通量。

4.14 点火装置

点火装置由支架和点火器构成。应采用气体燃烧器点燃木块或木垛，点火时木块或木垛应被包围在火焰中。应避免周围气流的影响，在燃烧器上方 60 mm±5 mm 处火焰温度应为 900 ℃±50 ℃。应有相应的支撑架，在点火阶段可将木块或木垛支撑在燃烧器上方 60 mm±5 mm 的位置。图 4 为点火装置示例图。

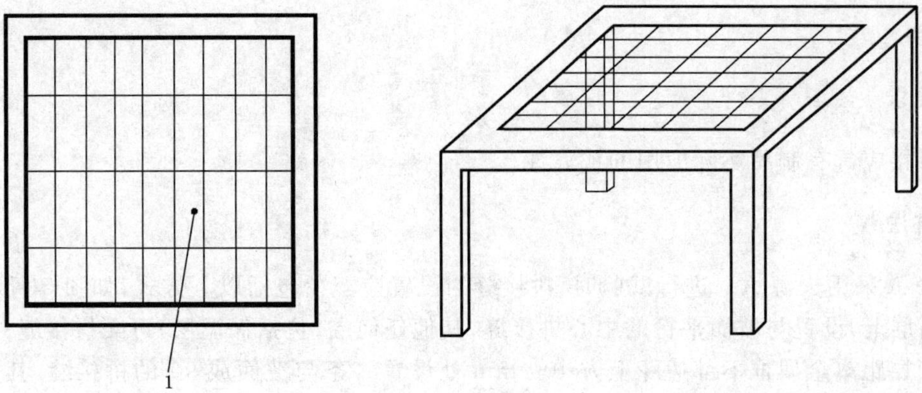

a） 木块支架

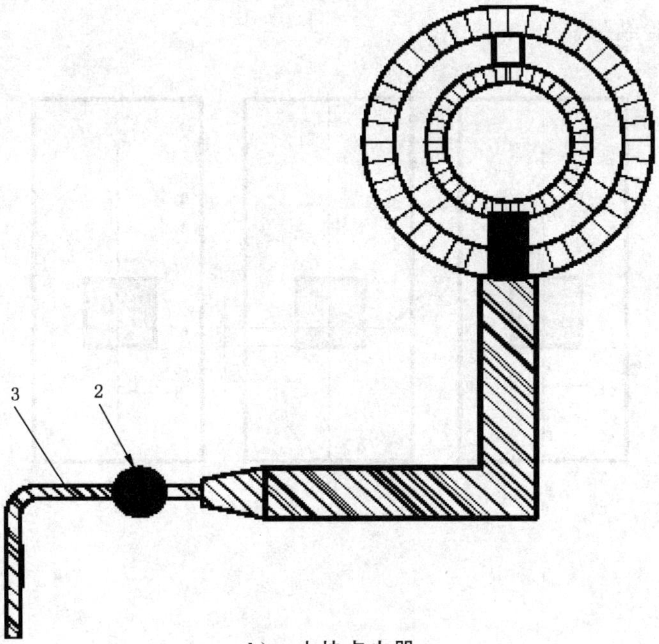

b） 木块点火器

说明：

1——金属网格；

2——阀门；

3——气体供应。

图 4 木块点火装置

5 试样

5.1 概述

对于每个屋顶坡度，按照不同的试验方法应分别至少准备 3 组尺寸为(2 000±10)mm×(1 200±10)mm 的试样。试样应具有代表性，包括基材、固定方式、材料种类和层数(包括任何保温层、防潮层等)、拼接等。

5.2 试样拼接

5.2.1 拼接要求

试样的拼接应具有制品实际应用的代表性。

5.2.2 试验方法 A

试验方法 A 采用火源 A。进行试验时，拼接缝的设置应至少包括以下方式，如图 5 所示：

a） 在面层上，设置与坡面平行的中心拼接缝，其他任何层（包括保温层）可无拼接缝；

b） 在面层距离金属框下部边缘上方 100 mm 处设置一条与坡面成 90°的拼接缝，其他任何层（包括保温层）可无拼接缝；

c） 在保温层中设置一条与坡面平行的中心拼接缝，其他任何层可无拼接缝。

以最差结果作为试验结果。

单位为毫米

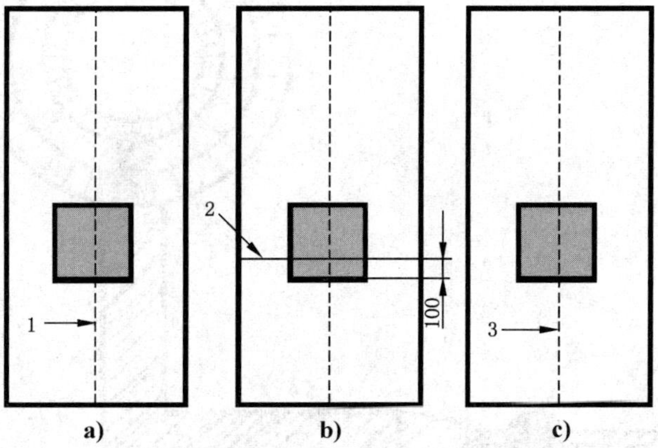

说明：

1——面层垂直拼接缝；

2——面层水平拼接缝；

3——保温层垂直拼接缝。

图 5 试验方法 A 试样拼接缝位置

5.2.3 试验方法 B 和试验方法 C

试验方法 B 采用火源 B，试验方法 C 采用火源 C。进行试验时，拼接缝的设置应至少包括以下方式，如图 6 所示：

a） 在面层上，设置与坡面平行的中心拼接缝，在左木块或木垛正下方设置一条与坡面成 90°的拼接缝。若有保温层，在左木块或木垛正下方的保温层上设置与坡面平行的拼接缝，其他层可无拼接缝。

b） 在面层上，右木块或木垛正下方设置一条与坡面平行的拼接缝。若有保温层，在保温层上设置与坡面平行的中心拼接缝，其他层可无拼接缝。

c） 在右木块正下方的保温层上设置一条与坡面垂直和平行的拼接缝，其他层可无拼接缝。以最差结果作为试验结果。

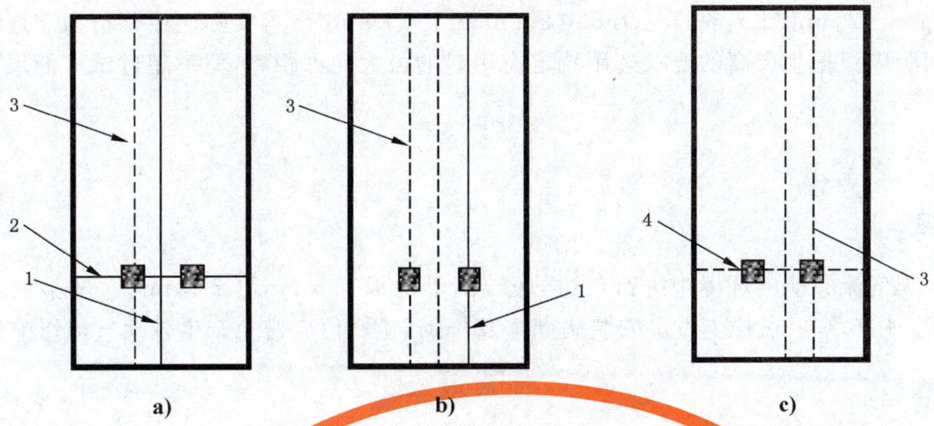

说明：
1——面层垂直拼接缝；
2——面层水平拼接缝；
3——保温层垂直拼接缝；
4——保温层水平拼接缝。

图 6 试验方法 B 和试验方法 C 试样拼接缝位置

5.3 试样边缘

试样边缘可不做特别处理，若采取了相关保护措施，应确保所采取的措施不影响制品的燃烧性能。

6 标准基材

6.1 概述

当测试制品为屋顶覆盖制品时，应将其安装在实际使用的基材上进行试验，若未能提供相应基材，可根据实际应用情况选择下述基材。

6.2 木质刨花板基材

若屋顶覆盖制品实际应用时安装在可燃的连续基材上，则应采用木质刨花板作为基材。

木质刨花板由木屑颗粒通过聚合物黏合剂黏结制作而成，当用于基材时，木质刨花板可由宽 250 mm、最小厚度 13 mm±1 mm 的板材拼接制成，其密度 680 kg/m^3 ± 50 kg/m^3，燃烧性能为 GB 8624—2012中 B_2 级。

铺设时板材应平行于屋檐边缘紧密拼接，确保板材间的缝隙不超过 0.5 mm。当制品实际应用为非连续基材时，则木质刨花板间的间距应为 5 mm±0.5 mm，应用范围可涵盖连续基材。

6.3 金属基材

若屋顶覆盖制品实际应用时安装在金属型材上，则应采用截面为梯形的金属型材。金属基材由铝板或钢板制成，其等腰梯形截面的上边宽度约为 30 mm，斜边长度约为 40 mm，梯形金属基材应与屋檐平行铺设，使用时侧面应敞开。

6.4 不燃基材

若屋顶覆盖制品实际应用时安装在连续的不燃基材上，则应采用增强硅酸钙板作为基材。硅酸钙板厚度为 12 mm±2 mm、干态密度应为 900 kg/m^3±100 kg/m^3。若实际应用基材为非连续基材，则试样支撑件的间距应根据生产商的要求选用特定应用时的最大允许距离，但不超过试样的尺寸。

7 试验

7.1 试验环境

试验应在无气流影响的环境中进行，试样底端高于地板 750 mm±250 mm。试验前，试验室环境温度应为 20 ℃±15 ℃。试样上方可安装集烟罩及排烟装置，但应避免产生较大气流影响试验结果。

7.2 状态调节

试验前将试样放置于温度为 23 ℃±2 ℃、相对湿度 50%±5%的环境条件下至少 72 h 或直到试样质量恒定(试样间隔 24 h 两次连续称量，其质量偏差不超过试样质量的 0.1%)。也可采取其他措施，只要不改变制品的性能，允许采用加速调节使试样含水量达到平衡。

7.3 试验方法 A

7.3.1 试验条件(屋顶坡度)

试验前，按试验坡度调整试样支架，使试样角度满足试验要求。对于实际应用时只有一个坡度的屋顶制品，应按实际的设计坡度进行试验。试验结果仅适用于所试验的屋顶坡度。

对于实际应用时有多个坡度的屋顶制品，应按下述要求进行试验：

a) 坡度不大于 20°的屋顶，以 15°的坡度进行试验；

b) 坡度超过 20°的屋顶，以 45°的坡度进行试验。

7.3.2 试验程序

7.3.2.1 火源准备

试验前，应将刨花放置于温度 23 ℃±2 ℃、相对湿度 50%±5%的房间内至少 12 h，使刨花含水率保持在 8%～10%(含水率可通过将 10 g～20 g 的样品放置于 105 ℃±5 ℃的烘箱内烘干到恒定质量来确定)。且每批刨花应通过下述方法进行检查：水平支撑一块面积至少 1 m×1 m 的硅酸钙板样品，与地面距离 1 m。在板的中心放置金属框，按照 7.3.2.2 的规定填装进行过状态调节的刨花，并按7.3.2.4 的规定点燃刨花。从开始点火到火焰的最终熄灭，测量火源燃烧的时间。应进行三次独立的试验，平均燃烧时间应在 4 min～5 min 之间，每次试验前应冷却硅酸钙板。

试验前，不得将刨花放在其他大气环境中超过 1 h。

7.3.2.2 刨花的填装

将经过状态调节、质量为 600 g±10 g 的刨花至少分 6 层均匀地压入金属框。

7.3.2.3 火源 A 的定位

将装有刨花的金属框直接放在制品表面。可采取其他有效措施防止试验过程中金属框位置的改变，任何用于固定金属框的措施不得影响刨花的燃烧。应在试样表面标示出测试区，并按照图 7 放置金属框。

单位为毫米

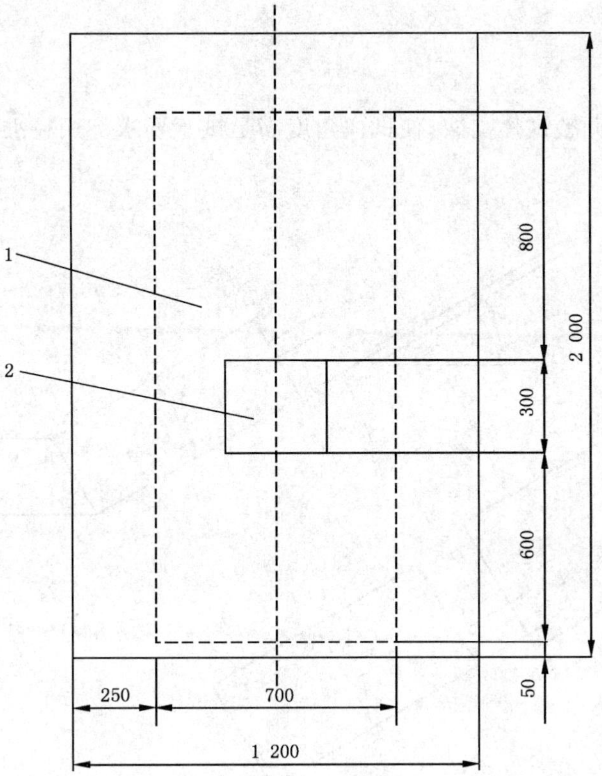

说明：
1——测试区；
2——刨花。

图 7 测试区和火源 A 的位置

7.3.2.4 开始试验

每次试验应在点火之前将装有刨花的金属框放在试样上。采用火焰长度约为 100 mm 的小型气体燃烧器，从火源 A 任意一侧的底边开始，10 s 内沿着四个底边点燃刨花。应从刨花点火开始，起动计时。

7.4 试验方法 B

7.4.1 试验条件（屋顶坡度）

对于实际应用时只有一个坡度的屋顶制品，应按实际的设计坡度进行试验。试验结果仅适用于所试验的屋顶坡度。

对于实际应用时有多个坡度的屋顶制品，应按下述要求进行试验：

a) 坡度小于 5°的屋顶，以 0°的坡度进行试验；

b) 坡度为 5°～20°的屋顶，以 15°的坡度进行试验；

c) 坡度超过 20°的屋顶，以 30°的坡度进行试验。

7.4.2 试验前的准备

7.4.2.1 试验角度

试验前，按试验坡度调整试样支架，使试样角度满足试验要求。用校准板代替试样进行调节。试验的总体布局见图 8。

单位为毫米

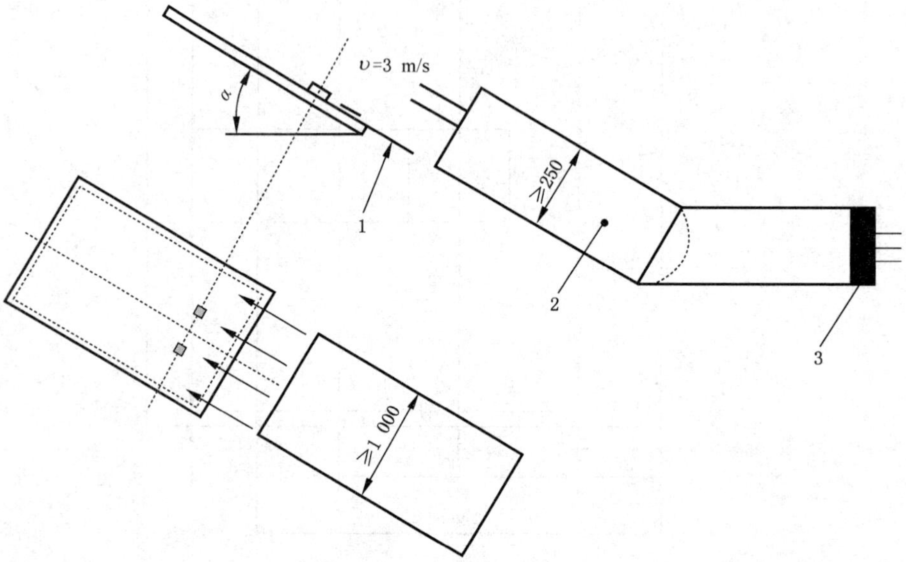

说明：

1——模拟屋檐的挡板；

2——鼓风装置；

3——过滤器。

图 8 试验方法 B 的总体布局

7.4.2.2 风速校准

在试样表面 7 个不同位置用风速仪测试风速，距离校准板底端 500 mm±5 mm 设置 4 个校准点，其中 3 个点(v_1、v_2、v_3)与校准板垂直距离为 100 mm±5 mm，v_2 处于校准试件中轴平面上，v_1 和 v_3 分设在中心轴两侧 300 mm±5 mm 处，另一点(v_4)在中轴平面内，与校准板垂直距离为 200 mm±5 mm。另外三个点(v_5、v_6、v_7)距离校准板底端 1 700 mm±5 mm，与校准板垂直距离为 100 mm±5 mm。见图 9。

试样表面的风速应满足：

——v_1、v_2、v_3、v_4＝3.0 m/s±0.2 m/s；

——v_6＞2.0 m/s；

——$|v_5-v_7|$＜0.2 m/s。

7.4.2.3 火源 B 的点燃

采用 4.14 规定的点火装置对木块点火 120 s±10 s，期间转动木块让每个开槽面点火 60 s。

单位为毫米

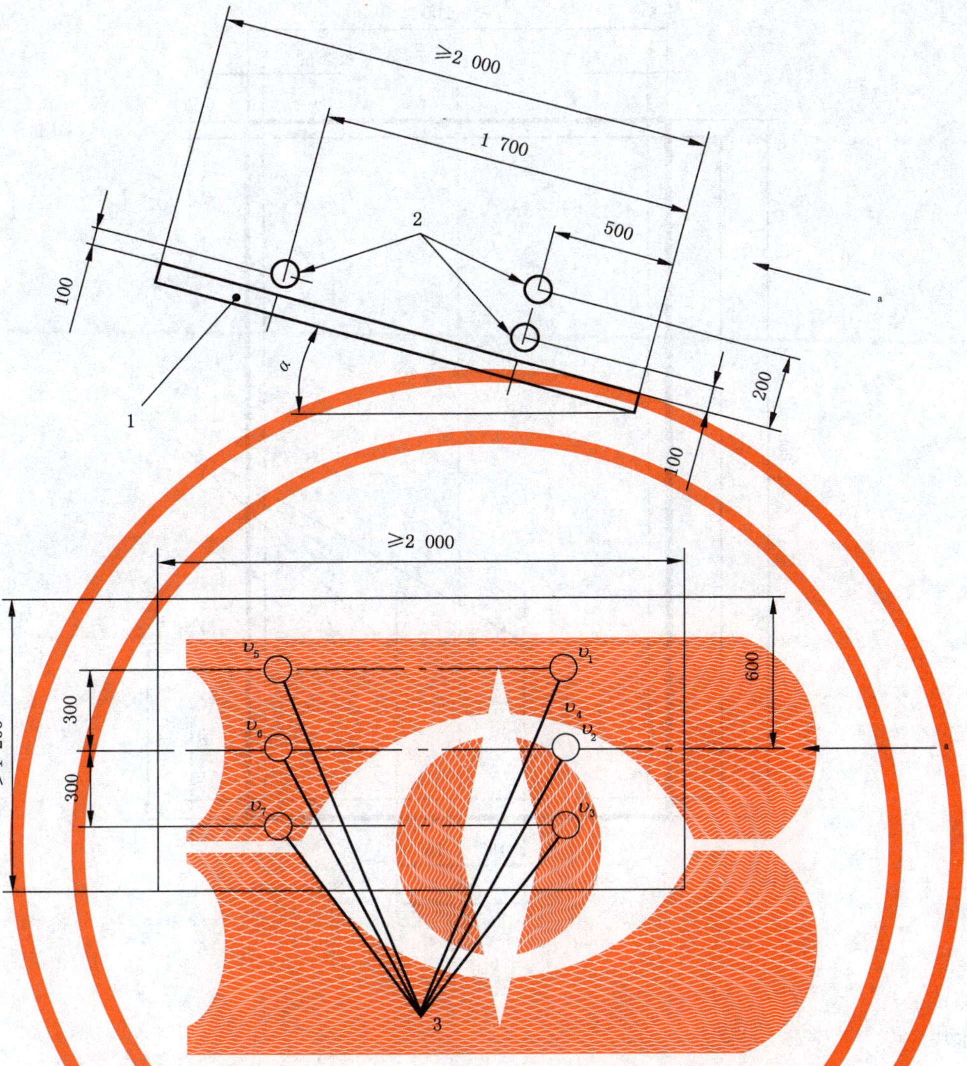

说明：

1——校准试件；

2——风速仪位置(侧视图)；

3——风速仪位置(正视图)；

α——试样坡度。

[a] 气流。

图 9　风速测试位置(试验方法 B 和试验方法 C)

7.4.2.4　火源 B 的定位

试验时，木块中心距离试样底端 500 mm，两木块相距 370 mm，等距离放置于纵向中心线两侧。木块可通过锚定在试样边缘的金属丝固定。应在试样表面标示出测试区，并按照图 10 放置木块。

单位为毫米

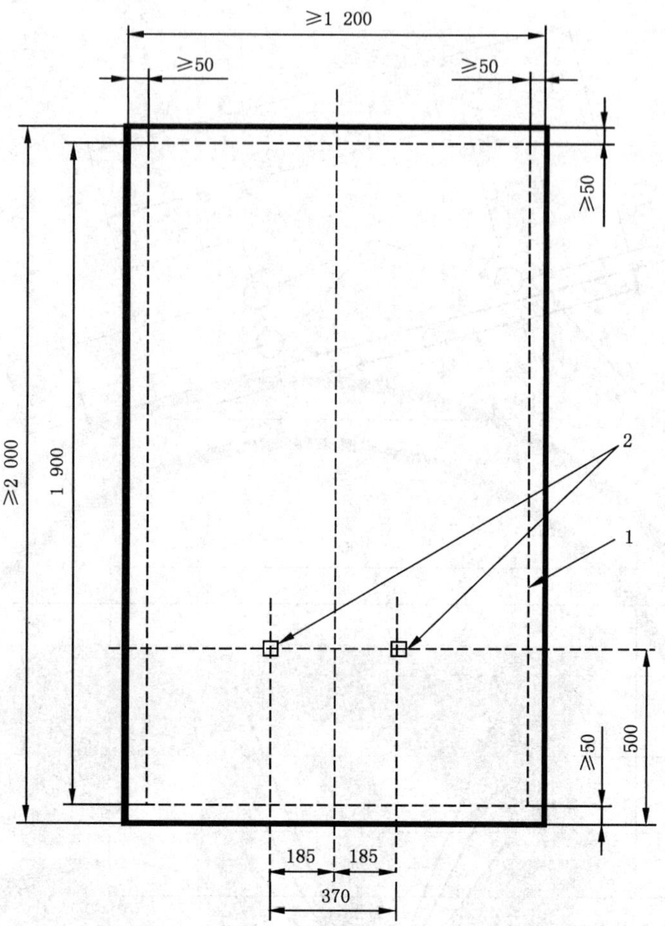

说明：

1——测试区；

2——木块。

图 10 测试区和火源位置(试验方法 B)

7.4.2.5 开始试验

按照下面的试验程序进行试验：

a) 按最近校准的设置调节风速，确保鼓风装置正常运行；

b) 将试样放置在试样支架上；

c) 按照 7.4.2.3 的规定点燃木块后迅速将其移至试样上；

d) 将木块放在试样上的同时开启计时器，试验开始。

7.5 试验方法 C

7.5.1 试验条件(屋顶坡度)

对于实际应用时只有一个坡度的屋顶制品，应按实际的设计坡度进行试验。试验结果仅适用于所试验的屋顶坡度。

对于实际应用时有多个坡度的屋顶制品，应按下述要求进行试验：

a) 坡度小于 5°的屋顶，以 0°的坡度进行试验；

b） 坡度为 5°～20°的屋顶，以 15°的坡度进行试验；

c） 坡度超过 20°的屋顶，以 30°的坡度进行试验。

7.5.2 试验前的准备

7.5.2.1 试验角度

试验前，按试验坡度调整试样支架，使试样角度满足试验要求。用校准板代替试样进行调节。试验的总体布局见图 11。

单位为毫米

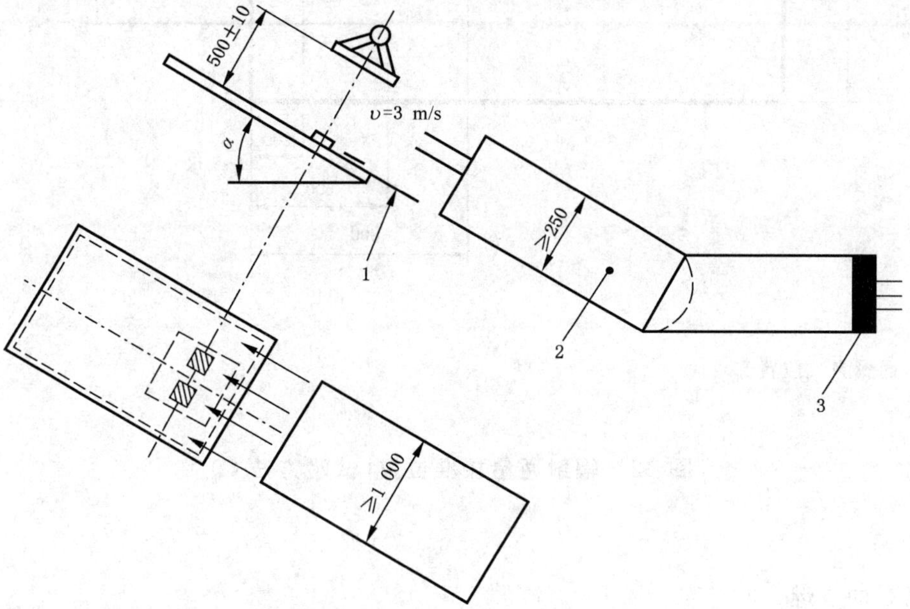

说明：

1——模拟屋檐的挡板；

2——鼓风装置；

3——过滤器；

α——试样坡度。

图 11 试验方法 C 的总体布局

7.5.2.2 风速校准

点燃辐射板前，调节风速使其满足 7.4.2.2 的规定要求。

7.5.2.3 热辐射校准

采用校准板和热通量计对热辐射进行校准。以校准板代替试样放置于试样架上，校准板表面与辐射板表面平行，且垂直距离为 500 mm。点燃辐射板，调节燃气和空气流量，辐射板应能提供稳定的热辐射，且在试样表面，与辐射板中心相对的点的辐射通量应为 12.5 kW/m^2±0.5 kW/m^2，其他四个点应为 10 kW/m^2±0.5 kW/m^2，见图 12。

单位为毫米

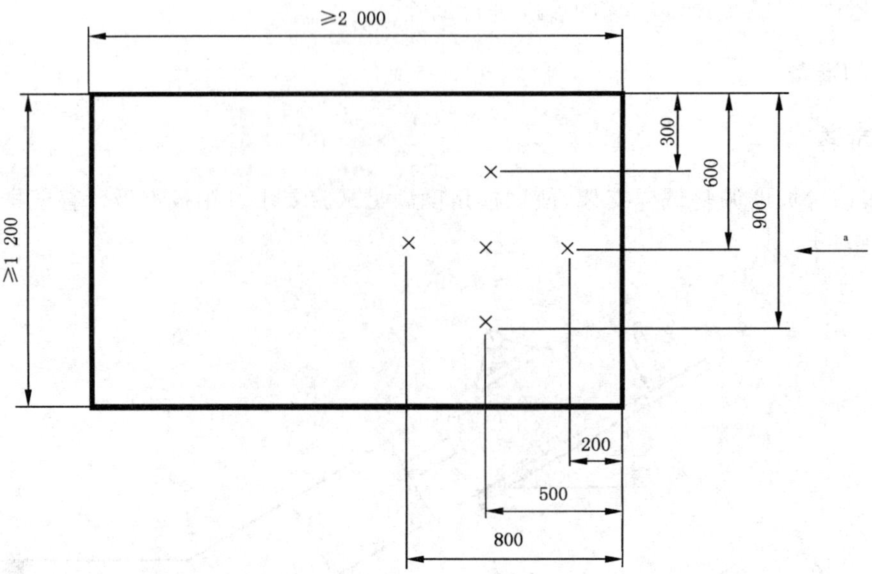

说明：

×——辐射通量测试位置。

a 空气流。

图 12 辐射通量校准位置(试验方法 C)

7.5.2.4 火源 C 的点燃

应采用 4.14 规定的点火装置对火源 C 的每个木垛点火 240 s±10 s，期间转动木块，依次使每个表面点火时间满足下述要求：

a) 每个 150 mm×150 mm 面点火 30 s；

b) 每个 57 mm×150 mm 面点火 30 s；

c) 每个 150 mm×150 mm 面再点火 30 s。

7.5.2.5 火源 C 的定位

使木垛中心距离试样底端 500 mm，两木垛相距 370 mm，等距离放置于纵向中心线两侧，将其中一个木垛上层的木条平行于试样底边缘，另一个则垂直于试样底边缘。木垛可以通过锚定在试样边缘的金属丝固定，应在试样表面标示出测试区，并按照图 13 放置木垛。

7.5.2.6 开始试验

按照下面的试验程序进行试验：

a) 按最近校准的设置调节风速，确保鼓风装置正常运行；

b) 按最近校准的设置调节辐射板的燃气和空气流量，确保试样表面的辐射强度满足 7.5.2.3 的要求；

c) 将试样放置于所要求坡度的试样支架上；

d) 按 7.5.2.4 的规定点燃两个木垛；

e) 在对木垛开始点火后 3.5 min，将试样及试样支架移至规定位置，确保试样、辐射板和鼓风装置的相对位置正确；试验时，试样表面与辐射板表面间的垂直距离为 500 mm；

f) 将点燃后的木垛迅速移至试样上。

将木垛放在试样上的同时开启计时器，试验开始。

单位为毫米

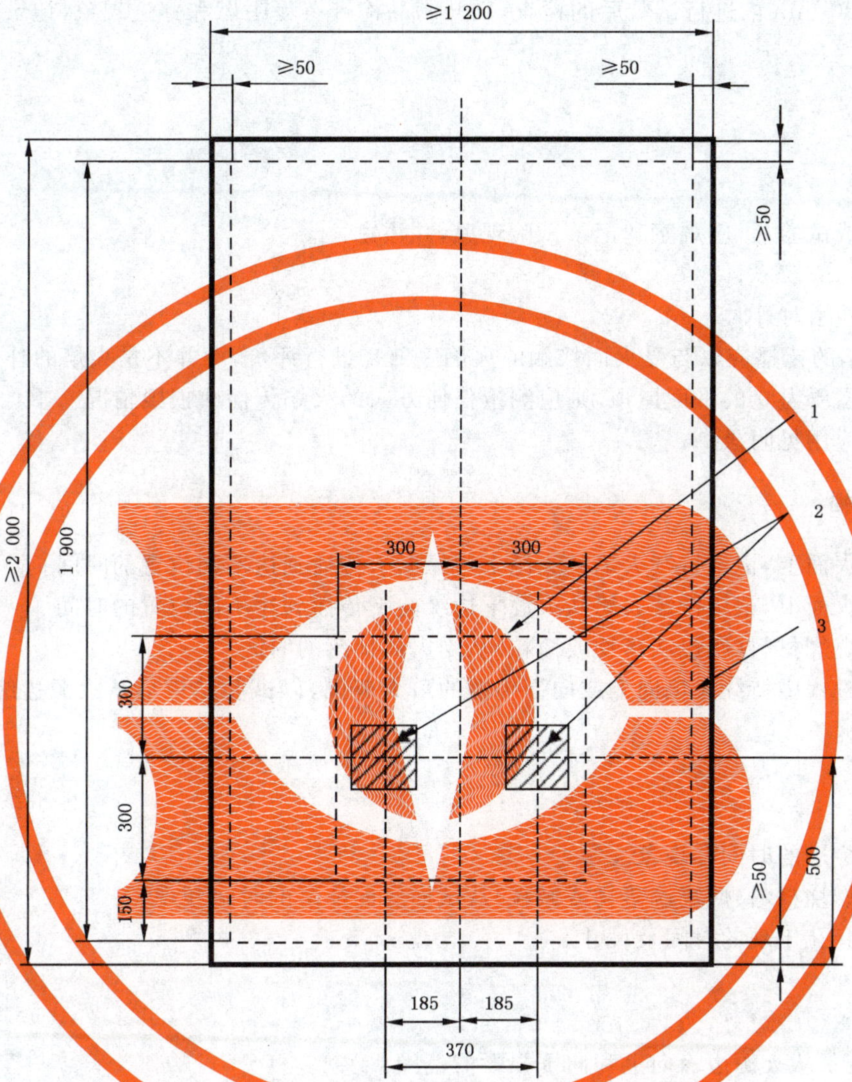

说明：

1——辐射板位置；

2——火源位置；

3——测试区。

图 13 测试区和火源的位置（试验方法 C）

7.6 试验结束

试验应进行 30 min，当出现下述情况时，可提前结束试验。可用水、气体灭火剂等熄灭所有可见火焰，注意避免损毁试样。

a) 明显未燃烧（如未出现火焰、阴燃、烟气等）；

b) 火焰传播到样品的测试区边缘；

c) 出现穿透。

7.7 试验后的检查

试验结束后 30 min 内进行试验后的检查，剖开制品检查有无阴燃和穿透现象，记录试验结果。

8 观察和测试

8.1 概述

8.1.1 试验期间或试验后，应观察和记录试验现象，并注意：

a) 尺寸以 mm 表示；

b) 从试验开始时计时；

c) 持续火焰的传播应以与受火面接触的火焰底部来进行评价，而并不是火焰的外焰；

d) 若试验屋顶为 0°的平面屋顶，则应测量任何方向的火焰传播或损毁情况。

8.1.2 试验结果应用见附录 A。

8.2 外部火焰传播

8.2.1 在试样受火面上，记录持续火焰从火源上边缘向上传播到达不同位置的时间。

8.2.2 在试样受火面上，记录持续火焰从火源下边缘向下传播到达不同位置的时间。

8.2.3 记录任何燃烧材料(燃烧滴落物或微粒)从受火面掉落的时间。

8.2.4 记录试验过程中持续火焰向上或向下传播的最大范围，以试验结束后从火源边缘开始测试的最大烧毁长度来表示。

8.3 火焰穿孔

8.3.1 记录火焰穿透的时间和现象。

8.3.2 记录任何燃烧材料(燃烧滴落物或微粒)从试样底面掉落的时间和现象。

8.3.3 记录试样穿孔出现的时间及尺寸。

8.4 损毁

8.4.1 试验后，记录从火源边缘向上和向下损毁的范围。

8.4.2 试验后，记录试样每个结构层从火源边缘向上、向下和侧向烧毁的最大长度。

9 试验报告

试验报告应包括下属内容：

a) 试验所采用的标准；

b) 试验室名称和试验日期；

c) 受检单位、生产单位、制品及组件的名称；

d) 试验制品的详细描述。包括屋顶或屋顶覆盖制品的安装方法，如螺钉安装、固定方式、间距、黏结物、材料的密度或面密度、材料的含水率等；

e) 试样边缘处理措施的描述；

f) 试验坡度；

g) 试验方法、试验样品和试验结果的相关信息；

h) 试验中和试验后的现象观察和测试，可包括下述内容：
——外部火焰向上传播达到 100 mm、300 mm、500 mm、700 mm、900 mm、1 100 mm、1 300 mm及测试区的上边缘时的时间，以 min 和 s 表示；
——任何燃烧材料从屋顶表面落下的时间；
——试样表面及内部的火焰向上、向下和侧向传播距离；
——火焰穿透的时间，以 min 和 s 表示，火焰穿透的类型，即试样底面出现的持续火焰或灼烧，从试样底面或开口落下的燃烧滴落物或微粒；
——试样损毁的描述，包括：无焰传播范围（烧焦和灼烧）、向上、向下和侧向的内部损毁范围、制品中单层材料向上、向下和侧向燃烧的最大距离、试验结束时间及原因等；

i) 报告的应用范围。

附　录　A
（规范性附录）
试验结果应用

A.1　坡度

A.1.1　试验方法 A

制品在 15°的试验结果，适用于坡度小于 20°的屋顶。

制品在 45°的试验结果，适用于坡度大于或等于 20°的屋顶。

制品以 15°或 45°以外的坡度进行测试的试验结果，仅适用于该坡度。

A.1.2　试验方法 B 和试验方法 C

制品在 15°的试验结果，适用于坡度为 5°～20°的屋顶。

制品在 30°的试验结果，适用于坡度为 20°～70°的屋顶。

试验方法 B 和试验方法 C 不适用于坡度大于 70°的屋顶。

制品在 0°和 30°进行试验得到相同分级时，试验结果适用于 0°～70°的任何坡度。

A.2　基材的性质

A.2.1　采用标准基材进行试验，试验结果适用于所有采用相同组件(包括厚度)和安装方式的制品。

A.2.2　以 6.2 规定的间距不超过 0.5 mm 的木质刨花板作为基材的试验结果适用于：

——最小厚度 12 mm、缝隙不超过 0.5 mm 的任何木质连续基材；

——最小厚度 10 mm 的任何不燃连续基材。

A.2.3　以 6.2 规定的板间间距为 5.0 mm±0.5 mm 的木质刨花板作为基材的试验结果适用于：

——任何木质连续基材；

——任何以有平整边缘的木板做成的连续基材；

——任何间距不超过 5.0 mm 的不燃基材。

A.2.4　以 6.3 规定的梯形钢板基材得到的试验结果适用于：

——任何型钢基材；

——任何最小厚度为 10 mm 的不燃连续基材。

A.2.5　以 6.3 规定的梯形铝板基材得到的试验结果适用于：

——厚度大于或等于试验基材厚度的任何铝制基材；

——任何型钢基材；

——最小厚度为 10 mm 的任何不燃连续基材。

A.2.6　以 6.4 规定的增强硅酸钙板为基材得到的试验结果适用于最小厚度为 10 mm 的任何不燃连续基材。

A.3　采用特定基材的试验

以特定基材试验得到的试验结果只适用于采用特定基材的屋顶制品。

A.4 特别说明

任何屋顶制品当其满足试验方法 C 的试验要求时，可认为该制品在不做任何补充试验的情况下同时满足试验方法 B 的要求。

参 考 文 献

[1] ISO 12468-1:2003 External exposure of roofs to fire—Part 1: Test method

[2] ISO 12468-2: 2005 External exposure of roofs to fire—Part 2: Classification of roofs

[3] ENV 1187:2002 Test methods for external fire exposure to roofs

[4] EN 13501-5:2005 Fire classification of construction products and building elments—Part 5: Classification using data from external fire exposure to roofs tests

ICS 07.060;93.020
P 13

中华人民共和国国家标准

GB 30736—2014

围填海工程填充物质成分限值

The limitation on infilling components of sea reclamation and enclosure project

2014-06-09 发布　　2015-04-01 实施

中华人民共和国国家质量监督检验检疫总局
中国国家标准化管理委员会　发布

前　言

本标准第4章及第5章为强制性，其他内容为推荐性。

本标准按照GB/T 1.1—2009给出的规则起草。

本标准由国家海洋局提出。

本标准由全国海洋标准化技术委员会(SAC/TC 283)归口。

本标准起草单位：国家海洋环境监测中心、国家海洋局海洋咨询中心。

本标准主要起草人：杨新梅、许丽娜、韩庚辰、张永华、付元宾。

围填海工程填充物质成分限值

1 范围

本标准规定了围填海工程填充物质材质要求及分类、使用要求和样品采集与检测方法。

本标准适用于中华人民共和国管辖海域内的围填海工程填充物质的检测评价。

2 规范性引用文件

下列文件对于本文件的应用是必不可少的。凡是注日期的引用文件，仅注日期的版本适用于本文件。凡是不注日期的引用文件，其最新版本(包括所有的修改单)适用于本文件。

GB/T 12763.8 海洋调查规范 第8部分：海洋地质地球物理调查

GB/T 14583 环境地表γ辐射剂量率测定规范

GB/T 14550 土壤中六六六和滴滴涕测定的气相色谱法

GB/T 17108 海洋功能区划技术导则

GB/T 17138 土壤质量 铜、锌的测定 火焰原子吸收分光光度法

GB/T 17141 土壤质量 铅、镉的测定 石墨炉原子吸收分光光度法

GB 17378.1 海洋监测规范 第1部分：总则

GB 17378.2 海洋监测规范 第2部分：数据处理与分析质量控制

GB 17378.3 海洋监测规范 第3部分：样品采集、贮存与运输

GB 17378.5 海洋监测规范 第5部分：沉积物分析

GB 17378.7 海洋监测规范 第7部分：近海污染生态调查和生物监测

GB 18668 海洋沉积物质量

GB/T 22105.1 土壤质量 总汞、总砷、总铅的测定 原子荧光法 第1部分：土壤中总汞的测定

GB/T 22105.2 土壤质量 总汞、总砷、总铅的测定 原子荧光法 第2部分：土壤中总砷的测定

GB/T 22105.3 土壤质量 总汞、总砷、总铅的测定 原子荧光法 第3部分：土壤中总铅的测定

HJ/T 166 土壤环境监测技术规范

HJ 491 土壤 总铬的测定 火焰原子吸收分光光度法

3 术语和定义

下列术语和定义适用于本文件。

3.1

围填海工程 sea reclamation and enclosure project

围海和填海工程的总称。通过筑堤或围堰的手段围圈海域的为围海工程。在围海工程所围圈的海域内，以砂石、泥土等物质填充形成陆地的为填海工程。

3.2

围填海工程填充物质 infilling components of sea reclamation and enclosure project

在围填海工程中，用于围圈和填充特定范围海域所使用的、且对毗邻海域环境质量不会产生不可接

受的损害的固态或半固态物质，一般包括惰性无机地质材料、惰性拆建物料、疏浚物等。

3.3

环境背景值　environmental background value

围填海工程实施之前的环境各要素的含量水平。

3.4

惰性无机地质材料　inert inorganic geological material

未受到污染且有机物质含量低、抛填后不会与周围环境发生显著的化学反应的无机地质材料。

3.5

惰性拆建物料　construction and demolition material

建设、修缮、拆除等工程产生的未受到污染且有机物质含量低的建筑废弃物和弃土，抛填后不会与周围海域环境发生显著的化学反应，其物质组成为砾石、砂石、泥土、混凝土、瓦砾和砖块等。

4　围填海工程填充物质材质要求及分类

4.1　围填海工程填充物质材质要求

围填海工程填充物质中不应含有冶金废料、采矿废料、燃料废料、化工废料、城市生活垃圾（惰性拆建物料除外）、危险废物、农业垃圾、木质废料、明显的大型植物碎屑和动物尸体等损害海洋环境质量的物质。

4.2　围填海工程填充物质分类

围填海工程填充物质的分类应符合 GB/T 17108 所规定的海洋功能区海洋沉积物质量的要求。

4.2.1　围海工程填充物质

4.2.1.1　第一类围海工程填充物质

材质符合 4.1 的规定、块体大小符合围海工程中堤坝或围堰的设计要求、在符合 GB 18668 的第一类海洋沉积物质量要求的海洋功能区内使用的物质，为第一类围海工程填充物质。

4.2.1.2　第二类围海工程填充物质

材质符合 4.1 的规定、块体大小符合围海工程中堤坝或围堰的设计要求、在符合 GB 18668 的第二类海洋沉积物质量要求的海洋功能区内使用的物质，为第二类围海工程填充物质。

4.2.1.3　第三类围海工程填充物质

材质符合 4.1 的规定、块体大小符合围海工程中堤坝或围堰的设计要求、在符合 GB 18668 的第三类海洋沉积物质量要求的海洋功能区内使用的物质，为第三类围海工程填充物质。

4.2.2　填海工程填充物质

材质符合 4.1 的规定、符合第三类围海工程填充物质成分限值要求的物质，为填海工程填充物质。

5　围填海工程填充物质使用要求

5.1　基本要求

拟用于围填海工程的填充物质应符合第 4 章的规定，且在使用前应进行其成分检测，不符合第 4 章的规定及未经成分检测的物质不应作为围填海工程填充物质使用。

5.2 成分检测指标

围填海工程填充物质成分检测指标包括：材质、气味、单块体重量、相对密度、汞、镉、铅、锌、铜、铬、砷、有机碳、硫化物、石油类、六六六、滴滴涕、多氯联苯、大肠菌群及 γ 辐射剂量率。

5.3 成分限值

围填海工程填充物质成分各检测指标限值列于表 1。

表 1 围填海工程填充物质成分限值

序号	指标	第一类	第二类	第三类
1	材质	不应含有冶金废料、采矿废料、燃料废料、化工废料、城市生活垃圾(惰性拆建物料除外)、危险废物、农业垃圾、木质废料、明显的大型植物碎屑和动物尸体等损害海洋环境质量的物质		
2	气味	无异味、异臭		
3	块体大小	单块体重量符合围海工程中堤坝或围堰的设计要求		
4	相对密度	大于施工海域的海水相对密度		
5	$\omega_d(Hg)(\times 10^{-6})$	0.20	0.50	1.20
6	$\omega_d(Cd)(\times 10^{-6})$	0.50	1.50	6.00
7	$\omega_d(Pb)(\times 10^{-6})$	60.0	130.0	300.0
8	$\omega_d(Zn)(\times 10^{-6})$	150.0	350.0	720.0
9	$\omega_d(Cu)(\times 10^{-6})$	35.0	100.0	240.0
10	$\omega_d(Cr)(\times 10^{-6})$	80.0	150.0	324.0
11	$\omega_d(As)(\times 10^{-6})$	20.0	65.0	112.0
12	$\omega_d(OC)(\times 10^{-2})$	2.0	3.0	5.0
13	$\omega_d(S^{2-})(\times 10^{-6})$	300.0	500.0	720.0
14	$\omega_d(oil)(\times 10^{-6})$	500.0	1 000.0	1 800.0
15	$\omega_d(666)(\times 10^{-6})$	0.50	1.00	1.80
16	$\omega_d(DDT)(\times 10^{-6})$	0.02	0.05	0.12
17	$\omega_d(PCB_s)(\times 10^{-6})$	0.02	0.20	0.72
18	大肠菌群湿重比个数/(个/g,湿重)	200		
19	γ 辐射剂量率/(nGy/h)	不大于围填海工程实施前一定区域范围 γ 辐射剂量率的环境背景值		

5.4 评价方法

将拟用于围填海工程填充物质的样品各成分检测指标的检测值与表 1 相应类别成分限值对比，样品各成分检测指标检测值均未超过表 1 相应类别成分限值要求的物质，作为该类别的围填海工程填充物质。

6 围填海工程填充物质样品采集与检测方法

6.1 样品采集

围填海工程填充物质的样品采集应符合附录A的规定。

6.2 样品检测方法

海底疏浚物等来源于海域的围填海工程填充物质样品的检测，采用表2所列的方法。惰性无机地质材料和惰性拆建物料等来源于陆域的围填海工程填充物质样品的检测，采用表3所列的方法。样品检测结果填入"围填海工程填充物质成分检测报表"(见附录B)。

表2 海源性围填海工程填充物质样品检测方法

序号	项 目	分 析 方 法	检出限	引用标准
1	材质	目测法		
2	气味	感官法		
3	块体大小	目测法		
4	相对密度	比重瓶法		GB/T 12763.8
5	ω_d(Hg)	原子荧光法	0.002×10^{-6}	GB 17378.5
6	ω_d(Cd)	无火焰原子吸收分光光度法	0.04×10^{-6}	GB 17378.5
7	ω_d(Pb)	无火焰原子吸收分光光度法	1.0×10^{-6}	GB 17378.5
8	ω_d(Zn)	火焰原子吸收分光光度法	6×10^{-6}	GB 17378.5
9	ω_d(Cu)	无火焰原子吸收分光光度法	0.5×10^{-6}	GB 17378.5
10	ω_d(Cr)	无火焰原子吸收分光光度法	2.0×10^{-6}	GB 17378.5
11	ω_d(As)	原子荧光法	0.06×10^{-6}	GB 17378.5
12	ω_d(OC)	重铬酸钾氧化—还原容量法		GB 17378.5
13	ω_d(S^{2-})	碘量法	4.0×10^{-6}	GB 17378.5
14	ω_d(oil)	紫外分光光度法	1.0×10^{-6}	GB 17378.5
15	ω_d(666)	气相色谱法	α-666：3pg γ-666：4pg β-666：3pg δ-666：5pg	GB 17378.5
16	ω_d(DDT)	气相色谱法	pp′-DDE：4pg op′-DDT：11pg pp′-DDD：6pg pp′-DDT：18pg	GB 17378.5
17	ω_d(PCB_s)	气相色谱法	59×10^{-6}	GB 17378.5
18	大肠菌群湿重比个数	发酵法		GB 17378.7
19	γ辐射剂量率	γ辐射剂量率仪法		GB/T 14583

表 3　陆源性围填海工程填充物质样品检测方法

序号	项　目	分析方法	检出限	引用标准
1	材质	目测法		
2	气味	感官法		
3	块体大小	目测法		
4	相对密度	比重瓶法		GB/T 12763.8
5	ω_d(Hg)	原子荧光法	0.002×10^{-6}	GB/T 22105.1
6	ω_d(Cd)	石墨炉原子吸收分光光度法	0.01×10^{-6}	GB/T 17141
7	ω_d(Pb)	原子荧光法	0.06×10^{-6}	GB/T 22105.2
8	ω_d(Zn)	火焰原子吸收分光光度法	0.5×10^{-6}	GB/T 17138
9	ω_d(Cu)	火焰原子吸收分光光度法	1×10^{-6}	GB/T 17138
10	ω_d(Cr)	火焰原子吸收分光光度法	5×10^{-6}	HJ 491
11	ω_d(As)	原子荧光法	0.01×10^{-6}	GB/T 22105.3
12	ω_d(OC)	重铬酸钾氧化——还原容量法		GB 17378.5
13	$\omega_d(S^{2-})$	碘量法	4×10^{-6}	GB 17378.5
14	ω_d(oil)	紫外分光光度法	2×10^{-6}	GB 17378.5
15	ω_d(666)	气相色谱法	α-BHC：3.57×10^{-12} g β-BHC：3.73×10^{-12} g γ-BHC：1.18×10^{-12} g δ-BHC：9.79×10^{-13} g	GB/T 14550
16	ω_d(DDT)	气相色谱法	p•p′-DDE：1.76×10^{-12} g o•p′-DDT：7.56×10^{-12} g p•p′-DDD：5.57×10^{-12} g p•p′-DDT：1.47×10^{-12} g	GB/T 14550
17	$\omega_d(PCB_s)$	气相色谱法	59×10^{-6}	GB 17378.5
18	大肠菌群湿重比个数	发酵法		GB 17378.7
19	γ辐射剂量率	γ辐射剂量率仪法		GB/T 14583

6.3 样品采集及检测质量控制要求

承担围填海工程填充物质样品采集和检测工作的单位,应通过计量认证,现场操作人员应持证上岗。样品采集、检测及数据处理等各环节的质量控制应符合 GB 17378.1、GB 17378.2、GB 17378.3 和 HJ/T 166 的有关要求。

附　录　A
（规范性附录）
围填海工程填充物质样品采集要求

A.1　采样工具

采样工具主要包括：

——采样铲；

——竹片或竹刀；

——柱状样采样器；

——内衬塑料薄膜的样品袋或广口玻璃瓶。

A.2　采样点位布设与采样层次

A.2.1　采样点位布设

A.2.1.1　将拟用于围填海工程填充物质的取材区域分成等面积网格，每网格设一个采样点。

A.2.1.2　当取材区域分布面积大于等于 20 hm^2 时，每 20 hm^2 布设的采样点位不少于 1 个，不足 20 hm^2 的仍按 1 个采样点布设。当取材区域分布面积小于 20 hm^2 时，布设的采样点位不少于 2 个。

A.2.2　采样层次

当拟用于围填海工程填充物质堆放厚度大于 20 cm 时，应分层采样。表层样深度为 0～20 cm，自表层采样层向下，每增加 50 cm，设一个采样层次，不足 50 cm 的仍为一个采样层次。

A.3　样品采集

A.3.1　采样时应按表 A.1 的格式填写采样登记表。

A.3.2　采样量应满足样品检测的需要，一般情况下采样量不少于 1 kg。

A.3.3　采样遇有大块物质时，采用砸取法将其砸碎，取其部分碎块样品。

A.3.4　测定金属或有机化合物的样品，应用竹刀（竹片）去除与金属或塑料采样器接触的部分后再取样。

A.3.5　测定金属的样品应装在内衬塑料薄膜的样品袋内，测定有机化合物的样品应盛放在广口玻璃瓶中。

A.3.6　样品保存容器的预处理方法和样品的保存方法，按 GB 17378.3 或 HJ/T 166 中的相关规定执行。

表 A.1 围填海工程填充物质采样登记表

<table>
<tr><td colspan="2">围填海工程名称</td><td colspan="3"></td><td>采样日期</td><td colspan="2">年 月 日</td></tr>
<tr><td colspan="4">围填海工程所在的海洋功能区名称</td><td colspan="4"></td></tr>
<tr><td colspan="4">填充物质用途</td><td colspan="4">□围海 □填海</td></tr>
<tr><td>采样单位名称</td><td colspan="4">（公章）</td><td>计量认证证书编号</td><td colspan="2"></td></tr>
<tr><td>采样地点</td><td colspan="7">省（自治区、直辖市） 市 区（县、市） 乡（镇、街道）</td></tr>
<tr><td colspan="2">采样地点所在海区</td><td colspan="6"></td></tr>
<tr><td rowspan="2">采样点编号</td><td rowspan="2">样品编号</td><td colspan="2">地理坐标</td><td rowspan="2">采样层次</td><td rowspan="2">材质[a]</td><td rowspan="2">气味</td><td rowspan="2">块体大小[b]</td></tr>
<tr><td>北纬</td><td>东经</td></tr>
<tr><td></td><td></td><td></td><td></td><td></td><td></td><td></td><td></td></tr>
<tr><td></td><td></td><td></td><td></td><td></td><td></td><td></td><td></td></tr>
<tr><td></td><td></td><td></td><td></td><td></td><td></td><td></td><td></td></tr>
<tr><td></td><td></td><td></td><td></td><td></td><td></td><td></td><td></td></tr>
<tr><td></td><td></td><td></td><td></td><td></td><td></td><td></td><td></td></tr>
<tr><td></td><td></td><td></td><td></td><td></td><td></td><td></td><td></td></tr>
<tr><td></td><td></td><td></td><td></td><td></td><td></td><td></td><td></td></tr>
<tr><td></td><td></td><td></td><td></td><td></td><td></td><td></td><td></td></tr>
<tr><td></td><td></td><td></td><td></td><td></td><td></td><td></td><td></td></tr>
<tr><td></td><td></td><td></td><td></td><td></td><td></td><td></td><td></td></tr>
<tr><td></td><td></td><td></td><td></td><td></td><td></td><td></td><td></td></tr>
<tr><td></td><td></td><td></td><td></td><td></td><td></td><td></td><td></td></tr>
<tr><td></td><td></td><td></td><td></td><td></td><td></td><td></td><td></td></tr>
</table>

[a] 围海工程填充物质材质填写分以下几种情况：

a) 根据材质具体情况填写相应的名称：
   1) 惰性无机地质材料；
   2) 惰性拆建物料；
   3) 疏浚物；
   4) 其他（选择该项时应注明材质的具体名称）。

b) 材质中是否含有：
   1) 冶金废料、采矿废料、燃料废料、化工废料等工业废弃物；
   2) 农业垃圾；
   3) 城市生活垃圾（惰性拆建物料除外）；
   4) 危险废物；
   5) 木质废料；
   6) 明显的大型植物碎屑和动物尸体；
   7) 其他有害废物。

[b] 拟用于填海工程填充物质的可不填此项。

采样人________________ 审核人________________

附　录　B
（规范性附录）
围填海工程填充物质成分检测报表

表 B.1 是围填海工程填充物质检测报表。

表 B.1　围填海工程填充物质成分检测报表

第＿＿页　共＿＿页

围填海工程名称		填报日期	年　月　日
围填海工程所在的海洋功能区名称			
填充物质用途	□围海　　□填海		
检测单位名称	（公章）	计量认证证书编号	
采样地点	省（自治区、直辖市）　市　区（县、市）　乡（镇、街道）		
采样地点所在海区			

序号	检测指标	样品编号				
1	材质[a]					
2	气味					
3	块体大小[b]					
4	相对密度					
5	ω_d(Hg)($\times 10^{-6}$)					
6	ω_d(Cd)($\times 10^{-6}$)					
7	ω_d(Pb)($\times 10^{-6}$)					
8	ω_d(Zn)($\times 10^{-6}$)					
9	ω_d(Cu)($\times 10^{-6}$)					
10	ω_d(Cr)($\times 10^{-6}$)					
11	ω_d(As)($\times 10^{-6}$)					
12	ω_d(OC)($\times 10^{-2}$)					
13	ω_d(S^{2-})($\times 10^{-6}$)					
14	ω_d(Oil)($\times 10^{-6}$)					
15	ω_d(666)($\times 10^{-6}$)					
16	ω_d(DDT)($\times 10^{-6}$)					
17	ω_d(PCB_s)($\times 10^{-6}$)					
18	大肠菌群湿重比个数/(个/g)					
19	γ 辐射剂量率/(nGy/h)					

[a] 填写内容与表 A.1 的要求相同。
[b] 拟用于填海工程填充物质的可不填此项。

填报人＿＿＿＿＿　　　　审核人＿＿＿＿＿

ICS 07.060
A 45

中华人民共和国国家标准

GB/T 30737—2014

海洋微微型光合浮游生物的测定
流式细胞测定法

**Determination of marine photosynthetic picoplankton—
Flow cytometry**

2014-06-09 发布　　2014-10-01 实施

中华人民共和国国家质量监督检验检疫总局
中国国家标准化管理委员会　发布

前　言

本标准按照 GB/T 1.1—2009 给出的规则起草。

本标准由国家海洋局提出。

本标准由全国海洋标准化技术委员会(SAC/TC 283)归口。

本标准起草单位:国家海洋局南海环境监测中心、厦门大学、国家海洋局第二海洋研究所、华东师范大学、中国科学院南海海洋研究所。

本标准主要起草人:朱艾嘉、焦念志、黄楚光、骆庭伟、邓鸿、乐凤凤、邱大俊、李海涛、杨振雄、林端、方宏达、许战洲、蔡伟叙、曲念东。

海洋微微型光合浮游生物的测定 流式细胞测定法

1 范围

本标准规定了海洋微微型光合浮游生物中原绿球藻、聚球藻和微微型真核藻类细胞数量的流式细胞测定法。

本标准适用于海洋微微型光合浮游生物中上述3个主要类群细胞数量的流式细胞测定。

2 规范性引用文件

下列文件对于本文件的应用是必不可少的。凡是注日期的引用文件，仅注日期的版本适用于本文件。凡是不注日期的引用文件，其最新版本(包括所有的修改单)适用于本文件。

GB/T 12763.6—2007 海洋调查规范 第6部分：海洋生物调查

3 术语和定义

GB/T 12763.6—2007界定的以及下列术语和定义适用于本文件。

3.1

浮游生物 plankton

缺乏发达的运动器官，没有或仅有微弱的运动能力，悬浮在水层中，常随水流移动的生物。

注：改写GB/T 12763.6—2007，定义3.9。

3.2

微微型浮游生物 picoplankton

粒径范围在0.2 μm～2 μm的浮游生物。

注1：微微型浮游生物不是一个严格的生物学概念，而是一个生态学概念。

注2：改写GB/T 12763.6—2007，定义3.9。

3.3

微微型光合浮游生物 photosynthetic picoplankton

能进行光合作用的微微型浮游生物。

注：微微型光合浮游生物又包括自养和异养两种类型，以自养型的占绝对优势。自养型的微微型光合浮游生物由三个主要类群组成：原绿球藻、聚球藻和微微型真核藻类。异养型的微微型光合浮游生物主要为不产氧光合细菌(anoxygenic phototrophic bacteria，APB)。

3.4

原绿球藻 *Prochlorococcus* spp.；*Pro*.

蓝细菌(Cyanobacteria)中的一属，为原核生物，粒径一般为0.6 μm左右，其主要特征色素为二乙烯基叶绿素(DiVinyl-Chlorophyll，DVChl)。

3.5

聚球藻 *Synechococcus* spp.；*Syn*.

蓝细菌中的一属，为原核生物，粒径一般为1 μm左右，除了含有叶绿素*a*(Chlorophyll *a*)外，其主要特征色素为藻胆蛋白(phycobiliprotein,PBP),包括藻红蛋白(phycoerythrin,PE)和藻蓝蛋白(phycocyanin,PC)。

3.6

微微型真核藻类　picoeukaryotes;Euk.

由多种隶属于不同门类的真核浮游植物组成,粒径范围在 0.2 μm～2 μm,它们的主要色素为叶绿素 *a*。

4　方法原理

本方法是一种在单细胞水平上对微微型光合浮游生物细胞物理化学和生物化学性质进行快速测定的方法。含有荧光物质的微微型光合浮游生物细胞在检测区受激光照射后,产生前向散射光、侧向散射光和荧光。前向散射光信号表征细胞的大小和形状,侧向散射光信号表征细胞质的颗粒性,荧光信号表征细胞的荧光物质含量。根据原绿球藻、聚球藻和微微型真核藻类上述信号的不同进行区分和计数。

5　主要仪器设备

主要仪器设备如下:

a)　流式细胞仪(配备 488 nm 激光器);

b)　液氮罐;

c)　超低温冰箱(−80 ℃);

d)　漩涡振荡器。

6　试剂

6.1　固定剂

样品可采用多聚甲醛溶液(固定终浓度为 1%)或戊二醛溶液(固定终浓度为 0.1%)进行固定,也可同时加入多聚甲醛溶液和戊二醛溶液进行固定(固定终浓度分别为 1% 和 0.05%)。多聚甲醛溶液和戊二醛溶液获得方法如下:

a)　多聚甲醛溶液:市售电子显微镜用多聚甲醛溶液或自制 10% 多聚甲醛溶液。自制 10% 多聚甲醛溶液配置方法是:在通风橱中称取 10 g 多聚甲醛粉末放入 70 mL 煮沸的蒸馏水中,连续搅拌至少 2 h(可使用恒温磁力搅拌器);加入少量氢氧化钠(NaOH)溶液(0.1 mol/ L)直至溶液澄清;加入 10 mL 10% 的磷酸盐缓冲液(PBS),调节到 pH 7.5;定容至 100 mL;用孔径为 0.2 μm 的注射器过滤器过滤。过滤后的多聚甲醛溶液可分装于 15 mL 的小管中,−20 ℃保存。未冻结的多聚甲醛溶液(4 ℃保存)使用不宜超过 1 周。

b)　戊二醛溶液:市售电子显微镜用 25% 或 50% 戊二醛溶液。

注:上述固定终浓度均为体积百分比。

6.2　鞘液

鞘液宜使用经孔径 0.2 μm 滤膜过滤的现场海水,也可使用超纯水。

6.3　标准荧光小球(beads)悬浮工作液

用超纯水稀释直径 1 μm 的标准黄绿荧光小球悬浮液至浓度约为 10^5 个/μL 的工作液。

注：标准荧光小球在流式细胞测定时能产生固定强度的红色和橙色荧光，而且小球颗粒大小固定，因此可作为荧光和散射光信号的内部参考物质。

7 样品采集与处理

7.1 样品采集

按 GB/T 12763.6—2007 中 7.1.1、7.1.2 的规定进行。

7.2 采水量

每次采水量宜不少于 30 mL。

7.3 样品固定与保存

7.3.1 水样应先用孔径 20 μm 筛绢预过滤至润洗 2 次～3 次的清洁小烧杯中。

7.3.2 可在 12 h 内上机分析的样品，可置于 4 ℃避光保存。

7.3.3 样品固定保存方法如下：

a) 吸取预过滤水样至 2 mL 或 5 mL 的冻存管中，加入固定剂[见 6.1 a)或 6.1 b)]，用漩涡振荡器[见第 5 章 d)]充分混匀，用铝箔纸包裹好，避免光照；

b) 在室温下放置 15 min 后，置于液氮[见第 5 章 b)]中速冻，然后转移到－80 ℃超低温冰箱[见第 5 章 c)]保存或直接存放在液氮[见第 5 章 b)]中直至分析。

注：样品宜尽快分析，－80 ℃超低温冰箱[见第 5 章 c)]或液氮[见第 5 章 b)]中保存不宜超过 1 年，若－20 ℃条件下保存则不宜超过 1 个月。

7.4 记录

将采样情况记录于表 A.1。

8 测定步骤

8.1 测定准备

8.1.1 将鞘液(见 6.2)置入流式细胞仪[见第 5 章 a)]中，当使用过滤海水作为鞘液时，宜短接仪器内的鞘液过滤器以防止鞘液过滤器受污染。若不短接鞘液过滤器，当鞘液过滤器受污染导致背景噪音增多和流路不稳定等情况时，应更换鞘液过滤器。

8.1.2 开机预热。

8.2 测定方法

8.2.1 流量校准法

8.2.1.1 进行流量校准，方法如下：进样管中加入过滤海水或超纯水，测量样品重量；卸下进样针的针管套，待鞘液滴从进样针中滴下，在下一滴鞘液滴滴下前放上进样管，还原托架位置，同时开始计时；至少 10 min 后取下进样管，同时停止计时，记录测定时长，测定剩余样品的重量。

流量计算用式(1)：

$$R=\frac{W_i-W_t}{T\times d} \qquad \cdots\cdots(1)$$

式中：

R ——流量，单位为微升每分(μL/min)；

T ——测定时间，单位为分 (min)；

W_i ——初始重量，单位为毫克(mg)；

W_t ——测定后所剩重量，单位为毫克(mg)；

d ——进样管内液体密度，单位为毫克每微升(mg/μL)。

注：过滤海水 d=1.03 mg/μL，超纯水 d=1.00 mg/μL。

8.2.1.2 样品分析时，一天内校准流量不少于 4 次。

8.2.1.3 冷冻保存样品置于常温或 37 ℃水浴中避光解冻备用。

8.2.1.4 吸取 500 μL～1 000 μL 水样至进样管中，加入 10 μL 标准荧光小球悬浮工作液(见 6.3)，用漩涡振荡器[见 5 d)]混匀。

8.2.1.5 将装有水样的进样管放置于样品托架上后开始进样。

8.2.1.6 设定仪器各散射光和荧光通道的电压值，在红色荧光通道设定阈值，保证目标细胞群出现在分析图谱中。电压值的大小应视样品散射光和荧光信号的强弱而定。

注：一般各散射光和荧光通道电压参考值为：前向散射 FSC 为 E01(个别仪器型号需设定具体电压值)，侧向散射 SSC 为 420 V，绿色荧光 FL1 为 630 V，橙色荧光 FL2 为 550 V，红色荧光 FL3 为 600 V，红色荧光 FL3 阈值为 50 V。所有电压信号设定为对数放大模式(Log 档)。

8.2.1.7 选择流量档，流量宜控制在 10 μL/min～30 μL/min 范围内，采集颗粒速度 50 个/s～100 个/s 为宜。

8.2.1.8 稳定至少 15 s 后开始采集数据，采集数量宜大于 10 000 个颗粒。记录样品分析时仪器的电压设置。

8.2.1.9 流量校准法为仲裁方法。除本方法外，另有内标法(见 8.2.2)。

8.2.2 内标法

8.2.2.1 标定标准荧光小球悬浮工作液(见 6.3)的浓度。标定方法可使用荧光显微镜直接计数法。标定前用漩涡振荡器[见 5 d)]混匀，防止荧光小球凝聚沉底。有条件者可使用绝对计数管，绝对计数管内含有已知数量的标准小球，不需对标准荧光小球悬浮工作液(见 6.3)的浓度进行标定。

8.2.2.2 样品解冻、加样、进样、仪器参数设定、流量档选择和数据采集按照 8.2.1.3～8.2.1.8 规定的步骤进行。

9 结果分析与计算

9.1 不同类群细胞的区分

根据各细胞群光散射信号和荧光信号(橙色荧光和红色荧光，分别表征藻胆蛋白和叶绿素含量)的差异区分原绿球藻、聚球藻和微微型真核藻类。(当使用超纯水作为鞘液时，会对散射光/荧光信号的绝对值产生一定影响，但对于各细胞类群散射光/荧光信号的相对强弱无显著影响，不影响细胞类群的区分与计数。)前向散射光、侧向散射光和红色荧光信号强度大小依次为：微微型真核藻类＞聚球藻＞原绿球藻；橙色荧光信号强度大小依次为：聚球藻＞原绿球藻≈微微型真核藻类。流式细胞分析图谱中细胞类群的区分见示意图 1。

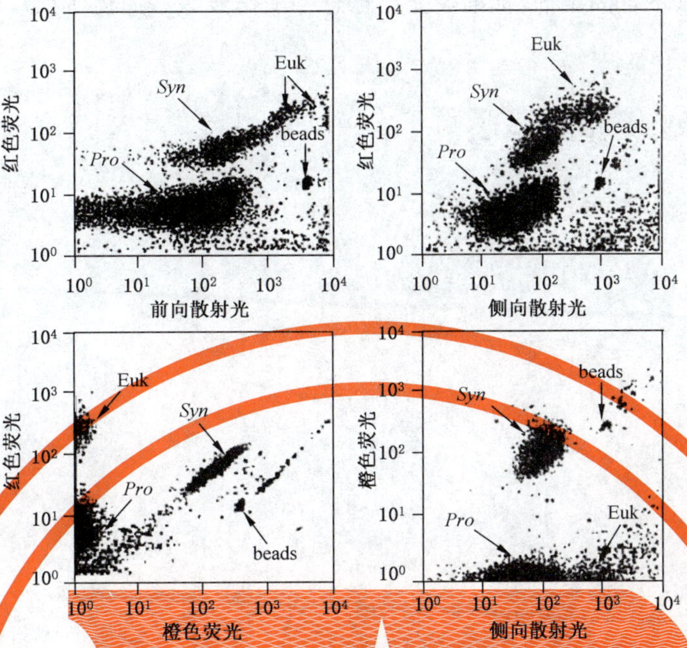

图 1　流式细胞分析图谱中原绿球藻、聚球藻和微微型真核藻类区分示意图

9.2　获取细胞数

在仪器分析结果的散点图上圈出目标细胞群，仪器自带的分析软件将自动给出该类群细胞的数量，做好记录。

9.3　细胞密度计算

9.3.1　使用流量校准法时，样品中每个类群的细胞密度可用式(2)计算：

$$C=\frac{N\times V_{t}\times 1\ 000}{V_{s}\times R\times T} \qquad \cdots\cdots\cdots\cdots\cdots\cdots(2)$$

式中：

C ——细胞密度，单位为个每毫升(cells/mL)；

N ——获取该类群的细胞数量，单位为个(cells)；

V_t ——样品体积加上添加物(固定剂、标准荧光小球悬浮工作液等)的体积，单位为微升(μL)；

V_s ——样品体积(不含固定剂，标准荧光小球悬浮工作液等添加物体积)，单位为微升(μL)；

R ——样品流量，单位为微升每分(μL/min)；

T ——样品测定时间，单位为分(min)。

9.3.2　使用内标法时，样品中每个类群的细胞密度可用式(3)计算：

$$C=\frac{N\times Q_{b}\times 1\ 000}{V_{s}\times N_{b}} \qquad \cdots\cdots\cdots\cdots\cdots\cdots(3)$$

式中：

C ——细胞密度，单位为个每毫升(cells/mL)；

Q_b ——样品中添加的标准荧光小球数量，单位为个；

N ——获取该类群的细胞数量，单位为个(cells)；

N_b——获取标准荧光小球数量,单位为个;

V_s——样品体积(不含固定剂,标准荧光小球悬浮工作液等添加物体积),单位为微升(μL)。

9.4 记录

将测定结果和计算结果填于表 A.2。

附 录 A
（规范性附录）
海洋微微型光合浮游生物测定流式细胞测定法采样和测定结果记录表格式

表 A.1～表 A.3 给出了海洋微微型光合浮游生物流式细胞测定采样和测定记录表格式。

表 A.1 海洋微微型光合浮游生物流式细胞测定海上采样记录表

任务名称________ 任务编号：________ 海区：________ 调查船：________

采水器名称型号：______ 采样日期：____年___月___日至____年___月___日 第___页 共___页

序号	站位			采样日期	采样时间	水深 m	水层 m	样品编号	水样体积 mL	固定剂体积 mL
	编号	经度 ° ′ ″	纬度 ° ′ ″							
1										
2										
3										
4										
5										
6										
7										
8										
9										
10										
11										
12										
13										
14										
15										
16										
17										
18										
备注										

采样者：________ 记录者：________ 校对者：________

表 A.2 海洋微微型光合浮游生物流式细胞测定结果记录表(流量校准法)

任务名称________ 任务编号:________ 海区:________ 调查船:________

采样日期:____年__月__日至____年__月__日 测定日期:____年__月__日 仪器型号:________ 第__页 共__页

序号	站位	样品编号	采样日期	水层 m	散射/荧光通道电压 V					激光功率 mW	流量 μL/min	进样时间 min	获取细胞数 个			样品体积 μL		细胞密度 10^3 cells/mL		
					前向	侧向	绿色	橙色	红色/阈值				*Pro.*	*Syn.*	Euk.	无添加物	含添加物	*Pro.*	*Syn.*	Euk.
1																				
2																				
3																				
4																				
5																				
6																				
7																				
8																				
9																				
10																				
备注																				

注 1:前向散射光设置为 E01 时,无需在表中填写具体前向散射电压值。

注 2:“*Pro.*”表原绿球藻(*Prochlorococcus* spp.),“*Syn.*”表聚球藻(*Synechococcus* spp.),“Euk.”表微微型真核藻类(picoeukaryotes)。

分析者:________ 记录者:________ 校对者:________

表 A.3 海洋微微型光合浮游生物流式细胞测定结果记录表(内标法)

任务名称________ 任务编号:________ 海区:________ 调查船:________

采样日期:____年____月____日至____年____月____日 测定日期:____年____月____日 仪器型号:________ 第____页 共____页

序号	站位	样品编号	采样日期	水层 m	散射/荧光通道电压 V					激光功率 mW	样品中荧光小球数 10^3 个	获取荧光小球数 个	获取细胞数 个			样品体积 μL	细胞密度 10^3 cells/mL		
					前向	侧向	绿色	橙色	红色/阈值				*Pro.*	*Syn.*	Euk.		*Pro.*	*Syn.*	Euk.
1																			
2																			
3																			
4																			
5																			
6																			
7																			
8																			
9																			
10																			
备注																			

注 1:前向散射光设置为 E01 时,无需在表中填写具体前向散射电压值。

注 2:“*Pro.*”表原绿球藻(*Prochlorococcus* spp.),“*Syn.*”表聚球藻(*Synechococcus* spp.),“Euk.”表微微型真核藻类(picoeukaryotes)。

分析者:________ 记录者:________ 校对者:________

参 考 文 献

[1] 焦念志.海洋微型生物生态学[M].北京:科学出版社,2006.

[2] 宁修仁,孙松.海湾生态系统野外观测方法[M].北京:中国环境科学出版社,2005.

[3] MARIE D, PARTENSKY F, VAULOT D, BRUSSAARD C. Enumeration of phytoplankton, bacteria and viruses in marine samples[M]//ROBINSON J, DARZYNKIEWICZ Z, DEAN P, DRESSLER L, RABINOVITCH P, STEWART C, TANKE H, WHEELESS L. Current Protocols in Cytometry. New York: John Wiley & Sons Inc., 1999: 11.11.1～11.11.15.

[4] MARIE D, SIMON N, VAULOT D. Phytoplankton cell counting by flow cytometry [M]// ANDERSEN R A. Algal Culturing Techniques. Burlington: Elsevier Academic Press, 2005: 235-268.

ICS 07.060;13.060
Z 17

中华人民共和国国家标准

GB/T 30738—2014

海洋沉积物中放射性核素的测定 γ能谱法

Determination of radionuclide in marine sediment—Gamma spectrometry

2014-06-09 发布 2014-10-01 实施

中华人民共和国国家质量监督检验检疫总局
中国国家标准化管理委员会 发布

前　言

本标准按照 GB/T 1.1—2009 给出的规则起草。

本标准由全国海洋标准化技术委员会(SAC/TC 283)归口。

本标准起草单位:国家海洋局南海环境监测中心、国家海洋局第三海洋研究所。

本标准主要起草人:李冬梅、门武、周鹏、蔡伟叙、陈嘉辉、赵力、王华、田秀蕾、梁谦林、郑远来、林端、黄楚光、吴进孝、方宏达、吴玲玲、张红标、查家祯。

海洋沉积物中放射性核素的测定 γ能谱法

警告——使用本标准的人员应有正规实验室工作的实践经验。本标准并未指出所有可能的安全问题。使用者有责任采取适当的安全和健康措施,并保证符合国家有关法规规定的条件。

1 范围

本标准规定了用高纯锗[HPGe]γ能谱仪测定海洋沉积物中天然或人工γ放射性核素活度的常规方法。

本标准适用于在实验室测定活度高于探测限,并且各核素的γ特征谱线能够分辨开的海洋沉积物样品。

2 规范性引用文件

下列文件对于本文件的应用是必不可少的。凡是注日期的引用文件,仅注日期的版本适用于本文件。凡是不注日期的引用文件,其最新版本(包括所有的修改单)适用于本文件。

GB/T 12763.8—2007 海洋调查规范 第8部分:海洋地质地球物理调查

GB/T 16145—1995 生物样品中放射性核素的γ能谱分析方法

GB 17378.3—2007 海洋监测规范 第3部分:样品采集、贮存与运输

3 术语和定义

下列术语和定义适用于本文件。

3.1

本底 background

在γ能谱中,除样品的计数外,其他因素,如宇宙射线、放射性污染、电磁干扰等在能谱中产生的计数。

3.2

本底计数率 background count rate

在γ能谱中,除样品的放射性外,其他因素引起的计数率。

[GB 11743—1989,定义2.3]

3.3

探测效率 detection efficiency

在一定的探测条件下,测到的粒子数与在同一时间间隔内辐射源发射到探测器上的该种粒子总数的比值。

[GB 11743—1989,定义2.5]

3.4

探测限 low limit of detection

在给定的置信度下,能谱仪可以探测到的最低活度。

4 方法概要

本方法根据不同放射性核素的能量差异，利用多道 HPGeγ 能谱仪对 γ 射线的高分辨率，不经化学处理直接测定样品中多种核素的放射性活度。测定时，把制成一定几何形状的沉积物样品置于能谱仪探测器的适当位置，获取样品 γ 能谱，计算可识别的全能峰位置和净峰面积，由峰位置和 γ 能谱仪能量刻度系数计算能量并识别出样品中存在的放射性核素，由净峰面积和全能峰效率刻度系数、γ 射线的发射几率、样品质量（或体积）及其他修正系数计算样品中核素的比活度。

5 标准刻度源的制备

5.1 标准物质

标准物质为某种或某几种特定放射性核素的标准溶液或标准矿粉。对海洋沉积物，标准物质中应含有 ^{238}U、^{226}Ra、^{228}Th、^{40}K、^{137}Cs、^{210}Pb 等相应的放射性核素。

5.2 模拟基质

沉积物样品的标准刻度源宜采用一定比例的氧化铝、氧化铁和二氧化硅作为模拟基质。本标准推荐使用的模拟基质由二氧化硅(71.2%)、三氧化二铝(20.5%)和三氧化二铁(8.3%)分析纯化学试剂混合、磨细、80 目(180 μm)过筛制成。

5.3 标准刻度源的制备

将标准物质掺入模拟基质，混匀、制成标准刻度源。如标准物质为粉末源且填充密度在 0.8 g/cm³～1.6 g/cm³ 之间，可直接封装作为标准刻度源。标准刻度源应满足下列要求：

——效率刻度所用标准刻度源的核素取决于拟采取的 γ 能谱测定方法。当采用效率曲线求解样品中核素的浓度时，应采用 8.1.1 中所提到的单能或多能 γ 射线核素；当采用相对比较法时，刻度源的核素应与样品中的核素一一对应；

——标准刻度源的体积、形状、基质的主要物理化学特性以及容器应与待测样品相同。效率标准刻度源应满足均匀性好、核素含量准确、稳定、密封等要求；

——制备好的铀标准刻度源应密封放置 120 d，镭标准刻度源应密封放置 20 d～30 d，使铀、镭分别和其短寿命子体达到平衡后再测定。

6 仪器设备

6.1 γ 能谱仪

6.1.1 探测器

探测器相对探测效率应不低于 20%；探测器能探测到的能量范围应涵盖样品中的所有待测核素发射的 γ 射线范围。

6.1.2 屏蔽室

金属屏蔽室铅当量厚度不小于 10 cm，屏蔽室内壁距探测器表面的距离应不小于 13 cm。屏蔽室为铅室或有铅内衬，在屏蔽室的内表面应有原子序数逐渐递减的多层内屏蔽层。屏蔽室应有便于取放样品的门或孔。

6.1.3 高压电源

稳定度优于±0.1%,纹波电压不大于±0.01%,对于半导体探测器高压应在 0 kV~5 kV 内连续可调,电流 1 μA~100 μA。

6.1.4 谱放大器

应与前置放大器和多道分析器相匹配。

6.1.5 多道分析器

应有利用单独的多道分析器或计算机软件控制下的模-数转换器执行 γ 能谱仪的数据获取功能的多道分析器。多道分析器要有足够的数据存储和把谱数据的任一部分向一个或多个终端设备传输的能力。

6.1.6 数据处理系统

数据处理系统应具备用于 γ 能谱分析的完善的谱分析软件,应包括能量刻度、效率刻度、谱光滑、寻峰、峰面积计算和重峰分析等功能。也可利用简单的数据获取系统进行手工谱分析。

6.1.7 样品容器

样品容器应根据样品的多少及探测器的形状、大小选用,如:容器底部等于或小于探测器直径的圆柱形样品盒或与探测器尺寸相匹配的环形样品盒。容器应选用天然放射性核素含量低的塑料制成,如聚乙烯。本标准推荐使用的样品容器为 ϕ75 mm×75 mm 的聚乙烯塑料盒。标准刻度源的容器应与样品容器的大小、形状和材质保持一致。

6.2 一般实验室常用仪器及设备

包括研钵、天平、烘箱等实验室常用仪器及设备。

7 采样及制样

7.1 样品的采集

7.1.1 表层沉积物的采集

沉积物的采集按照 GB 17378.3—2007 的相关规定进行。应尽量采集未被扰动的表层沉积物。表层沉积物采集量应不低于 500 g。现场使用聚乙烯塑料袋封装。

7.1.2 沉积物柱状样的采集

沉积物柱状样用重力采样器采集。采集时避免对沉积物柱状样进行扰动。对沉积物柱状样进行现场切割后,用聚乙烯塑料袋封装。

7.2 样品的制备

将沉积物样品剔除贝壳碎屑等异物,搅拌混匀,经 105 ℃烘干至恒重,同时测定含水量。含水量的测定方法按照 GB/T 12763.8—2007 中 6.5.2 的规定进行。烘干后的样品压碎过 180 μm 筛,称重后装入样品容器(6.1.7)中,密封,放置 20 d 以上后测定。ϕ75 mm×75 mm 的聚乙烯塑料盒封装的沉积物样品高度在 50 mm 时,样品重量由于密度不同略有差异,通常情况下应为 100 g~300 g 左右。

8 测定程序

8.1 γ能谱仪刻度

8.1.1 γ能谱仪刻度前的准备

γ能谱仪刻度前需做如下准备工作：

——按照使用说明书的要求安装和调试γ能谱仪系统，使之处于正常工作状态。在收集同一个谱时能谱仪所处环境温度变化不要超过±2 ℃，干燥，无巨大震动，电源要稳定，能谱仪附近无其他放射源，以减少其对样品谱的干扰；

——制备一套用于γ能谱仪能量刻度的标准刻度源，标准刻度源能量范围覆盖所需能量区间（通常为40 keV～2 000 keV）、适于作能量刻度的单能或多能γ射线核素见表1。

表 1 适于作能量刻度的γ放射性核素

核素	半衰期	γ射线能量 keV
^{210}Pb	22.3a	46.5
^{241}Am	432.3a	59.5
^{109}Cd	464.0d	88
^{57}Co	270.9d	122.1
^{141}Ce	32.5d	145.4
^{51}Cr	27.7d	320.1
^{137}Cs	30.17a	661.6
^{54}Mn	312.7d	834.8
^{22}Na	2.602a	5,111,274.50
^{88}Y	106.66d	8,981,836
^{60}Co	5.271a	1 173.2,1 332.5
^{152}Eu	13.6a	121.7,244.7,344.3,444.9,778.9,867.4,964.1,1 085.9,1 112.1,1 408

8.1.2 能量刻度

γ能谱仪系统处于合适的工作状态并待稳定后，将γ标准刻度源置于探测器的端帽上，在保证不发生严重堆积效应的条件下（总计数小于每秒1 000计数）获取一个至少包含四个孤立峰，其面积统计计性又符合要求的混合γ能谱。

在一系列峰位 p 和能量 E 对应点(p_j, E_j)，$j=1,2,\cdots,n$，确定后，能量刻度曲线由下列多项式获得[见式(1)]：

$$E = a_0 + a_1 p^1 + a_2 p^2 + \cdots + a_n p^n \qquad \cdots\cdots(1)$$

式中：

E ——入射 γ 射线的能量，单位为千电子伏特(keV)；

$a_0, a_1, a_2, \cdots a_n$ ——能量刻度系数；

p ——入射 γ 射线的谱峰位置。

利用式(1)对已知的数据作最小二乘法拟合，确定系数 $a_0, a_1, a_2, \cdots a_n$ 取二次或一次多项式拟合。使用能谱仪配套的谱分析软件可根据设定参数直接进行能量刻度。

在实验过程中，应经常注意能量-道址关系的变化；如果能量曲线斜率和截距的变化不超过 0.5%，则用已有的刻度数据，否则重新刻度。

8.1.3 效率刻度

探测器对入射在其上的 γ 射线的探测效率是 γ 射线能量的函数。分别收集标准刻度源 γ 能谱、模拟基质本底 γ 能谱，计算探测效率值 ε_c，某个能量的 γ 射线源探测效率计算式(2)为：

$$\varepsilon_c = \frac{N_c/T_c - N_{bm}/T_{bm}}{A_c Y} \qquad \cdots\cdots(2)$$

式中：

ε_c ——探测器对入射 γ 射线的探测效率；

N_c ——标准刻度源 γ 能谱峰面积；

N_{bm} ——模拟基质本底 γ 能谱峰面积；

T_c ——标准刻度源 γ 能谱数据收集时间，单位为秒(s)；

T_{bm} ——模拟基质本底 γ 能谱数据收集时间，单位为秒(s)；

A_c ——标准刻度源活度，单位为贝可(Bq)；

Y ——γ 射线分支比。

求出若干个(i)不同能量单能 γ 射线的全能峰探测效率后用计算机对实验点作加权最小二乘法曲线拟合求效率曲线。锗探测器的探测效率按式(3)进行计算：

$$\ln\varepsilon = \begin{cases} \sum_{i=0}^{k_1} a_i [\ln(E_\gamma)]^i & E_\gamma > E_c \\ \sum_{i=0}^{k_2} b_i [\ln(E_\gamma)]^i & E_\gamma < E_c \end{cases} \qquad \cdots\cdots(3)$$

式中：

ε ——探测效率；

E_γ ——相应的 γ 射线能量，单位为千电子伏特(keV)；

a_i ——拟合常数；

b_i ——拟合常数；

k_1 ——多项式次数，当实验点多于 6 个时，k_1 的值取 3，当实验点为 3、4 或 5 个时，k_1 的值取 2；

k_2 ——多项式次数，当实验点多于或等于 8 个时，k_2 的值取 4，当实验点为 6 或 7 个时，k_2 的值取 3，当实验点为 3,4 或 5 个时，k_2 的值取 2；

E_c ——交叉点能量，单位为千电子伏特(keV)。

除此之外，可用的效率刻度方程还有多种。不同仪器厂家的谱分析软件采用不同的效率方程。将样品测定条件的探测效率值随 γ 射线能量的变化用函数拟合得到效率曲线方程的步骤可由谱分析程序自动完成。效率刻度的不确定度应小于±2%。

当受采样条件等限制，沉积物样品较少，无法达到与标准刻度源相同的几何高度时，应按照附录 A 的规定对该样品的探测效率进行计算。

8.2 测定

应测定模拟基质本底谱和空样品盒本底谱，在求标准刻度源净计数时，应将标准刻度源计数减去模拟基质本底计数，沉积物样品的计数应扣除空样品盒本底计数。

将封装好的样品放置在γ能谱仪探头的端帽上进行测定。测定标准刻度源时，其相对于探测器的位置应与测定沉积物样品时相同。在所有测定中，样品和标准刻度源的体积以及测定容器应相同，并保证两者的测定几何条件相同。

8.3 γ能谱测定与计算方法

8.3.1 全能峰面积的确定

8.3.1.1 根据所用γ能谱系统的硬、软件的配置情况，选用相应的解谱方法确定谱中各特征峰的峰位和全能峰面积。

8.3.1.2 样品谱、标准刻度源谱中各特征峰的面积可以用函数拟合法、逐道最小二乘拟合法或全能峰面积法确定。计算标准刻度源全能峰净面积时，应将标准刻度源全能峰计数减去相应模拟基质本底计数。

8.3.1.3 计算样品谱中全能峰净面积时，应扣除相应空样品盒本底计数。

8.3.2 特征道区的选择

8.3.2.1 对于发射多种能量γ射线的核素，特征道区应选择分支比最大的γ射线全能峰区。

8.3.2.2 如果一种核素发射几种能量的γ射线的几率差不多，则应该选择无其他核素γ射线重叠干扰、能量适中的γ射线全能峰区。

8.3.2.3 如果两种核素发射几率最大的γ射线重叠，则其中一种核素就只能取其次要的γ射线作为特征峰。

8.3.2.4 特征道区宽度的选取应使多道分析器的漂移效应以及相邻峰的重叠保持最小。

8.3.3 计算方法

8.3.3.1 相对比较法

该方法适用于有待测核素标准刻度源可以利用的情况。

按照各种计算机解谱方法，如：总峰面积法、函数拟合法、逐道最小二乘拟合法等，计算出标准刻度源和样品谱中各特征光峰的全能峰面积，然后按式(4)计算出各个标准刻度源的刻度系数 C_{ji}：

$$C_{ji}=\frac{A_j}{n_{ji}} \quad \cdots\cdots\cdots\cdots(4)$$

式中：

C_{ji}——第 j 种核素标准刻度源的第 i 个特征峰的效率刻度系数；

A_j——第 j 种核素标准刻度源的活度，单位为贝可(Bq)；

n_{ji}——被测样品第 j 种核素的第 i 个特征峰的计数率，单位为每秒计数。

被测样品第 j 种核素的比活度 a_j 为：

$$a_j=\frac{C_{ji}(n_{ji}-n_{jib})}{W\cdot D_j} \quad \cdots\cdots\cdots\cdots(5)$$

式中：

a_j ——被测样品第 j 种核素的比活度，单位为贝可每千克(Bq/kg)；

n_{ji} ——被测样品第 j 种核素的第 i 个特征峰的计数率，单位为计数每秒；

n_{jib} ——与 n_{ji} 对应的光峰本底计数率，单位为计数每秒；
W ——被测样品的净干重，单位为千克(kg)；
D_j ——第 j 种核素校正到采样时的衰变校正系数。

8.3.3.2 效率曲线法

该方法适用于没有待测核素标准刻度源而有效率曲线可以利用的情况。

根据效率刻度后的效率曲线或效率曲线的拟合函数求出某特定能量γ射线所对应的效率 ε_i，被测样品的特征核素的比活度可由式(6)计算得到：

$$a=\frac{1}{W}\cdot\frac{1}{m}\sum_{i=1}^{m}\left(\frac{N_i}{t}-n_{bi}\right)\cdot\frac{1}{\varepsilon_i}\cdot\frac{1}{Y_i} \qquad \cdots\cdots(6)$$

式中：
a ——被测样品特征核素的比活度，单位为贝可每千克(Bq/kg)；
W ——被测样品的净干重，单位为千克(kg)；
m ——计算被测样品特征核素活度所用的γ射线数；
N_i ——入射γ射线 i 的峰面积；
t ——样品谱数据收集时间，单位为秒(s)；
n_{bi} ——本底峰计数率，单位为计数每秒；
ε_i ——探测器对入射γ射线 i 的探测效率；
Y_i ——入射γ射线 i 的分支比。

8.3.4 误差计算

8.3.4.1 样品净计数率误差

样品净计数率误差的计算式(7)为：

$$\delta n_j=(\delta n_s^2+\delta n_b^2)^{\frac{1}{2}} \qquad \cdots\cdots(7)$$

式中：
δn_j ——样品净计数率的误差；
δn_s ——样品全能峰或道区计数率误差；
δn_b ——相应本底计数率的误差。

8.3.4.2 样品活度误差

样品活度的误差可用式(8)计算：

$$\delta A=[(\delta n_j/n_j)^2+(\delta\varepsilon/\varepsilon)^2]^{1/2}\cdot A \qquad \cdots\cdots(8)$$

式中：
δA ——样品活度的误差；
δn_j ——样品净计数率的误差；
n_j ——样品净计数率，单位为计数每秒；
$\delta\varepsilon$ ——样品探测效率的误差；
ε ——样品探测效率；
A ——样品活度，单位为贝可(Bq)。

8.3.5 特征γ射线和分支比

用 8.3.1 或 8.3.2 的方法分析γ能谱时，测定各核素所用的γ射线能量及其分支比见表 2。

表 2 测定各核素所用的特征射线及其分支比

核素	测定核素	能量 keV	分支比 %
^{210}Pb	^{210}Pb	46.5	4.05
^{238}U	^{234}Th	63.29	3.81
^{226}Ra	^{214}Pb	295.2	19.2
	^{214}Pb	351.9	37.2
	^{214}Bi	1 120.3	15
	^{214}Bi	609.3	46.1
^{228}Th	^{212}Pb	238.6	43.6
	^{208}Tl	583.1	30.96
^{228}Ra	^{228}Ac	338.7	11.9
	^{228}Ac	911.2	27.7
	^{228}Ac	968.9	17.5
^{137}Cs	^{137}Cs	661.6	85
^{40}K	^{40}K	1 460.5	10.67

使用以上特征 γ 射线进行样品测定时，已假设各个子系达到了衰变平衡。

8.3.6 干扰和影响因素

在含复杂 γ 辐射体的混合物中测定一种核素时，其他核素的干扰程度由几个因素决定。如果多种核素从辐射计量角度可以认为是以近似相等的比例存在，在光峰不能完全分辨时，将呈现干扰；如果多种核素从辐射计量角度被认为以不相等的比例存在于混合物中，且较高 γ 能量的核素占了优势，则在解释 γ 能谱中较低能量的小峰时存在严重的干扰。能谱仪系统的本底是另一重要干扰因素。此外样品的密度也影响测定结果。应采取重峰分析、屏蔽、扣本底、密度校正等措施来减少各种因素对结果的影响。在计算过程中如有用到符合相加校正与样品自吸收校正，宜采用 GB/T 16145—1995 附录 B 和附录 C 规定的方法。

9 质量保证和控制

标准刻度源的测定计数统计误差应小于±2%，沉积物样品中放射性核素的计数统计误差^{210}Pb、^{238}U 应小于±20%，^{226}Ra、^{228}Ra、^{228}Th和^{40}K 应小于±10%，^{137}Cs 应小于±15%，置信度为 95%。

10 检测报告

检测报告应包括：

——采样时间；

——采样站位；

——测定仪器型号；

——测定日期；

——测定时间；

——测定结果及误差；

——标准物质编号。

如需要，探测限（计算方法见附录B）亦可列入检测报告。海洋沉积物放射性核素测定记录表参考格式见附录C。

附　录　A
（规范性附录）
不同几何高度样品的探测效率曲线方程

A.1　概述

本附录提供了用高纯锗[HPGe]γ能谱仪测定沉积物中放射性核素的效率刻度方法。该方法利用二次多项式拟合γ射线效率随样品几何高度的变化，内插得到不同样品几何高度的效率值。

A.2　步骤

A.2.1　按照5.2和5.3准备模拟基质和标准刻度源。将制好的标准刻度源物质和模拟基质分别装入75 mm直径的聚乙烯塑料样品盒，装样高度分别为5 mm、10 mm、15 mm、20 mm、25 mm、30 mm、35 mm、40 mm、45 mm。

A.2.2　收集刻度源γ能谱特征射线、模拟基质本底γ能谱特征射线，测定探测效率值ε，探测效率计算公式为式(3)。

A.2.3　每个能量的探测效率随样品高度的变化可用以下方程拟合：

$$\varepsilon = ah^2 + bh + c$$

式中：

ε　　　——探测效率；

a，b和c ——待确定常数；

h　　　——样品高度，单位为毫米(mm)。

附 录 B
（资料性附录）
γ能谱测定的探测限

探测限可以近似表示为：

$$LLD \approx (K_{\alpha} + K_{\beta})S_0 \qquad \cdots\cdots(B.1)$$

式中：

K_{α}——与预选的错误判断放射性存在的风险几率(α)相应的标准正态变量的上限百分位数值；

K_{β}——与探测放射性存在的预选置信度($1-\beta$)相应的值；

S_0——净样品放射性的标准偏差。

如果 α 和 β 值在同一水平上，则，$K_{\alpha} = K_{\beta} = k$

$$LLD \approx 2KS_0 \qquad \cdots\cdots(B.2)$$

如果总样品放射性与本底接近，则可进一步简化：

$$LLD \approx 2\sqrt{2}KS_{本底} = \frac{2.83K}{t_b}\sqrt{N_b} \qquad \cdots\cdots(B.3)$$

式中：

t_b ——本底谱测定时间，单位为秒(s)；

N_b——本底谱中相应于某一全能峰的本底计数。

对于不同的 α 值，K 值见表 B.1 所列：

表 B.1 *K* 值

α	$1-\beta$	K	$2\sqrt{2}K$
0.01	0.99	2.327	6.59
0.02	0.98	2.054	5.81
0.05	0.95	1.645	4.66
0.1	0.90	1.282	3.63
0.2	0.80	0.842	2.38

式(B.3)中探测限是以计数率为单位的，考虑到核素特性、探测效率、用样量，即可把计数率转换成活度表示的探测限。

附　录　C
（资料性附录）
海洋沉积物放射性核素测定记录表格式

表 C.1 给出了海洋沉积物放射性核素测定记录表的格式。

表 C.1　海洋沉积物放射性核素测定记录表

任务编号：________　任务名称：________　仪器型号：________　第____页

采样日期：____年___月___日　共____页

序号	站位	测定日期	测定时间 s	比活度(干重) Bq/kg						
				^{210}Pb	^{238}U	^{228}Th	^{228}Ra	^{226}Ra	^{137}Cs	^{40}K
1										
2										
3										
4										
5										
6										
7										
8										
探测限										
标准物质编号										
备注										

分析者：________　校对者：________　审核者：________

参 考 文 献

[1] GB/T 11743—1989 土壤中放射性核素的γ能谱分析方法

[2] 陈锦芳,刘广山,黄奕普.厦门潮间带表层沉积物天然放射系不平衡研究[J].台湾海峡,2005,24(3):274-282.

[3] 贾成霞,刘广山,徐茂泉,等.胶州湾表层沉积物放射性核素含量与矿物组成[J].海洋与湖沼,2003,34(5):490-497.

[4] 李冬梅,刘广山,李超,等.环厦门海域沉积物放射性核素分布与沉积速率[J].台湾海峡,2009,28(3):336-342.

[5] 李冬梅,徐茂泉,刘广山,等.福建兴化湾外近海沉积物岩心放射性核素分布[J].地球学报,2005,26(增刊):220-222.

[6] 刘广山.海洋放射性核素测量方法[M].北京:海洋出版社,2006.

[7] 刘广山,黄奕普.沉积物中^{238}U等9种放射性核素γ谱同时测定[J].台湾海峡,1998,17(4):359-363.

[8] 刘广山,黄奕普,李静,等.不平衡铀系和钍系核素的γ谱测定[J].海洋学报,2003,25(5):65-75.

[9] 刘广山,黄奕普,陈敏,等.南海东北部表层沉积物天然放射性核素与^{137}Cs[J].海洋学报,2001,23 (6):76-84.

[10] 刘广山,李冬梅,易勇,等.胶州湾沉积物的放射性核素含量分布与沉积速率[J].地球学报,2008,29(6):769-777.

[11] 刘广山,黄奕普.南沙海区表层沉积物放射性核素分布特征[J].海洋科学,2001,25(8):1-5.

[12] 肖伦.放射性同位素技术[M].北京:原子能出版社,2005.

[13] 伊凡诺维奇M,哈蒙R S.铀放射系不平衡及其在环境研究中的应用[M].陈铁梅,等译.北京:海洋出版社,1991,91-93.

[14] Ayçik G A,Çetaku D,Erten H N,et al.Dating of Black Sea sediments from Romanian coast using natural ^{210}Pb and fallout ^{137}Cs [J].Journal of Radioanalytical and Nuclear Chemistry,2004,259 (1):177-180.

[15] Frignani M., Sorgente D., Langone L., et al. Behavior of Chernobyl radiocesium in sediments of the Adriatic Sea off the Po Piver delta and the Emilia-Romagna coast [J].Journal of Environmental Radioactivity,2004,71:299-312.

[16] Guevara S.R., Rizzo A., Sánchez R., et al.^{210}Pb fluxes in sediment layers sampled from Northern Patagonia lakes [J]. Journal of Radioanalytical and Nuclear Chemistry, 2003, 258 (3): 583-595.

[17] Michael El'Annunziata.放射性分析手册[M].北京:原子能出版社,2006.

[18] Smith J N,Ellis K M,Naes K,et al.Sedimentation and mixing rates of radionuclides in Barents Sea sediments off Novaya Zemlya [J].Deep-Sea Research Ⅱ.1995,2 (6):1471-1473.

[19] Y.Kato,H.Kitazato,M.Shimanaga,et al.^{210}Pb and ^{137}Cs in sediments from Sagami Bay,Japan:sedimentation rates and inventories [J].Progress in Oceanography,2003,57:77-95.

[20] Yokoyama Y,Nguyen H V.应用高分辩的γ能谱法直接和不破坏试样地测定海洋沉积物、锰结核和珊瑚的年龄 [A].见戈德堡(美),堀部纯男(日),猿桥胜子(日),等(黄奕普等译).同位素海洋化学[M].北京:原子能出版社,1990.

ICS 07.060;13.060
Z 17

中华人民共和国国家标准

GB/T 30739—2014

海洋沉积物中正构烷烃的测定 气相色谱-质谱法

Determination of n-alkanes in marine sediment—Gas chromatography-mass spectrometry

2014-06-09 发布 2014-10-01 实施

中华人民共和国国家质量监督检验检疫总局
中国国家标准化管理委员会 发布

前　言

本标准按照 GB/T 1.1—2009 给出的规则起草。

请注意本文件的某些内容可能涉及专利。本文件的发布机构不承担识别这些专利的责任。

本标准由全国海洋标准化技术委员会(SAC/TC 283)归口。

本标准起草单位:国家海洋局南海环境监测中心。

本标准主要起草人:陈畅曙、卢大鹏、周佩瑜、卢楚谦、张岳洪、周俊杰、吴施卫、林端、黄楚光、方宏达、蔡伟叙、吴进孝、周锦、曲念东。

海洋沉积物中正构烷烃的测定 气相色谱-质谱法

1 范围

本标准规定了采用气相色谱-质谱法(GC/MS)测定海洋沉积物样品中正构烷烃(C_9～C_{36})的试剂材料、仪器设备、样品处理、分析步骤、数据处理、质量控制和注意事项。

本标准适用于海洋沉积物、填海物料、疏浚物等中的正构烷烃(C_9～C_{36})的气相色谱-质谱法的测定。

2 规范性引用文件

下列文件对于本文件的应用是必不可少的。凡是注日期的引用文件,仅注日期的版本适用于本文件。凡是不注日期的引用文件,其最新版本(包括所有的修改单)适用于本文件。

GB 17378.2 海洋监测规范 第2部分:数据处理与分析质量控制

GB 17378.3 海洋监测规范 第3部分:样品采集、贮存与运输

3 术语和定义

下列术语和定义适用于本文件。

3.1

正构烷烃 normal alkanes;n-alkanes

直链结构的饱和烃。

3.2

快速溶剂萃取 accelerated solvent extraction;ASE

在一定的温度(50 ℃～200 ℃)和压力(10.3 MPa～20.6 MPa)下用溶剂对固体或半固体样品进行萃取的方法。

3.3

固相萃取 solid-phase extraction;SPE

利用固相萃取柱中固相对待测组分的吸附力大于样品母液,把样品中的待测组分吸附在固体表面,其他组分则随样品母液通过柱子,再用适当的溶剂将待测组分洗脱下来的方法。

3.4

相对响应因子 relative response factor;RRF

标准溶液中单位浓度信号强度相对于内标单位浓度信号强度的比值。

4 方法原理

海洋沉积物样品中的正构烷烃(C_9～C_{36}),采用正己烷作提取剂,用快速溶剂萃取法或超声提取法提取,提取液经固相萃取柱净化浓缩后,用气相色谱-质谱仪测定,采用内标法定量。

5 试剂与处理

除另有说明，仅使用确定为分析纯的试剂和去离子水或相当纯度的水。

5.1 正己烷：色谱纯，或重蒸过的分析纯正己烷。

5.2 分散剂：无水硫酸钠（Na_2SO_4），分析纯 400 ℃烘 4 h，干燥器中保存；硅藻土，分析纯，40 目。

5.3 中性氧化铝（Al_2O_3）固相萃取柱：规格为 1 000 mg。

5.4 铜粉：优级纯；使用前应活化：取适量铜粉，加足量 1∶1 盐酸活化，依次用去离子水、丙酮和正己烷清洗至中性，密封保存于正己烷中。

5.5 正构烷烃混合标准溶液：C_9～C_{36} 的正构烷烃混合标准物，各组分浓度为 500 μg/mL，溶剂为正己烷（5.1），密封冷藏保存。

5.6 正构烷烃混合标准使用溶液：用正己烷（5.1）稀释正构烷烃混合标准溶液而成，各组分浓度为 500 ng/mL，配制后应密封冷藏保存。

5.7 正构烷烃内标溶液配制：用氘代正二十四烷（$C_{24}D_{50}$）溶液作为正构烷烃定量用内标，浓度为 500 ng/mL，溶剂为正己烷（5.1），配制后应密封冷藏保存。

6 仪器及设备

主要使用的仪器设备有：

a) 气相色谱-质谱联用仪（GC/MS）：电子轰击源（EI 源）；
b) 色谱柱：毛细管色谱柱（30 m×0.25 mm ID×0.25 μm，涂层为 5%苯基、95%二甲基聚硅氧烷）；
c) 快速溶剂萃取仪，带不锈钢萃取池（建议选用 34 mL 规格）；
d) 固相萃取装置；
e) 氮吹仪或旋转蒸发仪；
f) 超声波清洗器或超声波萃取仪，功率不低于 300 W；
g) 冷冻干燥机。

7 分析步骤

7.1 样品制备

将采集的海洋沉积物弃去杂物，采用冷冻干燥机进行干燥（或于烘箱中低于 40 ℃烘干），研磨，过 80 目筛，收集备用。

7.2 样品提取和除硫

7.2.1 快速溶剂萃取法

本方法为仲裁方法。

称取 10.0 g±0.01 g 沉积物（7.1）与 3.0 g 硅藻土（5.2），置于玻璃烧杯中混匀，倒入 ASE 快速溶剂萃取仪萃取池中，设置快速溶剂萃取的处理方法和批量处理表，运行之后，收集提取液于浓缩瓶中，加入 2.0 g 铜粉（5.4），超声提取 5 min，除硫后，再用氮吹仪或旋转蒸发器浓缩至 1.0 mL，待净化。快速溶剂萃取的方法条件见表 1。

表 1　快速溶剂萃取法方法条件

设置参数	设置数值
加热(Heat)	6 min
静态(Static)	5 min
冲洗体积(Flush %)	60%
吹扫时间(Purge)	90 s
循环(Cycles)	2
加热温度(Temperature)	100 ℃
内部压强(Pressure)	10.34 MPa(1 500 Psi)
溶剂(Solvent)	正己烷
清洗(Rinse)	每个样品完成后，进行自动清洗

7.2.2　超声提取法

称取 10.0 g±0.01 g 沉积物(7.1)与 10.0 g 无水硫酸钠(5.2)，在玻璃烧杯中混匀，置于预先用正己烷(5.1)处理过的圆形滤纸筒内，放入 100 mL 具塞比色管内，加入 60.0 mL 正己烷(5.1)，浸泡 12 h 后，超声提取 20 min，调整功率至溶剂界面有轻微波动，将提取液移入浓缩瓶中，再用 20.0 mL 正己烷(5.1)重复超声提取 2 次，静止分层，合并收集正己烷相，做为样品提取液，加入 2.0g 铜粉(5.4)，超声提取 5 min，除硫后，再用氮吹仪或旋转蒸发器浓缩至 1.0 mL，待净化。

7.3　样品净化和浓缩

7.3.1　固相萃取法

固相萃取法使用的设备为固相萃取仪，操作步骤如下：

a)　将中性氧化铝固相萃取柱(5.3)依次放置于固相萃取装置，拧紧所有旋钮。

b)　柱预处理/活化：加入 3.0 mL 正己烷(5.1)于柱中，拧松开关，当溶剂完全浸润柱填充物时拧紧开关，保持 1 min。打开开关，使溶剂缓慢流过柱子，速度为 3 mL/min。当溶剂液面接近柱填充物时，再加入 3.0 mL 正己烷(5.1)，共重复 3 次。

c)　样品过柱：将样品浓缩液(7.2)加入固相萃取柱中，使浓缩液缓慢流过柱子，速度为 3 mL/min，收集过柱组分。

d)　洗脱：当浓缩液液面接近柱填充物时，缓慢加入 3.0 mL 正己烷(5.1)洗脱固相萃取柱，注意不要搅动液面，流速为 3 mL/min，重复 2 次，收集过柱组分。

e)　合并 c)和 d)的过柱组分，待 7.3.2 浓缩。

7.3.2　样品浓缩

将 7.3.1 的净化液用氮吹仪或旋转蒸发器浓缩至 0.5 mL，移取至进样瓶，加入 100 μL 正构烷烃内标(5.7)，定容至 1.0 mL，混匀，待测。

7.4　样品测定参考条件

应在样品分析前进行调谐，确认调谐各项结果均满足要求。

气相色谱质谱分析参考条件为：

——载气：高纯氦气(99.999%)；

——离子源温度：200 ℃；

——进样口温度：280 ℃；

——接口温度：270 ℃；

——溶剂延迟：4 min；

——进样量：1 μL；

——进样方式：无分流进样；

——流速：1 mL/min(恒流模式)；

——升温程序：50 ℃保持 2 min，以 6 ℃/min 升温至 300 ℃，在 300 ℃保持 16 min。

7.5 定性分析

定性分析采用全扫描方法，扫描范围(50～500)m/z。将样品待测组分与标准物质保留时间进行比较定性，或通过正构烷烃分布规律进行推测定性。正构烷烃气相色谱质谱图及定性信息参见附录 A。

7.6 定量计算

定量分析采用 SIM 法，采集离子为：85 m/z。用正构烷烃混合标准使用溶液(5.6)进行定量分析，用氘代正二十四烷($C_{24}D_{50}$)(5.7)作为内标。按照式(1)计算各正构烷烃组分(C_9～C_{36})与进样内标的相对响应因子 RRF，按照式(2)计算样品中各正构烷烃组分的含量。

内标法定量计算式为：

$$RRF=\frac{A_{C0}\cdot W_{I0}}{A_{I0}\cdot W_{C0}} \quad \cdots\cdots(1)$$

式中：

RRF ——相对响应因子；

A_{C0} ——标准中组分峰面积；

W_{I0} ——标准中内标量；

A_{I0} ——标准中内标峰面积；

W_{C0} ——标准中组分量。

$$c=\frac{A_{C1}\cdot W_{I1}}{A_{I1}\cdot RRF\cdot W_S} \quad \cdots\cdots(2)$$

式中：

c ——样品中组分含量；

A_{C1} ——样品中组分峰面积；

A_{I1} ——样品中内标峰面积；

W_{I1} ——样品中内标量；

W_S ——样品质量。

正构烷烃的总量等于各组分含量之和。

8 精密度与准确度

5 家实验室对浓度为 500 μg/L 的沉积物基质加标样品分别进行 15 次平行测定，各组分的回收率范围在 58.4%～124%之间，平均回收率为 92.6%，各单位间不同组分平均回收率的相对标准偏差在

0.0%～18.2%之间。

5家实验室的内控样测定结果值的相对标准偏差RSD在0.0%～19.7%之间，均小于20%，外控样的测定结果与真值相对标准偏差均在7.5%以内。

9 质量控制

9.1 空白试验

9.1.1 试剂空白

应对所使用正己烷试剂进行60倍浓缩实验，测试结果应低于方法检出限，方法检出限参见附录B。

9.1.2 固相萃取柱空白检验

实验前应对所使用的该批次固相萃取柱进行3%～5%的抽样空白检验，分析步骤按7.3操作，测试结果应低于方法检出限。

9.1.3 分析空白试验

分析步骤不加入沉积物样品，其余步骤按7.2和7.3执行，得到的结果为“空白值”。每批样品全程序空白的样品数量不少于该批样品总数的10%。

9.2 加标回收

在空白样品中加入正构烷烃标准使用溶液(5.6)，其余步骤按7.2和7.3执行。每分析一批次样品对整个分析过程进行10%的加标回收实验。样品分析回收率宜控制在70%～120%。

9.3 色谱的分离要求

正十七烷(n-C_{17})和姥鲛烷、正十八烷(n-C_{18})和植烷的色谱峰完全分离。

9.4 正构烷烃重组分信号强度检查

若分析中发现标准中最后一个正构烷烃组分响应值下降到低于最初分析时的80%，应停止分析，对色谱柱进行老化处理以期修复，若不能修复，则应更换色谱柱。

9.5 记录

海洋沉积物样品中正构烷烃的分析记录表参见附录C。数据处理与分析的质量控制应符合GB 17378.2的规定。

10 注意事项

本标准执行中应注意如下事项：

——样品采集、贮存与运输应符合GB 17378.3的规定；

——实验中所使用试剂和正构烷烃标准溶液，具有一定毒性，应采用防护措施。

附 录 A
（资料性附录）
正构烷烃的气相色谱-质谱谱图

图 A.1 为正构烷烃的气相色谱-质谱（GC-MS）谱图。图中，纵坐标为丰度响应值，横坐标为保留时间（min），图中标记的各化合物定性信息见表 A.1。

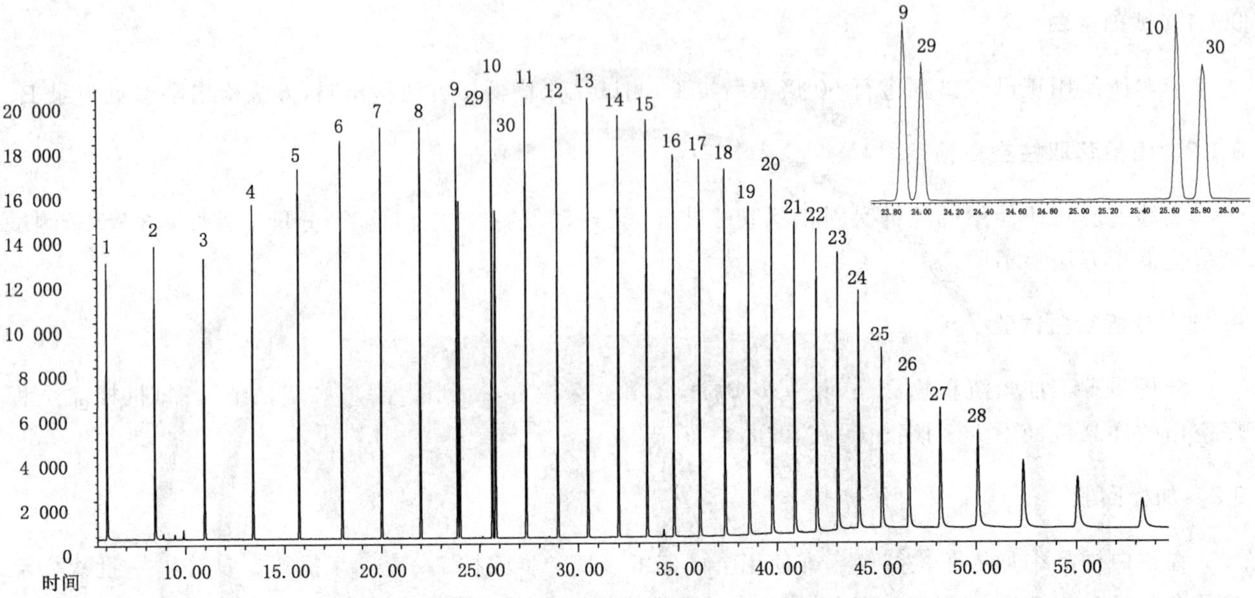

图 A.1 正构烷烃气相色谱质谱图

表 A.1 正构烷烃定性表

峰号	化合物名称	峰号	化合物名称	峰号	化合物名称
1	正壬烷	12	正二十烷	23	正三十一烷
2	正癸烷	13	正二十一烷	24	正三十二烷
3	正十一烷	14	正二十二烷	25	正三十三烷
4	正十二烷	15	正二十三烷	26	正三十四烷
5	正十三烷	16	正二十四烷	27	正三十五烷
6	正十四烷	17	正二十五烷	28	正三十六烷
7	正十五烷	18	正二十六烷	29	姥鲛烷
8	正十六烷	19	正二十七烷	30	植烷
9	正十七烷	20	正二十八烷		
10	正十八烷	21	正二十九烷		
11	正十九烷	22	正三十烷		

附　录　B
（资料性附录）
方法检出限

表 B.1 给出了海洋沉积物中正构烷烃(气相色谱-质谱法)的方法检出限。

表 B.1　海洋沉积物中正构烷烃(气相色谱-质谱法)的方法检出限

单位:ng/g

序号	组分	检出限	序号	组分	检出限	序号	组分	检出限
1	正壬烷	2.6	11	正十八烷	0.5	21	正二十七烷	0.5
2	正癸烷	2.5	12	植烷	0.6	22	正二十八烷	0.4
3	正十一烷	2.5	13	正十九烷	0.6	23	正二十九烷	0.5
4	正十二烷	1.8	14	正二十烷	0.3	24	正三十烷	0.5
5	正十三烷	1.8	15	正二十一烷	0.5	25	正三十一烷	0.6
6	正十四烷	1.2	16	正二十二烷	0.6	26	正三十二烷	0.5
7	正十五烷	1.0	17	正二十三烷	0.6	27	正三十三烷	0.5
8	正十六烷	0.8	18	正二十四烷	0.5	28	正三十四烷	1.0
9	正十七烷	0.3	19	正二十五烷	0.5	29	正三十五烷	1.5
10	姥鲛烷	0.2	20	正二十六烷	0.4	30	正三十六烷	2.5

附 录 C
（资料性附录）
海洋沉积物中正构烷烃的分析记录表（气相色谱-质谱仪）

表 C.1 给出了海洋沉积物中正构烷烃含量的测定记录表。

表 C.1 海洋沉积物中正构烷烃含量记录表（气相色谱-质谱仪）

任务名称： 编号： 采样日期：20 年 月 日 分析时间：20 年 月 日 第 页 共 页

样品编号	站号	取样量 g	正构烷烃浓度或含量/(μg/g)									总量
			$C_9 \sim C_{12}$	$C_{13} \sim C_{16}$	C_{17}	姥鲛烷	C_{18}	植烷	$C_{19} \sim C_{25}$	$C_{26} \sim C_{30}$	$C_{31} \sim C_{35}$	
检出限：												
进样量：	μL	前处理方法：萃取方法：________ 净化方法：________ 仪器型号：________ 氦气流速：____ mL/min；柱温：____℃，保持____ min，____℃/min 升至____℃，保持____ min，____；进样口温度：____℃； 离子源温度：____℃。										

分析者 计算者 校对者

参 考 文 献

[1] GB/T 21247—2007 海面溢油鉴别系统规范

[2] 张娇,等.黄河口及近海表层沉积物中烃类化合物的组成和分布.海洋学报,2010,32(3):23-29.

[3] 张枝焕,等.天津地区河流沉积物中等分子量正构烷烃的分布特征.沉积学报,2007,25(4):632-638.

[4] 康跃惠,等.珠江澳门河口沉积物柱样品正构烷烃研究.地球化学,2000.3(29):302-310.

[5] USEPA METHOD:METHOD 8260B VOLATILE ORGANIC COUMPOUNDS BY GAS CHROMATOGRAPHY/MASS SPECTROMETRY (GC/MS).

[6] USEPA METHOD:METHOD 525.2 DETERMINATION OF ORGANIC COMPOUNDS IN DRINKING WATER BY LIQUID-SOLID EXTRACTION AND CAPILLARY COLUMN GAS CHROMATOGRAPHY/MASS SPECTROMETRY.

[7] EPA SW-846-3545A.

[8] USEPA METHOD:METHOD3550B ULTRASONIC EXTRACTION.

[9] Fengkui Duan,ects,Characteristics and source identification of fine particulate n-alkanes in Beijing,China,Journal of Environmental Sciences 2010,22(7)998-1005.

ICS 07.060;13.060
Z 17

GB

中华人民共和国国家标准

GB/T 30740—2014

海洋沉积物中总有机碳的测定 非色散红外吸收法

Determination of total organic carbon in marine sediment—Nondispersive infrared absorption

2014-06-09 发布 2014-10-01 实施

中华人民共和国国家质量监督检验检疫总局
中国国家标准化管理委员会 发布

前　言

本标准按照 GB/T 1.1—2009 给出的规则起草。

本标准由国家海洋局提出。

本标准由全国海洋标准化技术委员会(SAC/TC 283)归口。

本标准起草单位:国家海洋局南海环境监测中心。

本标准主要起草人:辛海虹、黄楚光、刘景钦、倪志鑫、郭娟、张纯超、何晓媛、林端、方宏达、蔡伟叙、曲念东、陈嘉辉、兰圣迎。

海洋沉积物中总有机碳的测定 非色散红外吸收法

1 范围

本标准规定了用非色散红外吸收法测定海洋沉积物中的总有机碳。

本标准适用于河口、港湾、近岸及大洋沉积物中总有机碳的测定。

2 规范性引用文件

下列文件对于本文件的应用是必不可少的。凡是注日期的引用文件，仅注日期的版本适用于本文件。凡是不注日期的引用文件，其最新版本（包括所有的修改单）适用于本文件。

GB 17378.5—2007 海洋监测规范 第5部分：沉积物分析

3 术语和定义

下列术语和定义适用于本文件。

3.1

海洋沉积物 marine sediment

各种海洋沉积作用所形成的海底沉积物的总称。

3.2

总碳 total carbon;TC

碳元素的总称，包括有机态碳和无机态碳。

3.3

总无机碳 total inorganic carbon;TIC

无机态碳元素的总称，包括碳酸盐或碳酸氢盐形式存在的碳元素。

3.4

总有机碳 total organic carbon;TOC

有机态形式存在的碳元素的总称。

4 方法原理

样品经高温燃烧或加酸处理，将相应形态的碳转化为二氧化碳，样品所产生的二氧化碳与样品中的碳含量成正比。以氧气为载体，通过红外检测器测定二氧化碳的含量即可计算相应形态碳的含量。

总有机碳可以用差减法或直接法进行测定。

4.1 差减法测定总有机碳

4.1.1 总碳测定

样品由进样器送入高温燃烧室，通入高纯氧气，样品中的含碳物质全部被氧化为二氧化碳，产生的二氧化碳由载气引入非色散红外检测器。由于一定波长的红外线被二氧化碳选择吸收，在一定含量范围内二氧化碳对红外线吸收的强度与二氧化碳的含量成正比，故可通过测定二氧化碳含量来计算获得相应样品的碳含量，即总碳含量。

4.1.2 总无机碳测定

样品在进样前加入一定量的酸，样品中的无机态碳经酸化后产生二氧化碳，产生的二氧化碳由载气引入非色散红外检测器。由于一定波长的红外线被二氧化碳选择吸收，在一定含量范围内二氧化碳对红外线吸收的强度与二氧化碳的含量成正比，故可通过测定二氧化碳含量来计算获得相应样品的碳含量，即总无机碳含量。

总碳含量扣除总无机碳含量，即得总有机碳含量。

本方法为仲裁方法。

4.2 直接法测定总有机碳

于样品中加入一定量的酸，样品中的无机态碳与酸反应后产生二氧化碳，产生的二氧化碳用曝气方式赶除，然后按4.1.1的方法测定样品中碳含量，即为总有机碳含量。

5 试剂和材料

5.1 试剂

5.1.1 磷酸(H_3PO_4)：分析纯。

5.1.2 盐酸(HCl)：分析纯。

5.1.3 磷酸溶液(1+1)：将1体积磷酸(见5.1.1)与1体积水混合。

5.1.4 盐酸溶液(1+9)：将1体积盐酸(见5.1.2)与9体积水混合。

5.1.5 碳酸钠(Na_2CO_3)：基准试剂或优级纯，预先于280 ℃干燥1 h以上，在干燥皿中冷却至室温。

5.1.6 葡萄糖($C_6H_{12}O_6$)：基准试剂或优级纯，预先于60 ℃～80 ℃干燥2 h～3 h，以除去大部分结晶水，再升温至105 ℃干燥，干燥1 h以上，在干燥皿中冷却至室温。

5.1.7 过硫酸钾($K_2S_2O_8$)：分析纯。

5.1.8 无碳水：在干净的2 000 mL标准口蒸馏装置中，先后加入2 000 mL的蒸馏水、20 mg过硫酸钾(见5.1.7)、4 mL 85%的磷酸(见5.1.1)和3～5颗沸石，回馏4 h后开始蒸馏，弃去前馏分200 mL，剩余蒸出液用经无碳水冲净的磨口玻璃瓶收集约500 mL，临用前制备备用。

5.2 气体

氧气：纯度大于等于99.995%。

5.3 材料

根据不同仪器的进样方式不同：采用球阀式进样，需用到石英坩锅或锡纸；采用推杆式进样，需用到陶瓷样品舟。陶瓷样品舟在用于TC测定前，需清洁干净后放入马弗炉，在900 ℃下烘20 min，冷却至室温备用；在用于TIC测定前，需将陶瓷样品舟浸入2 mol/L～3 mol/L的盐酸中10 min后，取出用无碳水冲洗干净，放入烘箱中烘干备用。

6 仪器及设备

试验所用仪器及设备如下：

——总有机碳测定仪：具有非色散红外吸收（NDIR）检测器；
——电子天平：感量 0.1 mg；
——氧气减压阀（0 MPa～0.6 MPa）；
——烘箱：最高控温设置大于等于 300 ℃，温度误差应小于±2 ℃；
——马弗炉：最高控温设置大于等于 900 ℃，温度误差应小于±10 ℃；
——实验室常用仪器及设备。

7 分析步骤

7.1 绘制标准曲线

于样品舟中称取葡萄糖 2.0 mg、4.0 mg、8.0 mg、12.0 mg、16.0 mg、20.0 mg，用于总碳（TC）校准曲线的测定；于样品舟中称取碳酸钠 2.0 mg、4.0 mg、8.0 mg、12.0 mg、16.0 mg、20.0 mg，用于总无机碳（TIC）校准曲线的测定。

用以上称取的葡萄糖标准物质和碳酸钠标准物质分别进行总碳和总无机碳的标准工作曲线测定，将测定结果记入海洋沉积物中总有机碳的测定工作曲线记录表，参见表 A.1。

7.2 样品制备

样品制备按照 GB 17378.5—2007 中 4.1.3.2 的规定执行。

7.3 样品测定

7.3.1 差减法测定总有机碳

差减法测定总有机碳按以下步骤进行：

a） 同一样品称取 2 份于样品舟内总碳（TC）约 300 mg，无机碳 200 mg 准确记录实际称量；
b） 按照仪器操作程序，第一份样品先测定总碳含量；
c） 第二份样品先用 2～3 滴纯水润湿，加入 0.1 mL～0.5 mL（1＋1）磷酸（见 5.1.3），测定总无机碳含量；
d） 总碳含量减去总无机碳含量，即得到该样品的总有机碳含量。

7.3.2 直接法测定总有机碳

直接法测定总有机碳按以下步骤进行：

a） 称取约 500 mg 样品于样品舟内，准确记录实际称量；
b） 样品先用 2～3 滴纯水润湿，加入 1 mL（1＋9）盐酸（见 5.1.4）后，通入氧气约 2 min，除去无机碳；
c） 样品舟放入烘箱，50 ℃除去残留酸；
d） 按照 7.3.1 b）步骤得到样品总碳含量，即为样品总有机碳含量。

8 记录与计算

8.1 差减法测定总有机碳

将测定结果记入海洋沉积物中总有机碳的测定分析记录表，参见表 B.1，根据所测样品总碳（TC）、总无机碳（TIC）吸收峰面积，从标准曲线上查得或由标准曲线回归方程计算得总碳（TC，%）和总无机碳（TIC，%）值，总碳与总无机碳之差值，即为样品中总有机碳（TOC，%）的含量，如式（1）：

$$\omega_{TOC}=\omega_{TC}-\omega_{TIC} \quad \cdots\cdots(1)$$

式中：

ω_{TOC}——样品中总有机碳含量，%；

ω_{TC}——样品中总碳含量，%；

ω_{TIC}——样品中总无机碳含量，%。

8.2 直接法测定总有机碳

将测定结果记入海洋沉积物中总有机碳的测定分析记录表，参见表B.1，根据所测样品吸收峰面积，从标准曲线上查得或由标准曲线回归方程算得总碳(TC，%)值，即为样品总有机碳(TOC，%)的浓度，如式(2)：

$$\omega_{TOC}=\omega_{TC} \quad \cdots\cdots(2)$$

式中：

ω_{TOC}——样品中总有机碳含量，%；

ω_{TC}——样品中总碳含量，%。

9 精密度和准确度

根据7.3.1差减法测定方法，称取约120 mg南海海域近海沉积物样品进行实验室内平行样试验($n=6$)，测得平均浓度为1.46%，重现性：相对标准偏差为0.24%。

5个实验室对实际样品进行比对试验($n=6$)，测得平均值为含碳量0.77%，再现性：相对标准偏差为3.32%；对另一份实际样品进行比对试验($n=4$)，测得平均值为含碳量1.04%，再现性：相对标准偏差为1.25%。

称取约200 mg近海海洋沉积物标准样品(编号GBW07314)，测得TOC含量为0.51%(标称值0.50%)，准确度的回收率为102.0%；称取约200 mg南海海洋沉积物标准样品(编号GBW07334)，测得TOC含量为0.86%(标称值0.85%)，准确度的回收率为101.2%。

根据返回的空白试验计算结果，本标准方法的检出限为0.04%(或0.4 mg/g)。

10 注意事项

本方法执行中应注意如下事项：

——当样品中含有挥发性有机碳时，采用差减法进行测定时，挥发性有机碳可能在酸化过程中挥发，使测定结果产生误差，宜采用直接法进行测定；

——当样品中碳酸盐超过10%时，测定总碳需要添加适量三氧化钨(WO_3)或五氧化二钒(V_2O_5)，利于碳酸盐分解，消除负误差。

附　录　A
（资料性附录）
海洋沉积物中总有机碳的测定工作曲线记录表

表 A.1 为海洋沉积物中总有机碳的测定工作曲线记录表。

表 A.1　海洋沉积物中总有机碳的测定工作曲线记录表

任务名称＿＿＿＿＿＿＿＿＿＿＿＿　　任务编号：＿＿＿＿＿＿＿＿＿＿＿＿

实验室温度＿＿＿℃　湿度＿＿＿％　分析日期：20＿＿＿年＿＿月＿＿＿日　第＿＿＿页/共＿＿＿页

序号	TC		TIC	
	标准物质取样量 mg	测量峰面积	标准物质取样量 mg	测量峰面积
1				
2				
3				
4				
5				
6				
7				
8				
9				
10				
标准物质				
标准物质含碳量(%)				
工作曲线方程				
相关系数				
分析仪器型号				
备注				

分析者：＿＿＿＿＿＿＿＿　　计算者：＿＿＿＿＿＿＿＿　　校对者：＿＿＿＿＿＿＿＿

附　录　B
（资料性附录）
海洋沉积物中总有机碳的测定分析记录表

表 B.1 为海洋沉积物中总有机碳的测定分析记录表。

表 B.1　海洋沉积物中总有机碳的测定分析记录表

任务名称：____________　　　　任务型号：____________

采样日期：20____年____月____日至____月____日　　　　仪器编号：____________

分析日期：20____年____月____日　　　　第____页/共____页

序号	站号	TC 取样量/mg	TC 测量峰面积	TC 含量/%	TIC 取样量/mg	TIC 测量峰面积	TIC 含量/%	TOC 含量/%
1								
2								
3								
4								
5								
6								
7								
8								
9								
10								
11								
12								
13								
14								
15								
16								
17								
18								
19								
20								
备注								

分析者：____________　　计算者：____________　　校对者：____________

ICS 07.060;13.040
Z 17

中华人民共和国国家标准

GB/T 30741—2014

海洋大气干沉降物中总硫的测定 非色散红外吸收法

Determination of total sulfur in ocean atmospheric dry deposition—Nondispersive infrared absorption spectrometry

2014-06-09 发布 2014-10-01 实施

中华人民共和国国家质量监督检验检疫总局
中国国家标准化管理委员会
发布

前　言

本标准按照 GB/T 1.1—2009 给出的规则起草。

本标准由国家海洋局提出。

本标准由全国海洋标准化技术委员会(SAC/TC 283)归口。

本标准由国家海洋局南海环境监测中心负责起草。

本标准主要起草人：张纯超、蔡伟叙、倪志鑫、上官茂森、张灿、陈建昌、辛海虹、何晓媛、黄楚光、林端、方宏达、吴进孝、曲念东。

海洋大气干沉降物中总硫的测定 非色散红外吸收法

1 范围

本标准规定了非色散红外吸收法测定海洋大气干沉降物样品中的总硫。

本标准适用于海洋大气干沉降物样品中总硫浓度的测定。

2 术语和定义

下列术语和定义适用于本文件。

2.1

海洋大气干沉降物　ocean atmospheric dry deposition

在海-气界面中停留的气溶胶，粒径范围在 100 μm 以下海洋大气悬浮颗粒物的总称。

2.2

总硫　total carbon；TS

标准物质或样品中所含有的硫元素的总称，包括有机态硫元素和无机态硫元素，以硫元素的质量分数来表示。

3 方法原理

样品中的硫元素经高温充分燃烧后生成为二氧化硫或三氧化硫，经过还原柱将三氧化硫转化为二氧化硫，在载气的推动下，二氧化硫经吸附-解吸与其他气体分离后进入非色散红外吸收检测器(NDIR)进行检测。根据样品燃烧后产生的二氧化硫红外吸收信号值与对应的单位质量硫元素的响应信号值，计算样品中硫元素的含量。

4 试剂和材料

4.1 试剂*

4.1.1 对氨基苯磺酸（sulfanilic acid），分析纯或以上级别纯度，干燥温度：105 ℃，干燥时间：不小于 1 h，在干燥皿中冷却至室温备用。

4.1.2 仪器厂家推荐的其他标准品。

4.2 气体

4.2.1 氦气或氩气(载气)，纯度不小于 99.995%，水分不大于 10^{-6} g/L，配有气体减压阀，气压表量程：0 MPa～0.4 MPa。

4.2.2 氧气，纯度不小于 99.995%，水分不大于 10^{-6} g/L，配有氧气减压阀，气压表量程：0 MPa～0.6 MPa。

---

* 除非另作说明，4.1 中所用试剂均为分析纯。

4.3 材料

4.3.1 球阀式进样，宜用陶瓷坩锅或锡纸。

4.3.2 推杆式进样，宜用陶瓷样品舟或陶瓷坩埚。

4.3.3 不锈钢镊子和不锈钢剪刀。

4.3.4 超细玻璃纤维滤膜，孔径 0.30 μm。

5 仪器及设备

试验所用仪器及设备如下：

——风向控制大容量总悬浮颗粒采样器，流量范围：0.8 m^3/min～1.2 m^3/min，具备风向风速控制仪控制采样方向，设置采样开停时间、流速，记录采样累计时间、采样体积，断电数据保护等功能；

——元素分析仪：具有非色散红外吸收（NDIR）检测器；

——电子天平：感量应不低于 0.1 mg；

——烘箱：最高控温设置不小于 300 ℃，温度误差应小于±2 ℃；

——冰箱，具备冷藏功能，总容积应不小于 100 L；

——马弗炉：最高控温设置不小于 900 ℃，温度误差应小于±10 ℃。

6 样品

6.1 采集

6.1.1 采样准备

取经检查无破损的玻璃纤维滤膜，经干燥器干燥 24 h，称重（m_b），放入对应编号的可封口聚乙烯塑料袋备用，记录滤膜编号和对应重量。

6.1.2 样品采集

用不锈钢镊子小心夹取玻璃纤维滤膜，按总悬浮颗粒物采样仪器要求，放置好滤膜，开启采样器，采集时间不少于 20 h。停止采样时将滤膜编号、采样日期、起止时间、采样体积（标况）以及风向、风速、气压、气温等记入海洋大气干沉降物采样记录表，参见表 A.1，用不锈钢镊子将已采完样的滤膜小心夹出，对折，放回对应编号的聚乙烯塑料袋，密封。

6.2 保存

将密封好的样品放置于冰箱中冷藏，或避光阴凉干燥处保存。

7 分析步骤

7.1 绘制校准曲线

采用称取不同重量的对氨基苯磺酸（见 4.1.1）的方法来绘制校准曲线，并将所测得的数据记入海洋大气干沉降物中总硫测定工作曲线记录表，参见表 B.1。以硫元素的绝对含量（mg）为横坐标，仪器响应信号值（mV）为纵坐标，绘制校准曲线，可得到校准曲线的斜率（k）和截距（b），其校正曲线如式（1）：

$$y = kx + b \qquad \cdots\cdots(1)$$

式中：

y ——仪器的信号值，单位为毫伏(mV)；

k ——校正曲线的斜率，单位为毫伏每毫克(mV/mg)；

b ——校正曲线的截距，单位为毫伏(mV)。

7.2 样品测定

7.2.1 空白试验

实际样品测定前，应进行空白试验，按照以下样品测定的步骤，对空白滤膜进行测定，空白值(C_b)应控制在0.05%以内。

7.2.2 测定步骤

7.2.2.1 陶瓷样品舟使用前，需清洁干净后放入马弗炉，在900 ℃下烘20 min，冷却至室温备用；不锈钢剪子应在电炉上烘烤至发红后冷却至室温备用。

7.2.2.2 将待测滤膜放置干燥器中干燥24 h，用不锈钢剪刀在待测滤膜上等分法裁取适当尺寸的样品(以能够容纳最大进样量为上限)，记录裁取样品面积所占滤膜面积的百分比M(%)。

7.2.2.3 按相应进样方式进行样品的测定，记录样品的响应信号值(y_1)，样品中硫元素含量式(1)计算，将计算结果填入海洋大气干沉降物中总硫测定工作曲线记录表和海洋大气干沉降物中总硫测定分析记录表，分别参见表B.1和表C.1。

8 结果计算

根据式(1)，可得裁取滤膜样品总的硫含量$x_1=(y_1-b)/a$。

大气滤膜样品中总硫的含量(mg/m^3)根据计算式(2)得到，将所测得的数据记入表C.1中。

$$C_{air} = \frac{\left(\frac{x_1}{M} - C_b \cdot m_b\right)}{V} \qquad \cdots\cdots(2)$$

式中：

C_{air}——大气滤膜样品中总硫的含量，单位为毫克每立方米(mg/m^3)；

x_1 ——裁取部分滤膜样品总的硫含量，单位为毫克(mg)；

M ——裁取样品面积所占滤膜面积的百分比，%；

C_b ——空白滤膜的含硫量(空白值)，质量分数，%；

m_b——采集样品前空白滤膜的质量，单位为毫克(mg)；

V ——大气样品采样体积，单位为立方米(m^3)。

9 精密度和准确度

硫含量为185.0 mg/g时，重复性标准偏差3.9 mg/g，重复性相对标准偏差2.3%；相对误差1.3%。

硫含量为11.4 mg/g时，重复性标准偏差0.24 mg/g，重复性相对标准偏差2.1%；再现性标准偏差为0.28 mg/g，再现性相对标准偏差为2.98%；相对误差为12.3%。

根据空白试验结果，本标准方法的检出限为0.080%(或0.80 mg/g)。

附 录 A
（资料性附录）
海洋大气干沉降物采样记录表

表 A.1 为海洋大气干沉降物采样记录表。

表 A.1 海洋大气干沉降物采样记录表

任务名称：____________________ 仪器编号：____________ 第___页
仪器型号：__________ 采样日期：20___年___月___日至 20___年___月___日 共___页
任务编号：__________

<table>
<tr><th rowspan="2">序号</th><th rowspan="2">滤膜
编号</th><th rowspan="2">开机
时刻</th><th rowspan="2">关机
时刻</th><th rowspan="2">累计
时间
min</th><th colspan="2">流量/(m^3/min)</th><th rowspan="2">平均流量
m^3/min</th><th rowspan="2">气温
℃</th><th rowspan="2">压力
kPa</th><th rowspan="2">采样体积
m^3</th></tr>
<tr><th>开机</th><th>关机</th></tr>
<tr><td>1</td><td></td><td></td><td></td><td></td><td></td><td></td><td></td><td></td><td></td><td></td></tr>
<tr><td>2</td><td></td><td></td><td></td><td></td><td></td><td></td><td></td><td></td><td></td><td></td></tr>
<tr><td>3</td><td></td><td></td><td></td><td></td><td></td><td></td><td></td><td></td><td></td><td></td></tr>
<tr><td>4</td><td></td><td></td><td></td><td></td><td></td><td></td><td></td><td></td><td></td><td></td></tr>
<tr><td>5</td><td></td><td></td><td></td><td></td><td></td><td></td><td></td><td></td><td></td><td></td></tr>
<tr><td>6</td><td></td><td></td><td></td><td></td><td></td><td></td><td></td><td></td><td></td><td></td></tr>
<tr><td>7</td><td></td><td></td><td></td><td></td><td></td><td></td><td></td><td></td><td></td><td></td></tr>
<tr><td>8</td><td></td><td></td><td></td><td></td><td></td><td></td><td></td><td></td><td></td><td></td></tr>
<tr><td>9</td><td></td><td></td><td></td><td></td><td></td><td></td><td></td><td></td><td></td><td></td></tr>
<tr><td>10</td><td></td><td></td><td></td><td></td><td></td><td></td><td></td><td></td><td></td><td></td></tr>
<tr><td>11</td><td></td><td></td><td></td><td></td><td></td><td></td><td></td><td></td><td></td><td></td></tr>
<tr><td>12</td><td></td><td></td><td></td><td></td><td></td><td></td><td></td><td></td><td></td><td></td></tr>
<tr><td>13</td><td></td><td></td><td></td><td></td><td></td><td></td><td></td><td></td><td></td><td></td></tr>
<tr><td>14</td><td></td><td></td><td></td><td></td><td></td><td></td><td></td><td></td><td></td><td></td></tr>
<tr><td>15</td><td></td><td></td><td></td><td></td><td></td><td></td><td></td><td></td><td></td><td></td></tr>
<tr><td>备注</td><td colspan="10"></td></tr>
</table>

取样者__________ 记录者__________ 核对者__________

附 录 B
（资料性附录）
海洋大气干沉降物中总硫测定工作曲线记录表

表 B.1 为海洋大气干沉降物中总硫测定工作曲线记录表。

表 B.1 海洋大气干沉降物中总硫测定工作曲线记录表

任务名称____________________ 海区：________ 调查船：________

分析日期：20___年____月____日 任务编号：________

实验室温度____℃ 湿度____% 第___页/共___页

序号	标准物质取样量 mg	标准点含硫量 mg	测量峰面积	标准点测量浓度 mg/g
1				
2				
3				
4				
5				
6				
7				
8				
9				
10				
标准物质			备注：	
标准物质含硫量(%)				
分析仪器型号				
燃烧温度				
工作曲线方程				
相关系数				

分析者：____________ 计算者：____________ 校对者：____________

附 录 C
（资料性附录）
海洋大气干沉降物中总硫测定分析记录表

表 C.1 为海洋大气干沉降物中总硫测定分析记录表。

表 C.1 海洋大气干沉降物中总硫测定分析记录表

任务名称＿＿＿＿＿＿＿＿＿＿＿＿＿＿＿ 海区：＿＿＿＿＿＿＿ 调查船：＿＿＿＿＿＿＿

采样日期：20＿＿年＿＿＿月＿＿＿日至＿＿月＿＿日 分析日期：20＿＿年＿＿＿月＿＿＿日

实验室温度＿＿℃ 湿度＿＿% 任务编号：＿＿＿＿＿＿＿＿ 第＿＿页/共＿＿页

序号	采样日期	滤膜编号	采样时间	样品气体量（标况）/m^3	取样量 mg	测量值 mg/g	大气总硫含量 mg/m^3
1							
2							
3							
4							
5							
6							
7							
8							
9							
10							
11							
12							
13							
14							
15							
16							
17							
18							
备注							

分析者：＿＿＿＿＿＿＿＿＿ 计算者：＿＿＿＿＿＿＿ 校对者：＿＿＿＿＿＿＿

ICS 07.060;13.040
Z 17

中华人民共和国国家标准

GB/T 30742—2014

海洋大气干沉降物中总碳的测定 非色散红外吸收法

Determination of total carbon in ocean atmospheric dry deposition—Nondispersive infrared absorption spectrometry

2014-06-09 发布 2014-10-01 实施

中华人民共和国国家质量监督检验检疫总局
中国国家标准化管理委员会 发布

前　言

本标准按照 GB/T 1.1—2009 给出的规则起草。

本标准由国家海洋局提出。

本标准由全国海洋标准化技术委员会(SAC/TC 283)归口。

本标准由国家海洋局南海环境监测中心负责起草。

本标准主要起草人：倪志鑫、方宏达、张纯超、叶建萍、吴玲玲、张保学、辛海虹、何晓媛、林端、黄楚光、蔡伟叙、吴进孝、曲念东。

海洋大气干沉降物中总碳的测定 非色散红外吸收法

1 范围

本标准规定了非色散红外吸收法测定海洋大气干沉降物样品中的总碳。

本标准适用于海洋大气干沉降物样品中总碳浓度的测定。

2 术语和定义

下列术语和定义适用于本文件。

2.1

海洋大气干沉降物 ocean atmospheric dry deposition

在海-气界面中停留的气溶胶,粒径范围在 100 μm 以下海洋大气悬浮颗粒物的总称。

2.2

总碳 total carbon (TC)

标准物质或样品中所含有的碳元素的总称,包括有机态碳和无机态碳,以碳元素的质量分数来表示。

3 方法原理

本方法是一种将海洋大气干沉降物滤膜样品经过高温燃烧产生的二氧化碳,通过非色散红外检测器(NDIR)进行测定的方法。根据二氧化碳红外吸收产生的信号值和对应的单位质量碳元素的响应信号值,计算样品中碳元素的含量。

4 试剂和材料

4.1 试剂*

4.1.1 乙酰苯胺(acetanilide),分析纯或以上级别纯度,干燥温度:60 ℃,干燥时间:不小于 1 h,在干燥皿中冷却至室温备用。

4.1.2 仪器厂家推荐的其他元素分析标准品。

4.2 气体

4.2.1 氦气或氩气(载气),纯度不小于 99.995%,水分不大于 10^{-6} g/L,气体减压阀,气压表量程:0 MPa～0.4 MPa。

4.2.2 氧气,纯度不小于 99.995%,水分不大于 10^{-6} g/L,氧气减压阀,气压表量程:0 MPa～0.6 MPa。

4.3 材料

4.3.1 球阀式进样,宜用陶瓷坩锅或锡纸。

* 除非另作说明,4.1 中所用试剂为分析纯。

4.3.2 推杆式进样，宜用陶瓷样品舟或陶瓷坩锅。

4.3.3 不锈钢镊子。

4.3.4 不锈钢剪刀。

4.3.5 超细玻璃纤维滤膜，孔径 0.30 μm。

5 仪器及设备

试验所用仪器及设备如下：

——元素分析仪：具有非色散红外吸收（NDIR）检测器；

——风向控制大容量总悬浮颗粒采样器，流量范围：0.8 m^3/min～1.2 m^3/min，具备风向风速控制仪控制采样方向，设置采样开停时间、流速，记录采样累计时间、采样体积，断电数据保护等功能；

——冰箱，具备冷藏功能，总容积应不小于 100 L；

——电子天平：感量应不低于 0.1 mg；

——烘箱：最高控温设置不小于 300 ℃，温度误差应小于±2 ℃；

——马弗炉：最高控温设置不小于 900 ℃，温度误差应小于±10 ℃。

6 样品

6.1 采集

6.1.1 采样准备

取经检查无破损的玻璃纤维滤膜，经干燥器干燥 24 h，称重（m_b），放入对应编好序号的可封口聚乙烯塑料袋备用，记录滤膜编号和对应重量。

6.1.2 样品采集

用不锈钢镊子小心夹取玻璃纤维滤膜，按总悬浮颗粒物采样仪器要求，放置好滤膜，开启采样器，采集时间不少于 20 h。停止采样时将滤膜编号、采样日期、起止时间、采样体积（标况）以及风向、风速、气压、气温等记入海洋大气干沉降物采样记录表，参见表 A.1，用不锈钢镊子将已采完样的滤膜小心夹出，对折，放回对应编号的聚乙烯塑料袋，密封。

6.2 保存

将密封好的样品放置冰箱中冷藏，或避光阴凉干燥处保存。

7 分析步骤

7.1 校准曲线的绘制

宜采用称取重量不同的乙酰苯胺（见 4.1.1）的方法来绘制校准曲线，并将所测得的数据记入海洋大气干沉降物中总碳测定工作曲线记录表，参见表 B.1。以碳量（mg）为横坐标，仪器信号值（mV）为纵坐标，绘制校准曲线，可得知校准曲线的斜率（k）和截距（b），其校正曲线如式（1）：

$$y = kx + b \qquad \cdots\cdots(1)$$

式中：

y ——仪器的信号值，单位为毫伏（mV）；

k ——校正曲线的斜率,单位为毫伏每毫克(mV/mg);

b ——校正曲线的截距,单位为毫伏(mV)。

7.2 样品测定

7.2.1 空白试验

实际样品测定前,应进行空白试验,按照以下样品测定的步骤,对空白滤膜进行测定,空白值(C_b)应控制在 0.03%以内。

7.2.2 测定步骤

7.2.2.1 陶瓷样品舟使用前,需清洁干净后放入马弗炉,在 900 ℃下烘 20 min,冷却至室温备用;不锈钢剪子应在电炉上烘烤至发红后冷却至室温备用。

7.2.2.2 将待测滤膜放置干燥器干燥 24 h ,用不锈钢剪刀在待测滤膜上等分法裁取适当尺寸的样品(以能够容纳最大进样量为上限),记录裁取样品面积所占滤膜面积的百分比 M(%)。

7.2.2.3 按相应进样方式进样测定,记录样品的信号值(y_1),样品中碳元素含量按式(1)计算,将计算结果填入海洋大气干沉降物中总碳测定工作曲线记录表和海洋大气干沉降物中总碳测定分析记录表,分别参见表 B.1 和表 C.1。

8 结果计算

根据式(1),可得裁取滤膜样品总的碳量 $x_1=(y_1-b)/a$。

大气滤膜样品中总碳的含量(mg/m³)根据计算式(2)得到,将所测得的数据记入表 C.1 中。

$$C_{air}=\frac{\left(\frac{x_1}{M}-C_b\cdot m_b\right)}{V} \qquad \cdots\cdots(2)$$

式中:

C_{air}——大气滤膜样品中总碳的含量,单位为毫克每立方米(mg/m³);

x_1 ——裁取部分滤膜样品总的碳量,单位为毫克(mg);

M ——裁取样品面积所占滤膜面积的百分比,%;

C_b ——空白滤膜的含碳量(空白值),质量分数,%;

m_b ——采集样品前空白滤膜的质量,单位为毫克(mg);

V ——大气样品采样体积,单位为立方米(m³)。

9 精密度和准确度

碳含量为 416.2 mg/g 时,相对误差 0.19%,重复性相对标准偏差 0.76%。

碳含量为 120 mg/g 时,相对误差为 0.01%,重复性相对标准偏差 2.71%。

碳含量为 2.4 mg/g 时,再现性相对标准偏差 2.60%。

碳含量为 791.7 mg/g 时,相对误差为 2.61%,再现性相对标准偏差 2.94%。

根据空白试验结果,本标准方法的检出限为 0.050%(或 0.50 mg/g)。

附 录 A
（资料性附录）
海洋大气干沉降物采样记录表

表 A.1 为海洋大气干沉降物采样记录表。

表 A.1 海洋大气干沉降物采样记录表

任务名称：________________仪器编号：__________ 第___页
仪器型号：__________采样日期：20___年___月___日至 20___年___月___日 共___页
任务编号：__________

序号	滤膜编号	开机时刻	关机时刻	累计时间 min	流量/(m^3/min)		平均流量 m^3/min	气温 ℃	压力 kPa	采样体积 m^3
					开机	关机				
1										
2										
3										
4										
5										
6										
7										
8										
9										
10										
11										
12										
13										
14										
15										
备注										

取样者________记录者________核对者________

附　录　B
（资料性附录）
海洋大气干沉降物中总碳测定工作曲线记录表

表 B.1 为海洋大气干沉降物中总碳测定工作曲线记录表。

表 B.1　海洋大气干沉降物中总碳测定工作曲线记录表

任务名称＿＿＿＿＿＿＿＿＿＿＿＿＿＿＿＿＿　海区：＿＿＿＿＿调查船：＿＿＿＿＿

分析日期：20＿＿年＿＿＿＿月＿＿＿＿日　　　　　　　　任务编号：＿＿＿＿＿

实验室温度＿＿℃　湿度＿＿％　　　　　　　　　　　　　　第＿＿页/共＿＿页

序号	标准物质取样量 mg	标准点含碳量 mg	测定峰面积	标准点测定浓度 mg/g
1				
2				
3				
4				
5				
6				
7				
8				
9				
10				
标准物质			备注：	
标准物质含碳量(％)				
分析仪器型号				
燃烧温度				
工作曲线方程				
相关系数				

分析者：＿＿＿＿＿＿＿＿计算者：＿＿＿＿＿＿＿校对者：＿＿＿＿＿＿＿

附 录 C
（资料性附录）
海洋大气干沉降物中总碳测定分析记录表

表 C.1 为海洋大气干沉降物中总碳测定分析记录表。

表 C.1 海洋大气干沉降物中总碳测定分析记录表

任务名称＿＿＿＿＿＿＿＿＿＿ 海区：＿＿＿＿＿＿ 调查船：＿＿＿＿＿＿

采样日期：20＿＿年＿＿月＿＿日至＿＿月＿＿日 分析日期：20＿＿年＿＿月＿＿日

实验室温度＿＿℃ 湿度＿＿% 任务编号：＿＿＿＿＿＿ 第＿＿页/共＿＿页

序号	采样日期	滤膜编号	采样时间	样品气体量（标况）/m^3	取样量 mg	测定值 mg/g	大气总碳含量 mg/m^3
1							
2							
3							
4							
5							
6							
7							
8							
9							
10							
11							
12							
13							
14							
15							
16							
17							
18							
19							
20							
备注							

分析者：＿＿＿＿＿＿ 计算者：＿＿＿＿＿＿ 校对者：＿＿＿＿＿＿

ICS 07.060
A 45

中华人民共和国国家标准

GB/T 30743—2014

赤潮灾害处理技术指南

Technical guidelines for treatment with red tide disaster

2014-06-09 发布　　2014-10-01 实施

中华人民共和国国家质量监督检验检疫总局
中国国家标准化管理委员会　发布

前　言

本标准按照 GB/T 1.1—2009 给出的规则起草。

本标准由国家海洋局提出。

本标准由全国海洋标准化技术委员会(SAC/TC 283)归口。

本标准起草单位:国家海洋标准计量中心、国家海洋环境监测中心、国家海洋局第一海洋研究所、国家海洋局第二海洋研究所、国家海洋局北海环境监测中心。

本标准主要起草人:林凤翱、李瑞香、陆斗定、杨建强、王玉红、汤海荣、郭小勇。

赤潮灾害处理技术指南

1 范围

本标准规定了赤潮灾害处理的原则、分类分级、处理程序、赤潮发展趋势分析预报、赤潮消除技术，以及赤潮灾害处理人员和设备要求。

本标准适用于在中华人民共和国管辖海域内赤潮灾害的处理，大型藻类大规模灾害性发生的处理也可参照执行。

2 规范性引用文件

下列文件对于本文件的应用是必不可少的。凡是注日期的引用文件，仅注日期的版本适用于本文件。凡是不注日期的引用文件，其最新版本(包括所有的修改单)适用于本文件。

GB/T 5009.198—2003 贝类 记忆丧失性贝类毒素软骨藻酸的测定

GB/T 5009.213—2008 贝类中麻痹性贝类毒素的测定

GB/T 12763.2—2007 海洋调查规范 第2部分：海洋水文观测

GB/T 12763.3—2007 海洋调查规范 第3部分：海洋气象观测

GB/T 12763.5—2007 海洋调查规范 第5部分：海洋声、光要素调查

GB/T 12763.6—2007 海洋调查规范 第6部分：海洋生物调查

GB 17378.4—2007 海洋监测规范 第4部分：海水分析

GB 17378.7—2007 海洋监测规范 第7部分：近海污染生态调查和生物监测

HY/T 069—2005 赤潮监测技术规程

SN/T 1773—2006 进出口贝类中麻痹性贝类毒素检测方法 酶联免疫吸附试验法

海洋赤潮信息管理暂行规定，国家海洋局，2002

3 术语和定义

HY/T 069—2005 界定的以及下列术语和定义适用于本文件。

3.1

赤潮 red tide

海洋中的一些微藻、原生动物或细菌在一定环境条件下爆发性增殖或聚集达到某一水平，引起水体变色或对海洋中其他生物产生危害的一种生态异常现象。赤潮具有多种颜色。

[HY/T 069—2005，定义3.1]

3.2

有害赤潮 harmful red tide

有害藻华 harmful algal blooms；HAB

海洋浮游藻类(或原生生物)在环境条件适宜情况下大量繁殖，通过产生毒素聚积在贝类或鱼类体内，危害环境；或通过生物量的积累影响生物体和改变食物链，威胁人类健康或使海洋生态系统发生对人类有害的变化。有害赤潮包括有毒赤潮与无毒赤潮。

3.3

有毒赤潮 toxic red tide

由能够生产麻痹性贝毒(PSP)、腹泻性贝毒(DSP)、神经性贝毒(NSP)、失忆性贝毒(ASP)或西加鱼毒素(CFP)等直接威胁人类健康和生理功能的赤潮生物引发的赤潮。

3.4

赤潮生物 red tide organisms

能够大量繁殖并引发赤潮的生物。赤潮生物包括微藻和原生动物等,其中有毒、有害赤潮生物以甲藻类居多,其次为硅藻、蓝藻、金藻、隐藻和原生动物等。

注:改写 HY/T 069—2005,定义 3.3。

3.5

有害赤潮生物 harmful red tide organisms

毒素生产者或不产生毒素的高生物量生产者。

注 1:不产生毒素的高生物量生产者,在赤潮消亡过程中大量消耗水中的溶解氧,造成缺氧环境,引起鱼、虾、贝类及其他海洋生物的大量死亡,或以其他方式对环境产生危害,如释放有害气体、产生浮垢等使海洋的正常生态系统遭到破坏或退化。

注 2:一些有害赤潮生物同时是毒素生产者和不产生毒素的高生物量生产者。

3.6

有毒赤潮生物 toxic red tide organisms

有害赤潮生物中的毒素生产者,含有毒素的藻类可通过食物链传递,污染海产品或杀死鱼类,乃至危害人类健康。

3.7

赤潮应急监测 red tide emergency monitoring

对于已发生或正在发生的赤潮进行现场取样及实时检测、分析和处置的过程,包括赤潮的发生范围、赤潮生物的种类与数量分布、赤潮毒素的初步检测以及应急处理意见和方法的提出等。

3.8

赤潮跟踪监测 tracking monitoring

对已形成的赤潮全过程的跟踪、取样、分析工作。

3.9

内源性赤潮 endogenous red tide

某一海域具备了发生赤潮的各种理、化条件时,某种赤潮生物就地爆发性增殖所形成的赤潮。

3.10

外源性赤潮 exogenous red tide

赤潮并非是在原海域形成的,而是在其他水域形成后,由于外力(如风、浪、流等)的作用而被带到该海域。

3.11

赤潮消除剂 red tide algaecide

赤潮发生时,能直接作用于赤潮水体,杀死或吸附赤潮生物使其失去生理活性而死亡的材料。

4 赤潮灾害处理原则

4.1 快速反应

根据赤潮发生、赤潮的动态预测、赤潮的规模、赤潮生物是否有毒以及可能的危害程度预测决定是否进行赤潮消除,在监测赤潮已发生并确认有害时进行赤潮消除,赤潮生物密度接近 10^6 cell/L、有毒赤潮生物接近 10^4 cell/L 时实施处理最佳。

4.2 有效处理

根据某些浮游藻类白天上移、晚上下移(称之为昼夜垂直迁移)的特点,选择白天藻类在表层集群时段处理,另外也应根据潮流和风向,赤潮斑块水团更为集中、缩小时再行消除操作。

4.3 无次生灾害

赤潮消除要本着对环境友好、食品安全和生态安全的原则,严格控制消除剂的种类和使用量,不应产生或尽量减少对环境的次生灾害。赤潮消除剂要参考国内外的科研成果,选择毒性小、成本低、安全性高的消除剂。

4.4 过程监督和技术指导

赤潮消除要有组织的进行,消除现场应有专业技术人员指导和主管部门监督。必要时要快速成立由指挥监管组、灾害处理组和专家咨询组组成的临时机构,研究部署赤潮消除行动。

5 赤潮灾害分类分级

5.1 按赤潮生物是否产生毒素或毒性物质分为有毒赤潮和无毒赤潮。

5.2 按赤潮成因和来源分为外源性赤潮和内源性赤潮。

5.3 按照赤潮灾害发生的影响范围、性质和危害程度,赤潮灾害分为特别重大赤潮灾害、重大赤潮灾害、较大赤潮灾害、一般赤潮灾害、较小赤潮灾害和小规模赤潮灾害六级,赤潮灾害应急响应也相应分为特别重大、重大、较大、一般、较小和小规模赤潮六级:

a) 发生于我国管辖海域的赤潮灾害,符合下列情况之一的,为特别重大规模赤潮灾害:
   1) 近岸海域,无毒赤潮面积 5 000 km^2 以上,或有毒赤潮面积 3 000 km^2 以上;
   2) 近岸以外海域,无毒赤潮面积 8 000 km^2 以上,或有毒赤潮面积 5 000 km^2 以上;
   3) 因食用受赤潮污染的水产品或接触到赤潮海水,出现身体严重不适病例报告 100 人以上,或出现死亡人数 10 人以上;
   4) 赤潮灾害 2 天内可能影响社会敏感海域(如重大活动海域),或 2 天内可能影响经济敏感海域并可能造成 5 000 万元以上的经济损失。

b) 发生于我国管辖海域的赤潮灾害,符合下列情况之一的,为重大规模赤潮灾害:
   1) 近岸海域,无毒赤潮面积 3 000 km^2 以上、5 000 km^2 以下,或有毒赤潮面积 1 000 km^2 以上、3 000 km^2 以下;
   2) 近岸以外海域,无毒赤潮面积 5 000 km^2 以上、8 000 km^2 以下,或有毒赤潮面积 3 000 km^2 以上、5 000 km^2 以下;
   3) 因食用受赤潮污染的水产品或接触到赤潮海水,出现身体严重不适病例报告 50 人以上、100 人以下或死亡人数 5 人以上 10 人以下;
   4) 赤潮灾害 5 天内可能影响社会敏感海域(如重大活动海域),或 2 天内可能影响经济敏感海域并可能造成 1 000 万元以上、5 000 万元以下的经济损失。

c) 发生于我国管辖海域的赤潮灾害,符合下列情况之一的,为较大规模赤潮灾害:
   1) 近岸海域,无毒赤潮面积 1 000 km^2 以上、3 000 km^2 以下,或有毒赤潮面积 500 km^2 以上、1 000 km^2 以下;
   2) 近岸以外海域,无毒赤潮面积 3 000 km^2 以上、5 000 km^2 以下,或有毒赤潮面积 1 000 km^2 以上、3 000 km^2 以下;
   3) 因食用受赤潮污染的水产品或接触到赤潮海水,出现身体严重不适病例报告超过 10 人以上、50 人以下,或出现死亡人数 5 人以下;

4） 赤潮灾害10天内可能影响社会敏感海域（如重大活动海域），或2天内可能影响经济敏感海域并可能造成1 000万元以下经济损失。

d） 发生于我国管辖海域的赤潮灾害，符合下列情况之一的，为一般规模赤潮灾害：

1） 近岸海域，无毒赤潮面积500 km^2 以上、1 000 km^2 以下，或有毒赤潮面积100 km^2 以上、500 km^2 以下；

2） 近岸以外海域，无毒赤潮面积3 000 km^2 以下，或有毒赤潮面积1 000 km^2 以下。

e） 发生于我国管辖海域的赤潮灾害，符合下列情况的，为较小规模赤潮灾害：无毒赤潮分布面积100 km^2 以上、500 km^2 以下；或有毒赤潮面积50 km^2 以上、100 km^2 以下。

f） 发生于我国管辖海域的赤潮灾害，符合下列情况的，为小规模赤潮灾害：无毒赤潮分布面积100 km^2 以下，或有毒赤潮面积50 km^2 以下。

6 赤潮灾害处理程序

6.1 赤潮灾害处理程序流程

来自卫星遥感监测、近岸航空遥感监测、海洋岸基站或赤潮志愿者监视监测获得的海洋赤潮信息需要经过现场船舶调查监测或航空遥感监测确认。赤潮常规调查监测到的赤潮或远岸海域航空遥感监测到的赤潮作为确认赤潮。赤潮发生信息一经确认，根据赤潮发生的海区、对敏感区的威胁、赤潮面积、赤潮有害性及毒性等特征开展应急监测或跟踪监测和赤潮发展趋势预测预报等一系列应急处理程序。赤潮灾害处理程序见图1。

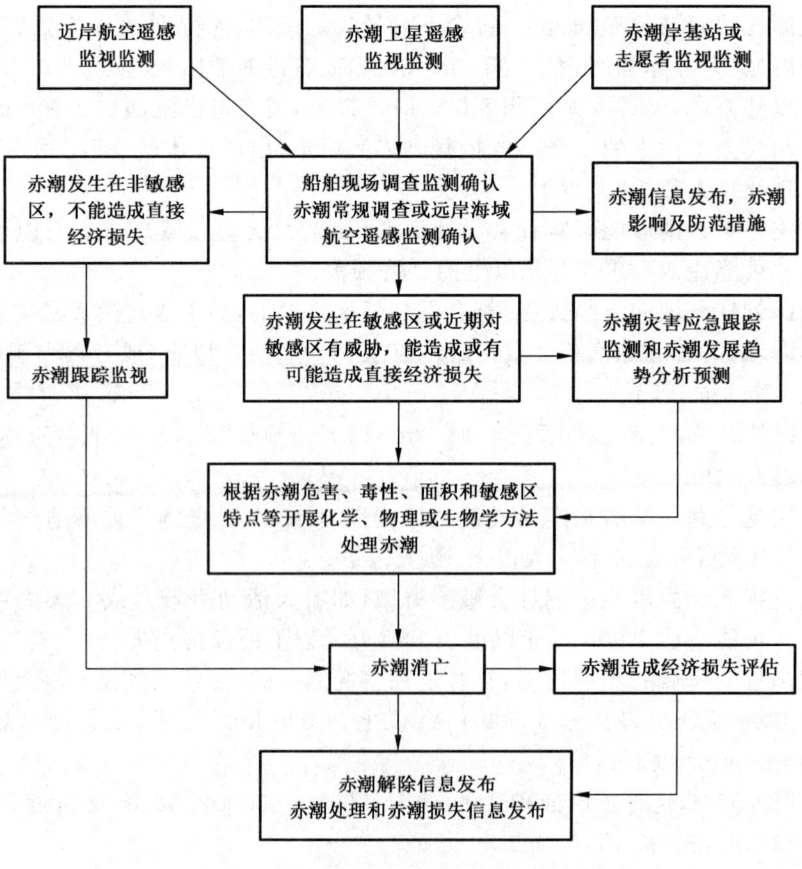

图1 赤潮灾害处理程序

6.2 赤潮灾害监视监测

监视监测项目主要包括以下 4 个方面(主要监视监测项目和分析测试方法及依据见表 1):

a) 主要水文气象监测和现场监视监测项目:赤潮灾害发生时间、地点、面积、颜色、分布状况与漂移速度、气压、气温、风向、风速、海况、海流流向与流速以及现场摄、录像;

b) 主要水化学监测项目:pH、溶解氧、化学需氧量、无机磷、亚硝酸盐、硝酸盐、氨、活性硅酸盐;

c) 赤潮生物优势种种类与毒性监测项目:赤潮优势种种类和密度、叶绿素 a、底泥中赤潮生物孢囊或休、眠细胞、赤潮藻类毒素、贝类毒素;

d) 其他监视监测项目:赤潮灾害范围的卫星遥感和航空遥感监测分析、对公众生命安全与健康损害的调研。

表 1 赤潮灾害应急监视监测项目

序号	监视监测项目	方法	依据
1	时间、地点、范围和范围大尺度分析[a]	船舶定位,航迹推算,卫星或航空遥感定位	HY/T 069—2005
2	现场可视性采样[a]	现场录像、摄像	HY/T 069—2005
3	色、味、嗅、漂浮物	目视及感官	HY/T 069—2005
4	赤潮生物优势种种类及其密度	个体计数法	HY/T 069—2005
5	底泥赤潮生物孢囊或休、眠细胞[a]	孵化培养法及其他方法	HY/T 069—2005
6	风速	风向、风速传感器测定法	GB/T 12763.2—2007
7	风向	风向、风速传感器测定法	GB/T 12763.2—2007
8	海流流向、流速	海流计法	GB/T 12763.2—2007
9	气压	气压传感器测定法	GB/T 12763.3—2007
10	气温	气温、湿度传感器测定法	GB/T 12763.3—2007
11	光谱分析	光谱仪	GB/T 12763.5—2007
12	水温	表层水温表法	GB 17378.4—2007
13	透明度	透明圆盘法	GB 17378.4—2007
14	水色	比色法	GB 17378.4—2007
15	pH	pH 计法	GB 17378.4—2007
16	盐度	盐度计法	GB 17378.4—2007
17	溶解氧	碘量法	GB 17378.4—2007
18	化学需氧量	碱性高锰酸钾法	GB 17378.4—2007
19	无机磷	磷钼兰分光光度法	GB 17378.4—2007
20	活性硅酸盐	硅钼黄法	GB 17378.4—2007
21	亚硝酸盐	萘乙二胺分光光度法	GB 17378.4—2007
22	硝酸盐	镉柱还原法	GB 17378.4—2007
23	氨	靛酚兰分光光度法	GB 17378.4—2007
24	叶绿素[a]	荧光分光光度法	GB 17378.7—2007
25	藻毒素[a] 及贝毒测定	小白鼠法、高效液相色谱法及酶联免疫法	GB/T 5009.213—2008 GB/T 5009.198—2003 SN/T 1773—2006
26	对公众安全与健康的损害	社会调查	

[a] 为根据实际工作需要选择测定项目内容。

6.3 赤潮信息发布

6.3.1 发布要求

赤潮信息是在赤潮监视监测、预测预报和灾害评估活动中获取或形成的有关赤潮环境条件、状态与性质、发生发展趋势、危害及影响等方面的数据、文字、图表、图像资料。赤潮信息与信息产品发布按照国家海洋行政主管部门发布的《海洋赤潮信息管理暂行规定》执行。

6.3.2 发布内容

赤潮信息发布内容主要包括以下几个方面：

a) 赤潮发生时间、地点、面积；

b) 赤潮发生海域水文、气象、理化和生物指标的变化情况；

c) 赤潮生物种类与毒性，赤潮区域内藻类、贝类的毒素含量；

d) 赤潮造成的危害预测。

7 赤潮发展趋势分析预报

7.1 主要分析内容

主要分析内容包括以下几个方面：

a) 赤潮发生及其附近海域 48 h、72 h 和旬、月的水文气象预报资料分析，包括海浪、潮汐、水温、气温、盐度、透明度、风向、风速、降水及台风等；

b) 赤潮发生及其附近海域氮、磷等营养盐含量、化学需氧量和叶绿素 a 变化趋势及其营养状态指数分析，如果发生硅藻类赤潮时应增加活性硅酸盐变化趋势分析；

c) 赤潮发生及其附近海域溶解氧含量和 pH 值的变化趋势分析；

d) 赤潮主要优势种种类、密度及其更替变化分析，赤潮优势种种类毒性、危害性分析；

e) 赤潮发生海区赤潮优势种种类毒素和海产品贝毒监测分析，公众涉海休闲环境安全和海产品消费卫生安全评价分析。

7.2 主要预报内容

主要预报内容包括以下几个方面：

a) 根据赤潮发生地点、面积、海区气象、海况等，初步预测和预报赤潮的可能规模，飘移方向以及赤潮的发展趋向；

b) 根据赤潮发生地点、面积、海区气象、海况、赤潮发展趋势等，预测和预报赤潮是否对生态敏感区，如珍稀动物保护区、渔业水产资源利用和养护区等造成影响；赤潮是否对生态敏感区如浴场、自然保护区等造成影响，影响程度如何；

c) 根据赤潮优势种种类及有无毒性和是否对养殖生物有害，预测和预报赤潮是否对养殖区环境和海产品质量构成威胁，是否对公众健康构成威胁。

8 赤潮消除技术

8.1 赤潮消除材料选择原则

赤潮消除材料选择的原则如下：

a) 消除效果明显，能够在较短的时间内消除赤潮；

b） 对环境的负面效应较小或无不良影响；

c） 易于大规模生产，价格便宜，消除费用低。

8.2 赤潮消除材料和方法

消除的方法包括下列一种或几种：

a） 化学方法，包括直接灭杀法，即采取无机除藻剂、有机除藻剂、强氧化剂、人工化学物质和天然提取物质进行赤潮生物的直接灭杀；凝聚剂沉淀法，即采取无机的或有机的凝聚剂灭杀赤潮；天然矿物絮凝法，即采取普通黏土矿物、改性黏土、黄土等灭杀赤潮；

b） 物理方法，包括围隔栅法、超声波法、气幕法、充氧法、网箱与台筏沉降法等方法消除赤潮。

8.3 赤潮消除方式

8.3.1 赤潮消除路线

赤潮消除路线的选择方式如下：

a） 外源性赤潮：先从赤潮边缘、逐渐推向赤潮发生区中心的方式，多船只协同进行；

b） 内源性赤潮：顺着水动力的方向，由上至下，分段进行消除，多船只协同进行。

8.3.2 赤潮消除方式

根据赤潮发生的类型、方位和规模，结合赤潮发生海域的水文气象等环境条件，制定相应的赤潮消除方案，并进行跟踪监测，及时反馈消除行动效果，完善消除方案。依据赤潮发生的规模，赤潮消除采取的方式如下：

a） 小规模赤潮：全面消除、防止扩散。消除路线按照外源性赤潮或内源性赤潮的要求进行。赤潮消除过程中进行跟踪监测，及时反馈消除效果，注意周边水域可能由此引发的赤潮，必要时进行预防性的消除措施；

b） 较小规模赤潮：全面消除、防止扩散。对于发生在环境敏感区内水域的赤潮，按照内源性赤潮的消除路线进行，并采取从敏感区中心开始、逐渐向外推进的消除原则；对于发生在环境敏感区外水域的赤潮，在可能影响环境敏感区的方向上建立消除材料隔离带，按照外源性赤潮的消除路线进行；

c） 一般规模赤潮：对于发生在环境敏感区内水域的赤潮，应全部消除，防止扩散，按照内源性赤潮消除路线进行，并采取从敏感区中心开始、逐渐向外推进的消除原则；对于发生在环境敏感区外水域的赤潮，局部消除，防止扩散，在可能影响环境敏感区的方向上建立消除材料隔离带，按照外源性赤潮的消除方法进行。

9 赤潮灾害处理人员和设备要求

9.1 人员安全措施

9.1.1 人员条件

应急处理人员应经过赤潮基础知识培训，具备相关的赤潮基本知识和相关技能，熟练掌握赤潮应急处理的各种设施，对应急处理人员应事先购买海上人身安全保险。

9.1.2 一般安全措施

海上应急人员应配备必要的工作救生衣等海上救生设备。

9.1.3 有毒赤潮安全防护

如果是有毒赤潮特别是可能造成皮肤等不适的神经性赤潮生物(NSP)引发的赤潮,避免皮肤与赤潮水体直接接触。

9.1.4 风向选择

根据气象预报和现场实际情况,选择在赤潮水体的上风方向处理赤潮。

9.2 应急设备要求

9.2.1 救生设施

救生设施包括救生圈、救生衣和救生艇等。

9.2.2 海上安全劳保用品

海上安全劳保用品包括安全帽、防水防滑工作鞋、防水服、防水手套和口罩等。

9.2.3 搅拌喷洒设备

搅拌喷洒设备包括防治黏土搅拌机、水桶、水管、水泵和喷洒龙头等。

9.2.4 增氧设备

增氧设备为氧气泵。

9.2.5 采样设备

采样设备按照 GB/T 12763.6—2007 中的有关规定执行。

ICS 07.060
A 45

GB

中华人民共和国国家标准

GB/T 30744—2014

深海微生物样品前处理技术规范

The technology specification for the pre-treatment of deep-sea microorganism samples

2014-06-09 发布 2014-10-01 实施

中华人民共和国国家质量监督检验检疫总局
中国国家标准化管理委员会 发布

前　言

本标准按照 GB/T 1.1—2009 给出的规则起草。

本标准由国家海洋局提出。

本标准由全国海洋标准化技术委员会(SAC/TC 283)归口。

本标准起草单位:国家海洋局第三海洋研究所。

本标准主要起草人:曾润颖、邵宗泽、叶德赞、陈新华、林荣澄、孙凤芹、徐丽美、盖英宝。

深海微生物样品前处理技术规范

1 范围

本标准规定了深海微生物样品前处理中的技术要求、工作条件、深海样品现场处理、微生物及遗传物质提取、保存及资料处理。

本标准适用于水深大于或等于 1 000 m 的深海微生物样品的现场处理、提取与保存。

2 规范性引用文件

下列文件对于本文件的应用是必不可少的。凡是注日期的引用文件,仅注日期的版本适用于本文件。凡是不注日期的引用文件,其最新版本(包括所有的修改单)适用于本文件。

GB/T 12763.4 海洋调查规范 第 4 部分:海洋化学要素调查

GB/T 12763.6 海洋调查规范 第 6 部分:海洋生物调查

HY/T 058 海洋调查观测监测档案业务规范

3 术语、定义和缩略语

下列术语、定义和缩略语适用于本文件。

3.1 术语和定义

3.1.1

深海 deep sea

水深大于或等于 1 000 m 的海洋区域。

3.1.2

微生物样品 microorganism samples

已培养或已提取纯化的,具有一定科学意义,具有实际或潜在实用价值的,可直接应用于各种科学研究的各种菌株(包括细菌、真菌、放线菌等)、DNA/RNA 等遗传物质;以及包含上述菌株和遗传物质的深海样品,包括水样、沉积物样、岩石样等。

3.1.3

前处理 pre-treatment

在开展深海微生物研究工作之前对采集自深海的各种微生物样品(见 3.1.2)所进行的各种处理,包括:深海生物样品现场处理、深海微生物菌种分离、深海微生物基因组 DNA 提取、深海微生物宏基因组 DNA 提取、深海生物样品及微生物资源保藏。

3.1.4

低温微生物 cold-adapted microorganism

在 37 ℃以下的温度中生长良好的微生物(包括细菌、真菌、放线菌等),最适生长温度等于或低于 25 ℃。

3.1.5

嗜热微生物 thermophile

在等于或高于 55 ℃的温度中生长良好的微生物(包括细菌、真菌、放线菌等)。

3.1.6

宏基因组 metagenome

不经菌株分离筛选步骤,直接从环境样品中提取的遗传物质(DNA 或 RNA),包含了样品中所有微生物的基因信息。

3.1.7

寡营养培养基 oligotraphic medium

与正常培养基成分相同,但碳源、氮源营养物质浓度减为十分之一的培养基。

3.2 缩略语

16S rRNA:细菌染色体上编码核糖体 RNA16S 亚基的基因

18S rRNA:真核生物染色体上编码核糖体 RNA18S 亚基的基因

Amp:氨苄青霉素(Ampicillin)

BOD:生化需氧量(Biochemical oxygen demand)

CTAB:十六烷基三甲基溴化铵(Cetyltriethylammnonium bromide)

dATP:脱氧腺苷三磷酸(Deoxyadenosine triphosphate)

dGTP:脱氧鸟苷三磷酸(Deoxyguanosine triphosphate)

DNA:脱氧核糖核酸(Deoxyribonucleic acid)

DMF:二甲基酰胺(N,N-Dimethylformamide)

EDTA:乙二胺四乙酸(Ethylenediaminetetraacetic Acid)

GYT:甘油酵母膏蛋白胨培养基(Glycerol yeast extract tryptone medium)

IPTG:异丙基-β-D-硫代半乳糖苷(Isopropyl β-D-1-thiogalactopyranoside)

LB:肉汤培养基(Luria-bertani)

OD:光密度(Optical density)

PFGE:脉冲场凝胶电泳(Pulsed-field gel electrophoresis)

PDA:马铃薯葡萄糖培养基(Potato dextrose agar)

RNase A:核糖核酸酶 A(*RNAase* A)

SDS:十二烷基硫酸钠(Dodecyl sulfate,sodium salt)

SOC:含分解代谢抑制物的超级肉汤培养基(Super optimal broth with catabolite repression)

Tris:三羟甲基氨基甲烷(2-Amino-2-hydroxymethyl-1,3-propanediol)

TE:Tris-HCl 和 EDTA-Na_2 配成的缓冲液

TBE:Tris-HCl、硼酸和 EDTA-Na_2 配成的缓冲液

X-gal:5-溴-4-氯-3-吲哚-β-D-半乳糖苷(5-Bromo-4-chloro-3-indolyl β-D-galactopyranoside)

YPD:酵母膏蛋白胨葡萄糖培养基(Yeast extract peptone dextrose medium)

λDNA/*EcoR* Ⅰ+*Hind* Ⅲ:经 *EcoR* Ⅰ酶(4.1)和 *Hind* Ⅲ酶(4.2)两种核酸内切酶消化后的 λ 噬菌体 DNA

4 试剂和材料*

4.1 *EcoR* Ⅰ酶。

4.2 *Hind* Ⅲ酶。

4.3 *BamH* Ⅰ酶。

* 除非另有说明,在操作中仅使用分析纯试剂和电阻率大于 18 MΩ·cm 的超纯水。

4.4 *Sal* Ⅰ酶。

4.5 *Sau3A* Ⅰ酶。

4.6 *Klenow* 酶。

4.7 琼脂糖酶。

4.8 液体石蜡。

4.9 dATP(市售)。

4.10 dGTP(市售)。

4.11 琼脂糖凝胶:10 g 琼脂糖,缓慢加入 1 L 水中,混匀,配制成 10 g/L 的琼脂糖凝胶。

4.12 低熔点琼脂糖凝胶:10 g 低熔点琼脂糖,缓慢加入 1 L 水中,混匀,配制成 10 g/L 的低熔点琼脂糖凝胶。

4.13 人工海水,按照 GB/T 12763.4 的规定配制。

4.14 乙醇溶液:用水配制 750 mL/L(体积百分数为 75%)的乙醇溶液。

4.15 稀酸溶液:量取 83 mL 分析纯浓 HCl,缓慢加入 917 mL 水中,混匀,制成浓度为 1 mol/L 的稀酸溶液。

4.16 稀碱溶液:称取 40 g 分析纯 NaOH,溶解于水中,混匀,加水稀释至 1 L,制成浓度为 1 mol/L 的稀碱溶液。

4.17 NaI 溶液:称取 900 g 分析纯 NaI,溶解于水中,混匀,加水稀释至 1 L,制成浓度为 6 mol/L 的 NaI 溶液。

4.18 甘油溶液:量取 800 mL 分析纯甘油,溶解于 200 mL 水中配制成 800 mL/L 的甘油溶液,混匀后灭菌处理。

4.19 Tris-HCl 贮液:称取 121.14 g Tris,溶解于 800 mL 水中,用稀酸溶液(4.15)调节 pH 值为 8.0,用水补足体积至 1 L,配成 1 mol/L 的贮液,使用时根据实验要求进行稀释。

4.20 TE 溶液:称取 0.373 g EDTA-Na_2,量取 10 mL Tris-HCl 贮液(4.19),将二者溶解于 800 mL 水中,用稀碱溶液(4.16)调节 pH 值为 8.0,用水补足体积至 1 L,灭菌处理。

4.21 Amp 溶液:将 1g Amp 溶解于 5 mL 水中,配制为 0.2 g/mL 的溶液。

4.22 DNA 抽提缓冲液:称取 37.3 g EDTA-Na_2、17.8 g $Na_2HPO_4 \cdot 2H_2O$、15.6 g $NaH_2PO_4 \cdot 2H_2O$、87.8 g NaCl 和 10 g CTAB,溶解于 700 mL 水中,加入 100 mLTris-HCl 贮液,用稀酸溶液和稀碱溶液调节 pH 值为 8.0,加水补足体积至 1 L 后灭菌处理。

4.23 凝胶回收洗涤液:称取 2.4 g Tris,溶解于 200 mL 水中,用稀酸溶液调节 pH 值为 7.4。加入 292.5 g NaCl,0.37 g EDTA-Na_2,用水补足体积至 500 mL,灭菌处理后,冷却至室温,在超净台中加入 500 mL 无水乙醇。

4.24 甘露醇缓冲液:称取 182.2 g 甘露醇,37.3 g EDTA-Na_2,溶解于 500 mL 水中,用稀酸溶液和稀碱溶液调节 pH 值为 7.5,灭菌处理。

4.25 GYT 培养基:称取 1.25 g 酵母膏,2.5 g 蛋白胨溶解于 800 mL 水中,加入 100 mL 甘油,用水补足体积至 1 L,灭菌处理。

4.26 SOC 培养基,按以下步骤制备:

a) 称取 20 g 蛋白胨,5 g 酵母膏,0.5 g NaCl,0.19 g KCl,0.95 g $MgCl_2$ 溶解于 1 L 水中,灭菌处理,备用;

b) 称取 10 g 葡萄糖,溶解于 80 mL 水中,用水补足体积至 100 mL,用 0.22 μm 的滤膜过滤除菌,备用;

c) 在灭菌后的 4.26 a)溶液中加入 36 mL 4.26 b)溶液,混匀。

4.27 甲醛溶液:用水配制 370 mL/L~400 mL/L 的甲醛溶液,0.22 μm 的滤膜(见 5.1)过滤。

4.28 [甲基-^{3}H]胸腺嘧啶核苷工作液:取放射性比活度高于 1.85 TBq/mmol 的[甲基-^{3}H]胸腺嘧啶核

苷,用水稀释成 5 nmol/ mL 的工作液。

4.29 [4,5-^{3}H]亮氨酸工作液:取放射性比活度高于 2.22 TBq/mmol 的[4,5-^{3}H]亮氨酸,用水稀释成 20 nmol/ mL 的工作液。

4.30 D-[UL-^{14}C]葡萄糖工作液:取放射性比活度高于 7.4 GBq/mol 的 D-[UL-^{14}C]葡萄糖,用 35 g/L 的 NaCl 溶液稀释成 0.185 MBq/mol 的工作液,并按 10 μg/mL 的量加入非放射性葡萄糖,然后定量分装于安瓿瓶中,封熔后于 0.07 MPa 高压灭菌 15 min 备用。

4.31 酚/氯仿/异戊醇溶液:量取 500 mL 经 Tris 饱和的苯酚,480 mL 氯仿,20 mL 异戊醇溶液,混合均匀,装于棕色玻璃瓶中,于 4 ℃保存,保存时间为两周。

4.32 盐酸胍溶液:称取 573.2 g 盐酸胍,溶解于水中,混匀,加水稀释至 1 L,制成浓度为 6 mol/L 的盐酸胍溶液。

4.33 SDS 溶液:称取 100 g SDS,溶解于水中,混匀,加水稀释至 1 L,制成质量浓度为 10% 的 SDS 溶液。

4.34 蛋白酶 K 溶液:称取 20 g 蛋白酶 K,溶解于水中,混匀,加水稀释至 1 L,制成浓度为 20 mg/mL 的蛋白酶 K 溶液。

4.35 NaCl 溶液:称取 41 g NaCl,溶解于水中,混匀,加水稀释至 1 L,制成浓度为 0.7 mol/L 的 NaCl 溶液。

4.36 CTAB 溶液:称取 10 g CTAB,溶解于水中,混匀,加水稀释至 1 L,制成质量浓度为 10% 的 CTAB 溶液。

4.37 蜗牛酶溶液:称取 30 g 蜗牛酶,溶解于水中,混匀,加水稀释至 1 L,制成浓度为 30 g/L 的蜗牛酶溶液。

4.38 醋酸钾溶液:称取 490.7 g 醋酸钾,溶解于水中,混匀,加水稀释至 1 L,制成浓度为 5 mol/L 的醋酸钾溶液。

4.39 *RNase* A 贮液,按以下步骤配制:

a) 用水将 Tris-HCl 贮液稀释 100 倍,用稀酸溶液调节至 pH 值 7.5,备用;

b) 称取 1 g *RNase* A,0.09 g NaCl,溶解于 100 mL 4.39 a)溶液中,配成浓度为 10 mg/mL 的溶液,于 100 ℃加热 15 min,按每管 1 mL 分装于小离心管中,于−20 ℃保存。

4.40 Silica 浆液:每克硅土(Silica)干粉加入 3 mL 浓硝酸混匀,浸泡 5 h,然后反复用水洗至中性,去除上清液和中间不能沉淀的部分悬浊液后,保留沉淀,加入等体积水,于−20 ℃保存。

4.41 溶菌酶贮液:用水将 Tris-HCl 贮液稀释 100 倍后加入溶菌酶,配成溶菌酶浓度为 10 mg/mL 的贮液,于−20 ℃保存。

4.42 X-gal 贮液:将 X-gal 溶解于 DMF 中,配成 20 mg/mL 的贮液,按每管 100 μL 分装于小离心管中,避光于−20 ℃保存。

4.43 IPTG 贮液:将 IPTG 溶解于水中,配成 200 g/L 的贮液,用 0.22 μm 的滤膜过滤除菌,按每管 500 μL分装于小离心管中,于−20 ℃保存。

4.44 TBE 电泳缓冲液:称取 108 g Tris,7.5 g EDTA-Na_2,55 g 硼酸,溶解于 800 mL 水中,用稀酸溶液和稀碱溶液调节 pH 值为 8.0,配制成贮液,使用时用水稀释 20 倍使用。

4.45 $MgCl_2$ 溶液:称取 0.95 g $MgCl_2$,溶解于 10 mL 水中配制成 1 mol/L 的 $MgCl_2$ 溶液,灭菌处理,按每管 1 mL 分装于小离心管中,于−20 ℃保存。

4.46 硫酸锰溶液:称取 36.4 g 硫酸锰($MnSO_4 \cdot H_2O$)溶于水中,稀释至 100 mL。

4.47 碱性碘化钾溶液:称取 50 g 氢氧化钠,溶解于 30 mL～40 mL 水中,另称取 15 g 碘化钾溶于 20 mL水中,将此两部分混合,加水稀释至 100 mL。

4.48 LB 培养基:称取 10 g 蛋白胨,5 g 酵母膏,10 g NaCl,18 g 琼脂粉溶解于 1 L 水中,灭菌处理,制成 LB 固体培养基。配制 LB 液体培养基时无需加入琼脂粉。

4.49 含 Amp 的 LB 培养基:LB 培养基灭菌后冷却至 50 ℃～60 ℃,按 50 mL/L 的比例加入 Amp 溶液,再按 18 g/L 比例加入琼脂粉,灭菌处理,制成含 Amp 的 LB 固体培养基。配制含 Amp 的 LB 液体培养基时无需加入琼脂粉。

4.50 2216E 培养基:称取 5 g 蛋白胨,1 g 酵母膏,0.01 g $FePO_4$,溶解于 1 L 人工海水(见 4.13)中,用稀碱溶液调节至 pH 值 7.4～7.8,再按 18 g/L 比例加入琼脂粉,灭菌处理,制成 2216E 固体培养基。配制 2216E 液体培养基时无需加入琼脂粉。

4.51 高氏一号培养基,按以下步骤制备:

a) 称取 20 g 可溶性淀粉,1 g KNO_3,0.5 g K_2HPO_4,1 g $MgSO_4 \cdot 7H_2O$,0.01 g $FeSO_4$,溶解于 1 L海水(4.13)中,用稀碱溶液调节至 pH 值 7.2～7.4,待用;

b) 称取 5 g 重铬酸钾溶于 1 L 水中配制成重铬酸钾溶液;

c) 按 10 mL/L 的比例将重铬酸钾溶液加入 4.51 a)溶液中,再按 18 g/L 比例加入琼脂粉,灭菌处理,制成高氏一号固体培养基。配制高氏一号液体培养基时无需加入琼脂粉。

4.52 PDA 培养基:将 200 g 去皮切块的马铃薯放入 1 L 人工海水中煮沸 30 min,用纱布过滤,补加人工海水至 1 L,加入 20 g 葡萄糖,再按 18 g/L 比例加入琼脂粉,灭菌处理,待冷却至 50 ℃～60 ℃时,加入 50 mg 庆大霉素,制成 PDA 固体培养基。配制 PDA 液体培养基时无需加入琼脂粉。

4.53 YPD 培养基:称取 20 g 蛋白胨,20 g 葡萄糖,10 g 酵母膏,溶解于 1 L 人工海水中,用稀碱溶液调节至 pH 值 7.4～7.8,再按 18 g/L 比例加入琼脂粉,灭菌处理,制成 YPD 固体培养基。配制 YPD 液体培养基时无需加入琼脂粉。

5 仪器与设备

5.1 滤膜:材料为醋酸纤维或硝化纤维的微孔滤膜,直径 25 mm 和 47 mm,孔径包括 0.22 μm 和 0.45 μm两种。

5.2 小离心管:材料为聚丙烯的离心管,容量为 0.5 mL、1.5 mL、2 mL、5 mL 和 50 mL。

5.3 枪头:材料为聚丙烯的微量加样器套头,规格为 0.2 mL、1 mL。

5.4 超低温冰箱:最低保存温度为－80 ℃的冰箱。

5.5 生化培养箱:培养室温度可在 0 ℃～60 ℃范围内调节。

5.6 振荡培养箱:培养室温度可在 0 ℃～60 ℃范围内调节,转速可在 0 r/min～300 r/min 范围内调节。

5.7 电泳仪:最大输出电压为 250 V 以上,最大输出电流为 300 mA 以上。

5.8 高速冷冻离心机:离心可在 4 ℃～20 ℃范围内调节,离心管规格 50 mL,转速可在 0 r/min～18 000 r/min范围内调节。

5.9 湿盒:材料为聚丙烯或其他可耐 121 ℃高温灭菌的塑料,长×宽尺寸大于或等于 130 mm×130 mm,内部放置若干用水润湿的棉球。

5.10 小离心机:可使用规格为 0.5 mL 和 1.5 mL 的离心管,转速在 0 r/min～13 000 r/min 范围内调节。

5.11 分光光度计:波长范围 190 nm～1 100 nm 可调,测量所用比色杯的光径为 10 mm。

5.12 紫外投射仪:波长为 280 nm,观察 面积为 140 mm×110 mm。

5.13 玻璃试管:直径×长度为 18 mm×180 mm 的平口玻璃试管。

5.14 金属网筛:孔径包括 0.30 mm、0.20 mm、0.15 mm。

5.15 安瓿管:内径 8 mm,长度不小于 100 mm 的中性玻璃管。

5.16 塑料冻存管:材料为聚丙烯,或其他可耐 121 ℃高温和液氮的塑料管,容积大于或等于 5 mL。

5.17 电转化仪:最大输出电压 2 500 V,输出电压可在 50 V～2 500 V 范围内调整,最大输出电流

125 A，电弧时限定值 1 500 A。

5.18 脉冲场电泳仪系统：最高输出电压 350 V，电压连续可调，最大输出电流 0.5 A，转换范围 50 ms 到 18 h，转换角度为 0°～360°，包括电泳仪、水浴循环仪、电泳槽。

5.19 其他生物实验常规仪器：热循环仪、超净工作台、漩涡振荡器、水浴锅、高压灭菌锅、酒精灯、普通家用冰箱、显微镜、硅胶塞、涂布棒、培养皿、剪刀、液氮罐、无菌采样瓶、脱脂棉花塞、纱布、接种针、微量注射器、筛子、镊子。

6 一般规定

6.1 深海微生物样品前处理工作程序包括：深海生物样品现场处理、深海微生物菌种分离和分类、深海微生物遗传物质提取、深海微生物宏基因组 DNA 提取、深海生物样品及微生物资源保藏。

6.2 深海微生物样品前处理程序中除了深海生物样品现场处理以外，其他操作均应在超净工作台中进行。

6.3 微生物样品应从原位海水或未与上层海水发生交换的深海沉积物中获取。水样应选用 CTD 采水器采集的样品，沉积物样品应选用多管采样器、箱式采样器采集的样品。

6.4 在深海微生物样品前处理过程中，除特别说明，灭菌处理均指于高压灭菌锅中 121 ℃灭菌 20 min 处理的过程。

7 样品现场处理

7.1 技术要求

7.1.1 采水器在入水前应用原位海水冲洗 3 次，采泥器在入水前应用原位海水将其上附着的泥样完全洗净，以防止不同站点之间样品的交叉污染。

7.1.2 用于分样的器具均应灭菌，如无法高压高温灭菌的，应用乙醇溶液处理后使用。

7.1.3 分样过程应于 2 h 内完成，若无法立即处理，应暂时于 4 ℃保存，但不应超过 24 h。

7.1.4 分样后保存的沉积物样品每份不少于 30 g。

7.2 样品适用范围

7.2.1 箱式采样器采集的样品不应用于需要分层次的微生物分析中。

7.2.2 多管采样器采集的沉积物样品及上覆水可应用于各种微生物分析。

7.2.3 CTD 采水器采集的水样主要用于生态学分析，采集时应设计好采水的层次。

7.3 沉积物样品的现场处理

7.3.1 箱式采样器样品的现场处理

7.3.1.1 刮去表层 3 cm 的沉积物样，插入无菌取样管(口径 5 cm～15 cm)。

7.3.1.2 将取样管拔出，用经灭菌处理过的 50 mL 小离心管(见 5.2)插入柱状样中取样后密封，分两份分别于 4 ℃和－20 ℃保存。

7.3.1.3 另取一份样品用于微生物的现场分离培养，分离步骤见 8.3、8.4、8.5 和 8.6。

7.3.2 多管采样器样品的现场处理

7.3.2.1 将采样管置于超净工作台前，用灭菌后的导管吸出上覆水置于采水瓶中。

7.3.2.2 将沉积物样品顶出，每隔 3 cm 用无菌不锈钢板分层取样，转移到超净工作台中。

7.3.2.3 去除外圈 1 cm 的沉积物样品，将中心的沉积物样品分成三份装入无菌采样瓶，分别于 4 ℃、−20 ℃和液氮罐保存。

7.3.2.4 另取一份样品用于微生物的现场分离培养，分离步骤见 8.3、8.4、8.5 和 8.6。

7.4 海水样品的现场处理

7.4.1 采样层次

根据水深设置采样层次，每个站位按 500 m 间隔取样，例如：1 000 m、1 500 m、2 000 m、2 500 m、3 000 m、离底 200 m、离底 50 m 和离底 5 m。

7.4.2 样品分装

CTD 采水器上甲板后，按水深设置用采样瓶从 CTD 采水器的各对应管中分装水样。

7.4.3 水样滤膜过滤

每 5 L 水样经 0.45 μm 和 0.22 μm 滤膜两级过滤后，将 0.22 μm 的滤膜放入冻存管中，分别于4 ℃、−20 ℃保存，待分离培养。

7.4.4 用于荧光直接计数的水样处理

按 20 mL/L 的比例在 50 mL 水样中加入甲醛溶液(见 4.27)固定样品，于 2 ℃～8 ℃低温保存。固定后的样品宜立即分析，或在 4 ℃中避光保存，保存期限不宜超过一周。

7.4.5 用于培养基平板计数的水样处理

按 10 mL/L 的比例在水样中加入灭菌处理过的吐温−80，于−20 ℃保存。

7.4.6 用于细菌生产力分析的水样处理

取 3 支 50 mL 带盖培养管，各加入 20 mL 水样，其中一管加 1 mL 甲醛溶液混匀作为对照，再向各管加入[甲基-^{3}H]胸腺嘧啶核苷工作液(见 4.28)作为示踪剂，使其在样品中的最终浓度为 250 nmol/L，混匀，置于原位现场温度下培养 1 h，再加入 1 mL 甲醛溶液摇匀，保存于 2 ℃～8 ℃中。上述步骤中示踪剂可用[4,5-^{3}H]亮氨酸工作液(见 4.29)代替。

7.4.7 用于微生物异养活性测定的水样处理

取 3 个 125 mL 培养瓶，各加入 100 mL 水样，其中 1 瓶加入 5 mL 甲醛溶液作对照，再向各瓶中加入 1 mL D-[UL-^{14}C]葡萄糖工作液(见 4.30)，混匀后置于原位现场温度下培养 1 h，加入 5 mL 甲醛溶液，摇匀。

7.4.8 用于生态呼吸率测定的水样处理

7.4.8.1 将水样按溶解氧测定方法的要求注入 4 个 250 mL BOD 培养瓶中。

7.4.8.2 其中两瓶立即进行溶解氧的固定，用吸管插入溶解氧瓶的液面下加入 1 mL 硫酸锰溶液(4.46)、2 mL 碱性碘化钾溶液(4.47)，盖好瓶塞。颠倒混合数次，静置。待棕色沉淀物降至瓶内一半时，再颠倒混合 1 次，静置至沉淀物下降到瓶底。

7.4.8.3 另两瓶置暗处于原位现场温度下培养 1 d 后，取出溶解氧的固定的 BOD 培养瓶。

7.5 资料处理

将采样时间，采样站位的经纬度、水深、温度、盐度，采样方式，处理方式，样品体积，保存方式等相关参数记录于深海样品采样记录表(参见表A.1)。数据资料处理记录应按HY/T 058的要求归档。

8 深海微生物菌种分离

8.1 总则

本章规定了从所采集的沉积物、水等样品中分离微生物菌株,包括低温菌、常温菌和嗜热菌。

菌种分离的工作程序包括:样品稀释、涂布于培养基平板、挑菌、复筛、菌株生长温度确定、菌株培养。所有菌株操作均在常压下进行,如进行耐压微生物的分离可参见附录B。

8.2 技术要求

8.2.1 进行微生物菌种分离应选用4 ℃保存的样品,或用刚采集的样品进行现场分离。

8.2.2 所有的小离心管(5.2)、枪头(5.3)、配制的溶液均应灭菌处理,冷却后使用。

8.2.3 培养基的配置应采用下列海水之一进行:

a) 现场原位海水,经0.45 μm滤膜过滤。

b) 避光保存3个月以上的天然海水,经0.45 μm滤膜过滤的滤液。

c) 人工海水。

8.2.4 分离菌株时除选用相应的培养基外,还应用寡营养培养基进行分离培养。

8.3 基本操作

8.3.1 沉积物样品中微生物的分离培养

沉积物样品中微生物的分离培养步骤如下:

a) 取1 mL的沉积物样品,用灭菌处理的海水稀释到10 mL,制成10^{-1}样品稀释液,振荡均匀,备用;

b) 取1 mL 8.3.1 a)溶液,用灭菌处理的海水稀释到10 mL,制成10^{-2}样品稀释液,振荡均匀,备用;

c) 按8.3.1 a)和8.3.1 b)的步骤依次稀释成10^{-3}～10^{-9}的样品梯度稀释液,振荡均匀,备用;

d) 取各梯度样品梯度稀释液分别涂布于培养基平板上进行培养,选取菌落在50个～100个之间的培养基平板进行分离培养。低温菌培养温度为2 ℃～8 ℃,高温菌培养温度为55 ℃,培养时间宜为72 h以上。

8.3.2 含菌滤膜中微生物的分离培养

取按7.4.3处理的含菌滤膜,在超净工作台中剪碎装入50 mL小离心管中,浸泡于经灭菌处理的海水中,充分振荡制成菌悬液,除去滤膜,菌悬液经8 000 r/min离心10 min后除去上清液,另加入1 mL经灭菌处理的海水,将沉淀充分混匀,按8.3.1中的方法进行分离培养。

8.3.3 菌株生长温度的确定

8.3.3.1 从培养基平板上分离得到的单菌落经镜检为纯种后,接种于LB液体培养基(见4.48)或2216E液体培养基(4.50)中培养。

8.3.3.2 在0 ℃～40 ℃的范围内进行培养,温度分别设置为4 ℃、10 ℃、15 ℃、20 ℃、25 ℃、30 ℃、37 ℃和40 ℃,每个温度设三个平行样。

8.3.3.3 在菌株生长的第2 h、4 h、6 h、8 h、12 h、16 h、20 h、24 h、36 h、48 h、72 h、84 h和96 h于超净工作台中吸出1 mL菌液,测定600 nm处的OD值。

8.3.3.4 根据测定结果确定菌株的最适生长温度和生长温度范围。

8.4 低温菌分离

8.4.1 技术要求

8.4.1.1 所有操作均应在无菌条件下进行。

8.4.1.2 所有操作应在低于 10 ℃的条件下进行。

8.4.1.3 用于分离筛选的沉积物样品、水样均应选用在 4 ℃保存的样品。

8.4.1.4 细菌的分离筛选采用 2216E 培养基、LB 培养基和相应的寡营养培养基。

8.4.1.5 放线菌的分离筛选采用高氏一号培养基(4.51)和相应的寡营养培养基。

8.4.1.6 真菌的分离筛选采用 PDA 培养基(4.52)、YPD 培养基(4.53)和相应的寡营养培养基。

8.4.2 菌株分离步骤

8.4.2.1 按 8.3.1 和 8.3.2 的规定制备样品梯度稀释液，取 200 μL 各梯度样品梯度稀释液涂布于相应的培养基平板上。

8.4.2.2 在 10 ℃中放置直到涂布的样品梯度稀释液完全渗透入培养基中后，将培养基平板倒置，于 10 ℃培养直至长出菌落。

8.4.2.3 将长出的单菌落分别转接至新的相同培养基平板上，并做好相应的记号，于 10 ℃中培养。

8.4.2.4 将培养基平板上长出的单菌落多次划线分离培养，根据平板上的菌落形态和颜色，以及镜检检测，直至获得纯的单菌落。

8.4.2.5 根据菌落形态差别进行菌株的区分，排除重复的菌株。

8.4.2.6 对形态近似的菌落，通过比较细菌和放线菌的 16S rRNA 基因序列，或真菌的 18S rRNA 基因序列，进行分子鉴定(步骤参见附录 C)，排除重复的菌株。

8.5 常温菌分离

常温菌分离步骤按 8.4 的规定进行，其培养温度为 37 ℃。

8.6 嗜热菌分离

8.6.1 技术要求

8.6.1.1 用固体培养基培养时，所用的湿盒(5.9)应每天加水或更换湿棉球。用液体培养基进行培养时，瓶口应采用通气的硅胶塞代替纱布进行密封。

8.6.1.2 选用的固体培养基应采用高熔点琼脂粉，其浓度为 8 g/L。

8.6.1.3 细菌的分离筛选采用 2216E 培养基、LB 培养基和相应的寡营养培养基。

8.6.1.4 放线菌的分离筛选采用高氏一号培养基和相应的寡营养培养基。

8.6.1.5 真菌的分离筛选采用 PDA 培养基、YPD 培养基和相应的寡营养培养基。

8.6.2 菌株分离步骤

8.6.2.1 吸取 500 μL 10^{-1}样品稀释液[8.3.1 a)]于培养基平板上，用涂布棒涂抹均匀。

8.6.2.2 将培养基平板装入湿盒中，置于高温培养箱中进行培养，培养箱温度应根据采样现场的温度和研究需要进行选择，一般在 55 ℃～90 ℃。

8.6.2.3 待形成菌落后，挑单菌落进行多次划线转接，根据平板上的菌落形态和颜色，以及镜检检测，直至获得纯的单菌落。

8.6.2.4 对形态近似的菌落，通过比较细菌和放线菌的 16S rRNA 基因序列，或真菌的 18S rRNA 基因序列，进行分子鉴定后（步骤参见附录C），排除重复的菌株。

8.7 资料处理

将所分离的菌株来源、种类、培养条件等相关参数记录于深海微生物分离鉴定记录表（参见表A.2）。数据资料处理记录应按HY/T 058的要求归档。

9 深海微生物基因组DNA提取

9.1 总则

本章规定了从深海微生物菌株中提取基因组DNA的方法，包括细菌、放线菌、真菌。提取的工作程序包括：培养、裂解、提取、纯化。

9.2 技术要求

9.2.1 基因组DNA应达到的指标为：OD_{260}/OD_{280}的比值应在1.8～2.0之间，且OD_{260}/OD_{230}的比值应大于2.0。

9.2.2 经10 g/L琼脂糖凝胶（4.11）电泳检测，以λDNA/*EcoR* Ⅰ+*Hind* Ⅲ为分子量标记，所提的DNA大小应与标记物中最大的一条带位置相近。

9.2.3 所提取的微生物基因组DNA以每管20 μL～50 μL的体积分装于小离心管中，于−80 ℃保存，不应反复冻融。

9.2.4 所用的小离心管、枪头均应灭菌，冷却后使用。

9.3 基因组DNA提取

9.3.1 细菌基因组DNA提取

9.3.1.1 按照8.3.3确定菌株生长温度，挑取菌落接种入5 mL相应的液体培养基中，培养至对数期，装入1.5 mL小离心管中，用小离心机5 000 r/min离心5 min，弃上清液，重复分批进行离心，将5 mL培养液的菌体完全收集下来。

9.3.1.2 在收集后的菌体沉淀物中加入1.5 mL水，悬浮菌体，用小离心机5 000 r/min离心5 min，弃上清液重复操作1次。

9.3.1.3 加入500 μL～1 mL盐酸胍溶液（4.32），轻轻混匀后静置5 min，直至菌液裂解清亮，加入等体积的酚/氯仿/异戊醇（4.31），混匀，13 000 r/min离心5 min，将上层水相移入新管，在新管内缓慢加入等体积异丙醇，混匀后放置5 min。

9.3.1.4 13 000 r/min离心15 s，吸去上清液，用乙醇溶液（4.14）洗沉淀物两次，放置超净工作台内吹干，加入200 μL TE溶液（4.20），放置5 min溶解沉淀。

9.3.1.5 加入2 μL *RNase* A贮液（4.39），37 ℃水浴中酶解1 h。

9.3.1.6 等体积加入异丙醇，再按10 mL/L的比例加入$MgCl_2$溶液（4.45），轻轻混匀，于−20 ℃中放置30 min。

9.3.1.7 13 000 r/min离心5 min，去除上清液，加入200 μL无水乙醇，放置3 s～5 s后弃去无水乙醇，并重复1次，然后将沉淀物放置超净工作台内吹干后加入50 μL TE溶液，于−20 ℃保存。

9.3.1.8 用分光光度计测定纯度。如纯度达不到9.2.1中所列要求，应按9.4的规定采用凝胶回收方法进行进一步纯化。

9.3.1.9 用10 g/L琼脂糖凝胶电泳检测所提DNA的大小，如未达到9.2.2中要求，应重新提取DNA。

注：细菌基因组DNA可采用商用试剂盒提取。

9.3.2 放线菌基因组DNA提取

9.3.2.1 按照8.3.3确定菌株生长温度，挑取菌落接种入5 mL相应的液体培养基中，培养至对数期，装入1.5 mL小离心管中，用小离心机5 000 r/min离心5 min，弃上清液，重复分批进行离心，将5 mL培养液的菌体完全收集下来。

9.3.2.2 在收集后的菌体沉淀物中加入1.5 mL水，悬浮菌体，用小离心机5 000 r/min离心5 min，弃上清液重复操作1次。

9.3.2.3 往沉淀物中加入567 μL TE溶液，悬浮菌体沉淀，加入30 μL SDS溶液(4.33)和3 μL蛋白酶K溶液(4.34)，混匀，于37 ℃水浴1 h。

9.3.2.4 加入100 μL NaCl溶液，充分混匀，再加入80 μL CTAB溶液(4.36)，混匀，于65 ℃水浴10 min，加入等体积的酚/氯仿/异戊醇，充分混匀，13 000 r/min离心5 min。

9.3.2.5 将上清液转入新管中，如果难以移出上清液，先用无菌接种针除去界面物质，加入等体积的酚/氯仿/异戊醇，充分混匀，13 000 r/min离心5 min，将上清液转入新管中。

9.3.2.6 按等体积加入异丙醇，按10 mL/L的比例加入 $MgCl_2$ 溶液，混匀，于−20 ℃中放置30 min。

9.3.2.7 13 000 r/min离心5 min，去除上清液，加入200 μL无水乙醇，放置3 s～5 s后弃去无水乙醇，并重复1次，然后将沉淀物用放置超净台内吹干后加入50 μL TE溶液，于−20 ℃保存。

9.3.2.8 用分光光度计测定纯度，如纯度达不到9.2.1中要求，应按9.4的规定采用凝胶回收方法进行进一步纯化。

9.3.2.9 用10 g/L琼脂糖凝胶电泳检测所提DNA的大小，如未达到9.2.2中要求，应重新提取DNA。

注：放线菌基因组DNA可采用商用试剂盒提取。

9.3.3 真菌基因组DNA提取

9.3.3.1 按照8.3.3确定菌株生长温度，挑取菌落接种入5 mL相应的液体培养基中，培养至对数期，装入1.5 mL小离心管中，用小离心机5 000 r/min离心5 min，弃上清液，重复分批进行离心，将5 mL培养液的菌体完全收集下来。

9.3.3.2 在收集后的菌体沉淀物中加入1.5 mL水，悬浮菌体，用小离心机5 000 r/min离心5 min，弃上清液重复操作1次。

9.3.3.3 往沉淀物中加入0.5 mL甘露醇缓冲液(4.24)，悬浮菌体沉淀，加入20 μL蛋白酶K溶液和20 μL蜗牛酶溶液，混匀，于37 ℃水浴2 h。

9.3.3.4 10 000 r/min离心2 min，弃上清液，往沉淀中加入0.5 mL TE溶液，悬浮菌体沉淀，加入20 μL SDS溶液，混匀，于65 ℃水浴1 h。

9.3.3.5 加入0.2 mL醋酸钾溶液(4.38)，于0 ℃中水浴1 h，14 000 r/min离心10 min，移取上清液至新的小离心管中。

9.3.3.6 等体积加入异丙醇，按10 mL/L的比例加入 $MgCl_2$ 溶液，混匀，于−20 ℃中放置30 min。

9.3.3.7 13 000 r/min离心5 min，去除上清液，加入200 μL无水乙醇，放置3 s～5 s后弃去无水乙醇，并重复1次，然后将沉淀物放置超净工作台内吹干后加入50 μL TE溶液，于−20 ℃保存。

9.3.3.8 用分光光度计测定纯度，如纯度达不到9.2.1中要求，应按9.4的规定采用凝胶回收方法进行进一步纯化。

9.3.3.9 用10 g/L琼脂糖凝胶电泳检测所提DNA的大小，如未达到9.2.2中要求，应重新提取DNA。

注：真菌基因组DNA可采用商用试剂盒进行提取。

9.4 DNA凝胶回收

9.4.1 将凝胶放在紫外透射仪(5.12)上将目的基因所对应的条带切下，称重。

9.4.2　每克条带加入 3 mL NaI 溶液(4.17),55 ℃水浴至胶完全溶解。

9.4.3　加入 5 μL Silica 浆液(4.40),在 0 ℃水浴 30 min,充分振荡数次。

9.4.4　14 000 r/min 离心 20 s,弃上清液。

9.4.5　加入 400 μL 凝胶回收洗涤液(4.23),充分悬浮沉淀物,14 000 r/min 离心 20 s,弃上清液。

9.4.6　重复步骤 9.4.5 一次,吸干液体,并放置于超净工作台内,进一步吹干残余液体。

9.4.7　加入 10 μL 水,55 ℃水浴 5 min 后 14 000 r/min 离心 5 min。

9.4.8　吸取上清液至新的小离心管中,用分光光度计(5.11)测定 DNA 含量,于－20 ℃保存。

注:DNA 凝胶回收也可采用商用试剂盒进行。

9.5　资料处理

将所提取的微生物种类、DNA 浓度、纯度等相关参数记录于深海微生物基因组 DNA 提取记录表(见表 A.3)。数据资料处理记录应按 HY/T 058 的要求归档。

10　深海微生物宏基因组 DNA 提取

10.1　总则

本章规定了从深海沉积物、含菌滤膜、大型生物中提取微生物宏基因组 DNA 的方法。工作程序包括:裂解、提取、纯化。

10.2　技术要求

10.2.1　合格的宏基因组 DNA 应达到的指标为:OD_{260}/OD_{280} 的比值应在 1.8～2.0 之间,且 OD_{260}/OD_{230} 的比值应大于 2.0。

10.2.2　用于构建 Cosmid 或者 Fosmid 文库的宏基因组 DNA 大小经脉冲电泳检测后应在 35 kb～45 kb之间。

10.2.3　用于构建小片段(小于 10 kb)基因文库的宏基因组 DNA 经琼脂糖凝胶电泳检测,以 λDNA/*EcoR* Ⅰ＋*Hind* Ⅲ为分子量标记,所提的 DNA 大小应与标记物中最大的一条带位置相近。

10.2.4　用于宏基因组 DNA 提取的深海样品,宜采用－80 ℃或液氮罐保存,不应采用常温保存。

10.3　样品前处理

10.3.1　沉积物样品可直接用于提取宏基因组 DNA,每次提取所用的沉积物量宜为 2 g～5 g(湿重)。

10.3.2　将含菌滤膜(7.4.3)剪成约 1 cm×1 cm 的小片,浸泡于装有水的 50 mL 小离心管中,充分振荡制成菌悬液,除去滤膜,菌悬液经 8 000 r/min 离心 10 min 后除去上清液,加入 1 mL 水将沉淀充分混匀。

10.3.3　虾、鱼、蟹等样品应首先在水中充分洗净,取其消化道组织,用水洗净外表,在解剖镜下剪开,浸泡于水中,用毛刷将消化道内部的附着物洗至水中,除去组织,将混合液经 8 000 r/min 离心 10 min 后除去上清液,加入 1 mL 水,将沉淀充分混匀。

10.3.4　管状蠕虫样品应先在超净工作台中去除外壳,用水洗净虫体,用灭菌后的剪刀剪开虫体,将虫体浸泡于水中,用毛刷将虫体内部的附着物洗至水中,除去虫体,将混合液经 8 000 r/min 离心 10 min 后除去上清液,加入 1 mL 水,将沉淀物充分混匀。

10.4　宏基因组 DNA 提取

10.4.1　在处理好的样品(10.3)中加入 5 mL DNA 抽提缓冲液(4.41),混匀,于 37 ℃,225 r/min 条件下振荡 30 min。

10.4.2　加入 1 mL TE 溶液和 0.5 mL 溶菌酶贮液，继续振荡 30 min，加入 0.5 mL SDS 溶液，65 ℃水浴 30 min。

10.4.3　6 000 r/min 离心 10 min，将上清液移入新的小离心管。

10.4.4　往沉淀中加入 5 mL DNA 抽提缓冲液(4.22)和 0.5 mL SDS 溶液，65 ℃水浴 10 min，6 000 r/min 离心 10 min，将上清液与 10.4.2 中的上清液合并于同一离心管中。

10.4.5　重复 10.4.3 步骤，将上清液与 10.4.3 中的上清液合并于同一离心管中。

10.4.6　测量合并后的上清液体积，加入 *RNase* A 贮液至 *RNase* A 的终浓度为 200 μg/mL，37 ℃水浴 15 min，等体积加入酚/氯仿/异戊醇，轻轻混匀，13 000 r/min 离心 15 min，将上层水相移入新的离心管。

10.4.7　等体积加入异丙醇，于－20 ℃中沉淀 1 h，4 ℃ 13 000 r/min 离心 10 min，弃上清液。

10.4.8　加入 200 μL 无水乙醇，放置 3 s～5 s 后弃去无水乙醇，并重复 1 次，然后将沉淀物放置超净工作台内吹干后溶解于 50 μL TE 溶液或水中，即为 DNA 粗提液，于－20 ℃保存。

10.4.9　DNA 粗提液的大片段 DNA(大于等于 35 kb)应采用 10 g/L 低熔点琼脂糖凝胶(4.13)电泳检测，用琼脂糖酶(4.7)进行回收纯化。DNA 粗提液的小片段 DNA(小于 35 kb)按 9.4 的要求采用凝胶回收纯化。

注 1：小片段 DNA(小于 35 kb)也可用商用试剂盒进行纯化。

注 2：宏基因组 DNA 也可采用商用试剂盒进行提取。

注 3：琼胶糖酶回收纯化的方法可参见琼胶糖酶商品的说明书。

10.5　资料处理

将所提取宏基因组 DNA 的来源、站位、大小、纯度、图谱等数据记录于深海样品宏基因组 DNA 提取记录表(参见表 A.4)。数据资料处理记录应按 HY/T 058 的要求归档。

11　深海生物样品及微生物资源保存

11.1　技术要求

11.1.1　深海生物样品、微生物菌株、DNA 资源的保存应有详细的记录，资源的共享应有入库、出库记录。

11.1.2　同一菌株应选用两种或两种以上方式进行保藏。

11.1.3　只能采用一种保藏方法的菌株、DNA 资源应备份并存放于两个以上的保藏设备中。

11.1.4　菌株应定期检查保藏效果，有污染或退化迹象时，应及时纯化分离、复壮，每次检查均应有详细记录。

11.1.5　微生物菌株和 DNA 资源的分离、提取、保存和分装等所有操作均应在无菌条件下进行。

11.2　深海生物样品保藏

11.2.1　船上现场分样并按不同温度保存的沉积物样品、水样品、热液烟囱样品，在运输转移入样品库的过程中应保持温度不变，－80 ℃保存的样品应采用干冰运输。

11.2.2　深海小型虾、鱼、蟹等样品应首先在无菌水中充分洗净，取含有微生物的消化道组织进行保存，保存时应加入的甘油溶液(4.18)，使甘油的终浓度为 150 mL/L，于－80 ℃保存。

11.2.3　样品出库时如需进一步分样操作，应在各自保存温度下进行。

11.2.4　保存条件应包括 4 ℃、－20 ℃、－80 ℃和液氮等四种。在样品量较少的情况下，应优先保证 4 ℃保存和－80 ℃保存的样品。

11.3 微生物菌种资源保藏

11.3.1 定期移植法保藏

11.3.1.1 适用范围

本方法适用于大多数细菌和真菌的短期保存。

11.3.1.2 保藏培养基的配制

11.3.1.2.1 有效时间

空白斜面培养基应尽快使用，放置时间不应超过 7 d。

11.3.1.2.2 操作步骤

11.3.1.2.2.1 选择所保存菌株的最适生长培养基，先在烧杯中放适量海水，按培养基配方称取各种材料，依次将缓冲化合物、主要元素、微量元素、维生素等材料加入水中溶解，最后加足水量，搅拌均匀，可加热溶解。

11.3.1.2.2.2 配料溶解后将培养基冷却至室温，根据要求用稀酸溶液或稀碱溶液调节 pH 至所需要的规定值，加酸或碱液时应缓慢、少量、多次搅拌，防止局部过碱或过酸而导致测量不准确和营养成分被破坏。

11.3.1.2.2.3 将琼脂加入相应的液体培养基中，加热并不断搅拌至溶解，再补足所蒸发水分，在二层纱布中间夹入脱脂棉，将配好的培养基趁热过滤并分装。斜面培养基分装量应为玻璃试管高度的 1/4（4 mL～5 mL），穿刺培养基分装量应为玻璃试管高度的 1/2，玻璃试管加棉塞后，外面包扎一层牛皮纸或铝箔并注明培养基名称及配制日期，分装过程中培养基不应沾污到管口或棉塞上。

11.3.1.2.2.4 将制好的固体培养基经灭菌处理，及时摆放斜面，斜面长度不应超过玻璃试管管长的 1/2，将灭菌的固体培养基放入培养箱中作无菌检验，通常为 30 ℃培养 1 d～3 d，无菌检查合格后将其保存于 4 ℃下备用。

11.3.1.3 接种方式

11.3.1.3.1 斜面接种

斜面接种分为以下几种：

a) 点接：把待保藏菌种点接在斜面培养基中部偏下方处。此方法适用于扩散型生长及绒毛状气生菌丝类霉菌（如毛霉、根霉等）。
b) 中央划线：从斜面培养基中央自下而上划一直线。此方法适用于细菌和酵母菌等。
c) 稀波状蜿蜒划线法：从斜面培养基底部自下而上划之字形线。此方法适用于易扩散的细菌，也适用于部分真菌。
d) 密波状蜿蜒划线法：从斜面培养基底部自下而上划密之字形线。能充分利用斜面获得大量菌体细胞，此方法适用于细菌和酵母菌等。
e) 挖块接种法：挖取菌丝体连同少量培养基，转接到斜面培养基上。此方法适用担子菌类真菌。

11.3.1.3.2 穿刺接种

用接种针从待保藏菌种挑取少量菌体，从柱状培养基中心自上而下刺入，直到接近管底（勿穿到管底），然后沿原穿刺途径慢慢抽出接种针。此方法适用于细菌和酵母菌等。

11.3.1.3.3 **液体接种**

挑取少量待保藏菌种或用无菌滴管吸取液体待保藏菌种(接种量与接种体积比不超过 100 mL/L)接种于空白液体培养基中。

11.3.1.4 **培养**

接种后的培养基放入培养箱中,在各菌株的最适生长温度下培养至细胞稳定期或得到成熟孢子。

11.3.1.5 **保藏**

培养好的菌种于 4 ℃保存,相对湿度应为 50%~70%。视菌株在培养基上的生长状况每两个月移植 1 次,菌种应保藏相继三代的培养物以便对照,防止因意外和污染所造成的损失。

11.3.2 **液体石蜡法保藏**

11.3.2.1 **适用范围**

本方法适用于不能分解液体石蜡的酵母菌、某些细菌(如芽孢杆菌属、醋酸杆菌属等)和某些丝状真菌(如青霉属、曲霉属等)。但以下细菌和真菌不应用此方法保藏,包括:固氮菌、乳杆菌、明串珠菌、分枝杆菌、红螺菌、沙门氏菌、布拉霉、丝枝霉、卷霉、小克银汉霉、毛霉、根霉等属。

11.3.2.2 **液体石蜡的准备**

11.3.2.2.1 选用液体石蜡(4.8),将其分装到玻璃试管中,加塞,并用牛皮纸包好,采用以下两种方式进行灭菌:

a) 灭菌处理,置 40 ℃恒温箱中干燥 2 h;

b) 160 ℃干热灭菌 2 h。

11.3.2.2.2 将灭菌的液体石蜡冷却至室温,随机选取三管液体石蜡,无菌条件下用无菌吸管吸取少量液体石蜡滴入空白麦芽汁平板上,涂布后于 30 ℃条件下培养 1 d~3 d,检查无菌落长出后方可使用,如有杂菌长出则需重新灭菌。

11.3.2.3 **灌注石蜡**

在无菌条件下将液体石蜡注入按 11.3.1.3 和 11.3.1.4 处理的斜面菌种上,液面高出斜面顶部 1 cm 左右,使菌体与空气隔绝。

11.3.2.4 **保藏**

注入液体石蜡的菌种斜面以直立状态置低温(4 ℃)干燥处保藏,保藏时间 2 年~10 年。保藏期间应定期检查,如培养基露出液面,应及时补充灭菌的液体石蜡。如发现异常应选新的斜面菌种按 11.3.1.4和 11.3.2.3 的规定处理后重新保藏。

11.3.2.5 **恢复培养**

恢复培养时,挑取少量菌体转接在适宜的空白培养基上,生长繁殖后,再重新转接 1 次。

11.3.3 **沙土管法保藏**

11.3.3.1 **适用范围**

本方法适用于产孢类放线菌、芽孢杆菌、梭菌、曲霉属、青霉属及少数酵母如隐球酵母和红酵母等。

11.3.3.2 沙土管制备

11.3.3.2.1 将河沙过 0.3 mm(60 目)筛，弃去大颗粒及杂质，再过 0.2 mm(80 目)筛，去掉细沙，用吸铁石吸去铁质，放入容器中用 1 mol/L 盐酸浸泡，如河沙中有机物较多应用 2 mol/L 盐酸浸泡 24 h 后倒去盐酸，用水洗泡数次至中性，将沙子烘干或晒干。

11.3.3.2.2 另取地面下 40 cm～60 cm 非耕作层，贫瘠且黏性较小的土，研碎，过 0.15 mm(100 目)筛，水洗至中性，烘干。

11.3.3.2.3 将处理后的沙、土按质量比 2∶1 混合，混匀的沙土分装入安瓿管(5.15)或玻璃试管中，高度 1 cm，塞好棉塞，经高压灭菌锅中 121 ℃湿热灭菌 30 min，随机选取三支灭菌好的沙土管，无菌条件下取少许沙土至 LB 培养基中，30 ℃培养 24 h，检查无微生物生长后方可使用。

11.3.3.3 接种过程

11.3.3.3.1 菌悬液制备

按 11.3.1.3 和 11.3.1.4 的要求培养待保藏菌种，如培养基为固体培养基则注入 3 mL～5 mL 水，洗下细胞或孢子制成菌悬液。如培养基为液体培养基，离心后弃去部分上清液，将菌体沉淀悬浮制成菌悬液。

11.3.3.3.2 接种

用无菌吸管吸取菌悬液，均匀滴入沙土管中，每管 0.2 mL～0.5 mL，用真空泵连续抽气 3 h～4 h，加速干燥，用手轻拍可使沙土均匀散开则为完全干燥，放线菌和霉菌可直接挑取孢子拌入沙土管中。

11.3.3.4 保藏

将沙土管用火焰熔封后存放于低温(4 ℃)干燥处保藏，每隔半年检查 1 次菌种存活性及纯度，或将沙土管直接用牛皮纸或塑料纸包好，置干燥器内保存，保藏时间 2 年～10 年。

11.3.3.5 恢复培养

在无菌条件下打开保藏的沙土管，取部分沙土粒于适宜的斜面培养基上，长出菌落后再转接 1 次，或取沙土粒于适宜的液体培养基中，按 11.3.1.3.3 和 11.3.1.4 的规定增殖培养后再转接斜面培养基。

11.3.4 冷冻干燥保藏

11.3.4.1 适用范围

冷冻干燥法保藏适用于大多数细菌、放线菌、病毒、噬菌体、部分丝状真菌和酵母菌等。

11.3.4.2 一般要求

11.3.4.2.1 保护剂的种类、搭配、浓度及 pH 值应根据所保藏的菌种进行选择与配制。

11.3.4.2.2 厌氧微生物冷冻干燥所用的保护剂在使用前应在 100 ℃的沸水中煮沸 15 min 左右，脱气后放入 0 ℃的冰水混合物中急冷。

11.3.4.3 常用保护剂及制备方法

11.3.4.3.1 常用保护剂

常用保护剂类型及种类包括以下几种：

a) 酸性化合物:谷氨酸、天冬氨酸、苹果酸等;

b) 中性化合物:葡萄糖、乳糖、蔗糖、棉籽糖、山梨醇、木糖醇、肌醇等;

c) 高分子物质及其分解物:白蛋白、明胶、各种胨、藻类;

d) 天然混合物:脱脂乳、血清等;

e) 其他:抗坏血酸、组胺等。

11.3.4.3.2 脱脂乳的准备

11.3.4.3.2.1 直接采用牛奶作为保护剂时,按 0.2 g/L 的浓度加入碳酸钙溶液煮沸 20 min~30 min,冷却至室温,3 500 r/min 离心 10 min,去除上层油脂。分装后用常压或高压法灭菌,常压法在 100 ℃间歇煮沸 2 次~3 次,每次 10 min~30 min。高压法为用高压灭菌锅于 116 ℃灭菌 20 min,取出后置于 37 ℃保温箱中培养 24 h 做无菌检验,检验无菌后于 4 ℃保存。

11.3.4.3.2.2 将脱脂奶粉按 0.2 g/mL 的比例加水溶解,然后用高压灭菌锅于 116 ℃灭菌 15 min~20 min,灭菌后于 37 ℃培养 24 h,检查是否灭菌彻底,检验无菌后于 4 ℃保存。

11.3.4.3.3 血清的准备

将 30 g 葡萄糖溶于 400 mL 牛血清中,用 0.22 μm 的滤膜过滤灭菌,备用。

11.3.4.4 冷冻干燥保藏操作步骤

11.3.4.4.1 冷冻干燥宜选用安瓿管,清洗安瓿管时,先用 0.65 mol/L 的盐酸浸泡过夜,然后用自来水冲洗 3 次以上,最后用水冲洗、浸泡至 pH 中性,然后干燥;

11.3.4.4.2 在所保藏菌株的最适培养条件下,用液体培养基将细胞培养至静止期或成熟期,6 000 r/min 离心 10 min,收集菌体,弃去上清液,加入保护剂(每毫升培养物加 1 mL~2 mL),将培养物与保护剂混匀,采用滴管直接将菌液滴入安瓿管或冻存管底部,注意不要溅污上部管壁,每管分装量 0.1 mL~0.2 mL。若是球形安瓿管,装量为半个球部;

11.3.4.4.3 分装后用脱脂棉堵住安瓿管管口,分装时间尽量要短,最好在 1 h~2 h 内分装完毕;对安瓿管进行预冻 2 h 以上,温度达到 −40 ℃左右,将预冻后的样品安瓿管迅速置于已充分预冷的冷冻干燥机样品舱内,按冷冻干燥机的操作说明完成冷冻干燥操作;

11.3.4.4.4 确认冷冻干燥完毕后,缓慢打开放气阀,取出样品安瓿管,置于干燥器内备用,冷冻干燥时间一般为 8 h~20 h,冷冻干燥判断已完全的指标如下:

a) 安瓿管内冻干物呈酥松块状或松散片状;

b) 真空度接近空载时的最高值;

c) 冷冻干燥机显示的样品温度与舱内温度接近;

d) 蒸馏水对照管中的水分已完全挥发掉;

e) 从干燥器中取出冷冻干燥完全的安瓿管,在距管口 5 cm 左右用喷射火焰(喷灯、焊枪等)将安瓿管拉细,然后将安瓿管口连接到与真空安瓿管泵相连的橡皮管上,打开真空泵,在真空条件下(一般真空度达到 2.7 Pa),用喷射火焰对准安瓿管细颈部加热熔封,熔封后的干燥管应采用高频电火花真空测定仪检测真空度。

11.3.4.5 保藏时间

封口完全的冷冻干燥管应在 4 ℃中避光保藏,保藏周期可超过 10 年。

11.3.4.6 指标检测

每种菌株保存 10 管平行样,每两年随即抽取一支按 11.3.1.3 和 11.3.1.4 的要求接种培养后,进行存活、形态变异、杂菌污染的指标检测。

11.3.4.7 复苏方法

先用乙醇溶液擦拭安瓿管的上部，将安瓿管顶部烧热，用无菌棉签沾水，在顶部擦一圈，使顶部出现裂纹，用锉刀或镊子颈部轻敲下已开裂的安瓿管的顶端，用水溶解菌块，转移入新配制的液体培养基中，按照所复苏菌株的最适生长条件进行培养。

11.3.5 低温冷冻保藏

11.3.5.1 适用范围

低温冷冻保藏方法适用于各类微生物。

11.3.5.2 低温冷冻保藏操作步骤

11.3.5.2.1 选用安瓿管或螺旋口的塑料冻存管(5.16)。清洗安瓿管时，先用 0.65 mol/L 盐酸溶液浸泡过夜，然后用自来水冲洗 3 次以上，最后用水冲洗、浸泡至 pH 中性，然后干燥。塑料冻存管用水浸泡，冲洗干净，干燥后灭菌处理；

11.3.5.2.2 在所保藏菌株的最适培养条件下，用液体培养基将细胞培养至对数生长期，与保护剂混匀，无菌滴管吸取后滴入安瓿管或冻存管底部，不应溅污上部管壁，每管分装量 0.1 mL～0.2 mL，若是球形安瓿管，装量为半个球部；若为塑料冻存管，装量不应超过总体积的 2/3；

11.3.5.2.3 用脱脂棉堵住分装后的安瓿管管口，应在 1 h～2 h 内分装完毕，预冻分装后的安瓿管或塑料冻存管，冷冻速度应控制在 1 ℃/min；温度达到 −40 ℃后，将预冻的样品安瓿管或塑料冻存管迅速置于液氮罐中，或于 −80 ℃保藏。

11.3.5.3 保藏时间

液氮中保藏周期可为 10 年以上，−80 ℃保藏周期一般为 1～2 年。

11.3.5.4 复苏方法

从 −80 ℃保存或液氮中取出安瓿管或塑料冻存管，迅速放置在 38 ℃～40 ℃温水中快速复苏并适当摇动 90 s，取出于室温中至完全溶解，在无菌条件下开启安瓿管或塑料冻存管，将管内保藏物接种至所复苏菌株的最适培养基上进行培养。

11.4 宏基因组文库资源保藏

11.4.1 DNA 保藏

所提取的深海样品宏基因组 DNA 分装成每管 20 μL～50 μL，于 −80 ℃保藏，不应反复冻融。保藏期限不应超过 1 年。

11.4.2 小片段宏基因组 DNA 文库构建及保藏

11.4.2.1 适用范围

小于 35 kb 的宏基因组 DNA 适用于构建小片段(5 kb～10 kb)宏基因组 DNA 文库，所用的载体可为表达载体，例如 pET-GST，pET-His，pTrc-CKS，pLLP-OmpA，pLLP-STII，pMBP-P，pQE 等。

11.4.2.2 DNA 制备

11.4.2.2.1 取 5 μg～10 μg DNA，加入 90 μL 水，混合均匀后分成两份，编号为 A、B，每份为 45 μL，置

冰浴中。

11.4.2.2.2 在A管溶液中，加5 μL 10倍 *Sau*3A Ⅰ 酶(4.5)反应缓冲液，混匀。取5个小管，编号1～5，1号管取溶液9 μL，加1 μL上样缓冲液，混匀，作为酶切时间为零的对照实验，置冰浴中。在上述A溶液中，加2个单位 *Sau*3A Ⅰ 酶，温和混匀，置37 ℃水浴，分别于5 min、10 min、15 min、20 min取出溶液9 μL，加1 μL上样缓冲液，混匀，置4 ℃水浴，待样品取完后，用10 g/L琼脂糖凝胶进行电泳检测，所用分子量标准为λDNA/*EcoR* Ⅰ＋*Hind* Ⅲ，根据分子量标准的大小分析结果，观察5 kb～10 kb范围内片段产量最多的管号，得到最适的酶切时间，一般最适的酶切时间宜为15 min，应根据酶切预实验的时间，调整酶的加入量。

11.4.2.2.3 根据预酶切实验结果，确定合适的酶量、酶切时间，然后将B管溶液进行酶解反应。反应结束后立即加入等体积异丙醇，并加入 $MgCl_2$ 溶液至终浓度为10 mmol/L，混匀，于－20 ℃中放置30 min，13 000 r/min离心10 min，DNA沉淀物用乙醇溶液洗3次，吸干乙醇，置超净工作台吹5 min，加10 μL～15 μL水溶解。

11.4.2.2.4 用 *Klenow* 酶(见4.6)酶切后的DNA进行半补齐反应，在小离心管中加入50 ng DNA沉淀物，2 μL dATP(见4.9)，2μL dGTP(见4.10)，5 μL *Klenow* 酶反应缓冲液，5个单位 *Klenow* 酶，用水补足体积至50 μL，在37 ℃反应3 h。

11.4.2.2.5 半补齐产物用低熔点琼脂糖电泳检测，用琼脂糖酶回收5 kb～10 kb的DNA片段。

注：上样缓冲液、反应缓冲液均为购买商品酶时的配套溶液。

11.4.2.3 载体DNA酶切处理

将载体的DNA用限制性核酸内切酶完全酶切，所用酶应视所用载体的多克隆位点序列进行选择，应选择酶切后能产生-TC碱基末端的酶，例如 *BamH* Ⅰ(4.3)或 *Sal* Ⅰ(4.4)。如所用载体中无该类酶切位点，应选取半补齐后能产生-TC碱基末端的酶。

11.4.2.4 电转化感受态细胞的制备

11.4.2.4.1 从新鲜的琼脂板上挑取一个大肠杆菌单菌落，接种于50 mL LB液体培养基中，37 ℃，250 r/min振荡培养12 h。

11.4.2.4.2 将两份25 mL的上述培养物分别接种到盛有500 mL经37 ℃预热的LB液体培养基中，于37 ℃，250 r/min振荡培养，每隔20 min测量一次600 nm处的OD值，当OD值达到0.4时，迅速将培养物置于冰浴中15 min～30 min，不时缓慢摇匀直至完全冷却。

11.4.2.4.3 将细菌转移至已在冰上预冷的离心管中，4 ℃下1 000 r/min离心15 min，弃上清液，用500 mL 4 ℃的水重悬沉淀。

11.4.2.4.4 4 ℃下1 000 r/min离心20 min，弃上清液，用30 mL 4 ℃的甘油溶液重悬沉淀，4 ℃下1 000 r/min离心20 min，弃上清液，用1 mL 4 ℃的甘油溶液重悬沉淀，4 ℃下1 000 r/min离心20 min，缓慢倒掉上清液，吸去管壁上的残留液体，加1 mL 4 ℃的GYT培养基(4.25)重悬沉淀。

11.4.2.4.5 用4 ℃的GYT培养基稀释至600 nm处OD值为0.8～1。

11.4.2.4.6 将40 μL上述悬液转移到4 ℃的电转化仪(5.17)的电击杯中(0.2 cm间隙)，检查电击时是否有短路现象，如果有，则剩下的细胞悬液用4 ℃的GYT培养基洗一次，使细菌悬液的电导小于5 mEq再进行分装。

11.4.2.4.7 感受态细胞悬液按40 μL/管的体积分装，保藏于－80 ℃中备用。需要用时，从－80 ℃保存中取出，室温下完全融解后将管转移至冰上备用。

11.4.2.5 连接及文库构建

11.4.2.5.1 在离心管中加入制备好的DNA、载体、连接酶、缓冲液，混匀后在16 ℃下连接过夜，所用的

DNA 和载体的摩尔比为(3∶1)～(10∶1)。

11.4.2.5.2　将连接产物用电转化转入感受态细胞，转化条件应按照所用电转化仪的操作说明书设定，脉冲电击结束后，尽可能快地取出样品池，室温下加入 1 mL SOC 培养基(4.26)，将细胞在 37 ℃，100 r/min振荡培养 1 h。

11.4.2.5.3　取 100 μL～200 μL 培养液涂布于已预先涂布了 40 μL X-gal 贮液(4.42)和 7 μL IPTG 贮液(4.43)的含 Amp 的 LB 固体培养基平板上，放置于室温下，待培养基平板中的液体被完全吸收后，倒置培养基平板于 37 ℃培养，转化克隆应在 12 h～16 h 内出现。

11.4.2.6　文库质量评估

按式(1)进行文库质量评估，插入的外源片段大小按 7.5 kb 计算，基因组片段大小按 25 kb 计算，P 值需达到 90%以上方为合格：

$$N = \ln(1-P)/\ln(1-F) \qquad \cdots\cdots(1)$$

式中：

P ——任意段 DNA 顺序在文库中出现的几率；

F ——插入片段的长度与基因组片段长度的比值；

N ——重组克隆总数。

11.4.2.7　文库的保藏

将转化后的培养液进行涂布，每 50 μL 培养液用水稀释成 200 μL 后涂布于含 Amp 的 LB 固体培养基平板上，放置于室温下，待培养基平板中的液体被完全吸收后，倒置培养基平板于 37 ℃培养 12 h～16 h，将各平板上长出的菌落用含 Amp 的 LB 液体培养基洗下，按 500 μL 一管分装于小离心管，每管中加入 115 μL 甘油溶液，混匀后于−80 ℃保存。

11.4.3　大片段宏基因组 DNA 文库(大于或等于 35 kb)构建及保藏

11.4.3.1　适用范围

大于或等于 35 kb 的宏基因组 DNA 可用于构建大片段宏基因组文库。

11.4.3.2　DNA 制备

11.4.3.2.1　采用直径 10 μm 的微量注射器对深海微生物宏基因组 DNA 进行吸打，通过调整吸打次数来获得最佳大小范围的 DNA 片段，预实验的结果需通过 PFGE 进行 DNA 大小的验证。根据预实验结果用微量注射器对深海样品宏基因组 DNA 进行吸打，并与花青素核酸染料混匀。

11.4.3.2.2　配制低熔点琼脂糖凝胶，设定脉冲场电泳仪系统(5.18)的相应运行程序：电压 450 V，脉冲时间 0.8 s，电流 110 mA～120 mA，时间 3 h～4 h。

11.4.3.2.3　启动脉冲场电泳仪配套的电泳系统中的水浴循环仪，使水冷却至 8.5 ℃，倒入已预冷至 8.5 ℃的 TBE 电泳缓冲液(4.44)，保持电泳槽四壁通电处干燥。

11.4.3.2.4　在凝胶加样孔中加入已与花青素核酸染料混合的 DNA 样品，在相邻加样孔中加入试剂盒配套的分子量标准，将凝胶放入电泳槽内，启动水浴循环功能，打开高压电源和脉冲电场电源，运行预先设定好的程序，运行结束后，退出程序，关闭脉冲场电泳仪系统。

11.4.3.2.5　将低熔点琼脂糖凝胶从托盘上割下放置于保鲜膜上，并在可观察花青素核酸染料的凝胶观察仪上进行观察，将 30 kb～45 kb 之间的目的 DNA 胶条切割下来。

11.4.3.2.6　将含有目的 DNA 片段的胶条用 TE 溶液洗涤 3 次，移除上清液，用琼脂糖酶进行回收，将所得的 DNA 溶解于 50 μL 水中，用分光光度计测定 DNA 的浓度及纯度。

11.4.3.2.7　用末端补平酶对所获得的 DNA 片段进行末端补平，在 25 ℃下反应 45 min，将反应液转移至 70 ℃水浴 10 min。

11.4.3.2.8　然后加入 100 μL 无水乙醇、0.5 μLMgCl_2 溶液，混匀后于－80 ℃保存 2 h，用 40 μL 水溶解沉淀物，用分光光度计测定 DNA 浓度。

11.4.3.3　宏基因组文库的构建

参照附录 D，将制备好的 DNA 与载体连接、包装、文库评估和保藏。

注：所用载体可为 Cosmid，Fosmid 等。各载体均有成熟的试剂盒，可按照试剂盒说明书操作，附录 C 给出了用 Epicentre公司的 pWEB∷TNCTM Cosmid Cloning Kit 构建宏基因组文库的步骤，给出这一信息是为了方便本标准的使用者，并不表示对该产品的认可。如果其他等效产品具有相同的效果，则可使用这些等效产品。

11.5　资料处理

11.5.1　数据资料处理记录应按 HY/T 058 要求归档。

11.5.2　将所保藏的深海样品类型、来源、数量、出入库等信息整理记录于深海样品保藏记录表（参见表 A.5）。

11.5.3　将所保存的深海细菌菌种、来源、保存方式等信息进行整理，将信息记录于深海细菌保藏记录表（参见表 A.6）。

11.5.4　将所保存的深海放线菌菌种、来源、保存方式等信息进行整理，将信息记录于深海放线菌保藏记录表（参见表 A.7）。

11.5.5　将所保存的深海真菌菌种、来源、保存方式等信息进行整理，将信息记录于深海真菌保藏记录表（参见表 A.8）。

11.5.6　将所构建的宏基因组文库大小、所用载体、宿主菌、效率等信息整理记录于深海样品宏基因组 DNA 文库记录表（参见表 A.9）。

附　录　A
（资料性附录）
深海微生物样品前处理记录表格式

表 A.1～表 A.9 给出了深海微生物样品采集、提取、保藏记录表格式。

表 A.1　深海样品采样记录表

第　　页 共　　页					
海区：	船号：	航次：			
站位					
采样方式					
采样时间					
采样器型号规格					
纬度					
经度					
沉积环境类型					
水深/m					
温度/℃					
盐度					
分样方式					
样品体积(水样)					
样品重量(沉积物样)					
保存方式					
备注					
采样人					
记录人					
校对人					

表 A.2　深海微生物分离鉴定记录表

第　　页 共　　页				
菌株编号				
菌株来源				
培养基				
培养温度				
培养压力				

表 A.2（续）

				第 页共 页
菌株种属				
16S rRNA 基因序列编号				
分离日期				
分离人				
鉴定日期				
鉴定人				
校对人				

表 A.3 深海微生物基因组 DNA 提取记录表

				第 页共 页
菌株编号				
菌株种属				
站位				
DNA 浓度				
$OD_{260/280}$				
$OD_{260/230}$				
电泳图谱				
提取日期				
备注				
提取人				
校对人				

表 A.4 深海样品宏基因组 DNA 提取记录表

				第 页共 页
DNA 编号				
样品类型				
站位				
DNA 浓度				
$OD_{260/280}$				
$OD_{260/230}$				
电泳图谱				
DNA 片段大小				
提取日期				
备注				
提取人				
校对人				

表 A.5 深海样品保藏记录表

<table>
<tr><td colspan="3">样品类型</td><td></td></tr>
<tr><td colspan="3">站位</td><td></td></tr>
<tr><td colspan="3">数量</td><td></td></tr>
<tr><td colspan="3">保存位置</td><td></td></tr>
<tr><td colspan="3">采集日期</td><td></td></tr>
<tr><td colspan="3">入库日期</td><td></td></tr>
<tr><td rowspan="12">出库记录</td><td rowspan="6">1</td><td>日期</td><td></td></tr>
<tr><td>数量</td><td></td></tr>
<tr><td>取用人</td><td></td></tr>
<tr><td>经手人</td><td></td></tr>
<tr><td>样品用途</td><td></td></tr>
<tr><td>样品使用成果</td><td></td></tr>
<tr><td rowspan="6">2</td><td>日期</td><td></td></tr>
<tr><td>数量</td><td></td></tr>
<tr><td>取用人</td><td></td></tr>
<tr><td>经手人</td><td></td></tr>
<tr><td>样品用途</td><td></td></tr>
<tr><td>样品使用成果</td><td></td></tr>
</table>

表 A.6 深海细菌保藏记录表

基 本 信 息			
菌株保藏编号		采集地	
学名		分离基物	
中文名称		培养基	
收藏时间		培养温度、pH 等条件	
保存方式		生物危害程度	
分离人		16S rRNA 基因序列号	
鉴定人		功能特性	

表 A.6（续）

<table>
<tr><td colspan="7">特征特性信息</td></tr>
<tr><td rowspan="6">表型信息</td><td rowspan="6">个体形态特征</td><td>形状、大小</td><td></td><td rowspan="6">培养特征</td><td>菌落形态</td><td></td></tr>
<tr><td>芽孢，荚膜</td><td></td><td>菌落质地</td><td></td></tr>
<tr><td>运动性</td><td></td><td>菌落颜色</td><td></td></tr>
<tr><td>鞭毛</td><td></td><td>菌落大小</td><td></td></tr>
<tr><td>革兰氏染色反应</td><td></td><td>其他培养特征</td><td></td></tr>
<tr><td>其他形态特征</td><td></td><td></td><td></td></tr>
<tr><td colspan="7">其他信息</td></tr>
<tr><td colspan="2">菌落形态图</td><td colspan="2"></td><td colspan="2">细胞形态图</td><td></td></tr>
</table>

表 A.7　深海放线菌保藏记录表

<table>
<tr><td colspan="6">基 本 信 息</td></tr>
<tr><td colspan="3">菌株保藏编号</td><td></td><td>采集地</td><td></td></tr>
<tr><td colspan="3">学名</td><td></td><td>分离基物</td><td></td></tr>
<tr><td colspan="3">中文名称</td><td></td><td>培养基</td><td></td></tr>
<tr><td colspan="3">收藏时间</td><td></td><td>培养温度、pH 等条件</td><td></td></tr>
<tr><td colspan="3">保存方式</td><td></td><td>生物危害程度</td><td></td></tr>
<tr><td colspan="3">分离人</td><td></td><td>16S rRNA 基因序列号</td><td></td></tr>
<tr><td colspan="3">鉴定人</td><td></td><td>功能特性</td><td></td></tr>
<tr><td colspan="6">特征特性信息</td></tr>
<tr><td rowspan="13">表型信息</td><td rowspan="13">个体形态特征</td><td colspan="2">菌落形态</td><td colspan="2">基内菌丝</td></tr>
<tr><td>大小</td><td></td><td>有无横隔、是否断裂</td><td></td></tr>
<tr><td>表面状况</td><td></td><td>直径大小</td><td></td></tr>
<tr><td>颜色</td><td></td><td>孢囊形状</td><td></td></tr>
<tr><td colspan="2">气生菌丝</td><td>基丝颜色</td><td></td></tr>
<tr><td>有无气生菌丝</td><td></td><td>可溶性色素</td><td></td></tr>
<tr><td>直径大小</td><td></td><td>其他</td><td></td></tr>
<tr><td>颜色</td><td></td><td colspan="2">孢子</td></tr>
<tr><td>孢子着生方式</td><td></td><td>孢子形状</td><td></td></tr>
<tr><td>孢子丝</td><td></td><td>孢子表面特征</td><td></td></tr>
<tr><td>形态</td><td></td><td colspan="2">孢囊</td></tr>
<tr><td>颜色</td><td></td><td>孢囊特征</td><td></td></tr>
<tr><td>其他特征</td><td></td><td>形态描述所用培养基</td><td></td></tr>
</table>

表 A.7（续）

特征特性信息			
表型信息	培养特征	所用的培养基	
		在培养基上生长状况与颜色	
		气丝	
		基丝	
		可溶性色素	
		其他培养特征	
其他信息			
菌落形态图		细胞形态图	
菌丝形态图			

表 A.8 深海真菌保藏记录表

基本信息			
菌株保藏编号		采集地	
学名		分离基物	
中文名称		培养基	
收藏时间		培养温度、pH 等条件	
保存方式		生物危害程度	
分离人		16S rRNA 基因序列号	
鉴定人		功能特性	
特征特性信息			
菌落形态			
菌丝形态			
产孢特征			
培养温度	最高　　℃；最适　　℃；最低　　℃		
培养 pH	最高　　最适　　最低		
生长速度			
生理生化特征			
特殊遗传标记			
其他信息			
菌落形态图		细胞形态图	
菌丝形态图			

表 A.9 深海样品宏基因组 DNA 文库记录表

编号				
DNA 来源				
所用载体				
插入片段大小				
文库滴度				
总克隆数				
保存的单克隆数				
构建日期				
构建人		校对人		

附 录 B
（资料性附录）
耐压菌株分离

B.1 耐压菌株分离步骤

B.1.1 取 1 g 沉积物接入 100 mL 2216E 液体培养基中，混合均匀制成悬浮液。

B.1.2 用巴斯德吸管吸取悬浮液，装样管和进样管中均不能含有气泡。

B.1.3 在离装样管 1 cm～2 cm 处的进样管上用封口机加热封口数次使得管道自然分离。

B.1.4 将封口后的巴斯德吸管放入压力罐中，加入水至限压孔，若试验的温度低于或者是高于室温，则应先往压力罐中加入水并将整个系统的温度调至所需温度方可进行下一步操作。

B.1.5 将 O 形圈缓慢拨到进压器的指定位置，然后将装好 O 形圈的进压器垂直压入压力罐中，在压入的过程中不可转动进压器。

B.1.6 缓慢调整进压器使得进压器两侧的孔与高压罐上的限压孔相一致，插入限压棒。

B.1.7 往进样容器中加入水，水位至少需超过进样口 5 cm。

B.1.8 连接好进压管道，打开开关保持管道通路，打开耐震压力表开关，其他未使用的管道和放压管道应处于关闭状态。

B.1.9 通过升压装置使压力升至所需压力，关闭进压器开关，打开放压开关，至压力值将为 0 后松开进压管道，将压力罐放入所需的温度中培养至试验结束。

B.1.10 培养结束后，取出压力罐，松开进压开关，取出限压棒，垂直拉起进压器，取出样品并将巴斯德吸管垂直放置，直至沉积物中的固体自然沉降。

B.1.11 用灭菌的剪刀缓慢剪开管道，缓慢挤压巴氏德管，将混合样缓慢挤压到所需要的培养基平板上进行涂布。

B.1.12 将涂好的培养基平板在所需的温度中进行培养，待长出菌落后，挑取单菌落，多次转接纯化，直至获得单克隆纯培养物。

B.2 菌株耐压特征的验证

B.2.1 基本操作

B.2.1.1 吸取培养 12 h 的纯培养物以体积分数 0.1％的比例接种至新鲜培养液中，接种后培养液的 OD_{600} 值应小于 0.005。

B.2.1.2 根据实验需要设定不同的压力，利用巴斯德吸管进行各压力条件下的培养，培养步骤见 B.1。

B.2.1.3 培养结束后取出培养液，观察培养液是否呈明显浑浊，测定培养液的 OD_{600} 值，在显微镜下镜检菌株是否存活并观察菌体特征。

B.2.1.4 根据培养液的 OD_{600} 值、显微镜镜检结果确定菌株的最大耐受压力和最适耐受压力。

B.2.2 特征验证

菌株耐压特征的验证应同时设定一组常压下的对照，如果常压下生长，而高压下未生长，可认为该菌株耐压阴性。如果在常压和高压下均未生长，则应重新调整压力进行验证。

附 录 C
（资料性附录）
微生物菌种分子鉴定

C.1 微生物 16S rRNA 基因和 18S rRNA 基因序列 PCR 扩增通用引物

C.1.1 用于微生物 16S rRNA 基因序列扩增的通用引物序列

C.1.1.1 正向通用引物

正向通用引物如下：

a) fD1:5′ AGAGTTTGATCCTGGCTCAG 3′；
b) fD2:5′ AGAGTTTGATCATGGCTCAG 3′；
c) fD3:5′ AGAGTTTGATCCTGGCTTAG 3′；
d) fD4:5′ AGAATTTGATCTTGGTTCAG 3′。

C.1.1.2 反向通用引物

反向通用引物如下：

a) rD1:5′ AAGGAGGTGATCCAGCC 3′；
b) rP1:5′ ACGGTTACCTTGTTACGACTT 3′；
c) rP2:5′ ACGGCTACCTTGTTACGACTT 3′；
d) rP3:5′ ACGGATACCTTGTTACGACTT 3′。

C.1.1.3 各通用引物适用范围

各通用引物对均有适用范围，如用一对引物无法扩增出产物，应选用其他的引物对。各引物所适用的微生物种类见表 C.1。

表 C.1 16S rRNA 基因通用引物的适用范围

引物[a]	适用细菌
fD1	革兰氏阳性菌及相关菌，包括：芽孢杆菌属（*Bacillus*）、梭菌（*Clostridium*）、葡萄球菌（*Staphylococcus*）、利斯特氏小菌（*Listeria*）、乳杆菌（*Lactobacillus*）、链球菌（*Streptococcus*）枝原体（*Mycoplasma*）、螺原体（*Spiroplasma*）、尿枝原体（*Ureaplasma*）、无胆甾原体（*Acholeplasma*）、丹毒丝菌（*Erysipelothrix*）、梭杆菌（*Fusobacterium*）、节杆菌（*Arthrobacter*）、分枝杆菌（*Mycobacterium*）、链霉菌（*Streptomyces*）
	变形菌（*Proteobacteria*）及相关菌，包括：罗卡利马氏体属（*Rochalimaea*）、布鲁氏菌属（*Brucella*）、红假单胞菌属（*Rhodopseudomonas*）、农杆菌属（*Agrobaceterium*）、红螺菌属（*Rhodospirillum*）、假单胞菌属（*Pseudomonas*）、奈瑟氏球菌属（*Neisseria*）、柄杆菌属（*Caulobacter*）、黏液球菌属（*Myxococcus*）、弯曲杆菌属（*Campylobacter*）、立克次氏体属（*Rickettsia*）、埃里希氏体属（*Ehrlichia*）
	蓝细菌属（*Cyanobacteria*）
	类杆菌属/黄杆菌（*Bacteroides*，*Flavobacterium*）
	异常球菌属（*Deinococcus*）
	栖热菌属（*Thermus*）

表 C.1(续)

引物[a]	适用细菌
fD1	密螺旋体属(*Treponema*)
	浮霉状菌属(*Planctomyces*)
	绿硫杆菌属(*Chlorobium*)
	栖热孢菌属(*Thermotoga*)
fD2	肠道中变形菌(*Proteobacteria*)的γ亚群,包括:埃希氏菌属(*Escherichia*)、志贺氏杆菌属(*Shigella*)、沙雷氏菌属(*Serratia*)、沙门氏菌属(*Salmonella*)、欧文氏菌属(*Erwinia*)、柠檬酸杆菌属(*Citrobacter*)等
	海洋螺菌属(*Oceanospirillum*)
	嗜血杆菌属(*Haemophilus*)
	弧菌属(*Vibrio*)
	巴氏杆菌属(*Pasteurella*)
	放线杆菌属(*Actinobacillus*)
fD3	疏螺旋体属(*Borrelia*)
fD4	衣原体属(*Chlamydia*)
rD1	变形菌(*Proteobacteria*)及相关菌,包括:假单胞菌属(*Pseudomonas*)、奈瑟氏球菌属(*Neisseria*)、罗卡利马氏体属(*Rochalimaea*)、农杆菌属(*Agrobaceterium*)、分枝杆菌(*Mycobacterium*)、脱硫弧菌属(*Desulfovibrio*)
	革兰氏阳性菌,包括:芽孢杆菌属(*Bacillus*)、葡萄球菌(*Staphylococcus*)、分枝杆菌(*Mycobacterium*)、节杆菌(*Arthrobacter*)、链霉菌(*Streptomyces*)、螺杆菌属(*Heliobacterium*)
	组囊蓝细菌属(聚球蓝细菌属)[*Anacystis*(*Synechococcus*)]
	密螺旋体属(*Treponema*)
	浮霉状菌属(*Planctomyces*)
	绿硫杆菌属(*Chlorobium*)
	栖热孢菌属(*Thermotoga*)
rP1,rP2,rP3	所有细菌,不适用于酵母及脊椎动物

[a] 引物编号中首字为 f 代表正向引物,首字为 r 代表反向引物

C.1.2 用于微生物 18S rRNA 基因序列扩增的通用引物

C.1.2.1 正向通用引物

5′ GTTTCTAGGACCGCCGTA 3′

C.1.2.2 反向通用引物

5′ CTCAACTTCCATCGACTTC 3′

C.2 微生物 16S rRNA 基因和 18S rRNA 基因序列的获取

C.2.1 一般要求

所有步骤都应严格在低于 4 ℃下无菌操作。

C.2.2 转化

转化操作如下：

a) 在含 Amp 的 LB 培养基平板上预先涂布 4 μL IPTG 贮液和 40 μL X-gal 贮液，室温中放置 1 h 以上；
b) 取于－80 ℃中保存的感受态细胞 200 μL，冰浴融化后用手指轻弹混匀；
c) 取 20 μL 连接产物加入感受态细胞中，冰浴 30 min，每 10 min 轻柔混匀 1 次；
d) 将上述反应液于 42 ℃水浴中放置 90 s 后，立即放回冰中冰浴 2 min；
e) 加入 800 μL LB 液体培养基，于 37 ℃，60 r/min 振荡培养 1 h，然后 2 000 r/min 离心 2 min；
f) 吸去 800 μL 上清液，用枪头轻轻吹打剩余的反应液直至菌体均匀混合；
g) 将混匀的菌液完全吸出，涂布于 a）中所制备的培养基平板上，在 37 ℃中培养 14 h；
h) 观察培养基平板上所形成的菌落的颜色，白色为转化成功的大肠杆菌，蓝色为转化不成功的大肠杆菌。

C.2.3 16S rRNA 基因和 18S rRNA 基因序列的 PCR 扩增

操作如下：

a) 按照 9.3.1 和 9.3.2 的要求提取细菌和放线菌的基因组 DNA，按照 9.3.3 的要求提取真菌的基因组 DNA；
b) 根据所要扩增的微生物种类选择所需的引物，参见表 C.1；
c) 在小离心管中加入 1 ng～10 ng 上述所提取的微生物基因组 DNA，10 pmol 正向引物，10 pmol反向引物，5 单位 *Taq* 酶，5 μL 浓度为 2.5 mmol/L 的 dNTP 混合溶液，用水补足体积至 50 μL；
d) 将小离心管置于热循环仪中，16S rRNA 基因和 18S rRNA 基因序列的 PCR 扩增，热循环仪的反应程序设置为：95 ℃反应 2 min，然后进行 30 轮循环反应，每轮反应条件均为：95 ℃反应 90 s，55 ℃反应 90 s，72 ℃反应90 s，最后在 72 ℃下继续反应 10 min；
e) 用 1%的琼脂糖凝胶电泳检测 PCR 产物纯度及大小，正确的 16S rRNA 大小约为 1.5 kb，18S rRNA大小约为 1.8 kb，按 9.4 的要求回收 16S rRNA 或 18S rRNA 目标条带；
f) 将回收的目标条带与 T 载体连接，具体连接反应参见 T 载体的操作说明书；
g) 按 C.2.2 的要求将连接产物转化入大肠杆菌感受态细胞中，挑取所形成的白色菌落进行序列测定，获得完整的 16S rRNA 或 18S rRNA 序列。

C.3 菌种分子鉴定

将所获得的完整序列通过互联网进行比对搜索，根据同源性高低确定待测菌株的种属及分类单元，可用于比对的数据库包括：

a) Ribosomal Database Project(http://rdp.cme.msu.edu)
b) Basic Local Alignment Search Tool(http://blast.ncbi.nlm.nih.gov/Blast.cgi)
c) EMBL-EBI FASTA(http://www.ebi.ac.uk/Tools/fasta)
d) EzTaxon(http://eztaxon.org)

附 录 D
（资料性附录）
宏基因组Cosmid文库构建

D.1 试剂和材料

下列试剂、菌株和载体均为试剂盒配套产品。

a) pWEB∷TNC Cosmid；
b) 10×Fast-link 连接缓冲液；
c) 10 mmol/L 的 ATP 溶液；
d) 包装蛋白；
e) 噬菌体稀释液；
f) *E.coli* EPI 100-T1。

D.2 连接

D.2.1 在小离心管中加入 2 μL10×Fast-link 连接缓冲液，1 μL10 mmol/L 的 ATP 溶液，1 μL pWEB∷TNC载体，2 μg 制备好的 DNA 片段和 1 μL Fast-link DNA 连接酶，用无菌双蒸水补足体积至 20 μL，混匀后在 25 ℃放置 2 h 进行连接。

D.2.2 连接完成后将产物转移至 70 ℃水浴中放置 10 min，立刻进行体外包装。如无法立刻进行包装，可将连接混合物于 4 ℃保藏，但保藏期限不应超过 7 d。

D.3 体外包装

D.3.1 取出保藏于－80 ℃的包装蛋白(50 μL/管)，在冰上融化后立刻取出 25 μL 分装至另一新离心管中，将两管分装后的包装蛋白置于冰上，在其中一管包装蛋白(25 μL)中加入 10 μL 已连接好的 Cosmid DNA 连接产物(D.2)，混匀包装混合物，1 000 r/min 离心 2 min 收集所有混合物。

D.3.2 将反应物于 30 ℃水浴中放置 90 min，加入另一半已融化的在冰上保藏的 25 μL 包装蛋白，30 ℃水浴中温浴 90 min。

D.3.3 反应结束后，加入 500 μL 噬菌体稀释液，混匀，加入 25 μL 氯仿，混匀后于 4 ℃保藏。

D.4 感受态细胞制备

D.4.1 将 *E.coli* EPI 100-T1 从－80 ℃接种到新配制的 LB 固体培养基上进行划线，37 ℃培养至菌落生成，挑取单克隆，接种到添加了 12.3 mg $MgSO_4$ 的 5 mL 新配制 LB 液体培养基中，37 ℃、250 r/min 振荡培养 12 h。

D.4.2 按体积分数比为 1%的比例将 a)中的培养液接种入新配制的 LB 液体培养基中，37 ℃、250 r/min 振荡培养至 600 nm 处的 OD 值为 0.8～1.0。

D.5 文库评估

D.5.1 取 10 μL 保藏于噬菌体稀释液中已包装好的 Cosmid 质粒(D.3)，用噬菌体稀释液进行 1 倍～10 倍梯度稀释，取 10 μL 未经稀释和 1 倍～10 倍梯度稀释的已包装好的 Cosmid 质粒，分别加入 100 μL 预先制备好的包装宿主菌 *E.coli* EPI 100-T1(D.4)，混匀后于 37 ℃水浴 20 min。

D.5.2 立即将已转染了噬菌体的 *E.coli* EPI 100-T1 涂布到含 Amp 的 LB 固体培养基平板上，37 ℃培养 12 h。

D.5.3 分别计算各个培养基平板上的克隆数，按式(D.1)计算噬菌体包装蛋白包装效价：

$$A = N \times n / V \qquad \cdots\cdots\cdots\cdots (D.1)$$

式中：

A ——滴度（pfu/mL）；

N ——重组克隆数；

n ——稀释倍数；

V ——所用已包装噬菌体的体积(mL)。

D.5.4 根据式(D.1)计算结果，按式(D.2)计算 Cosmid DNA 文库中全部克隆的数目：

$$N = A \times V \qquad \cdots\cdots\cdots\cdots (D.2)$$

式中：

N ——总克隆数；

A ——滴度（pfu/mL）；

V ——包装好的文库总体积(mL)。

D.5.5 随机挑取 20 个克隆，接种于 5 mL 含 Amp 的 LB 液体培养基中，37 ℃ 250 r/min 振荡培养过夜后提取质粒。

D.5.6 根据 pWEB∷TNC Cosmid 载体上的酶切位点，选择 *BamH* Ⅰ对质粒进行完全酶切，用 1%琼脂糖凝胶电泳进行检测，以 λDNA/*EcoR* Ⅰ＋*Hind* Ⅲ为分子量标准，检测所构建文库的多样性。

D.6 文库保藏

D.6.1 根据式(D.1)计算的结果，选择合适的稀释梯度，分批次对预先制备好的包装宿主菌 *E.coli* EPI 100-T1(D.4)进行转染，37 ℃水浴 20 min。

D.6.2 立即将已经转染了噬菌体的 *E.coli* EPI 100-T1 涂布到含 Amp 的 LB 固体培养基平板上，37 ℃培养至菌落长出后将培养基平板于 4 ℃保藏。

D.6.3 向 100 mL 含 Amp 的 LB 液体培养基中加入 23 mL 甘油溶液，分装至 96 孔板中，将培养基平板上的克隆从平板上随机挑取到无菌 96 孔板中，并适当标记，于 37°C 培养至菌长出后将 96 孔板直接保藏于－80 ℃中。

吸取 200 μL～500 μL 新配制的含 Amp 的 LB 液体培养基加入平板，用涂布棒将菌株全部刮下，所得的混合菌液为放大的环境样品 Cosmid DNA 文库。按每管 100 μL 分装于小离心管中，于－80 ℃保存。

D.7 试剂和材料

下列试剂、菌株和载体均为试剂盒配套产品。

a) pWEB∷TNC Cosmid；

b) 10×Fast-link 连接缓冲液；

c) 10 mmol/L 的 ATP 溶液；

d) 包装蛋白；

e) 噬菌体稀释液；

f) *E.coli* EPI 100-T1。

D.8 连接

D.8.1 在小离心管中加入 2 μL10×Fast-link 连接缓冲液，1 μL10 mM 的 ATP 溶液，1 μL pWEB∷TNC 载体，2 μg 制备好的 DNA 片段和 1 μL Fast-link DNA 连接酶，用无菌双蒸水补足体积至 20 μL，混匀后在 25 ℃放置 2 h 进行连接。

D.8.2 连接完成后将产物转移至 70 ℃水浴中放置 10 min，立刻进行体外包装。如无法立刻进行包装，可将连接混合物于 4 ℃保藏，但保藏期限不应超过 7 d。

D.9 体外包装

D.9.1 取出保藏于－80 ℃的包装蛋白(50 μL/管)，在冰上融化后立刻取出 25 μL 分装至另一新离心管中，将两管分装后的包装蛋白置于冰上，在其中一管包装蛋白(25 μL)中加入 10 μL 已连接好的 Cosmid DNA 连接产物(D.2)，混匀包装混合物，1 000 r/min 离心 2 min 收集所有混合物。

D.9.2 将反应物于 30 ℃水浴中放置 90 min，加入另一半已融化的在冰上保藏的 25 μL 包装蛋白，30 ℃水浴中温浴 90 min。

D.9.3 反应结束后，加入 500 μL 噬菌体稀释液，混匀，加入 25 μL 氯仿，混匀后于 4 ℃保藏。

D.10 感受态细胞制备

D.10.1 将 *E.coli* EPI 100-T1 从－80 ℃接种到新配制的 LB 固体培养基上进行划线，37 ℃培养至菌落生成，挑取单克隆，接种到添加了 12.3 mg $MgSO_4$ 的 5 mL 新配制 LB 液体培养基中，37 ℃ 250 r/min 振荡培养 12 h。

D.10.2 按体积分数比为 1%的比例将 D.10.1 中的培养液接种入新配制的 LB 液体培养基中，37 ℃ 250 r/min振荡培养至 600 nm 处的 OD 值为 0.8～1.0。

D.11 文库评估

D.11.1 取 10 μL 保藏于噬菌体稀释液中已包装好的 Cosmid 质粒(D.3)，用噬菌体稀释液进行 1 倍～10 倍梯度稀释，取 10 μL 未经稀释和 1 倍～10 倍梯度稀释的已包装好的 Cosmid 质粒，分别加入 100 μL预先制备好的包装宿主菌 *E.coli* EPI 100-T1(D.4)，混匀后于 37 ℃水浴 20 min。

D.11.2 立即将已转染了噬菌体的 *E.coli* EPI 100-T1 涂布到含 Amp 的 LB 固体培养基平板上，37 ℃培养 12 h。

D.11.3 分别计算各个培养基平板上的克隆数，按式(D.1)计算噬菌体包装蛋白包装效价。

D.11.4 根据式(D.1)计算结果，按式(D.2)计算 Cosmid DNA 文库中全部克隆的数目。

D.11.5 随机挑取 20 个克隆，接种于 5 mL 含 Amp 的 LB 液体培养基中，37 ℃ 250 r/min 振荡培养过夜后提取质粒。

D.11.6 根据 pWEB∷TNC Cosmid 载体上的酶切位点，选择 *BamH* Ⅰ对质粒进行完全酶切，用 1%琼脂糖凝胶电泳进行检测，以 λDNA/*EcoR* Ⅰ＋*Hind* Ⅲ为分子量标准，检测所构建文库的多样性。

D.12 文库保藏

D.12.1 根据式(D.1)计算的结果，选择合适的稀释梯度，分批次对预先制备好的包装宿主菌 *E.coli*

EPI 100-T1(D.4)进行转染,37 ℃水浴 20 min。

D.12.2 立即将已经转染了噬菌体的 *E.coli* EPI 100-T1 涂布到含 Amp 的 LB 固体培养基平板上,37 ℃培养至菌落长出后将培养基平板于 4 ℃保藏。

D.12.3 向 100 mL 含 Amp 的 LB 液体培养基中加入 23 mL 甘油溶液,分装至 96 孔板中,将培养基平板上的克隆从平板上随机挑取到无菌 96 孔板中,并适当标记,于 37℃ 培养至菌长出后将 96 孔板直接保藏于−80 ℃中。

吸取 200 μL～500 μL 新配制的含 Amp 的 LB 液体培养基加入平板,用涂布棒将菌株全部刮下,所得的混合菌液为放大的环境样品 Cosmid DNA 文库。按每管 100 μL 分装于小离心管中,于−80 ℃保存。

ICS 07.060
A 45

中华人民共和国国家标准

GB/T 30745—2014

海域分等定级

Gradation and classification on sea area

2014-06-09 发布　　2014-10-01 实施

中华人民共和国国家质量监督检验检疫总局
中国国家标准化管理委员会　发布

前　言

本标准按照 GB/T 1.1—2009 给出的规则起草。

本标准由国家海洋局提出。

本标准由全国海洋标准化技术委员会(SAC/TC 283)归口。

本标准由国家海洋环境监测中心负责起草。

本标准主要起草人:蔡悦荫、赵建华、赵全民、苗丰民。

海域分等定级

1 范围

本标准规定了中华人民共和国管辖海域分等定级的影响因素选择、技术方法、资料调查与整理、成果图编制、报告编制、基础资料汇编、成果的归档和更新。

本标准适用于中华人民共和国管辖海域的分等定级工作。

2 规范性引用文件

下列文件对于本文件的应用是必不可少的。凡是注日期的引用文件，仅注日期的版本适用于本文件。凡是不注日期的引用文件，其最新版本(包括所有的修改单)适用于本文件。

HY/T 124—2009 海籍调查规范

3 术语和定义

下列术语和定义适用于本文件。

3.1

海域分等 gradation on sea area

根据影响海域使用效益的经济、社会、自然等各项因素的综合分析，揭示海域使用价值的地域差异，运用定量和定性相结合的方法将全国海域的综合质量水平等别化。

3.2

海域定级 classification on sea area

在沿海县级行政区海洋功能区划的基础上，根据不同海域区位、自然条件、资源丰度、环境质量及周边社会、经济条件等因素，对县级行政区所辖各使用类型海域使用价值进行综合评定，并使评定结果级别化。

注：未制定县级海洋功能区划的沿海县级行政单元，逐级参照上一级已批准的海洋功能区划。海域级的顺序在全县(市、区)范围内统一排序。

3.3

分等单元 unit for gradation

海域分等指数测算的基本空间单位。

注：以沿海县级行政区域所辖海域为分等单元，海域等的顺序在全国范围内统一排列，每一等中包括若干经济发展水平、海域资源环境等条件相类似的县(市、区)。

3.4

定级单元 unit for classification

海域定级指数测算的基本空间单位。

注：单元边界由权属界线或底图上线状边界组成，单元内海域质量水平相对均一、单元之间海域特征差异明显。

3.5

权重 weight

反映影响因素对海域等(级)别划分的影响程度。

注：权重值对海域利用效益影响的大小成正比，数值在0～1之间，各选定因素的权重值之和为1。

4 总则

4.1 海域分等定级对象

4.1.1 海域分等对象

海域分等对象是我国所辖海域(台湾省和香港特别行政区毗邻海域,以及澳门特别行政区原有的习惯水域除外)。

4.1.2 海域定级对象

海域定级对象是我国沿海县级行政区所辖海域。海域定级是针对海域使用类型而言,一般分为养殖用海海域定级、旅游用海海域定级、港口用海海域定级和填海区域定级。

4.2 海域分等定级原则

4.2.1 综合分析原则

海域分等应对影响海域质量及使用效益的各种经济、社会、自然因素进行综合分析,按综合差异划分海域等。海域定级应按照海域使用类型,从海域区位、自然条件、资源丰度、环境质量状况及周边社会、经济条件对海域质量和使用效益等方面进行综合分析,按区域差异划分海域级。

4.2.2 主导因素原则

海域分等应重点分析影响海域使用效益的主导因素种类及其作用差异,海域定级应重点分析影响某类用海海域使用效益的主导因素及其作用差异。

4.2.3 海域分异原则

海域分等定级应掌握海域所在的区位条件和海域自然特性的分布与组合规律,分析由于区位条件及自然资源的不同所造成的海域使用效益的差异,将类似海域归于同一海域等或海域级。

4.3 海域分等定级工作程序

4.3.1 海域分等工作程序

海域分等工作程序如下:

a) 编写任务书,准备图件、表格,收集资料,外业补充调查;
b) 海域分等影响因素选取、资料整理及指标量化;
c) 海域分等指标分值计算及等别初步划分;
d) 校核、检验分等结果,评定海域等;
e) 编写海域分等报告;
f) 海域分等成果验收;
g) 成果归档和更新。

4.3.2 海域定级工作程序

海域定级工作程序如下:

a) 编写任务书,准备图件、表格,收集资料,外业补充调查;
b) 海域定级影响因素选取、资料整理及指标量化;

c) 海域定级单元划分及指标分值计算；

d) 海域级评定，海域级的边界落实及编制海域级别图；

e) 编写海域定级报告；

f) 海域定级成果验收；

g) 成果归档和更新。

5 海域分等定级影响因素

5.1 海域分等影响因素

海域分等影响因素包括社会、经济、自然三个方面的内容，社会方面因素主要涵盖沿海县(市、区)沿岸的基础设施状况、人口状况、地理位置、海洋科技水平等方面的指标；经济方面因素主要涵盖沿海县(市、区)的经济发展水平、海洋经济发展水平、海域使用状况、海洋行业投入等方面的指标；自然方面因素主要涵盖沿海县(市、区)近岸海域的海水质量状况、气候条件、滨海景观资源条件、海洋初级生产力状况、海洋灾害情况等方面的指标。采用主成分分析法作为辅助手段来筛选海域分等影响因素，建立稳定的海域分等综合指标体系。

海域综合分等指标体系参见表A.1。

5.2 海域定级影响因素

5.2.1 养殖用海海域定级影响因素

养殖用海海域定级影响因素主要从海域环境质量、海域自然条件和海域使用效益三方面考虑，其中应考虑海水质量、水深、养殖品种单位面积产量等方面指标，指标体系参见表A.3。

5.2.2 旅游用海海域定级影响因素

旅游用海海域定级影响因素主要从海域自然条件、海域区位条件和海域使用状况三方面考虑，其中应考虑景观质量、对外交通、旅游设施等方面指标，指标体系参见表A.4。

5.2.3 港口用海海域定级影响因素

港口用海海域定级影响因素主要从海域自然条件和基础设施条件两方面考虑，其中应考虑海岸类型、水深、码头岸线长度等方面指标，指标体系参见表A.5。

5.2.4 填海区域定级影响因素

填海区域定级影响因素主要从海域自然条件、海域稀缺程度和区位条件三方面考虑，其中应考虑水深、海洋生态系统、离岸距离等方面指标，指标体系参见表A.7。

6 海域分等定级技术方法

6.1 分等定级单元确定

6.1.1 分等单元确定

海域分等单元为我国沿海县级行政区所辖海域。

6.1.2 定级单元确定

6.1.2.1 单元划分要求

定级单元划分要求如下：

a) 单元使用类型应符合海洋功能区划；
b) 单元内主要定级因素的影响基本一致，同一单元内的同一主要因素分值差异宜小于100/(n+1)，n是拟划分的海域级数；
c) 单元面积确定在25 hm^2～100 hm^2之间。离岸10 km以内单元面积尽量取低值，离岸10 km以外单元面积可适当放大；
d) 划分的单元易于进行因素取样，并能保证分值计算的准确性和科学性。

6.1.2.2 单元划分方法

6.1.2.2.1 方法采用要求

海域定级单元划分应以主导因素判定法为主，以叠置法或动态网格法为辅。

6.1.2.2.2 主导因素判定法

主导因素判定法划分海域定级单元步骤如下：

a) 用两个以上主要定级因素，沿海域主要方向选一定数目的特征点作各自分值剖面图；
b) 根据因素分值变化规律，选择突变曲线段的位置作为单元边界位置，把因素得分基本一致的区域划分为同一单元。

6.1.2.2.3 叠置法

叠置法划分海域定级单元步骤如下：

a) 将主要定级因素分值图叠置，勾画分值基本一致的区域，形成图斑；
b) 经适当调整得到定级单元。

6.1.2.2.4 动态网格法

动态网格法划分海域定级单元步骤如下：

a) 以1 km网格把海域划分成若干基本网格；
b) 在网格四等分点检查网格内部2个以上主导因素的差异；
c) 网格内同一因素分值差异大于等于100/(n+1)时，此网格四等分加密，重复检查、加密，直至满足要求后得到单元。

6.1.2.3 单元边界

海域定级单元之间的界线按以下顺序优先采用：

a) 海洋功能区边界；
b) 底图上海湾、河口、滩涂、湿地、三角洲等生态系统的边界；
c) 5 m、10 m、15 m、20 m的等深线；
d) 海域使用权属界线。

6.2 影响因素指标归一化

海域分等(定级)影响因素指标需要归一化，指标归一化的式(1)为：

$$y_{ij} = \frac{x_{ij} - x_{\min}}{x_{\max} - x_{\min}} \quad \cdots\cdots(1)$$

式中：

y_{ij} ——i 单元的 j 项指标分值；

x_{ij} ——i 单元的 j 项指标值；

$x_{\min}$、$x_{\max}$——分别为 j 项指标的最小值、最大值。

6.3 影响因素指标权重确定

6.3.1 权重确定要求

权重确定要求为：

a) 权重值对海域使用价值影响的大小呈正比，数值在 0～1 之间，各选定指标的权重值之和为 1；

b) 各因素重要性顺序参考附录 A：海域分等时参考表 A.1，养殖用海海域定级时参考表 A.3，旅游用海海域定级时参考表 A.4，交通运输用海定级时参考表 A.5，填海造地用海海域定级时参考表 A.7；

c) 权重值应选用特尔斐测定法(Delphi Method)测算，同时采用层次分析法(Analytic Hierarchy Process)进行修正。

6.3.2 权重确定方法

6.3.2.1 特尔斐测定法(Delphi Method)

对各因素指标进行多轮次的专家打分。权重值按式(2)计算：

$$w_i = e_i / 100 \quad \cdots\cdots(2)$$

式中：

w_i ——某指标的权重值；

e_i ——该指标经多轮打分后的平均值。

专家应是从事海域管理、估价、区域海洋经济发展与规划研究等方面的专家以及高层次决策者，具有行业权威性，总人数为 10～20 人，熟悉海域分等技术与海域使用市场形势的专家人数应达到 60% 以上。

专家应根据分等(定级)因素指标的背景材料和打分说明进行打分，并在不协商的情况下按表 B.1 的格式百分制独立打分。

6.3.2.2 层次分析法(Analytic Hierarchy Process)

对分等(定级)因素相对重要性进行判别，组成判断矩阵，计算权重值。

实施要求如下：

a) 因素相对重要性判别使用特尔斐测定法的数据，判断矩阵应通过一致性检验；

b) 同时按层次分析法求算因素权重和因素内的指标作用系数。仅求算指标作用系数，可用层次单排序计算。

6.4 影响因素分值计算方法

影响因素分值计算方法式(3)为：

$$y_{ik} = \sum_{j=1}^{n} (w_{kj} \times y_{ij}) \quad \cdots\cdots(3)$$

式中：

y_{ik} ——i 单元的 k 项因素分值；

y_{ij} ——i 单元的 j 项指标分值；

w_{kj} ——j 项指标对应上层 k 项因素的权重；

n ——k 项因素包含的指标个数。

6.5 海域分等(定级)单元综合分值计算方法

海域分等(定级)单元综合分值计算式(4)为：

$$y_i = \sum_{k=1}^{n}(w_k \times y_{ik}) \qquad \cdots\cdots(4)$$

式中：

y_i ——i 单元的综合分值；

w_k ——k 项因素的权重；

y_{ik} ——i 单元的 k 项因素分值；

n ——因素个数。

6.6 海域等(级)划分

6.6.1 初步划分

6.6.1.1 划分要求

按照综合分值分布状况划分，不同海域等(级)对应不同的综合分值区间，按照从优到劣的顺序对应于1，2，3…n 个等(级)别值(n 为正整数)，任何一个综合分值只能对应一个海域等(级)。

6.6.1.2 划分方法

海域等(级)的初步划分采用总分数轴确定法，将总分值点绘于数轴上，按海域优劣的实际情况，选择数点稀少处为等(级)间分界。

6.6.2 海域等(级)确定

6.6.2.1 海域等确定

采用聚类分析法对海域等进行校核。所有的单元都要参与校核，根据聚类分析法的要求计算任意两个单元的加权欧式距离 D_{ij}，然后勾画聚类分析谱系图，按最短距离法进行分等单元聚类。

加权欧式距离 D_{ij} 的计算式(5)为：

$$D_{ij} = \{\sum[W_k \times (X_{ik} - X_{jk})]^2\}^{1/2} \qquad \cdots\cdots(5)$$

式中：

D_{ij}——i 分等单元到 j 分等单元的欧式距离；

W_k——k 项指标的权重值；

X_{ik}——i 分等单元 k 项指标的评分值；

X_{jk}——j 分等单元 k 项指标的评分值。

6.6.2.2 海域级确定

初步划分的海域级应经过实地校核和验证，按以下原则对级别进行修订调整：

a) 海域级别高低与海域质量水平相对优劣的对应关系基本一致；

b) 海域级之间应渐变过渡，相邻单元之间海域级差不宜过大；

c) 各类用途的各级海域的平均单位面积收益应具有明显差异并成正向级差。

7 资料调查与整理

7.1 资料调查要求

海域分等(定级)资料调查应符合以下要求:

a) 调查资料应具备权威性和有效性;

b) 经济、社会数据以年度为统计时段,人口、海域使用现状、基础设施数据应统一设定截止时限,动态性资料时限应在分等(定级)工作开展的前3年内;

c) 海域定级调查站位的布设应该符合全面覆盖、重点代表的原则。

7.2 资料整理要求

海域分等(定级)资料整理应遵守以下要求:

a) 按照统一方法对调查资料数据进行数据剥离或分摊;

b) 外业调查、收集到的资料按实地位置标注到工作辅助图或底图上。

8 海域分等(定级)图件编制

8.1 底图

8.1.1 分等底图

海域分等底图宜采用全国沿海县级行政区域界线图。

8.1.2 定级底图

海域定级底图宜采用包括铁路、公路、河流、海岸线、岛屿、等深线、港口、乡镇、行政界线等要素,且比例尺不小于1:50 000的海洋基础地理图。

8.2 海域定级单元图

海域定级单元图按照以下要求编制:

a) 单元图应标注单元界线和单元编号。海域使用类型的界线用虚线表示,海域使用分类及图示符号按照HY/T 124—2009执行;

b) 单元界线采用线径0.3 mm实线绘制;

c) 单元编号用阿拉伯数字标注。

8.3 海域等(级)别图

8.3.1 海域等(级)别图制图方式

海域等(级)别图采用计算机制图,数据格式采用".e00"标准格式。

8.3.2 海域等别图编制要求

海域等别图的制图单元为沿海县级行政区所辖全部海域,海域等用大写罗马数字"Ⅰ,Ⅱ,Ⅲ,……"加圆圈标注,分别表示"一等、二等、三等,……",等别界线采用线径0.4 mm的实线。海域等别图应进行必要的图面整饰,标出图廓、方里网、图名、指北针、比例尺、坐标系、投影方式等,并标出制图单位与时间。

8.3.3 海域级别图编制要求

海域级别图按用海类型分别编制，应反映海域级别及界线、位置。海域级别图的编制应符合以下要求：

a) 海域级为最小制图单元，编制级别图时先将级别相同的相邻定级单元进行归并，形成级别图斑；海域的级别和位置通过不同的图斑、色调、灰度、注记等来反映；
b) “级”用大写罗马数字“Ⅰ，Ⅱ，Ⅲ，……”加圆圈标注，分别表示“一级、二级、三级、……”，级别边界采用线径 0.4 mm 的实线；
c) 成果图件采用高斯-克吕格投影(Gauss-Kruger projection)，成果图比例尺不小于 1：50 000，自由分幅；
d) 高程基准为 1985 国家高程基准，深度基准为理论深度基准面，采用 2000 国家大地坐标系；
e) 海域等别图应进行必要的图面整饰，标出图廓、方里网、图名、指北针、比例尺、坐标系、投影方式等，并标出制图单位与时间。

9 海域分等定级报告编制及基础资料汇编

9.1 海域分等(定级)报告编制

9.1.1 工作报告

总结海域分等(定级)工作情况，应包括人员组成、进度安排、经费、资料收集和整理、技术运用、工作成果、工作经验与存在问题等。

9.1.2 技术报告

海域分等(定级)技术报告应包括以下内容：

a) 海域分等(定级)对象及所在区域的自然、经济社会概况；
b) 海域分等(定级)方法，包括指标体系及其权重的确定、指标评价指标量化及处理方法、海域等(级)初步划分及校核方法、海域等(级)确定原则与方法以及海域等(级)划分技术过程中需要特殊说明的事项等；
c) 海域分等(定级)结论及应用分析，包括海域等(级)分布特点及规律、区域组合特点、差异原因等。

9.2 海域分等(定级)基础资料汇编

海域分等(定级)基础资料汇编的主要内容包括：

a) 分等(定级)单元所在区域的自然、社会和经济条件；
b) 分等(定级)单元评价指标的原始数据和归一化处理后的数据；
c) 分等(定级)各因素的单元分值图及单元总分图；
d) 其他与海域分等(定级)工作有关的文件、技术处理说明。

10 海域分等(定级)成果归档和更新

10.1 海域分等(定级)成果

海域分等(定级)最终成果包括：

a) 海域分等(定级)工作报告；

b） 海域分等（定级）技术报告；

c） 海域等（级）别图；

d） 海域分等（定级）基础资料汇编。

10.2 成果更新方式

根据定级海域分等（定级）因素变化的范围和程度，采取下列方式：

a） 原有成果使用 3 年以上可对海域进行全面或局部评定，更新原成果；

b） 因海域质量发生较大变化或毗邻陆域社会经济条件发生变化，已有的等别（级别）成果不能满足沿海地区经济发展需要，适时对海域进行评定，更新成果。

10.3 成果更新存档及应用

成果更新工作中，尽量利用原有资料，使新老资料具有连续性。

成果更新后的资料作为当前海域分等（定级）成果存档。

原海域分等（定级）成果作为历史资料存档保存。

附 录 A
（资料性附录）
海域分等定级指标体系

A.1 海域综合分等指标体系

A.1.1 海域综合分等指标体系表

海域综合分等指标体系见表 A.1。

表 A.1 海域综合分等指标体系

影响因素		评价指标	重要性顺序
社会状况	人口状况	人口密度	4 或 5
		单位岸线人口数	
		人口自然增长率	
	区位条件	毗邻土地等别系数	2 或 3
		人均固定资产投资额	
经济水平	区域经济发展水平	单位面积 GDP	1
		GDP 增长率	
		人均科技投入	
	海洋经济发达程度	人均海洋经济产值	2 或 3
		海洋经济产值占 GDP 的比重	
		单位岸线海洋经济产值	
自然条件	资源稀缺性	人工岸线比例	4 或 5
		人均滩涂面积	
	海洋初级生产力状况	叶绿素浓度	6 或 7
	海域环境质量	海水质量指数	6 或 7
		海洋灾害指数	

A.1.2 无量纲指标计算方法

A.1.2.1 土地等别系数

确定每个分等单元内临海的各等土地面积，求出每个等别土地面积与相应等别之积，然后求和，并与临海土地总面积相除，该值即代表海域基本单元内的综合土地等别系数。计算式(A.1)为：

$$D_t = \sum(A \times N_i) / \sum N_i \qquad \text{(A.1)}$$

式中：

D_t ——土地等别系数；

A ——土地等别；

N_i ——某等别土地面积。

A.1.2.2 海水质量指数

海水质量指数应根据全国海洋环境质量图求得，各类水质的质量标准值见表 A.2。

表 A.2 海水质量标准值

水质分类	一类	二类	三类	四类	劣于四类
标准值	10	8	6	4	2

确定每个分等单元内每类水质的面积，求出每类的面积与相应的标准值之积，然后求和，并与该基本单元的总面积相除，该值即代表海域基本单元内的海水质量指数。计算式(A.2)为：

$$M_s = \sum(B_s \times S_i) / \sum S_i \quad \cdots\cdots (\text{A.2})$$

式中：

M_s ——海水质量指数；

B_s ——海水质量标准值；

S_i ——某类水质的分布面积。

A.1.2.3 海洋灾害指数

海洋灾害包括风暴潮造成的经济损失和赤潮影响范围。

海洋灾害指数计算式(A.3)为：

$$R = \frac{L_1}{L} + \frac{M_1}{M} \quad \cdots\cdots (\text{A.3})$$

式中：

R ——海洋灾害指数；

L_1 ——分等单元风暴潮造成的经济损失；

L ——全国风暴潮造成的经济损失；

M_1 ——分等单元赤潮影响范围；

M ——全国赤潮影响范围。

A.2 海域分类定级指标体系

A.2.1 养殖用海海域定级指标体系

A.2.1.1 养殖用海海域定级指标体系表

养殖用海海域定级指标体系见表 A.3。

表 A.3 养殖用海海域定级指标体系

影响因素	评价指标	重要性顺序
海域环境质量	海水质量指数	1
	海洋沉积物质量指数	
海域自然条件	水深	2
	海水温度	

表 A.3(续)

影响因素	评价指标	重要性顺序
海域自然条件	海水盐度	2
	流速	
海域使用效益	养殖品种单位面积产量	3

A.2.1.2 无量纲指标计算方法

A.2.1.2.1 海水质量指数

海水质量指数计算式(A.4)为:

$$p_i = \sum_{m=1}^{n} \frac{C_m}{S_m} \qquad \cdots\cdots(A.4)$$

式中:

p_i ——i 定级单元的海水质量指数;

C_m ——i 定级单元中水质参数 m 的实测值;

S_m ——水质参数 m 的标准值。

水质参数项目和其标准值见 GB 11607—1989,其中标准值取第一类海水质量标准值。

A.2.1.2.2 沉积物质量指数

海洋沉积物质量指数计算式(A.5)为:

$$q_i = \sum_{m=1}^{n} \frac{D_m}{T_m} \qquad \cdots\cdots(A.5)$$

式中:

q_i ——i 定级单元的海洋沉积物质量指数;

D_m——i 定级单元中海洋沉积物质量参数 m 的实测值;

T_m——海洋沉积物质量参数 m 的标准值。

海洋沉积物质量参数项目和其标准值见 GB 18668—2002,其中标准值取第一类海洋沉积物质量标准值。

A.2.2 旅游用海海域定级指标体系

A.2.2.1 旅游用海海域定级指标体系表

旅游用海海域定级指标体系见表 A.4。

表 A.4 旅游用海海域定级指标体系

影响因素	评价指标	重要性顺序
海域自然条件	海水质量指数	1
	景观质量指数	
海域区位条件	对外交通便利度指数	2
海域使用状况	旅游设施完善度指数	3
	单位面积投资额	

A.2.2.2 无量纲指标计算方法

A.2.2.2.1 景观质量指数

景观质量指数计算式(A.6)为：

$$f_i=\frac{p_i}{p} \quad\cdots\cdots\cdots\cdots(\text{A.6})$$

式中：

f_i ——i 定级单元的景观质量指数；

p_i ——i 定级单元所依托景观每年游客人数；

p ——每年所有游客人数。

A.2.2.2.2 对外交通便利度指数

对外交通便利度指数计算步骤如下：

a) 对外交通设施类型、数目的选定：

对外交通设施指火车站、港口、长途车站、机场、高速公路出入口等对外经营的客货运输站和重点对外交通节点，沿海各县(市、区)可按设施在对外交通运输中的地位和作用选定设施类型和数目；

b) 对外交通设施影响作用分确定：

对外交通设施影响作用分反映某类设施在对外交通运输中的重要程度，与设施作用大小呈正比，采用专家打分确定，数值在 0～1，各类设施作用分之和等于 1。某类设施中含有多个设施场所时，规模及影响最大的设施场所的作用分赋该类设施作用分，其他设施场所的作用分根据规模及影响大小，按比例递减计算确定；

c) 对外交通设施服务半径和相对距离确定：

服务半径以各个设施场所为原点，范围分别确定在 2 km～20 km 之间。

相对距离按式(A.7)计算：

$$r=\frac{d_i}{d} \quad\cdots\cdots\cdots\cdots(\text{A.7})$$

式中：

r ——设施相对距离；

d_i ——某设施服务半径内，某定级单元距该设施的距离；

d ——该设施的服务半径。

d) 对外交通便利度指数计算式(A.8)为：

$$e_j=100\sum_{i=1}^{n}e_i \quad\cdots\cdots\cdots\cdots(\text{A.8})$$

式中：

e_j ——j 定级的单元对外交通便利度指数；

e_i ——i 类对外交通设施的便利度作用分；

n ——对外交通设施种类个数。

其中：

$$\begin{cases} e_i=\max(z_{in}) \\ z_{in}=k_n(1-r_n) \qquad (n=1,m) \end{cases} \quad\cdots\cdots\cdots\cdots(\text{A.9})$$

式中：

z_{in} ——i 类对外交通设施 n 场所的便利度作用分；

k_n ——n 设施场所影响作用分；

r_n ——j 定级单元到 n 设施的相对距离；

m ——i 类对外交通设施场所个数。

A.2.2.2.3 旅游设施完善度指数

旅游设施完善度指数计算步骤如下：

a) 旅游设施类型和数目确定：

旅游设施指旅游目的地向游客提供服务时依托的各项物质设施和设备，可按设施在旅游活动中的地位和作用选定设施类型和数目。旅游设施包括食宿接待设施，游览娱乐设施和旅游购物设施等；

b) 旅游设施影响作用分确定：

反映某类设施满足游客需求的重要程度，作用分与设施作用大小呈正比，采用专家打分确定，数值在 0～1，各指数值之和等于 1。某类设施中含有多种设施场所时，规模及影响最大的设施场所的作用分赋该类设施作用分，其他设施场所的作用分根据规模及影响大小，按比例递减计算确定；

c) 旅游设施服务半径和相对距离确定：

服务半径按设施的规模、影响大小，确定在 0.3 km～3 km 之间。

相对距离按式(A.10)计算：

$$R=\frac{D_i}{D} \qquad \cdots\cdots\cdots\cdots (\text{A.10})$$

式中：

R ——相对距离；

D_i ——某设施服务半径内，某定级单元距该设施的距离；

D ——该设施的服务半径。

d) 旅游设施完善度指数计算式(A.11)为：

$$g_j=100\sum_{i=1}^{n}g_i \qquad \cdots\cdots\cdots\cdots (\text{A.11})$$

式中：

g_j ——j 定级单元旅游设施完善度指数；

g_i ——i 类旅游设施完善度作用分；

n ——旅游设施种类个数。

其中：

$$\begin{cases} g_i=\max(z_{in}) \\ z_{in}=k_n(1-r_n) \qquad (n=1,m) \end{cases} \qquad \cdots\cdots\cdots\cdots (\text{A.12})$$

式中：

z_{in} ——i 类旅游设施 n 场所的完善度作用分；

k_n ——n 设施场所影响作用分；

r_n ——j 定级单元到 n 设施的相对距离；

m ——i 类旅游设施场所个数。

A.2.3 港口用海海域定级指标体系

A.2.3.1 港口用海海域定级指标体系表

港口用海海域定级指标体系见表 A.5。

表 A.5　港口用海海域定级指标体系

影响因素	评价指标	重要性顺序
海域自然条件	海岸类型系数	1
	水深	
	流速	
基础设施条件	码头岸线长度	3
	泊位数量	
	库场面积	

A.2.3.2　海岸类型系数表

不同的海岸类型对港口工程产生不同的影响，按照影响程度对海岸类型赋值，各海岸类型系数见表A.6。

表 A.6　海岸类型系数

海岸类型	基岩	砂质	淤泥质	红树林
系数	10	8	5	3

A.2.4　填海区域定级指标体系

A.2.4.1　填海区域定级指标体系表

填海区域定级指标体系见表 A.7。

表 A.7　填海区域定级指标体系

影响因素	评价指标	重要性顺序
海域自然条件	水深	1
	海洋生态系统影响指数	
区位条件	离岸距离	2
	毗邻土地级别系数	
海域稀缺程度	人均岸线长度	3
	人均土地面积	

A.2.4.2　无量纲指标计算方法

A.2.4.2.1　海洋生态系统影响指数计算方法

填海造地对滩涂、河口、海湾、湿地、红树林、海藻床、浅海等各种典型海洋生态系统会产生一定的生态影响，根据填海造地对海洋生态系统的影响程度对不同的海洋生态系统赋作用分，作用分大小与海洋生态系统的重要性成正比，采用专家打分确定，数值在 0～100，作用分之和等于 100。定级单元的海洋生态系统影响指数按式(A.13)计算：

$$h_j=\frac{\sum_{i=1}^{m}k_is_i}{\sum_{i=1}^{m}s_i} \qquad \cdots\cdots(A.13)$$

式中：

h_j ——j 定级单元的海洋生态系统影响指数；

k_i ——i 类海洋生态系统的影响作用分；

s_i ——i 类海洋生态系统所占面积；

m ——海洋生态系统个数。

A.2.4.2.2 土地级别系数计算方法

首先确定每个定级单元内临海的各级别土地面积，求出每个级别土地面积与相应级别之积，然后求和，再与临海土地总面积相除，该值即代表海域基本单元内的综合土地级别系数。计算式(A.14)为：

$$d_t=\sum(a\times n_i)/\sum n_i \qquad \cdots\cdots(A.14)$$

式中：

d_t ——土地级别系数；

a ——土地级别；

n_i ——某级别土地面积。

附　录　B
（规范性附录）
海域分等（定级）因素权重值调查表

特尔斐测定法确定海域分等（定级）影响因素指标权重值时，专家按表 B.1 中的上轮平均分和方差情况对重要性顺序和权重值进行独立打分。

表 B.1　海域分等（定级）因素权重值调查表

影响因素指标	指标 A	指标 B	指标 C	指标 D	指标 E	指标 F	…
上轮平均分(E)							
上轮方差(σ^2)							
重要性顺序							
权重值							
注：表中指标 A 等代指海域分等定级工作过程中最终所选取的各个指标。							

参 考 文 献

［1］ GB 11607—1989 渔业水质标准
［2］ GB 18668—2002 海洋沉积物质量

ICS 07.060
A 45

中华人民共和国国家标准

GB/T 30746—2014

风暴潮防灾减灾技术导则

Technical directives for the disaster prevention and mitigation of storm surge

2014-06-09 发布　　2014-10-01 实施

中华人民共和国国家质量监督检验检疫总局
中国国家标准化管理委员会　发布

前　言

本标准按照 GB/T 1.1—2009 给出的规则起草。

本标准由国家海洋局提出。

本标准由全国海洋标准化技术委员会(SAC/TC 283)归口。

本标准起草单位:国家海洋局北海预报中心、国家海洋局东海预报中心、国家海洋局南海预报中心、水利部水文局。

本标准主要起草人:曹丛华、江崇波、李培顺、高松、袁本坤、龚茂珣、冯伟忠、周国良、刘清容、闫涛、韩笑、邬惠明、刘志雨、张娟、孙青。

引　言

风暴潮灾害是威胁我国沿海地区人们生命、财产安全和制约国民经济发展的主要海洋灾害，其导致的经济损失居各海洋灾害之首。

据中国海洋灾害公报资料统计，我国的风暴潮灾害损失总体呈上升趋势，已经成为制约我国沿海地区经济发展的一个重要因素。因此，风暴潮防灾减灾已经成为各级政府、海洋科研和工程设计等有关涉海部门和单位面对的重要课题。

多年来，各级政府和各涉海单位对风暴潮防灾减灾工作高度重视，采用各种措施预防和减轻灾害损失并已取得显著成效。但由于缺乏统一的防灾减灾技术标准，各地的风暴潮防灾减灾工作难以统一和规范，影响了防灾减灾效果。

为规范和统一全国沿海地区风暴潮防灾减灾工作的技术方法和技术要求，将风暴潮防灾减灾工作纳入科学化、标准化、制度化轨道，保障沿海地区生产和人民生命财产安全，促进沿海地区经济、社会的快速、和谐发展，特制定本标准。

风暴潮防灾减灾技术导则

1 范围

本标准规定了风暴潮防灾减灾技术性工作的内容、技术方法和要求。

本标准适用于中华人民共和国沿海地区风暴潮防灾减灾的技术性工作。

2 规范性引用文件

下列文件对于本文件的应用是必不可少的。凡是注日期的引用文件，仅注日期的版本适用于本文件。凡是不注日期的引用文件，其最新版本(包括所有的修改单)适用于本文件。

GB 3100～3102 量和单位

GB/T 8170 数值修约规则和极限数值的表示与判定

GB/T 14914—2006 海滨观测规范

GB/T 17839 警戒潮位核定方法

GB/T 19721.1 海洋预报和警报发布 第1部分：风暴潮预报和警报发布

JTJ 213 海港水文规范

SL 44 水利水电工程设计洪水计算规范

SL 196 水文调查规范

SL 435 海堤工程设计规范

3 术语和定义

下列术语和定义适用于本文件。

3.1

风暴潮 storm surge

由于热带气旋、温带天气系统、海上飑线等风暴过境所伴随的强风和气压骤变而引起的局部海面震荡或非周期性异常升高(降低)现象。

[GB/T 19721.1—2005，定义 2.1]

3.2

风暴潮灾害 disaster of storm surge

由风暴潮与天文潮叠加所导致的灾害和由风暴潮、天文潮、海浪共同作用所导致的灾害统称为风暴潮灾害。

注：改写 GB/T 19721.1—2005，定义 2.2。

3.3

警戒潮位 warning water level

防护区沿岸可能出现险情或潮灾，需进入戒备或救灾状态的既定潮位值。

[GB/T 17839—2011，定义 3.2]

3.4

防潮设施 coastal dike

为保护防护对象免遭潮水和风暴潮危害而修建的防潮岸堤、堰坝、海挡、围墙、消波带等统称为防潮设施。

3.5

[承载体]风暴潮灾害风险　risk for disaster of storm surge

经济社会或生命财产等承载体遭受风暴潮危害的潜在可能性。

3.6

感潮河段　tideway

潮水可达到的,流量及水位受潮汐影响的河流区段。

[GB/T 17839—2011,定义3.3]

3.7

海岸　sea coast

自多年平均低潮线至向陆到达波浪作用上界之间的狭长地带。

3.8

陡峭型海岸　steep coast

平均大潮高潮线以上的海岸坡度陡峭或较陡、岸顶明显且距平均高潮线垂直高度大于1.5 m(含)的自然和人工构筑海岸统称为陡峭型海岸。

3.9

平缓型海岸　gentle coast

平均大潮高潮线以上的海岸坡度较平缓,海岸与陆域无法明确分辨的自然海岸和岸顶明显但距大潮平均高潮线垂直高度小于1.5 m的自然或人工构筑海岸统称为平缓型海岸。

4　基本规定

4.1　工作内容

风暴潮防灾减灾主要技术性工作包括:风暴潮警戒潮位核定、风暴潮影响区划、防潮设施防御能力评价、风暴潮灾害风险区划、风暴潮预报和警报发布等6项内容。

4.2　基本资料

进行警戒潮位核定、风暴潮影响区划、防潮设施防御能力评价和风暴潮灾害风险区划应进行充分的基本资料准备,各工作所需基本资料内容由5.2规定的内容剪裁。

4.3　评价指标

国家统一组织实施的风暴潮影响区划和风暴潮灾害风险区划,各地评价指标均应一致。

沿海各省(直辖市)及以下各级政府自行组织实施的风暴潮影响区划和风暴潮灾害风险区划,评价指标可根据本地区经济社会、人口密度和风暴潮灾害的社会影响状况,在本标准统一框架原则下适当调整,但组织实施政府辖区内的评价指标应一致。

5　基本资料准备

5.1　一般规定

各项工作所需的基本资料应满足如下要求:

a)　资料的供应方应是具备计量认证认可资质或经政府主管部门授权的资料信息发布机构;

b) 引用的数据资料应符合获取方法标称的准确度、时效性和可靠性；

c) 时间采用北京时；

d) 高程采用国家现行高程基准；

e) 数据单位采用我国法定计量单位，量和单位的表示按照 GB 3100～3102 及海洋行业的相关标准，数值表示应符合 GB/T 8170。

5.2 基本资料内容

5.2.1 地理环境资料

地理环境资料应包括以下内容：

a) 地理位置、区域属性(感潮河段或海岸区域)、地形地貌、地面高程；

b) 海岸朝向、海域开阔度、海岸属性(自然海岸或人工岸堤)、海岸临水状况(正常高潮时岸堤外有无海滩、海滩宽度和海滩高度)、近岸海域水深分布；

c) 感潮河段河床宽度和河岸坡度、高度。

5.2.2 潮汐资料

潮汐资料应包括以下内容：

a) 潮汐性质；

b) 潮汐特征值(平均海平面、平均低潮位和平均高潮位等)；

c) 历年和历史最高潮位及其出现时间；

d) 不同重现期高潮位或高水位。

5.2.3 波浪资料

波浪资料应包括以下内容：

a) 近岸海域不同级别波高[1]及对应波向的出现频率；

b) 近岸海域历年最大波高、对应波向及其出现时间；

c) 风暴潮影响期间岸边波高[2]($H_{1/10}$)和对应波向；

d) 历次强风暴潮影响期间，近岸海域最大波高、对应波向及其出现时间；

e) 近岸海域和岸边不同重现期波高。

5.2.4 径流资料

径流资料应包括以下内容：

a) 洪峰流量季节分布；

b) 历年和历史最大洪峰流量及其出现时间；

c) 不同重现期洪峰流量。

5.2.5 防潮能力资料

防潮能力资料应包括以下内容：

---

1) 本标准中的近岸海域波高系指距岸边 1 km 范围内者，下同。

2) 本标准中风暴潮影响期间的岸边波高，陡峭型海岸者系指风暴潮影响期间高潮时段的堤前或岸前波高，缓坡型海岸者系指风暴潮影响期间高潮时段水位线(不含海浪爬坡效应)前 10 m 处波高，下同。

a) 防潮设施属性及修建时间；

b) 防潮设施质量、型式、防潮标准和堤顶高程；

c) 堤体临水和受浪状况；

d) 防潮设施在历次风暴潮影响期间的实际防护状况。

5.2.6 风暴潮资料

风暴潮资料应包括以下内容：

a) 不同强度风暴潮(过程最大增水大于或等于 50 cm 者，以 50 cm 为间隔)的年均发生次数和季节分布；

b) 历年和历史最大风暴增水值及其出现时间；

c) 不同重现期风暴增水。

5.2.7 风暴潮灾害资料

风暴潮灾害资料应包括以下内容：

a) 历史风暴潮灾害发生次数、发生时间、年均发生次数和季节分布；

b) 不同强度风暴潮灾害年均发生次数；

c) 历次严重或特别严重风暴潮灾害发生时间、地点、承灾范围、破坏状况和经济损失。

5.2.8 气象资料

气象资料包括以下内容：

a) 地面(含海面)测站风速、风向资料；

b) 中国海区域海面(含地面)风场、气压场资料；

c) 导致历年和历史最高潮位的天气系统及其影响时间；

d) 导致不同强度风暴潮和风暴潮灾害的天气系统及其年均发生次数；

e) 导致风暴潮期间与感潮河段洪峰流量密切相关的陆域降水天气系统及发生频率。

5.2.9 现行警戒潮位核定及其应用状况资料

现行警戒潮位核定及其应用状况资料应包括以下内容：

a) 警戒潮位核定时间和核定机构；

b) 核定方法和核定值；

c) 警戒潮位应用状况。

5.2.10 经济社会资料

经济社会资料应包括以下内容：

a) 防护区面积；

b) 防护对象经济社会属性；

c) 人口总量及人员类型分布；

d) 产业布局及其年经济总量；

e) 开发建设规划。

5.3 基本资料来源

基本资料来源按以下规定：

a) 地面高程应采用有测绘资质的相关部门提供的资料,无此资料者可采用测量精度符合工作要求的其他单位或人员的测量资料;
b) 潮汐资料应采用符合 GB/T 14914—2006 中第 5 章有关规定的各海洋站、潮位站、水文站和临时观测点的实测资料;
c) 近岸海域波浪资料应采用符合 GB/T 14914—2006 中第 6 章有关规定的各海洋站或其他观测站点的实测资料;无实测资料海域的波浪资料,可按 SL 435 或 JTJ 213 所列方法求取,也可采用数值模拟方法求取;岸边波浪资料可按 SL 435 或 JTJ 213 所列方法求取,也可采用数值模拟方法求取;
d) 径流资料应采用符合 SL 196 有关规定的各水文站或其他观测站点的实测资料;
e) 防潮设施资料应采用当地职责部门提供的工程设计资料,无设计资料者可采用调查人员实地勘察或调访资料;
f) 风暴潮资料由符合 GB/T 14914—2006 中第 5 章有关规定的各海洋站、潮位站、水文站和临时观测点的实测潮位与天文潮位计算获取;不能用实测资料计算风暴潮的岸段,风暴潮资料可采用数值模拟方法求取;
g) 风暴潮灾害资料应采用海洋灾害公报发布的资料,无海洋灾害公报发布的资料时应采用当地政府公布资料,无上述资料时可采用调访资料;
h) 地面(含海面)测站风向、风速资料应采用符合 GB/T 14914—2006 中第 11 章有关规定的海洋站和海洋浮标的观测资料;区域海面(含地面)风场和气压场资料可采用数值模拟方法或气压梯度法求取;
i) 天气系统资料应采用历史天气图资料;
j) 现行警戒潮位核定资料,应采用各级政府或行业(企业)主管部门公布的警戒潮位所依据的技术报告所列资料;现行警戒潮位应用状况应采用调访资料;
k) 经济社会资料应采用当地政府公布(包括功能区划)的资料,未含部分可采用调访资料。

5.4 基本资料要素值计算

5.4.1 潮汐要素计算

进行潮汐要素计算应尽量采用长期潮汐资料,少于 30 d 和无潮汐观测资料岸段,应进行不少于 30 d的临时潮位观测。各潮汐要素计算按下述方法进行:

a) 潮汐性质采用调和分析方法求取;

注:调和分析方法,参见参考文献[3]。

b) 潮汐特征值可采用实测资料数学统计法和调和分析方法求取;
c) 各重现期高潮位或高水位按 SL 435 设计潮位或设计水位计算或按 JTJ 213 的有关规定计算。

5.4.2 波高计算

岸边波高按 SL 435 或 JTJ 213 有关规定进行计算,也可采用数值模拟方法求取;
不同重现期波高按 SL 435 设计波高计算或 JTJ 213 的有关规定计算。

5.4.3 洪峰流量重现期计算

不同重现期洪峰流量按 SL 44 计算设计洪水位的有关规定进行计算。

5.4.4 风暴潮重现期计算

不同重现期风暴增水按 SL 435 设计潮位或设计水位计算的有关规定计算。

6 风暴潮警戒潮位核定

风暴潮警戒潮位核定方法和技术要求按 GB/T 17839 规定。

7 风暴潮影响区划

7.1 风暴潮影响评价体系

7.1.1 感潮河段风暴潮影响评价体系

根据潮位或水位资料获取站点的位置按以下规定建立：

a) 当潮位资料取自位于海岸区域测站时，根据防护区“风暴潮强度[3)]”、“径流影响[4)]”和“地面相对高度[5)]”3 个要素及其特征，自表 1 中查出其他对应值，共同构成本防护区的评价体系。

表 1 潮位资料取自海岸区域测站感潮河段的风暴潮影响评价体系

评价要素	要素特征	影响贡献(代码)	权数		
			自重权数	要素系数	要素权数
风暴潮强度“ΔH_F”	$\Delta H_F \geqslant 250$ cm	高(a1)	50	0.25	12.50
	150 cm$\leqslant \Delta H_F <$250 cm	较高(a2)	30		7.50
	100 cm$\leqslant \Delta H_F <$150 cm	一般(a3)	15		3.75
	$\Delta H_F <$100 cm	低(a4)	5		1.25
径流影响“ΔH_R”	$\Delta H_R >$1.3 m	高(b1)	50	0.4	20.00
	0.8 m$< \Delta H_R \leqslant$1.3 m	较高(b2)	30		12.00
	0.3 m$< \Delta H_R \leqslant$0.8 m	一般(b3)	15		6.00
	$\Delta H_R \leqslant$0.3 m	低(b4)	5		2.00
地面相对高度“ΔH”	$\Delta H <-30$ cm	高(c1)	50	0.35	17.50
	-30 cm$\leqslant \Delta H <$30 cm	较高(c2)	30		10.50
	30 cm$\leqslant \Delta H <$90 cm	一般(c3)	15		5.25
	90 cm$\leqslant \Delta H <$150 cm	低(c4)	5		1.75
注：当 $\Delta H \geqslant$150 cm 时，影响贡献(代码)及权数记为“—”。					

b) 当潮位或水位资料取自位于河口内测站时，根据防护区“风暴潮强度”和“地面相对高度”2 个要素及其特征，自表 2 中查出其他对应值，共同构成本防护区的评价体系。

3) “风暴潮强度”以十年一遇风暴增水值“ΔH_F”表示。

4) “径流影响”以五年一遇洪峰流量与五年一遇高潮位叠加后的水位升高值“ΔH_R”表示。

5) “地面相对高度”以岸堤或堤坝(不含)以内的地面高程与五十年一遇高潮位差值“ΔH”表示。

表 2　潮位或水位资料取自河口内测站感潮河段的风暴潮影响评价体系

评价要素	要素特征	影响贡献（代码）	权　数		
			自重权数	要素系数	要素权数
风暴潮强度“ΔH_F”	$\Delta H_F \geqslant 250$ cm	高(a1)	50	0.4	20.00
	150 cm $\leqslant \Delta H_F <$ 250 cm	较高(a2)	30		12.00
	100 cm $\leqslant \Delta H_F <$ 150 cm	一般(a3)	15		6.00
	$\Delta H_F <$ 100 cm	低(a4)	5		2.00
地面相对高度“ΔH”	$\Delta H < -30$ cm	高(b1)	50	0.6	30.00
	-30 cm $\leqslant \Delta H <$ 30 cm	较高(b2)	30		18.00
	30 cm $\leqslant \Delta H <$ 90 cm	一般(b3)	15		9.00
	90 cm $\leqslant \Delta H <$ 150 cm	低(b4)	5		3.00
注：当 $\Delta H \geqslant 150$ cm 时，影响贡献(代码)及权数记为“—”。					

7.1.2　海岸区域风暴潮影响评价体系

根据防护区“风暴潮强度”、“岸边海浪高度”和“地面相对高度”3 个要素及其特征，自表 3 中查出其他对应值共同构成。

注：“岸边海浪高度”以岸边五年一遇十分之一波高“$H_{1/10}$”表示，下同。

表 3　海岸区域风暴潮影响评价体系

评价要素	要素特征	影响贡献（代码）	权　数		
			自重权数	要素系数	要素权数
风暴潮强度“ΔH_F”	$\Delta H_F \geqslant 250$ cm	高(a1)	50	0.25	12.50
	150 cm $\leqslant \Delta H_F <$ 250 cm	较高(a2)	30		7.50
	100 cm $\leqslant \Delta H_F <$ 150 cm	一般(a3)	15		3.75
	$\Delta H_F <$ 100 cm	低(a4)	5		1.25
岸边海浪高度“$H_{1/10}$”	$H_{1/10} \geqslant 3.0$ m	高(b1)	50	0.4	20.00
	2.0 m $\leqslant H_{1/10} <$ 3.0 m	较高(b2)	30		12.00
	1.0 m $\leqslant H_{1/10} <$ 2.0 m	一般(b3)	15		6.00
	$H_{1/10} <$ 1.0 m	低(b4)	5		2.00
地面相对高度“ΔH”	$\Delta H < -30$ cm	高(c1)	50	0.35	17.50
	-30 cm $\leqslant \Delta H <$ 30 cm	较高(c2)	30		10.50
	30 cm $\leqslant \Delta H <$ 90 cm	一般(c3)	15		5.25
	90 cm $\leqslant \Delta H <$ 150 cm	低(c4)	5		1.75
注：当 $\Delta H \geqslant 150$ cm 时，影响贡献(代码)及权数记为“—”。					

7.2 风暴潮影响等级确定

风暴潮影响等级共分为Ⅰ、Ⅱ、Ⅲ、Ⅳ 4个级别，分别表示严重、较重、一般和轻微。不同区域的风暴潮影响等级按以下规定确定。

a) 感潮河段的风暴潮影响等级，根据潮位或水位资料获取测站的区域属性，分别依据表1和表2评价要素影响贡献(代码)组合后综合权数的大小按表4规定确定。

评价要素(代码)组合形式及其综合权数确定，分别按表A.1和表A.2规定。

b) 海岸区域的风暴潮影响等级，依据表3评价要素影响贡献(代码)组合后综合权数的大小按表4规定确定。

评价要素(代码)组合形式及其综合权数确定按表A.3规定。

c) 上述各区域在进行风暴潮影响等级确定过程中，当评价要素“ΔH”≥150 cm时的风暴潮影响等级，除海浪影响严重或较重(表3中“$H_{1/10}$”的影响贡献代码为b1或b2)区域可直接确定为“零+级(除由岸顶向陆100 m以内区域可受拍岸激浪的越浪影响外，风暴潮对其他区域无影响)”外，均可直接确定为“零级(风暴潮无影响)”。

上述不同区域风暴潮影响评价示例分别参见附录B中B.1.1.1、B.1.1.2和B.1.2。

表4 风暴潮影响等级划分标准

影响等级	综合权数	风暴潮影响基本特征		
		感潮河段		海岸区域
		潮位资料取自海岸区域测站	潮位或水位资料取自河口内测站	
Ⅰ(严重)	>34.0	风暴潮频率、强度和洪峰流量大或较大，在高潮位海水顶托下河水漫溢严重	风暴潮频率和强度大或较大，在高潮位海水顶托下河水漫溢严重	风暴潮频率、强度和岸边波高大或较大，越浪或海水漫滩严重
Ⅱ(较重)	34.0～26.1	风暴潮频率、强度和洪峰流量较大或一般，在高潮位海水顶托下河水漫溢较重	风暴潮频率和强度较大或一般，在高潮位海水顶托下河水漫溢较重	风暴潮频率、强度和岸边波高较大或一般，越浪或海水漫滩较重
Ⅲ(一般)	26.0～17.1	风暴潮强度和洪峰流量一般，在高潮位海水顶托下河水一般不漫溢	风暴潮强度一般，在高潮位海水顶托下河水一般不漫溢	风暴潮强度和岸边波高一般，海水倒灌或漫滩较轻
Ⅳ(轻微)	≤17.0	风暴潮强度很低，洪峰流量很小，在高潮位海水顶托下河水不漫溢	风暴潮强度很低，在高潮位海水顶托下河水不漫溢	风暴潮强度很低，岸边波高一般或很小，一般无海水倒灌或漫滩

7.3 风暴潮影响区划图编制

以7.2确定的风暴潮影响等级为依据，以红、橙、黄、蓝4种颜色分别代表Ⅰ、Ⅱ、Ⅲ、Ⅳ级影响区。区划图的比例可根据区划范围自行确定。

8 防潮设施防御能力评价

8.1 防御能力评价体系

根据防护区防潮设施的"防潮设施构筑质量"和"防御标准"2 个要素，自表 5 中查出其他对应值共同构成。

表 5 防潮设施防御能力评价指标体系

评价要素	要素特征	防御贡献(代码)	权数		
			自重权数	要素系数	要素权数
防潮设施构筑质量	混凝结构或石料砌筑防潮堤、斜插石条护坡和石料或水泥构件水泥灌浆护坡且堤脚有扭工体防护的防潮堤、陡峭型岩石自然海岸	高(a1)	50	0.4	20.00
	一般性石料或一般性水泥构件护坡防潮堤、陡峭型土质自然海岸	较高(a2)	30		12.00
	沙土质防潮堤或陡峭型沙土质自然海岸	一般(a3)	15		6.00
	平缓型自然海岸	低(a4)	5		2.00
防潮标准	高潮位重现期大于或等于 100 年	高(b1)	50	0.6	30.00
	高潮位重现期大于或等于 50 年，小于 100 年	较高(b2)	30		18.00
	高潮位重现期大于或等于 30 年，小于 50 年	一般(b3)	15		9.00
	高潮位重现期小于 30 年	低(b4)	5		3.00

注 1：陡峭型自然海岸的防御标准，以岸顶高度对应相应防御标准的堤顶高度确定。

注 2：平缓型自然海岸的防御标准，按高潮位重现期小于 30 年计。

8.2 防御能力等级确定

防潮设施的防御能力等级，依据表 5 中的要素贡献(代码)组合后综合权数的大小按表 6 规定确定。共分为Ⅰ、Ⅱ、Ⅲ、Ⅳ 4 个级别，分别表示高、较高、一般和低。

评价要素(代码)组合形式及其综合权数确定按表 A.4 规定。

防潮设施的防御能力评价示例见附录 B 中 B.2。

表 6 防潮设施的防御能力等级划分标准

防御能力等级	综合权数	防潮设施基本特征
Ⅰ(高)	＞34.0	构筑质量高；防潮(洪)标准高
Ⅱ(较高)	34.0～26.1	构筑质量较高；防潮(洪)标准较高
Ⅲ(一般)	26.0～17.1	构筑质量一般；防潮(洪)标准一般
Ⅳ(低)	≤17.0	构筑质量一般或较低；防潮(洪)标准较低

9 风暴潮灾害风险区划

9.1 风暴潮灾害风险评价体系

根据由7.2获得的“风暴潮影响等级”和由8.2获得的“防御能力等级”以及“防护对象的经济”、“社会属性”3个要素，自表7中查出其他对应值共同构成。

表7 风暴潮灾害风险评价指标体系

评价要素	要素特征	影响贡献（代码）	权数		
			自重权数	要素系数	要素权数
防御能力等级	Ⅳ（低）	高（a1）	50	0.25	12.50
	Ⅲ（一般）	较高（a2）	30		7.50
	Ⅱ（较高）	一般（a3）	15		3.75
	Ⅰ（高）	低（a4）	5		1.25
风暴潮影响等级	Ⅰ（严重）	高（b1）	50	0.4	20.00
	Ⅱ（较重）	较高（b2）	30		12.00
	Ⅲ（一般）	一般（b3）	15		6.00
	Ⅳ（轻微）	低（b4）	5		2.00
防护对象的经济、社会属性	人口密集、经济总量高、防护对象社会敏感程度高。如：机场、车站；核电站；城镇、村庄；盐场、工厂、港口等企业区；人员密集的滨海旅游和工作场所；油田滩、海工作场所；大、中型高产值滩涂养殖场	高（c1）	50	0.35	17.50
	人口密集度、经济总量和防护对象社会敏感程度较高。如：大、中型一般产值滩涂养殖区；人员较少的滨海旅游和工作区；油田防潮堤内采油、工作区；高产农田区	较高（c2）	30		10.50
	人口密集度、经济总量和防护对象敏感程度一般。如：小型滩涂养殖区和一般产值农田区	一般（c3）	15		5.25
	人口密集度、经济总量和防护对象敏感程度较低。如：低产农田区和自然生态保护区	低（c4）	5		1.75

注1：当风暴潮影响等级为“零级”，影响贡献（代码）及权数记为“－”。

注2：当风暴潮影响等级为“零＋级”时，影响贡献（代码）及权数记为“－＋”。

9.2 风暴潮灾害风险等级确定

风暴潮灾害风险等级，依据表7中的要素贡献（代码）组合后综合权数的大小按表8规定确定。共分为Ⅰ、Ⅱ、Ⅲ、Ⅳ 4个级别，分别表示高、较高、一般和低。

评价要素（代码）组合形式及其综合权数确定按表A.5规定。

在进行风暴潮灾害风险等级确定过程中，当风暴潮影响等级为“零级”时评价区域的风暴潮灾害风险等级可直接确定为“零级（无风险）”；当风暴潮影响等级为“零＋级”时评价区域的风暴潮灾害风险等级可直接确定为“零+级(除由岸顶向陆 100 m 以内区域存在受拍岸激浪的越浪影响和岸堤可被冲毁的风险外,其他区域无风险)”。

在各级风险区域中,对于人口流动性高且人员活动直接暴露在风暴潮和海浪威胁下的滨海景观区、岸边公路、跨海交通路坝、海水浴场、近海观光娱乐项目、滩涂活动场所等通过关闭或戒严措施即可有效减轻风暴潮灾害损失的区域,可视为特殊风险区。

风暴潮灾害风险评价示例见 B.3。

表 8　风暴潮灾害风险等级划分标准

风险等级	综合权数	评价要素基本特征
Ⅰ(高)	>34.0	防护区受风暴潮影响严重,防潮设施的防御能力一般或较低,防护对象的经济、社会属性等级高
Ⅱ(较高)	34.0~26.1	防护区受风暴潮影响较重,防潮设施的防御能力一般或较高,防护对象的经济、社会属性等级高或较高
Ⅲ(一般)	26.0~17.1	防护区受风暴潮影响一般,防潮设施防的御能力较高,防护对象的经济、社会属性等级一般
Ⅳ(低)	≤17.0	防护区受风暴潮影响一般或轻微,防潮设施的防御能力高或较高,防护对象的经济、社会属性等级一般或较低

9.3　风暴潮灾害风险区划图编制

以 9.2 确定的风暴潮灾害风险等级为依据,以红、橙、黄、蓝 4 种颜色分别代表Ⅰ、Ⅱ、Ⅲ、Ⅳ级风险区,区划图比例可根据区划范围自行确定。

对于特殊风险区可视情标注。

10　风暴潮预报和警报发布

风暴潮预报和警报发布标准按 GB/T 19721.1 规定。

附 录 A
（规范性附录）
评价要素（代码）组合、综合权数和等级划分查算表

表 A.1 规定了评价所用潮位资料取自海岸区域测站感潮河段的风暴潮影响评价要素（代码）组合、综合权数和风暴潮影响等级查算值。

表 A.2 规定了评价所用潮位或水位资料取自河口内测站感潮河段的风暴潮影响评价要素（代码）组合、综合权数和风暴潮影响等级查算值。

表 A.3 规定了海岸区域的风暴潮影响评价要素（代码）组合、综合权数和风暴潮影响等级查算值。

表 A.4 规定了防御能力评价要素（代码）组合、综合权数和防御能力等级查算值。

表 A.5 规定了风暴潮灾害风险评价要素（代码）组合、综合权数和风险等级查算值。

下列各表中组合代码的计算方法为其对应各要素权数之和。如：a1b1c1 为 a1、b1、c1 的要素权数之和。

表 A.1 潮位资料取自海岸区域测站感潮河段的风暴潮影响评价要素（代码）组合、综合权数和等级划分查算表

影响级别	Ⅰ（严重）		Ⅱ（较重）		Ⅲ（一般）		Ⅳ（轻微）	
要素代码组合与综合权数	组合代码	综合权数	组合代码	综合权数	组合代码	综合权数	组合代码	综合权数
	a1b1c1	50.00	a3b2c1	33.25	a3b1c4	25.50	a1b4c4	16.25
	a2b1c1	45.00	a2b1c3	32.75	a1b4c2	25.00	a3b4c2	16.25
	a1b1c2	43.00	a1b4c1	32.00	a2b2c3	24.75	a2b3c4	15.25
	a1b2c1	42.00	a4b1c2	31.75	a4b3c1	24.75	a3b3c3	15.00
	a3b1c1	41.25	a2b3c1	31.00	a2b3c2	24.00	a4b2c4	15.00
	a4b1c1	38.75	a4b2c1	30.75	a1b3c3	23.75	a2b4c3	14.75
	a2b1c2	38.00	a2b2c2	30.00	a4b2c2	23.75	a4b4c2	13.75
	a1b1c3	37.75	a1b2c3	29.75	a3b4c1	23.25	a4b3c3	12.50
	a2b2c1	37.00	a2b1c4	29.25	a4b1c4	23.00	a3b3c4	11.50
	a1b3c1	36.00	a1b3c2	29.00	a2b2c4	21.25	a2b4c4	11.25
	a1b2c2	35.00	a3b1c3	29.00	a3b2c3	21.00	a3b4c3	11.00
	a1b1c4	34.25	a3b3c1	27.25	a4b4c1	20.75	a4b3c4	9.00
	a3b1c2	34.25	a2b4c1	27.00	a1b3c4	20.25	a4b4c3	8.50
			a4b1c3	26.5	a3b3c2	20.25	a3b4c4	7.50
			a1b2c4	26.25	a2b4c2	20.00	a4b4c4	5.00
			a3b2c2	26.25	a1b4c3	19.75		
					a2b3c3	18.75		
					a4b2c3	18.50		
					a4b3c2	17.75		
					a3b2c4	17.50		

表 A.2 潮位或水位资料取自河口内测站感潮河段的风暴潮影响评价要素(代码)组合、综合权数和等级划分查算表

影响级别	Ⅰ(严重)		Ⅱ(较重)		Ⅲ(一般)		Ⅳ(轻微)	
要素代码组合与综合权数	组合代码	综合权数	组合代码	综合权数	组合代码	综合权数	组合代码	综合权数
	a1b1	50.00	a4b1	32.00	a3b2	24.00	a2b4	15.00
	a2b1	42.00	a2b2	30.00	a1b4	23.00	a3b3	15.00
	a1b2	38.00	a1b3	29.00	a2b3	21.00	a4b3	11.00
	a3b1	36.00			a4b2	20.00	a3b4	9.00
							a4b4	5.00

表 A.3 海岸区域的风暴潮影响评价要素(代码)组合、综合权数和等级划分查算表

影响级别	Ⅰ(严重)		Ⅱ(较重)		Ⅲ(一般)		Ⅳ(轻微)	
要素代码组合与综合权数	组合代码	综合权数	组合代码	综合权数	组合代码	综合权数	组合代码	综合权数
	a1b1c1	50.00	a3b2c1	33.25	a3b1c4	25.50	a1b4c4	16.25
	a2b1c1	45.00	a2b1c3	32.75	a1b4c2	25.00	a3b4c2	16.25
	a1b1c2	43.00	a1b4c1	32.00	a2b2c3	24.75	a2b3c4	15.25
	a1b2c1	42.00	a4b1c2	31.75	a4b3c1	24.75	a3b3c3	15.00
	a3b1c1	41.25	a2b3c1	31.00	a2b3c2	24.00	a4b2c4	15.00
	a4b1c1	38.75	a4b2c1	30.75	a1b3c3	23.75	a2b4c3	14.75
	a2b1c2	38.00	a2b2c2	30.00	a4b2c2	23.75	a4b4c2	13.75
	a1b1c3	37.75	a1b2c3	29.75	a3b4c1	23.25	a4b3c3	12.50
	a2b2c1	37.00	a2b1c4	29.25	a4b1c4	23.00	a3b3c4	11.50
	a1b3c1	36.00	a1b3c2	29.00	a2b2c4	21.25	a2b4c4	11.25
	a1b2c2	35.00	a3b1c3	29.00	a3b2c3	21.00	a3b4c3	11.00
	a1b1c4	34.25	a3b3c1	27.25	a4b4c1	20.75	a4b3c4	9.00
	a3b1c2	34.25	a2b4c1	27.00	a1b3c4	20.25	a4b4c3	8.50
			a4b1c3	26.5	a3b3c2	20.25	a3b4c4	7.50
			a1b2c4	26.25	a2b4c2	20.00	a4b4c4	5.00
			a3b2c2	26.25	a1b4c3	19.75		
					a2b3c3	18.75		
					a4b2c3	18.50		
					a4b3c2	17.75		
					a3b2c4	17.50		

表 A.4 防御能力评价要素(代码)组合、综合权数和等级划分查算表

能力级别	Ⅰ(高)		Ⅱ(较高)		Ⅲ(一般)		Ⅳ(低)	
要素代码组合与综合权数	组合代码	综合权数	组合代码	综合权数	组合代码	综合权数	组合代码	综合权数
	a1b1	50.00	a4b1	32.00	a3b2	24.00	a2b4	15.00
	a2b1	42.00	a2b2	30.00	a1b4	23.00	a3b3	15.00
	a1b2	38.00	a1b3	29.00	a2b3	21.00	a4b3	11.00
	a3b1	36.00			a4b2	20.00	a3b4	9.00
							a4b4	5.00

表 A.5 风暴潮灾害风险评价要素(代码)组合、综合权数和等级划分查算表

风险级别	Ⅰ(高)		Ⅱ(较高)		Ⅲ(一般)		Ⅳ(低)	
要素代码组合与综合权数	组合代码	综合权数	组合代码	综合权数	组合代码	综合权数	组合代码	综合权数
	a1b1c1	50.00	a3b2c1	33.25	a3b1c4	25.50	a1b4c4	16.25
	a2b1c1	45.00	a2b1c3	32.75	a1b4c2	25.00	a3b4c2	16.25
	a1b1c2	43.00	a1b4c1	32.00	a2b2c3	24.75	a2b3c4	15.25
	a1b2c1	42.00	a4b1c2	31.75	a4b3c1	24.75	a3b3c3	15.00
	a3b1c1	41.25	a2b3c1	31.00	a2b3c2	24.00	a4b2c4	15.00
	a4b1c1	38.75	a4b2c1	30.75	a1b3c3	23.75	a2b4c3	14.75
	a2b1c2	38.00	a2b2c2	30.00	a4b2c2	23.75	a4b4c2	13.75
	a1b1c3	37.75	a1b2c3	29.75	a3b4c1	23.25	a4b3c3	12.50
	a2b2c1	37.00	a2b1c4	29.25	a4b1c4	23.00	a3b3c4	11.50
	a1b3c1	36.00	a1b3c2	29.00	a2b2c4	21.25	a2b4c4	11.25
	a1b2c2	35.00	a3b1c3	29.00	a3b2c3	21.00	a3b4c3	11.00
	a1b1c4	34.25	a3b3c1	27.25	a4b4c1	20.75	a4b3c4	9.00
	a3b1c2	34.25	a2b4c1	27.00	a1b3c4	20.25	a4b4c3	8.50
			a4b1c3	26.5	a3b3c2	20.25	a3b4c4	7.50
			a1b2c4	26.25	a2b4c2	20.00	a4b4c4	5.00
			a3b2c2	26.25	a1b4c3	19.75		
					a2b3c3	18.75		
					a4b2c3	18.50		
					a4b3c2	17.75		
					a3b2c4	17.50		

附 录 B
（资料性附录）
评价要素综合权数计算、等级确定和评价示例

B.1 风暴潮影响评价要素综合权数计算、等级确定和评价示例

B.1.1 感潮河段风暴潮影响评价要素综合权数计算、等级确定和评价示例

B1.1.1 评价所用潮位资料取自海岸区域测站的感潮河段

设：甲地地处感潮河段区域，地面平坦；该区域十年一遇风暴增水值“ΔH_F”为 250 cm，五年一遇洪峰流量与本地五年一遇高潮位叠加后的水位升高值“ΔH_R”可达 1.0 m，地面高程与五十年一遇高潮位差值“ΔH”为 80 cm，潮位计算值取自河口外的海岸区域验潮站。评价其风暴潮影响属性。

a) 计算要素权数：将 $\Delta H_F=250$ cm、$\Delta H_R=1.0$ m、$\Delta H=80$ cm 分别代入表 1 得：要素影响贡献（代码）分别为高（a1）、较高（b2）和一般（c3），要素权数分别为 12.50、12.00 和 5.25。

b) 确定影响等级：查表 A.1，a1b2c3 组合的综合权数为 29.75。根据表 A.1 综合权数为 29.75 时的等级归属和表 4 的综合权数范围，风暴潮影响等级为Ⅱ级（较重）。

c) 影响评价结论：甲地风暴潮强度和频率很高，径流影响较重，地势一般，属风暴潮影响较重区域，如无高防御性能防潮（洪）设施防护，较强以上风暴潮影响期间将受较重或严重的漫溢河水影响。

B.1.1.2 评价所用潮位或水位资料取自河口内测站的感潮河段

设：感潮河段区域甲地地面平坦，十年一遇风暴增水值“ΔH_F”为 250 cm，地面高程与五十年一遇高潮位差值“ΔH”为 80 cm，潮位或水位资料取自本河段内水文站。评价该防护区风暴潮影响属性。

a) 计算要素权数：将 $\Delta H_F=250$ cm、$\Delta H=80$ cm 分别代入表 2 得：要素影响贡献（代码）分别为高（a1）和一般（b3），要素权数分别为 20.00 和 9.00。

b) 确定影响等级：查表 A.2，a1b3 组合的综合权数为 29.00。根据表 A.2 综合权数为 29.00 时的等级归属和表 4 的综合权数范围，风暴潮影响等级为Ⅱ级（较重）。

c) 影响评价结论：甲地风暴潮强度和频率很高，地势一般，属风暴潮影响较重区域，如无高防御性能防潮（洪）设施防护，强风暴潮影响期间将受较重的漫溢河水影响。

B.1.2 海岸区域风暴潮影响评价要素综合权数计算、等级确定和评价示例

设：某临海区域拟建综合炼油厂，厂区直达海岸边；该岸段海域开阔，属陡峭型自然海岸；该岸段十年一遇风暴增水值“ΔH_F”为 155 cm，岸边五年一遇波高“$H_{1/10}$”为 3.5 m，拟建厂区地面高程与五十年一遇高潮位差值“ΔH”为 150 cm 或以上，潮位计算值取自附近的海岸验潮站；厂属岸堤拟由石料砌筑防护，堤顶与厂区地面基本等高，岸堤以上拟建高度为 1.5 m 的防浪墙。评价拟建厂区风暴潮影响属性。

a) 计算要素权数：将 $\Delta H_F=155$ cm、$H_{1/10}=3.5$ m、$\Delta H\geqslant 150$ cm 分别代入表 3 得：要素影响贡献（代码）分别为较高（a2）、高（b1）和—，要素权数分别为 7.50、20.00 和—。

b) 确定影响等级：根据 7.2c）规定，拟建厂区风暴潮影响等级为“零＋级（除由岸顶向陆 100 m 以内区域可受拍岸激浪的越浪影响外，风暴潮对其他区域无影响）”。

c) 影响评价结论：拟建炼油厂地处强风暴潮频率较高和海浪影响严重岸段，厂区地势较高，除由

岸顶向陆 100 m 以内区域可受拍岸激浪的越浪影响外，风暴潮对其他区域基本无影响。

B.2 防御能力评价要素综合权数计算、等级确定和评价示例

设：某滨海单位防潮堤由较大规格石料砌筑而成，防潮重现期为 100 年，防潮堤以上拟建高度为 1.5 m的防浪墙。评价该单位防潮设施的防御能力。

a) 计算要素权数：将防潮堤系由较大规格石料砌筑、防潮重现期为 100 年分别代入表 5 得：要素防御贡献（代码）分别为高（a1）和高（b1），要素权数分别为 20.00 和 30.00。

b) 确定影响等级：查表 A.4，a1b1 组合的综合权数为 50.00。根据表 A.4 综合权数为 50.00 时的等级归属和表 6 的综合权数范围，防潮设施的防御能力等级为Ⅰ级（高）。

c) 防御能力评价结论：该单位防潮设施的防御能力很强。

B.3 风暴潮灾害风险评价要素综合权数计算、风险等级确定和评价示例

a) 设：某厂临海而建，有职工 5 000 人，年经济产值达 10 亿元（人民币），为当地经济支柱企业；经评价，该厂所处岸段风暴潮影响程度等级为Ⅱ级，其防潮设施防御能力等级为Ⅰ级。评价其风暴潮灾害风险等级。

1) 计算要素权数：将“防潮设施防御能力等级为Ⅰ级”、“风暴潮影响等级为Ⅱ级”和“社会经济属性等级为Ⅰ级”分别代入表 7 得：要素风险贡献（代码）分别为低（a4）、较高（b2）和高（c1），要素权数分别为 1.25、12.00 和 17.50。

2) 确定风险等级：查表 A.5，a4b2c1 组合的综合权数为 30.75。根据表 A.5 综合权数为 30.75 时的等级归属和表 8 的综合权数范围，风险等级为Ⅱ级（较高）。

3) 风险评价结论：该厂地处风暴潮影响较重岸段，防护对象的经济、社会属性等级很高，虽防潮设施的防御能力很强，其风暴潮灾害风险等级仍较高。

b) 设：某大型工厂临海而建，有职工 5 000 人，年经济产值达 10 亿元（人民币），为当地经济支柱企业；该岸段十年一遇风暴增水值“ΔH_F”为 155 cm，岸边五年一遇波高“$H_{1/10}$”为 3.5 m；厂区较平坦，地面高程与五十年一遇高潮位差值“ΔH”≥150 cm，由岸向内略有增高；厂属岸堤由较大规格石料砌筑而成，岸堤以上建有高度为 1.5 m 的防浪墙，防潮重现期为 100 年。评价该厂区风暴潮灾害风险等级。

经评价，风暴潮对厂区的影响等级为“零＋级（除由岸顶向陆 100 m 以内区域可受拍岸激浪的越浪影响外，风暴潮对其他区域无影响）”（见 B.1.2），该厂防潮设施防御能力等级为Ⅰ级（见 B.2）。

1) 计算要素权数：将“防潮设施防御能力等级为Ⅰ级”、“风暴潮影响等级为零＋级”和“社会经济属性等级为Ⅰ级”分别代入表 7 得：要素风险贡献（代码）分别为低（a4）、—和高（c1），要素权数分别为 1.25、—和 17.50。

2) 确定风险等级：根据 9.2 规定，该厂区风暴潮灾害风险等级为“零＋级（除由岸顶向陆 100 m 以内者存在受拍岸激浪的越浪影响和岸堤可被冲毁的风险外，其他区域无风险）”。

3) 风险评价结论：该厂地处强风暴潮频率较高和海浪影响严重岸段，防潮设施的防御能力很强，厂区地势较高，除由岸顶向陆 100 m 以内者存在受拍岸激浪的越浪影响和岸堤可被冲毁的风险外，其他区域基本无风险。

参 考 文 献

[1] GB/T 12763.2 海洋调查规范 第2部分:海洋水文观测

[2] GB 50286 堤防工程设计规范

[3] 方国洪等. 潮汐和潮流的分析和预报. 北京:海洋出版社,1986

[4] 国家海洋局. 风暴潮、海浪、海啸和海冰灾害应急预案.

[5] 高庆华,马宗晋,张业成,等. 自然灾害评估. 北京:气象出版社,2007

[6] 原国家科委国家计委国家经贸委自然灾害综合研究组. 中国自然灾害综合研究的进展. 北京:气象出版社,2009

ICS 71.120;83.200
G 95

中华人民共和国国家标准

GB 30747—2014

轮胎定型硫化机安全要求

Safety requirements of tyre shaping and curing press

2014-06-09 发布

2015-05-01 实施

中华人民共和国国家质量监督检验检疫总局
中国国家标准化管理委员会
发布

前　言

本标准的第5章、第6章、第7章为强制性的，其余为推荐性的。

本标准按照GB/T 1.1—2009给出的规则起草。

本标准由中国石油和化学工业联合会提出。

本标准由全国橡胶塑料机械标准化技术委员会(SAC/TC 71)归口。

本标准主要起草单位：桂林橡胶机械厂、福建华橡自控技术股份有限公司、巨轮股份有限公司、软控股份有限公司、青岛双星橡塑机械有限公司、广州华工百川科技股份有限公司、益阳益神橡胶机械有限公司、北京橡胶工业研究设计院、东莞馨逸电子商务有限公司。

本标准主要起草人：谢盛烈、付任平、曾友平、张锦芳、刘佐兰、刘云启、苏寿琼、胡润祥、何成、何晓旭、龚素馨。

轮胎定型硫化机安全要求

1 范围

本标准规定了轮胎定型硫化机(以下简称硫化机)安全要求中的术语和定义、重大危险列举、安全要求和/或保护措施、安全要求和/或保护措施的验证和使用信息。

本标准不包括供料系统、卸料系统、相关辅机(如输送设备等)和与排气系统设计相关的安全要求及模套或模具部分坠落引起的危险。

本标准适用于硫化充气轮胎外胎的曲柄连杆式硫化机(简称机械式硫化机)和液压式硫化机。

本标准不适用于在本标准实施日期之前生产的硫化机。

注:硫化机张模力、合模力及总压力计算指南参见附录 A。

2 规范性引用文件

下列文件对于本文件的应用是必不可少的。凡是注日期的引用文件,仅注日期的版本适用于本文件。凡是不注日期的引用文件,其最新版本(包括所有的修改单)适用于本文件。

GB 150(所有部分) 压力容器

GB 2894—2008 安全标志及其使用导则

GB/T 3766 液压系统通用技术条件

GB 5226.1—2008 机械电气安全 机械电气设备 第 1 部分:通用技术条件

GB/T 6326 轮胎术语及其定义

GB/T 7932 气动系统通用技术条件

GB/T 8196 机械安全 防护装置 固定式和活动式防护装置设计与制造一般要求

GB/T 15706 机械安全 设计通则 风险评估与风险减小

GB 16754 机械安全 急停 设计原则

GB/T 16855.1 机械安全 控制系统有关安全部件 第 1 部分:设计通则

GB/T 17454.2 机械安全 压敏保护装置 第 2 部分:压敏边和压敏棒的设计和试验通则

GB 17888.2 机械安全 进入机械的固定设施 第 2 部分:工作平台和通道

GB 17888.3 机械安全 进入机械的固定设施 第 3 部分:楼梯、阶梯和护栏

GB 17888.4 机械安全 进入机械的固定设施 第 4 部分:固定式直梯

GB/T 18153 机械安全 可接触表面温度 确定热表面温度限值的工效学数据

GB/T 18831 机械安全 带防护装置的联锁装置 设计和选择原则

GB/T 19436.1 机械电气安全 电敏防护装置 第 1 部分:一般要求和试验

GB 19436.3 机械电气安全 电敏防护装置 第 3 部分:使用有源光电漫反射防护器件(AOPDDR)设备的特殊要求

GB/T 19876 机械安全 与人体部位接近速度相关的安全防护装置的定位

GB 23821—2009 机械安全 防止上下肢触及危险区的安全距离

HG/T 3223 橡胶机械术语

TSG R0004 固定式压力容器安全技术监察规程

3 术语和定义

GB/T 6326、GB/T 15706 和 HG/T 3223 界定的以及下列术语和定义适用于本文件。

3.1

进入装置　access equipment

正常操作时用于进入硫化机的特定部件。

示例：踏板、平台和楼梯。

3.2

自动装胎/卸胎　automatic loading/unloading

从一个方位自动地装胎和卸胎。

3.3

胶囊　bladder

通过硫化介质使之膨胀，把胎坯推向模具并与之接触的橡胶容器。

示例：胶囊通过上环和下环连接到机器。

3.4

胶囊夹持装置　bladder support

通过立柱或囊筒固定胶囊的机械装置。

3.5

下环　bottom ring

胶囊底部起夹持作用的环型部件。

3.6

更换识别板　change plate identification

镶嵌模具胎侧实施的动作。

示例：这种识别通常叫做标记或轮胎的识别码。

3.7

爪盘　chuck

抓胎器

抓取胎坯或硫化轮胎的部件。

3.8

模套　container

用于容纳和加热活络模硫化模具的可替换的部件。

示例：模套通过螺钉或自动锁定装置固定在硫化机上。

3.9

模套固定装置　container fixation device

用于固定模套的钢架。

示例：模套固定装置有时也称为枕梁。

3.10

常规运转区域　crossing flow

从前面装胎和从后面卸胎的区域。

3.11

硫化轮胎　cured tyre

轮胎经硫化后的最终形态。

3.12

硫化周期　curing cycle

合模、加压、锁定直到压力下降的全周期。

3.13

硫化模具　curing mould

用于硫化轮胎，使轮胎外部形状定型的可替换的设备。

3.14

硫化阀门和管路　curing valves and pipework

硫化机上安装的温度和压力调节系统。

3.15

调节尺寸　dimension change

根据硫化轮胎的规格调整设备。

3.16

卸料　discharge

从卸胎装置中移除硫化轮胎的手动或自动操作。

3.17

能源疏散系统　energy evacuation system

硫化胶囊和热工系统中泄压的各有关部分。

3.18

能源供应系统　energy supply system

供应电、气体、液体和硫化介质的系统。

示例：硫化介质可以是热水、蒸汽、氮气等。

3.19

输出带　exit conveyer

卸胎装置从硫化机后面卸载硫化轮胎后放置硫化轮胎的传送带。

3.20

供料　feeding

向装胎装置提供胎坯的手动或自动操作。

3.21

固定下部分　fixed lower part

固定在地基上包含胶囊和支撑下模具的机器部分。

3.22

胎坯　green tyre

尚未硫化的橡胶部件的组合。

3.23

操作配件　handling accessory

用于维护操作或换模或设置硫化机的装置。

3.24

维护操作　maintenance action

保持硫化机在设计水平的预防操作。

示例：例如诊断、润滑等。

3.25

移动上部分　movable upper part

装胎和卸胎时打开、硫化时关闭和锁定的机器部分。

3.26

模具清理　mould cleaning

将残留物从模具中清理出去。

3.27

模具操纵装置　segment mould operator

用于打开和关闭模具的装置。

3.28

半封闭的位置　semi-closed position

当模套延伸部分打开到最大距离时,模具或模套上部分所处的位置。

3.29

喷涂装置　spraying device

用处理液处理模具和/或胶囊的静态或动态喷嘴。

3.30

上环　top ring

胶囊顶部起夹持作用的环型部件。

3.31

轮胎硫化机清理　tyre curing press cleaning

从硫化机中清理残留物的操作。

3.32

装胎/卸胎　tyre loading/tyre unloading

将轮胎放入硫化机或从硫化机中取出轮胎的自动动作。

4　重大危险列举

4.1　总则

本章列举了与硫化机有关的重大危险。

常规运转区域硫化机的危险位置,液压式见图1、图2和图3,机械式见图4、图5和图6。

带自动供料和卸料装置的硫化机的危险位置见图7、图8和图9。

图1～图9的危险序号与表1中的危险序号一致。

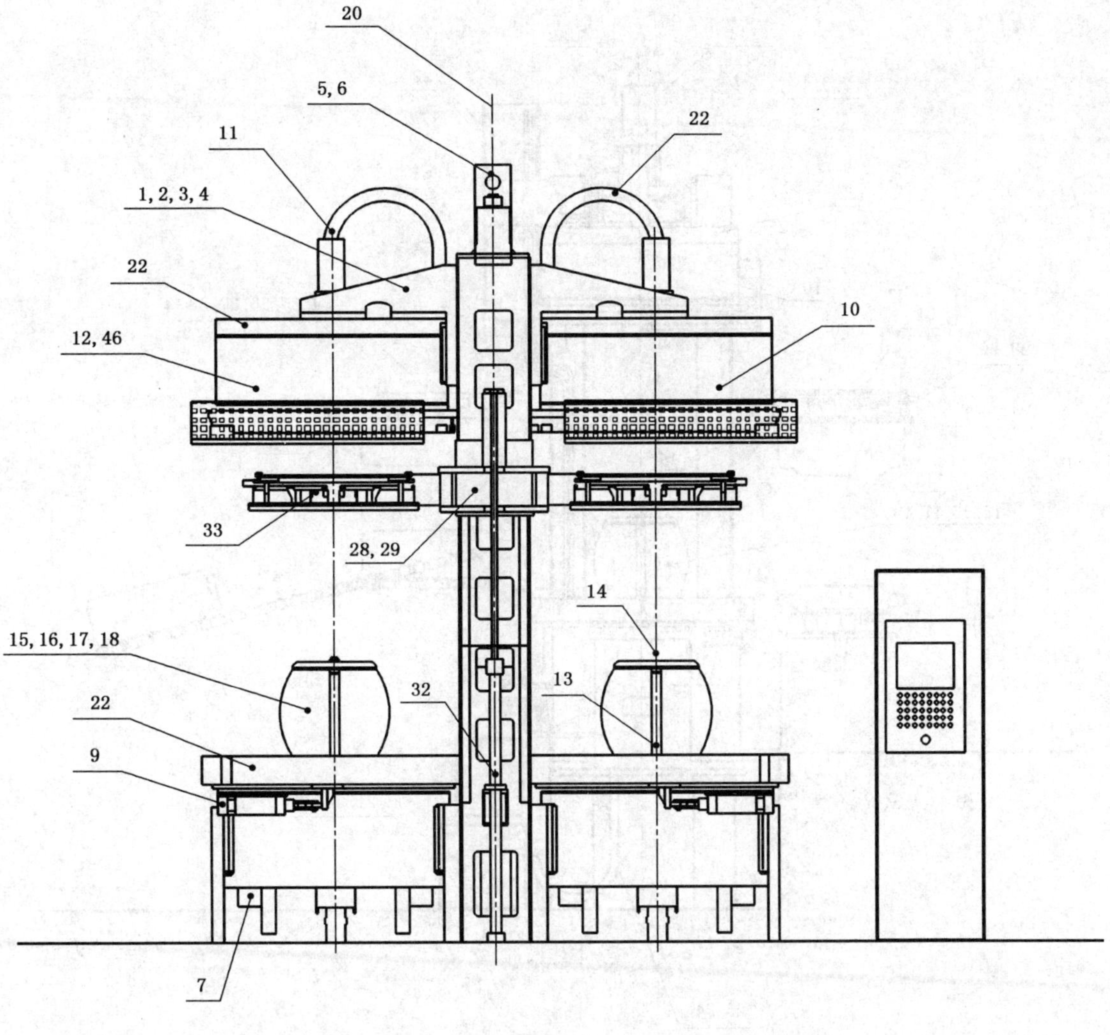

图 1 液压式常规运转区域硫化机的危险位置(正视图)

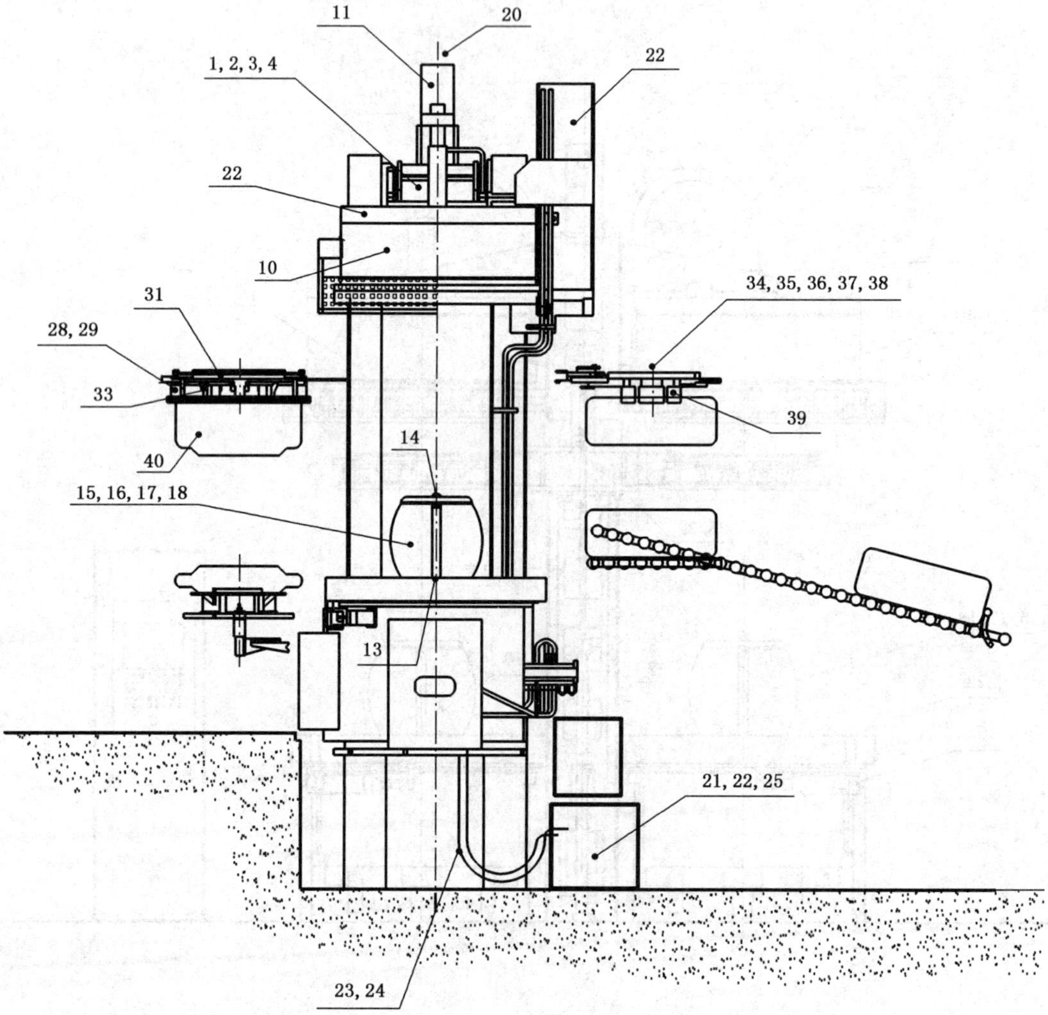

图 2　液压式常规运转区域硫化机的危险位置(侧视图)

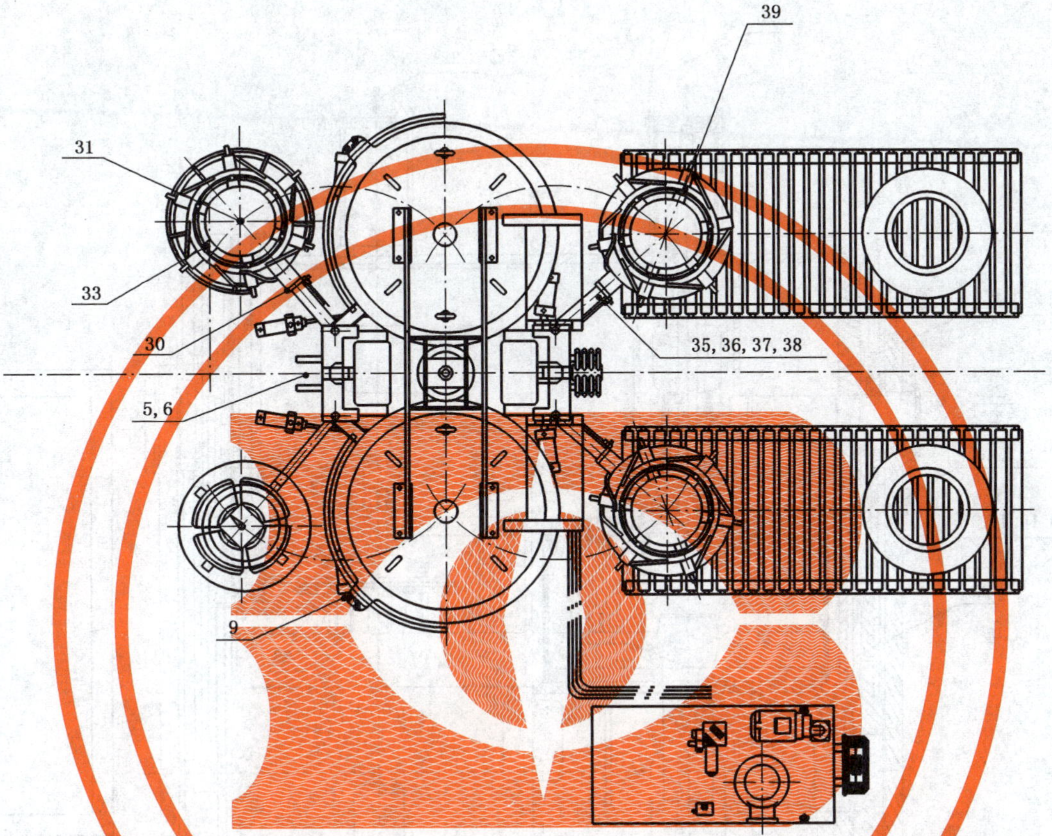

图 3 液压式常规运转区域硫化机的危险位置(俯视图)

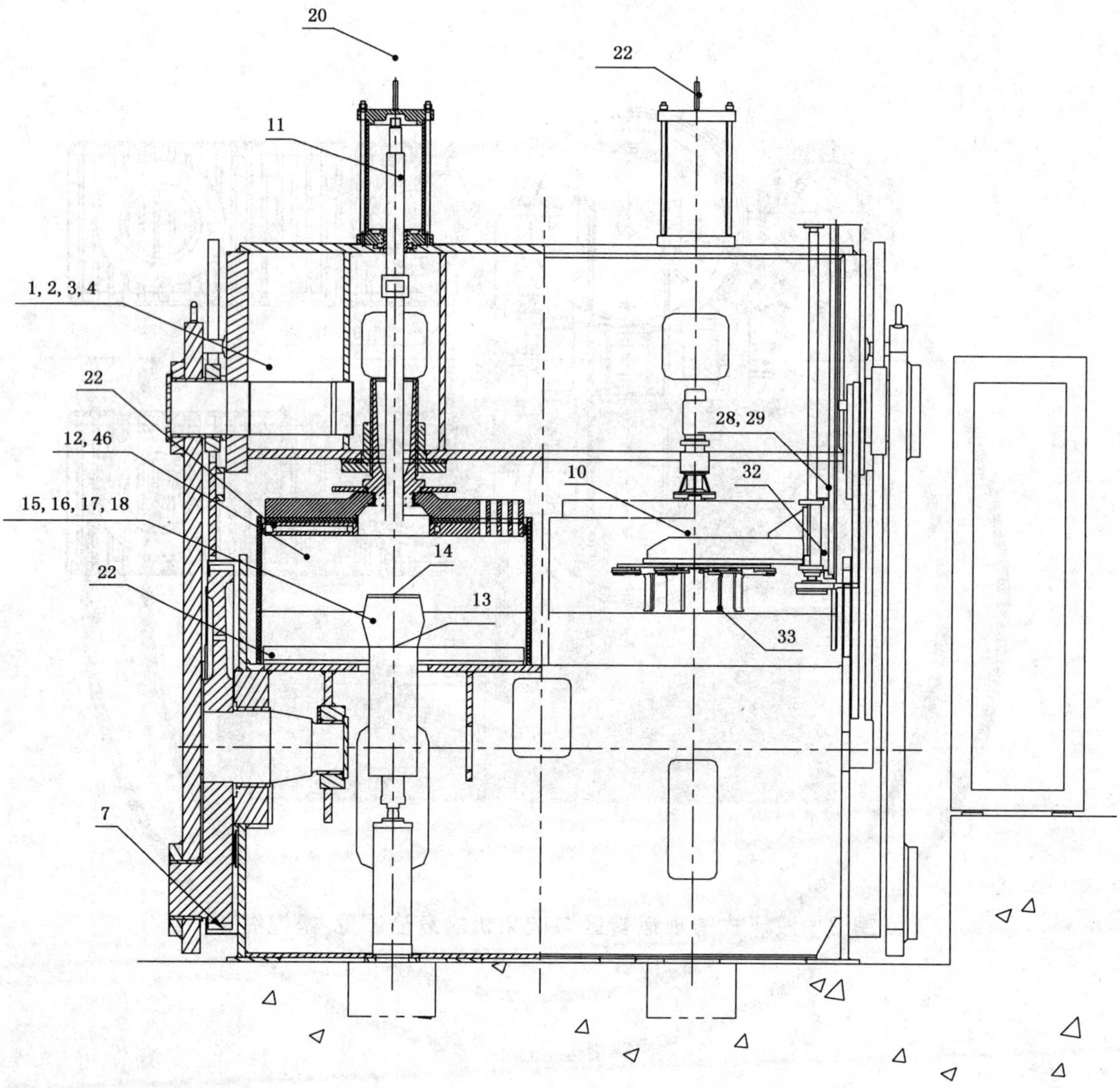

图4　机械式常规运转区域硫化机的危险位置(正视图)

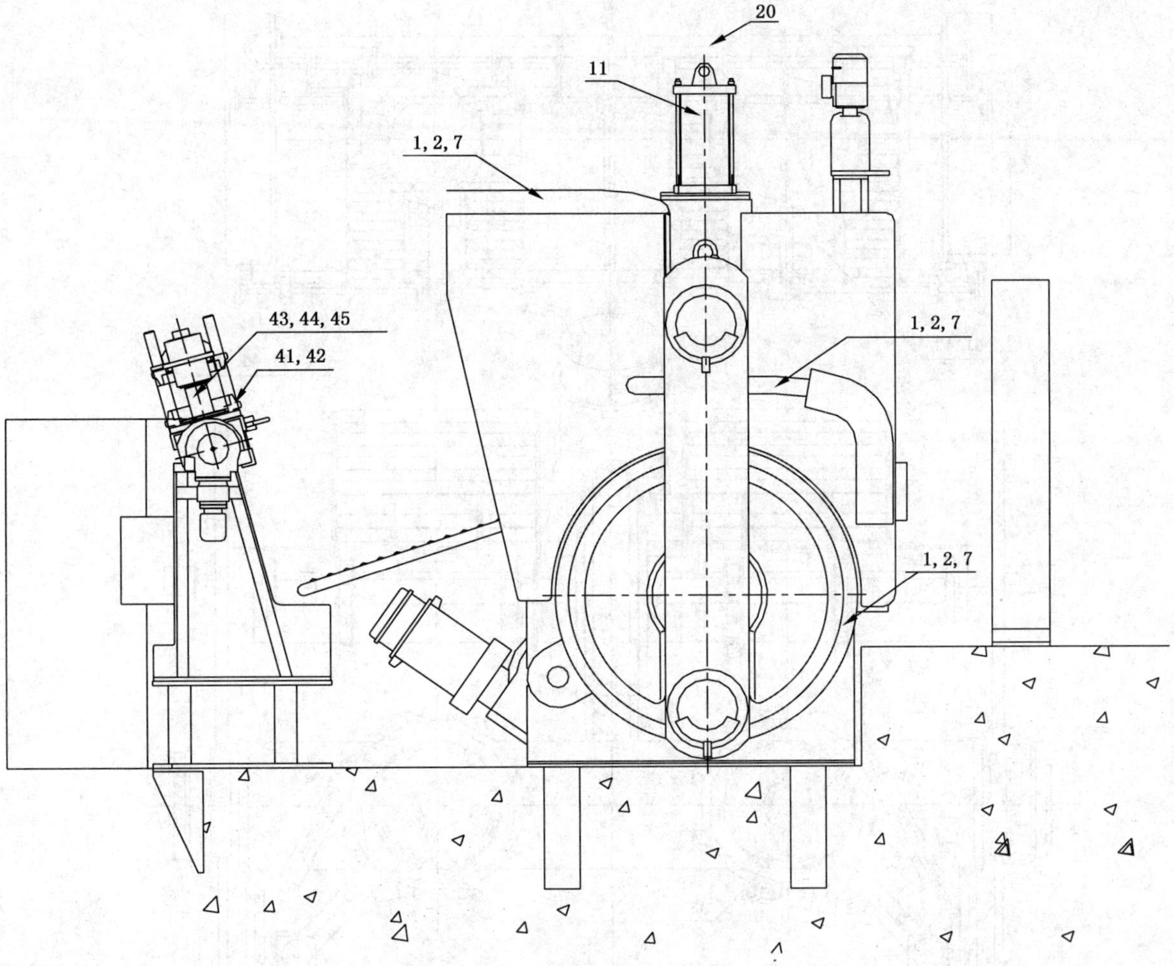

图 5 机械式常规运转区域硫化机的危险位置(侧视图)

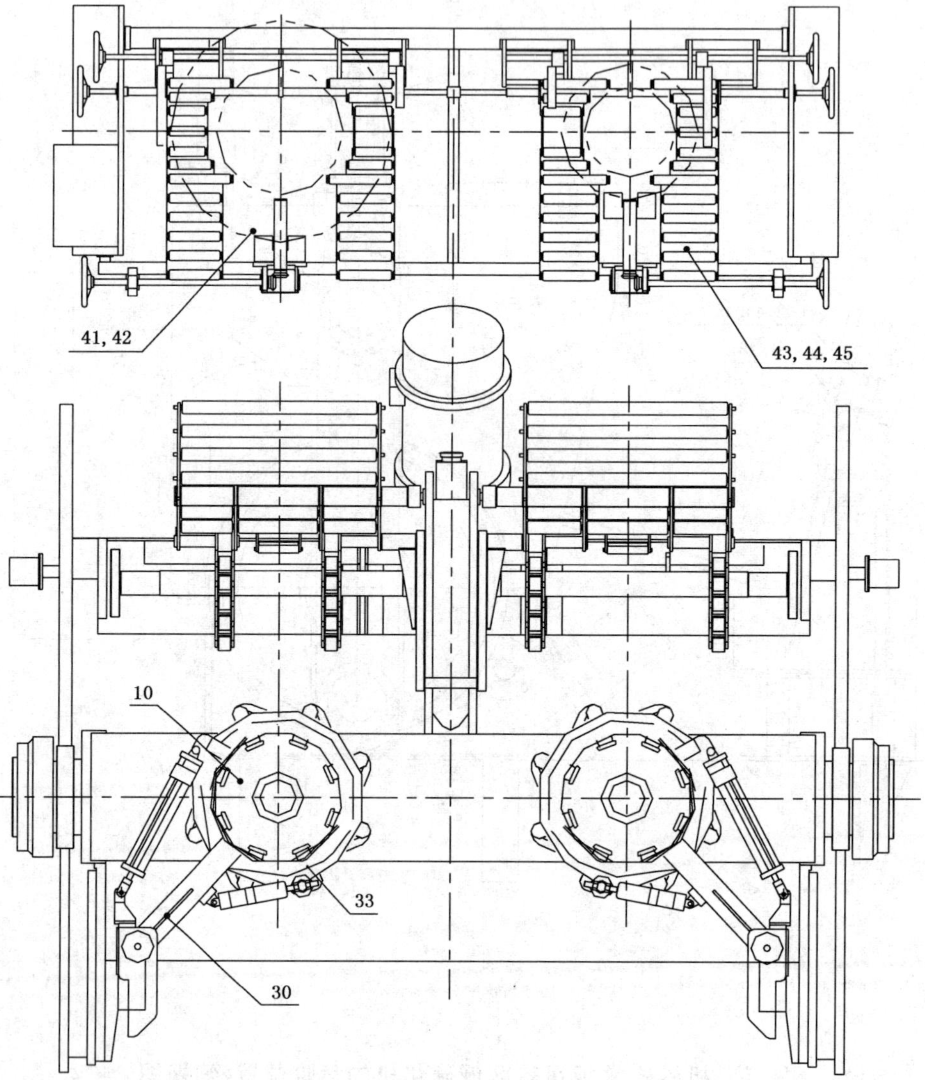

图6 机械式常规运转区域硫化机的危险位置(俯视图)

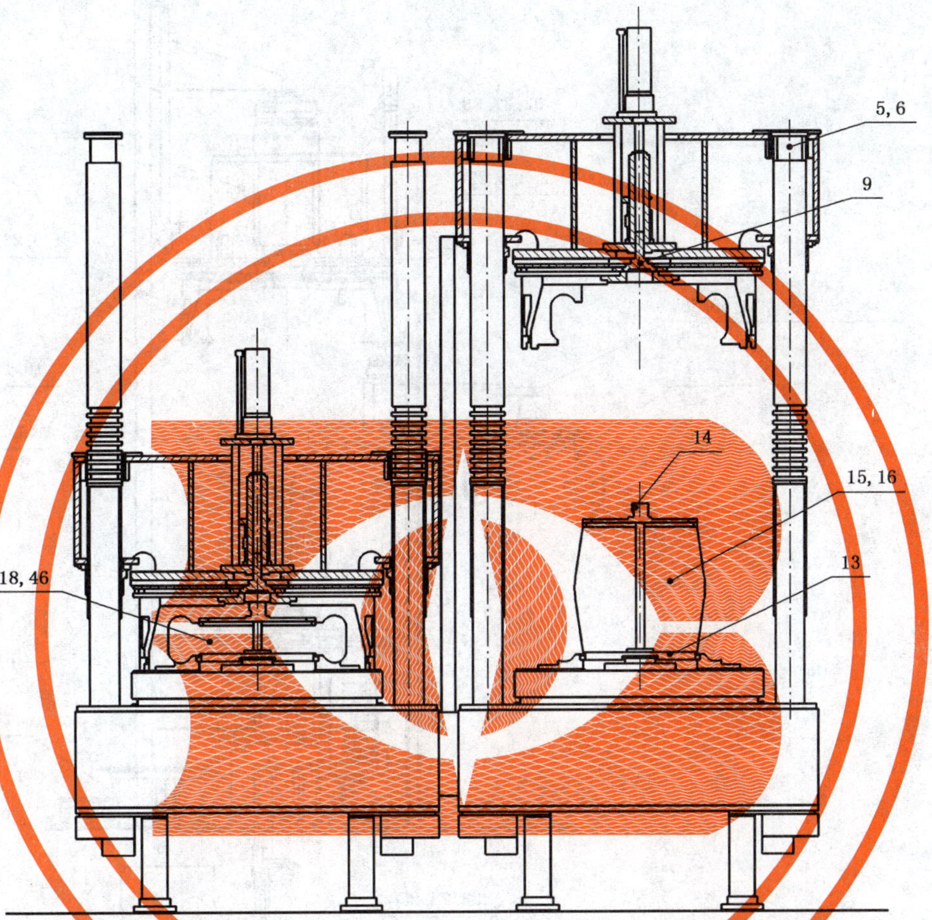

图 7　带自动供料和卸料装置的硫化机的危险位置(正视图)

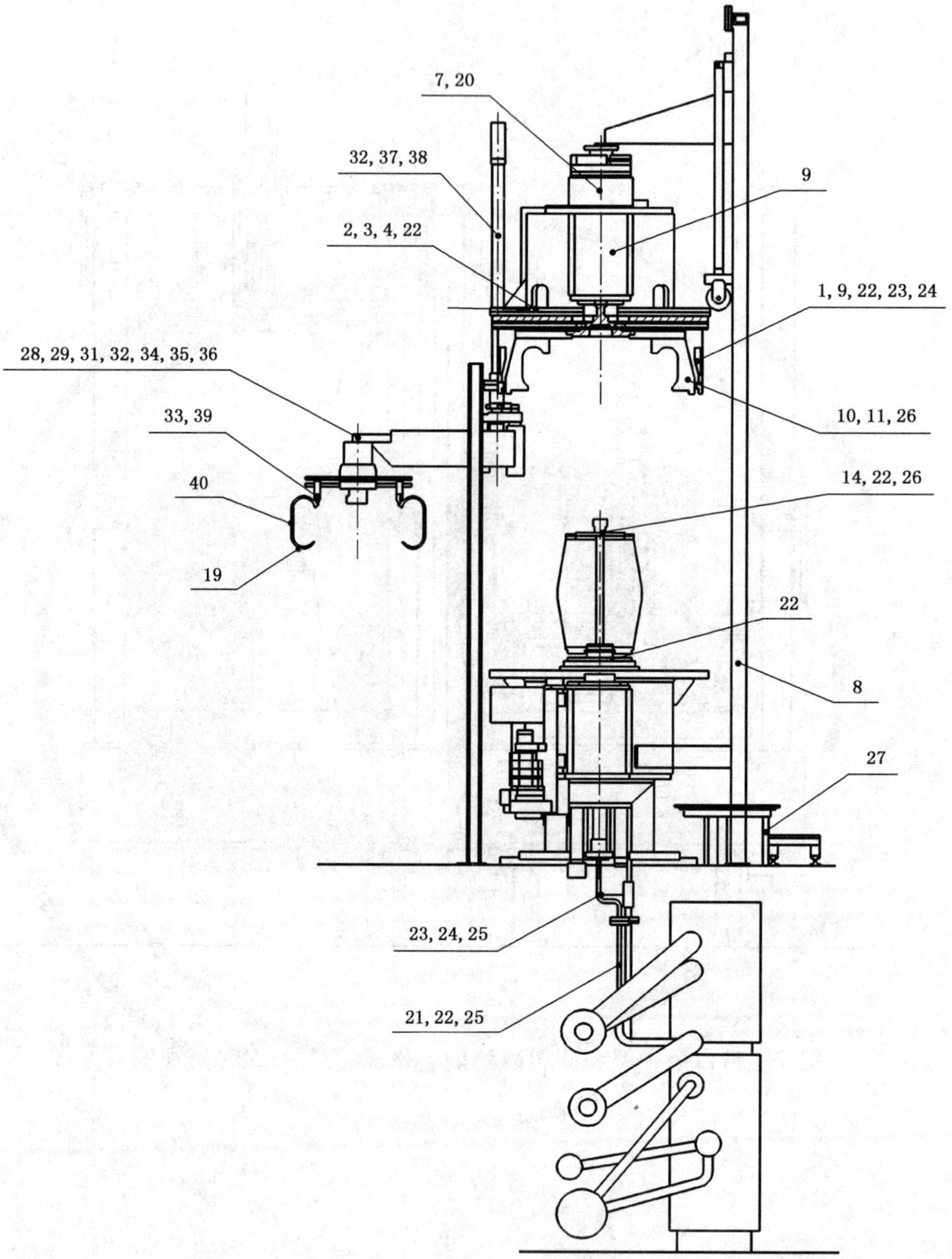

图 8　带自动供料和卸料装置的硫化机的危险位置(侧视图)

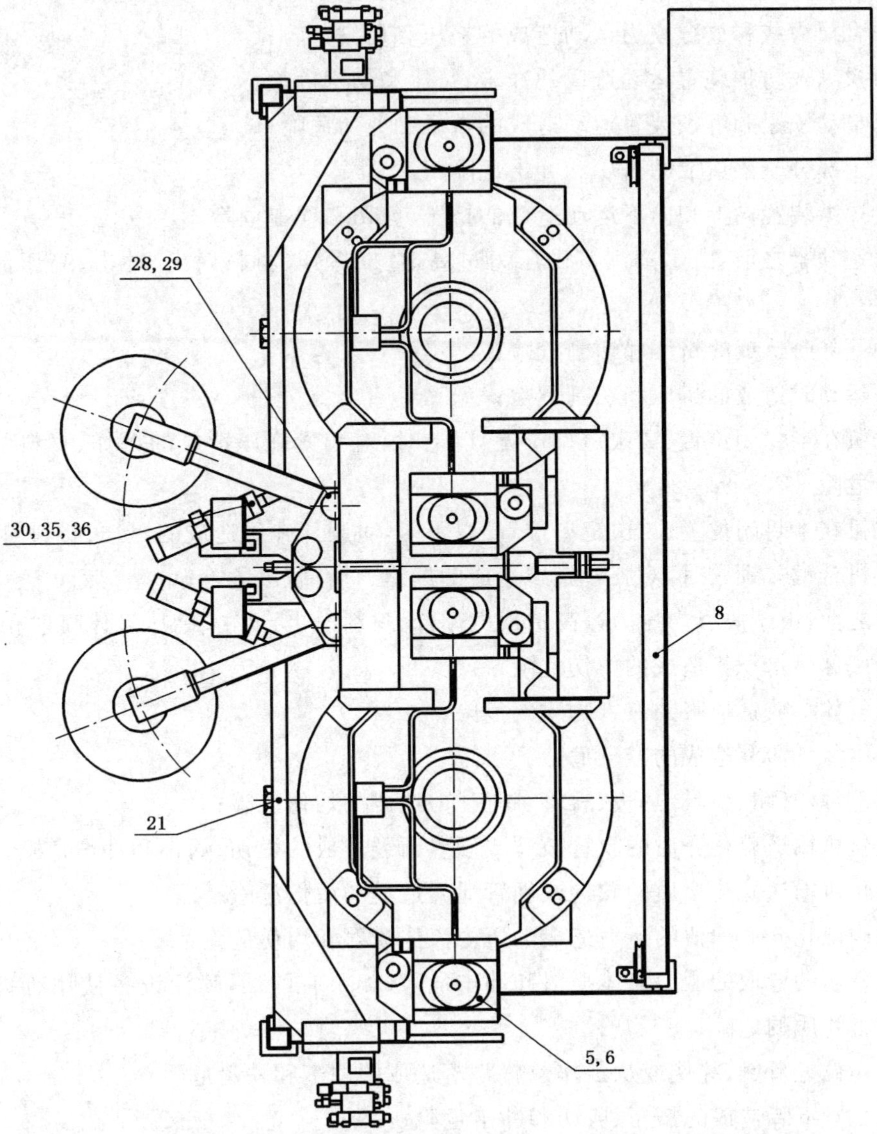

图9 带自动供料和卸料装置的硫化机的危险位置(俯视图)

4.2 总体危险

直接或间接与带电部件接触造成的电击或灼伤。

由于液压和气动系统故障造成的危险。

4.3 机器特定部件或区域相关的危险

硫化机特定部件或区域相关的重大危险如下：

a) 移动上部分关闭(合模运动)造成的挤压、剪切、缠绕和冲击危险；

b) 移动上部分打开(开模运动)造成的挤压、剪切、缠绕和冲击危险；

c) 移动上部分在开模极限位置时，移动上部分意外坠落造成的挤压危险；

d) 移动上部分停车功能发生故障造成的挤压危险；

e) 液压式硫化机移动上部分锁紧装置闭锁运动时造成的挤压和剪切危险；

f) 液压式硫化机移动上部分锁紧装置开锁运动时造成的挤压和剪切危险；
g) 施加合模力或释放合模力运动造成的挤压和切割危险；
h) 动力操纵式防护装置运动造成的冲击、挤压和切割危险；
i) 模套自动锁紧和解锁装置运动造成的挤压和剪切危险；
j) 模套上部分坠落造成的挤压和冲击危险；
k) 模具操纵装置向上和向下运动造成的挤压、剪切和冲击危险；
l) 蒸汽室锁紧之前，由于蒸汽室内压力过高，造成爆炸、材料射出、冲击、高压流体喷射和灼伤危险；
m) 下环下降时造成的挤压和切割危险；
n) 上环运动时造成的挤压和切割危险；
o) 硫化机在半封闭位置（二次定型位置）以上时，对胶囊施压造成的爆炸、材料射出和高压流体喷射危险；
p) 硫化机在半封闭位置（二次定型位置）以下时，对胶囊施压造成的爆炸、材料射出危险；
q) 硫化机合模并锁紧时，对胶囊施压造成的爆炸、材料射出危险；
r) 解锁之前，由于胶囊内压力过高造成的爆炸、材料射出、冲击、高压流体喷射和灼伤危险；
s) 轮胎底部热水积累造成的烫伤危险；
t) 有害气体释放造成吸入有害物质的危险；
u) 管路中氮气泄漏造成的窒息危险；
v) 高温部件（管路、模具、热板、软管、阀门等）造成的灼伤危险；
w) 向硫化机输送硫化介质的软管破裂或硬管断裂造成的烫伤、灼伤和冲击危险；
x) 向硫化机输送硫化介质的软管或硬管泄漏造成的烫伤危险；
y) 管路内硫化介质残留的压力造成的压力流体喷射和灼伤危险；
z) 喷涂臂运动造成的压力流体喷射和冲击危险；如果有的话，喷涂设备使用有害喷涂剂造成吸入有害物质的危险；
aa) 在工作位置滑倒、绊倒或从工作位置跌落造成的冲击和跌落危险；
bb) 装胎装置下降造成的挤压、剪切和冲击危险；
cc) 装胎装置上升造成的挤压、剪切和冲击危险；
dd) 装胎装置的抓胎器转进、转出造成的挤压、剪切和冲击危险；
ee) 装胎装置在装胎位置坠落造成的挤压、剪切和冲击危险；
ff) 装胎装置停车功能发生故障造成的挤压、剪切和冲击危险；
gg) 装胎装置的抓胎器爪片张开、闭合造成的切割、挤压和冲击危险；
hh) 卸胎装置下降造成的挤压、剪切和冲击危险；
ii) 卸胎装置上升造成的挤压、剪切和冲击危险；
jj) 卸胎装置的抓胎器转进、转出或叉型卸胎装置翻转造成的挤压、剪切和冲击危险；
kk) 卸胎装置坠落造成的挤压、剪切和冲击危险；
ll) 卸胎装置停车功能发生故障造成的挤压、剪切和冲击危险；
mm) 卸胎装置的抓胎器爪片张开、闭合造成的切割、挤压和冲击危险；
nn) 胎坯或硫化轮胎在装胎或卸胎时坠落造成的冲击和挤压危险；
oo) 后充气装置的上夹盘与硫化轮胎之间造成的切割、挤压和冲击危险；
pp) 后充气装置的充气盘与上支架之间造成的切割、挤压和冲击危险；

qq） 后充气装置的中梁翻转造成的挤压、剪切和冲击危险；

rr） 后充气装置的活动梁升降造成的挤压、剪切和冲击危险；

ss） 后充气装置的活动梁旋转造成的挤压、剪切和冲击危险；

tt） 蒸汽室、热板压力过高造成的爆炸、材料射出、高压流体喷射、冲击、灼伤和烫伤危险。

5 安全要求和/或保护措施

5.1 安全要求和/或保护措施总则

硫化机应遵守本章所规定的安全要求和/或保护措施。此外，对于本标准未涉及的非重大危险，硫化机应按照 GB/T 15706 规定的原则进行设计。相关的、但不是重大的危险本标准并未涉及。

如果没有在相关的条款中规定，安全距离应符合 GB 23821 的规定。

防护装置的设计和制造应符合 GB/T 8196 的规定；联锁装置应符合 GB/T 18831 的规定。

光幕应符合 GB/T 19436.1 的规定；扫描装置应符合 GB 19436.3 的规定。

光幕和不带防护锁的联锁防护装置的定位应符合 GB/T 19876 的规定。

控制系统有关安全部件的设计应符合 GB/T 16855.1 的规定。

电气设备应符合 GB 5226.1 的规定。

液压设备及其部件的设计应符合 GB/T 3766 的规定。

气动设备及其部件的设计应符合 GB/T 7932 的规定。

5.2 具体的安全要求和/或保护措施

5.2.1 基本信息

表 1 中安全要求指定的硫化机的前面、后面和侧面的位置，见图 10 和图 11。

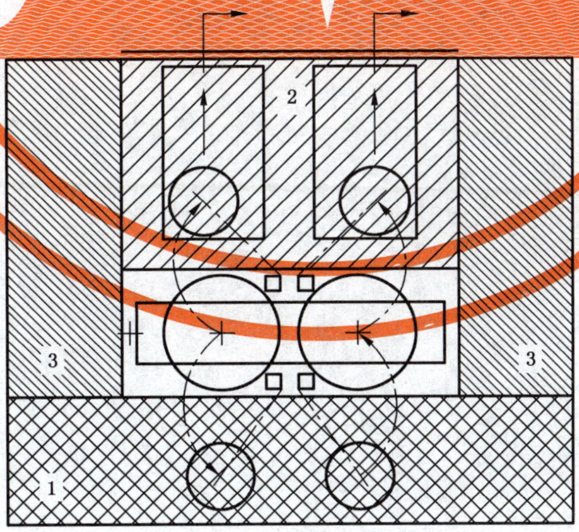

说明：

1——前面；

2——后面；

3——侧面。

图 10 常规运转区域的硫化机的位置

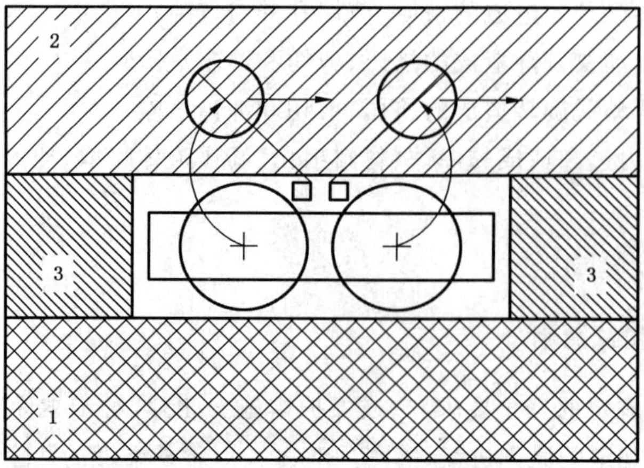

说明：

1——前面；

2——后面；

3——侧面。

图 11　带自动供料和卸料装置的硫化机的位置

5.2.2　具有独立硫化周期和独立安全防护措施的双模硫化机的具体要求

这样的机器，应使用可靠的固定式防护装置分开每个模腔。机器的每一侧都应作为一个硫化机来看待。

5.2.3　常规生产模式和自动生产模式下操作的具体要求

注：常规生产模式指的是常规运转区域的硫化机，自动生产模式指的是带自动供料和卸料装置的硫化机。

所有的安全功能和/或保护措施都应符合表 1 的规定。

表 1　常规生产模式和自动生产模式下硫化机的安全要求和/或保护措施

危险序号	危险情况	重大危险	位置/地点	常规运转区域的硫化机	带自动供料和卸料装置的硫化机	附加的安全措施对于维护是否必要
1	移动上部分关闭（合模运动）	挤压、剪切、缠绕、冲击	位置 1:前面	扫描装置;或 光幕;或 固定式防护装置与机械设备的组合阻止进入	带或不带防护锁的联锁防护装置	是 （见 5.2.4 和 7.2.7）
			位置 2:后面	固定式防护装置阻止进入;和/或 输出带离站立面高度不低于 2.5 m	供料和卸料系统带防护锁的联锁防护装置;和/或必要时,不带防护锁的联锁防护装置与光幕的组合	
			位置 3:侧面	固定式防护装置和带或不带防护锁的联锁防护装置;或 固定式防护装置与机械设备的组合阻止进入	固定式防护装置	
2	移动上部分打开（开模运动）	挤压、剪切、缠绕、冲击	位置 1:前面	扫描装置;或 光幕;或 固定式防护装置与机械设备的组合阻止进入	带或不带防护锁的联锁防护装置	是 （见 5.2.4 和 7.2.7）
			位置 2:后面	固定式防护装置阻止进入;和/或 输出带离站立面高度不低于 2.5 m	供料和卸料系统带防护锁的联锁防护装置;和/或必要时,不带防护锁的联锁防护装置与光幕的组合	
			位置 3:侧面	固定式防护装置和带或不带防护锁的联锁防护装置;或 固定式防护装置与机械设备的组合阻止进入	固定式防护装置	
3	移动上部分在开模极限位置时的意外坠落	挤压	位置 1:前面	移动上部分的锁定装置或制动装置	移动上部分的锁定装置或制动装置	是 （见 5.2.4 和 7.2.7）
			位置 2:后面	移动上部分的锁定装置或制动装置	移动上部分的锁定装置或制动装置	
			位置 3:侧面	固定式防护装置和移动上部分的锁定装置或制动装置	固定式防护装置和移动上部分的锁定装置或制动装置	

表 1(续)

危险序号	危险情况	重大危险	位置/地点	常规运转区域的硫化机	带自动供料和卸料装置的硫化机	附加的安全措施对于维护是否必要
4	移动上部分的停车功能发生故障	挤压	位置 1:前面	液压式:抑制阀,下滑量在 30 mm 之内; 机械式:安全制动装置,下滑量在 30 mm 之内	液压式:抑制阀,下滑量在 30 mm 之内; 机械式:安全制动装置,下滑量在 30 mm 之内	是 (见 5.2.4 和 7.2.7)
			位置 2:后面	液压式:抑制阀; 机械式:安全制动装置	液压式:抑制阀; 机械式:安全制动装置	
			位置 3:侧面	液压式:抑制阀; 机械式:安全制动装置	液压式:抑制阀; 机械式:安全制动装置	
5	液压式硫化机移动上部分锁紧装置闭锁	挤压、剪切	位置 1:前面	扫描装置;或 光幕;或 固定式防护装置与机械设备的组合阻止进入; 此固定式防护装置应符合 GB 23821—2009 表 4 的规定	带或不带防护锁的联锁防护装置;或 固定式防护装置	是 (见 5.2.4 和 7.2.7)
			位置 2:后面	固定式防护装置阻止进入;和/或 输出带离站立面高度不低于 2.5 m; 此固定式防护装置应符合 GB 23821—2009 表 4 的规定	供料和卸料系统带防护锁的联锁防护装置;和/或 必要时,不带防护锁的联锁防护装置与光幕的组合;或 固定式防护装置	
			位置 3:侧面	固定式防护装置和带或不带防护锁的联锁防护装置;或 固定式防护装置与机械设备的组合阻止进入; 此固定式防护装置应符合 GB 23821—2009 表 4 的规定	固定式防护装置	
6	液压式硫化机移动上部分锁紧装置开锁	挤压、剪切	位置 1:前面	扫描装置;或 光幕;或 固定式防护装置与机械设备的组合阻止进入; 此固定式防护装置应符合 GB 23821—2009 表 4 的规定	带或不带防护锁的联锁防护装置;或 固定式防护装置	是 (见 5.2.4 和 7.2.7)
			位置 2:后面	固定式防护装置阻止进入;和/或 输出带离站立面高度不低于 2.5 m; 此固定式防护装置应符合 GB 23821—2009 表 4 的规定	供料和卸料系统带防护锁的联锁防护装置;和/或 必要时,不带防护锁的联锁防护装置与光幕的组合;或 固定式防护装置	

表 1（续）

危险序号	危险情况	重大危险	位置/地点	常规运转区域的硫化机	带自动供料和卸料装置的硫化机	附加的安全措施对于维护是否必要
6	液压式硫化机移动上部分锁紧装置开锁	挤压、剪切	位置 3:侧面	固定式防护装置和带或不带防护锁的联锁防护装置;或 固定式防护装置与机械设备的组合阻止进入; 此固定式防护装置应符合 GB 23821—2009 表 4 的规定	固定式防护装置	是 (见 5.2.4 和 7.2.7)
7	施加合模力或释放合模力运动	挤压、切割	位置 1:前面	扫描装置;或 光幕;或 固定式防护装置与机械设备的组合阻止进入	带或不带防护锁的联锁防护装置;或 固定式防护装置	是 (见 5.2.4 和 7.2.7)
			位置 2:后面	固定式防护装置阻止进入;和/或 输出带离站立面高度不低于 2.5 m	供料和卸料系统带防护锁的联锁防护装置;和/或 必要时,不带防护锁的联锁防护装置与光幕的组合;或 固定式防护装置	
			位置 3:侧面	固定式防护装置和带或不带防护锁的联锁防护装置;或 固定式防护装置与机械设备的组合阻止进入	固定式防护装置	
8	动力操纵式防护装置的运动	冲击、挤压、切割	位置 1:前面	不适用	应实施下列的保护措施: 最大关闭速度不超过 250 mm/s 和至少下列方法之一: ——最大关闭力不超过 75 N; ——防护装置行进边缘应装配符合 GB/T 17454.2 的压敏边;当压敏边触发时,防护装置停止或反向运动,操作力不应超过 150 N; ——对于动力驱动向上运动的防护装置,用固定板来阻止进入防护装置反向运动与机器结构之间的挤压区域	不
			位置 2:后面	不适用		
			位置 3:侧面	不适用	不适用	

表 1（续）

危险序号	危险情况	重大危险	位置/地点	常规运转区域的硫化机	带自动供料和卸料装置的硫化机	附加的安全措施对于维护是否必要
9	模套自动锁紧和解锁装置运动	挤压、剪切	位置 1:前面	扫描装置;或 光幕;或 固定式防护装置与机械设备的组合阻止进入	带或不带防护锁的联锁防护装置;或 固定式防护装置	是 （见 5.2.4 和 7.2.7）
			位置 2:后面	固定式防护装置阻止进入;和/或 输出带离站立面高度不低于 2.5 m	供料和卸料系统带防护锁的联锁防护装置;和/或必要时,不带防护锁的联锁防护装置与光幕的组合;或 固定式防护装置	
			位置 3:侧面	固定式防护装置和带或不带防护锁的联锁防护装置;或 固定式防护装置与机械设备的组合阻止进入	固定式防护装置	
10	模套上部分坠落	挤压、冲击	位置 1:前面 位置 2:后面 位置 3:侧面	见 7.2.8	见 7.2.8	是 （见 5.2.4 和 7.2.7）
11	模具操纵装置向上和向下运动	挤压、剪切、冲击	位置 1:前面	扫描装置;或 光幕;或 固定式防护装置与机械设备的组合阻止进入	带或不带防护锁的联锁防护装置	是 （见 5.2.4 和 7.2.7）
			位置 2:后面	固定式防护装置阻止进入;和/或 输出带离站立面高度不低于 2.5 m	供料和卸料系统带防护锁的联锁防护装置;和/或必要时,不带防护锁的联锁防护装置与光幕的组合;或 光幕	
			位置 3:侧面	固定式防护装置和带或不带防护锁的联锁防护装置;或 固定式防护装置与机械设备的组合阻止进入	固定式防护装置	

表 1（续）

危险序号	危险情况	重大危险	位置/地点	常规运转区域的硫化机	带自动供料和卸料装置的硫化机	附加的安全措施对于维护是否必要
12	蒸汽室解锁之前，蒸汽室内压力过高	爆炸、材料射出、冲击、高压流体喷射、灼伤	位置 1：前面 位置 2：后面 位置 3：侧面	解锁装置与压力检测装置联锁，只有当蒸汽室内的压力低于 0.02 MPa 时解锁装置才能解锁。当蒸汽室内的压力过高时，解锁装置无法解锁	解锁装置与压力检测装置联锁，只有当蒸汽室内的压力低于 0.02 MPa 时解锁装置才能解锁。当蒸汽室内的压力过高时，解锁装置无法解锁	是（见 5.2.4 和 7.2.7）
13	下环下降	挤压、切割	位置 1：前面	扫描装置；或 光幕；或 固定式防护装置与机械设备的组合阻止进入	带或不带防护锁的联锁防护装置	是（见 5.2.4 和 7.2.7）
			位置 2：后面	固定式防护装置阻止进入；和/或 输出带离站立面高度不低于 2.5 m	供料和卸料系统带防护锁的联锁防护装置；和/或必要时，不带防护锁的联锁防护装置与光幕的组合；或 光幕	
			位置 3：侧面	固定式防护装置和带或不带防护锁的联锁防护装置；或 固定式防护装置与机械设备的组合阻止进入	固定式防护装置	
14	上环运动	挤压、切割	位置 1：前面	扫描装置；或 光幕；或 固定式防护装置与机械设备的组合阻止进入	带或不带防护锁的联锁防护装置	是（见 5.2.4 和 7.2.7）
			位置 2：后面	固定式防护装置阻止进入；和/或 输出带离站立面高度不低于 2.5 m	供料和卸料系统带防护锁的联锁防护装置；和/或必要时，不带防护锁的联锁防护装置与光幕的组合；或 光幕	
			位置 3：侧面	固定式防护装置和带或不带防护锁的联锁防护装置；或 固定式防护装置与机械设备的组合阻止进入	固定式防护装置	

表 1（续）

危险序号	危险情况	重大危险	位置/地点	常规运转区域的硫化机	带自动供料和卸料装置的硫化机	附加的安全措施对于维护是否必要
15	硫化机在半封闭位置（二次定型位置）以上时，向胶囊施压力	爆炸、材料射出、高压流体喷射	位置 1：前面	控制电路应能监测胶囊压力，其压力应不大于胶囊制造商给出的最大值，且任何情况下不得超过 0.07 MPa。 当发生下列情况之一时，应关闭流体供应并泄压： ——压力超过最大定义值 5 s 以上； ——压力达到 0.15 MPa（注：不适用工程机械轮胎硫化机）； ——在任何情况下，当安全防护装置被打开或中断	控制电路应能监测胶囊压力，其压力应不大于胶囊制造商给出的最大值，且任何情况下不得超过 0.07 MPa。 当发生下列情况之一时，应关闭流体供应并泄压： ——压力超过最大定义值 5 s 以上； ——压力达到 0.15 MPa（注：不适用工程机械轮胎硫化机）； ——在任何情况下，防护装置打开； ——带防护锁的联锁防护装置打开	是（见 5.2.4 和 7.2.7）
			位置 2：后面	控制电路应能监测胶囊压力，其压力应不大于胶囊制造商给出的最大值，且任何情况下不得超过 0.07 MPa。 当发生下列情况之一时，应关闭流体供应并泄压： ——压力超过最大定义值 5 s 以上； ——压力达到 0.15 MPa（注：不适用工程机械轮胎硫化机）； ——在任何情况下，当安全防护装置被打开或中断	控制电路应能监测胶囊压力，其压力应不大于胶囊制造商给出的最大值，且任何情况下不得超过 0.07 MPa。 当发生下列情况之一时，应关闭流体供应并泄压： ——压力超过最大定义值 5 s 以上； ——压力达到 0.15 MPa（注：不适用工程机械轮胎硫化机）； ——在任何情况下，防护装置打开； ——供料/卸料系统带防护锁的联锁防护装置打开； ——供料/卸料系统不带防护锁的联锁防护装置打开	

表 1（续）

危险序号	危险情况	重大危险	位置/地点	常规运转区域的硫化机	带自动供料和卸料装置的硫化机	附加的安全措施对于维护是否必要
15	硫化机在半封闭位置（二次定型位置）以上时，向胶囊施压力	爆炸、材料射出、高压流体喷射	位置 3：侧面	控制电路应能监测胶囊压力，其压力应不大于胶囊制造商给出的最大值，且任何情况下不得超过 0.07 MPa。 当发生下列情况之一时，应关闭流体供应并泄压： ——压力超过最大定义值 5 s 以上； ——压力达到 0.15 MPa(注：不适用工程机械轮胎硫化机)； ——在任何情况下，当安全防护装置被打开或中断	控制电路应能监测胶囊压力，其压力应不大于胶囊制造商给出的最大值，且任何情况下不得超过 0.07 MPa。 当发生下列情况之一时，应关闭流体供应并泄压： ——压力超过最大定义值 5 s 以上； ——压力达到 0.15 MPa(注：不适用工程机械轮胎硫化机)； ——在任何情况下，当安全防护装置被打开或中断时； ——固定式防护装置打开	是 （见 5.2.4 和 7.2.7）
16	硫化机在半封闭位置（二次定型位置）以下时，向胶囊施压	爆炸、材料射出	位置 1：前面	控制电路应能监测胶囊压力，其压力应不大于 0.15 MPa。 当发生下列情况之一时，应关闭流体供应并泄压： ——压力大于 0.15 MPa(注：不适用工程机械轮胎硫化机)； ——在任何情况下，当安全防护装置被打开或中断	控制电路应能监测胶囊压力，其压力应不大于 0.15 MPa。 当发生下列情况之一时，应关闭流体供应并泄压： ——压力大于 0.15 MPa(注：不适用工程机械轮胎硫化机)； ——在任何情况下，防护装置打开； ——带防护锁的联锁防护装置打开	是 （见 5.2.4 和 7.2.7）
			位置 2：后面	控制电路应能监测胶囊压力，其压力应不大于 0.15 MPa。 当发生下列情况之一时，应关闭流体供应并泄压： ——压力大于 0.15 MPa(注：不适用工程机械轮胎硫化机)； ——在任何情况下，当安全防护装置被打开或中断	控制电路应能监测胶囊压力，其压力应不大于 0.15 MPa。 当发生下列情况之一时，应关闭流体供应并泄压： ——压力大于 0.15 MPa(注：不适用工程机械轮胎硫化机)； ——在任何情况下，防护装置打开； ——供料/卸料系统带防护锁的联锁防护装置打开； ——供料/卸料系统不带防护锁的联锁防护装置打开	

表 1（续）

危险序号	危险情况	重大危险	位置/地点	常规运转区域的硫化机	带自动供料和卸料装置的硫化机	附加的安全措施对于维护是否必要
16	硫化机在半封闭位置（二次定型位置）以下时，向胶囊施压	爆炸、材料射出	位置 3：侧面	控制电路应能监测胶囊压力，其压力应不大于 0.15 MPa。 当发生下列情况之一时，应关闭流体供应并泄压： ——压力大于 0.15 MPa（注：不适用工程机械轮胎硫化机）； ——在任何情况下，当安全防护装置被打开或中断	控制电路应能监测胶囊压力，其压力应不大于 0.15 MPa。 当发生下列情况之一时，应关闭流体供应并泄压： ——压力大于 0.15 MPa（注：不适用工程机械轮胎硫化机）； ——在任何情况下，当安全防护装置被打开或中断时； ——固定式防护装置打开	是 （见 5.2.4 和 7.2.7）
17	硫化机合模并锁紧时，向胶囊施压	爆炸、材料射出	位置 1：前面 位置 2：后面 位置 3：侧面	仅当硫化机合模并锁紧时，才能启用高压。 锁紧系统应标示出能承受的制造商规定的最大合模力。 最大合模力和最大内部压力的信息应在说明书中给出（见第 7 章）。 当硫化机合模并锁紧时，如果打开/中断安全防护装置，不要求停止已关闭模具内的硫化过程	仅当硫化机合模并锁紧时，才能启用高压。 锁紧系统应标示出能承受的制造商规定的最大合模力。 最大合模力和最大内部压力的信息应在说明书中给出（见第 7 章）。 当硫化机合模并锁紧时，如果打开/中断安全防护装置，不要求停止已关闭模具内的硫化过程	是 （见 5.2.4 和 7.2.7）
18	解锁之前，胶囊压力过高	爆炸、材料射出、冲击、高压流体喷射、灼伤	位置 1：前面 位置 2：后面 位置 3：侧面	解锁系统应与压力检测系统联锁，只有当胶囊内的压力低于 0.15 MPa 才能解锁。 胶囊内的压力过高时，锁定系统将无法打开。 硫化机打开时的安全要求与关闭时的安全要求（危险 15 和危险 16）相同	解锁系统应与压力检测系统联锁，只有当胶囊内的压力低于 0.15 MPa 才能解锁。 胶囊内的压力过高时，锁定系统将无法打开。 硫化机打开时的安全要求与关闭时的安全要求（危险 15 和危险 16）相同	是 （见 5.2.4 和 7.2.7）

表 1（续）

危险序号	危险情况	重大危险	位置/地点	常规运转区域的硫化机	带自动供料和卸料装置的硫化机	附加的安全措施对于维护是否必要
19	轮胎底部热水积累	烫伤	位置 1:前面 位置 2:后面 位置 3:侧面	在操作位置用如下警示标识给出警示，此标识的尺寸、颜色等要求应符合 GB 2894 的要求 	在操作位置用如下警示标识给出警示，此标识的尺寸、颜色等要求应符合 GB 2894 的要求 	不
20	有害气体释放	吸入有害物质	位置 1:前面 位置 2:后面 位置 3:侧面	制造商应有明确提示； 用户应负责安装排气通风系统(见 7.2.2)	制造商应有明确提示； 用户应负责安装排气通风系统(见 7.2.2)	不
21	管路中氮气泄漏	窒息	位置 1:前面 位置 2:后面 位置 3:侧面	用户负责检测固定下部分下部的含氧率(见 7.2.3)	用户负责检测固定下部分下部的含氧率(见 7.2.3)	当维修人员进入时才是(见 5.2.4 和 7.2.7)
22	高温部件(管路、模具、热板、软管、阀门等)	灼伤	位置 1:前面 位置 2:后面 位置 3:侧面	除了对那些因为操作或工序需要不能覆盖的部件、发热件均应使用隔热材料或符合 GB/T 15706 规定的阻挡装置进行防护，防止意外接触，温度限值见 GB/T 18153 的规定。 警告标识应安装在没有覆盖的发热件上或发热件附近。 佩戴个人防护装备和安全操作的信息和建议应在说明书中给出，见 7.2.4	除了对那些因为操作或工序需要不能覆盖的部件、发热件均应使用隔热材料或符合 GB/T 15706 规定的阻挡装置进行防护，防止意外接触，温度限值见 GB/T 18153 的规定。 警告标识应安装在没有覆盖的发热件上或发热件附近。 佩戴个人防护装备和安全操作的信息和建议应在说明书中给出，见 7.2.4	不

表 1（续）

危险序号	危险情况	重大危险	位置/地点	常规运转区域的硫化机	带自动供料和卸料装置的硫化机	附加的安全措施对于维护是否必要
23	向硫化机输送硫化介质的软管破裂或硬管断裂	烫伤、灼伤、冲击	位置 1：前面 位置 2：后面 位置 3：侧面	为防止软管和管件的抽打和高压流体释放危险，软管和管件应固定在硫化机框架上或安装封闭式固定防护装置。 作为上述方案替代方法，应： ——不使用卡套式连接器，以防止从硬管的连接点处脱落； ——使用额外的附件，如链条或支架等，防止软管的抽打	为防止软管和管件的抽打和高压流体释放危险，软管和管件应固定在硫化机框架上或安装封闭式固定防护装置。 作为上述方案替代方法，应： ——不使用卡套式连接器，以防止从硬管的连接点处脱落； ——使用额外的附件，如链条或支架等，防止软管的抽打	是 （见 5.2.4 和 7.2.7）
24	向硫化机输送硫化介质的软管或硬管泄漏	烫伤	位置 1：前面 位置 2：后面 位置 3：侧面	见 7.2.5	见 7.2.5	是 （见 5.2.4 和 7.2.7）
25	管路内硫化介质残留的压力	高压流体喷射、灼伤	位置 1：前面 位置 2：后面 位置 3：侧面	手动阀应安装在硫化介质的供应和排出管路上。 这些阀门应在关闭位置锁定，以防止未经授权的启用。 硫化机设有手动阀的增压管路上应设置在关闭位置锁定的附加装置，附加装置应能释放加压的硫化介质	手动阀应安装在硫化介质的供应和排出管路上。 这些阀门应在关闭位置锁定，以防止未经授权的启用。 硫化机设有手动阀的增压管路上应设置在关闭位置锁定的附加装置，附加装置应能释放加压的硫化介质	是 （见 5.2.4 和 7.2.7）
26	喷涂装置的危险	压力流体喷射、冲击（喷涂臂运动）、吸入有害物质	位置 1：前面	扫描装置；或 光幕；或 固定式防护装置与机械设备的组合阻止进入	带或不带防护锁的联锁防护装置	是 （见 5.2.4 和 7.2.7）
			位置 2：后面	固定式防护装置阻止进入；和/或 输出带离站立面高度不低于 2.5 m	供料和卸料系统带防护锁的联锁防护装置；和/或 不带防护锁的联锁防护装置	
			位置 3：侧面	固定式防护装置和带或不带防护锁的联锁防护装置；或 固定式防护装置与机械设备的组合阻止进入	固定式防护装置	

表 1（续）

危险序号	危险情况	重大危险	位置/地点	常规运转区域的硫化机	带自动供料和卸料装置的硫化机	附加的安全措施对于维护是否必要
27	在工作位置滑倒、绊倒或从工作位置跌落	冲击、跌落	位置 1:前面 位置 2:后面 位置 3:侧面	机器上高于地面的指定工作位置，应提供符合 GB 17888.2、GB 17888.3 和 GB 17888.4 的进入机械的固定设施。由于机器布局使提供固定设施不可行时，机器应设计，使它有可能使用一个非固定的安全进入设施，见 7.2.6	机器上高于地面的指定工作位置，应提供符合 GB 17888.2、GB 17888.3 和 GB 17888.4 的进入机械的固定设施。由于机器布局使提供固定设施不可行时，机器应设计，使它有可能使用一个非固定的安全进入设施，见 7.2.6	不
28	装胎装置下降	挤压、剪切、冲击	位置 1:前面	扫描装置；或 光幕；或 固定式防护装置与机械设备的组合阻止进入	带或不带防护锁的联锁防护装置	是 (见 5.2.4 和 7.2.7)
			位置 2:后面	固定式防护装置阻止进入；和/或 输出带离站立面高度不低于 2.5 m	供料和卸料系统带防护锁的联锁防护装置	
			位置 3:侧面	固定式防护装置和带或不带防护锁的联锁防护装置；或 固定式防护装置与机械设备的组合阻止进入	固定式防护装置	
29	装胎装置上升	挤压、剪切、冲击	位置 1:前面	安全距离；或 扫描装置；或 光幕；或 固定式防护装置与机械设备的组合阻止进入	带或不带防护锁的联锁防护装置	是 (见 5.2.4 和 7.2.7)
			位置 2:后面	固定式防护装置阻止进入；和/或 输出带离站立面高度不低于 2.5 m	从后面装卸胎： 供料和卸料系统带防护锁的联锁防护装置；和/或 必要时，不带防护锁的联锁防护装置与光幕的组合	
			位置 3:侧面	固定式防护装置和带或不带防护锁的联锁防护装置；或 固定式防护装置与机械设备的组合阻止进入	固定式防护装置	

表 1（续）

危险序号	危险情况	重大危险	位置/地点	常规运转区域的硫化机	带自动供料和卸料装置的硫化机	附加的安全措施对于维护是否必要
30	装胎装置的抓胎器转进、转出	挤压、剪切、冲击	位置 1:前面	扫描装置;或 光幕;或 固定式防护装置与机械设备的组合阻止进入	带或不带防护锁的联锁防护装置	是 (见 5.2.4 和 7.2.7)
			位置 2:后面	固定式防护装置阻止进入;和/或 输出带离站立面高度不低于 2.5 m	供料和卸料系统带防护锁的联锁防护装置	
			位置 3:侧面	固定式防护装置和带或不带防护锁的联锁防护装置;或 固定式防护装置与机械设备的组合阻止进入	固定式防护装置	
31	装胎装置在装胎位置时坠落	挤压、剪切、冲击	位置 1:前面	防坠落系统:锁紧装置或制动装置	防坠落系统:锁紧装置或制动装置	是 (见 5.2.4 和 7.2.7)
			位置 2:后面	防坠落系统:锁紧装置或制动装置	防坠落系统:锁紧装置或制动装置	
			位置 3:侧面	防坠落系统:锁紧装置或制动装置;或 固定式防护装置	防坠落系统:锁紧装置或制动装置;或 固定式防护装置	
32	装胎装置停车功能发生故障	挤压、剪切、冲击	位置 1:前面	液压或气压运动:抑制阀。 电气运动:机电安全制动器	液压或气压运动:抑制阀。 电气运动:机电安全制动器	是 (见 5.2.4 和 7.2.7)
			位置 2:后面	固定式防护装置阻止进入;和/或 输出带离站立面高度不低于 2.5 m;或 机器的固定部件和/或符合 GB 23821—2009 表 2 和表 4 要求的固定式防护装置	固定式防护装置阻止进入;和/或 输出带离站立面高度不低于 2.5 m;或 机器的固定部件和/或符合 GB 23821—2009 表 2 和表 4 要求的固定式防护装置	
			位置 3:侧面	固定式防护装置和带或不带防护锁的联锁防护装置;或 固定式防护装置与机械设备的组合阻止进入;或 机器的固定部件和/或符合 GB 23821—2009 表 2 和表 4 要求的固定式防护装置	固定式防护装置和带或不带防护锁的联锁防护装置;或 固定式防护装置与机械设备的组合阻止进入;或 机器的固定部件和/或符合 GB 23821—2009 表 2 和表 4 要求的固定式防护装置	

表 1（续）

危险序号	危险情况	重大危险	位置/地点	常规运转区域的硫化机	带自动供料和卸料装置的硫化机	附加的安全措施对于维护是否必要
33	装胎装置的抓胎器爪片张开、闭合	切割、挤压、冲击	位置 1:前面	扫描装置;或 光幕;或 固定式防护装置与机械设备的组合阻止进入	带或不带防护锁的联锁防护装置;或 固定式防护装置	是 (见 5.2.4 和 7.2.7)
			位置 2:后面	固定式防护装置阻止进入;和/或 输出带离站立面高度不低于 2.5 m	供料和卸料系统带防护锁的联锁防护装置;和/或 必要时,不带防护锁的联锁防护装置与光幕的组合;或 固定式防护装置	
			位置 3:侧面	固定式防护装置和带或不带防护锁的联锁防护装置;或 固定式防护装置与机械设备的组合阻止进入	固定式防护装置	
34	卸胎装置下降	挤压、剪切、冲击	位置 1:前面	扫描装置;或 光幕;或 固定式防护装置与机械设备的组合阻止进入	带或不带防护锁的联锁防护装置	是 (见 5.2.4 和 7.2.7)
			位置 2:后面	固定式防护装置阻止进入;和/或 输出带离站立面高度不低于 2.5 m	供料和卸料系统带防护锁的联锁防护装置	
			位置 3:侧面	固定式防护装置和带或不带防护锁的联锁防护装置;或 固定式防护装置与机械设备的组合阻止进入	固定式防护装置	
35	卸胎装置上升	挤压、剪切、冲击	位置 1:前面	扫描装置;或 光幕;或 固定式防护装置与机械设备的组合阻止进入	带或不带防护锁的联锁防护装置	是 (见 5.2.4 和 7.2.7)
			位置 2:后面	固定式防护装置阻止进入;和/或 输出带离站立面高度不低于 2.5 m	供料和卸料系统带防护锁的联锁防护装置	
			位置 3:侧面	固定式防护装置和带或不带防护锁的联锁防护装置;或 固定式防护装置与机械设备的组合阻止进入	固定式防护装置	

表 1（续）

危险序号	危险情况	重大危险	位置/地点	常规运转区域的硫化机	带自动供料和卸料装置的硫化机	附加的安全措施对于维护是否必要
36	卸胎装置的抓胎器转进、转出或叉型卸胎装置翻转	挤压、剪切、冲击	位置 1:前面	扫描装置;或 光幕;或 固定式防护装置与机械设备的组合阻止进入	带或不带防护锁的联锁防护装置	是 (见 5.2.4 和 7.2.7)
			位置 2:后面	固定式防护装置阻止进入;和/或 输出带离站立面高度不低于 2.5 m	供料和卸料系统带防护锁的联锁防护装置	
			位置 3:侧面	固定式防护装置和带或不带防护锁的联锁防护装置;或 固定式防护装置与机械设备的组合阻止进入	固定式防护装置	
37	卸胎装置坠落	挤压、剪切、冲击	位置 1:前面	防坠落系统:锁紧装置或制动装置	防坠落系统:锁紧装置或制动装置	是 (见 5.2.4 和 7.2.7)
			位置 2:后面	防坠落系统:锁紧装置或制动装置	防坠落系统:锁紧装置或制动装置	
			位置 3:侧面	防坠落系统:锁紧装置或制动装置	防坠落系统:锁紧装置或制动装置;或 固定式防护装置	
38	卸胎装置停车功能发生故障	挤压、剪切、冲击	位置 1:前面	液压或气压运动:抑制阀。 电气运动:机电安全制动器	液压或气压运动:抑制阀。 电气运动:机电安全制动器	是 (见 5.2.4 和 7.2.7)
			位置 2:后面	固定式防护装置阻止进入;和/或 输出带离站立面高度不低于 2.5 m;或 机器的固定部件和/或符合 GB 23821—2009 表 2 和表 4 要求的固定式防护装置	固定式防护装置阻止进入;和/或 输出带离站立面高度不低于 2.5 m;或 机器的固定部件和/或符合 GB 23821—2009 表 2 和表 4 要求的固定式防护装置	
			位置 3:侧面	固定式防护装置和带或不带防护锁的联锁防护装置;或 固定式防护装置与机械设备的组合阻止进入;或 机器的固定部件和/或符合 GB 23821—2009 表 2 和表 4 要求的固定式防护装置	固定式防护装置和带或不带防护锁的联锁防护装置;或 固定式防护装置与机械设备的组合阻止进入;或 机器的固定部件和/或符合 GB 23821—2009 表 2 和表 4 要求的固定式防护装置	

表 1（续）

危险序号	危险情况	重大危险	位置/地点	常规运转区域的硫化机	带自动供料和卸料装置的硫化机	附加的安全措施对于维护是否必要
39	卸胎装置的抓胎器爪片张开、闭合	切割、挤压、冲击	位置 1:前面	扫描装置;或 光幕;或 固定式防护装置与机械设备的组合阻止进入	带或不带防护锁的联锁防护装置;或 固定式防护装置	是 （见 5.2.4 和 7.2.7）
			位置 2:后面	固定式防护装置阻止进入;和/或 输出带离站立面高度不低于 2.5 m	供料和卸料系统带防护锁的联锁防护装置;和/或必要时,不带防护锁的联锁防护装置与光幕的组合;或 固定式防护装置	
			位置 3:侧面	固定式防护装置和带或不带防护锁的联锁防护装置;或 固定式防护装置与机械设备的组合阻止进入	固定式防护装置	
40	胎坯或硫化轮胎在装胎或卸胎时坠落	冲击、挤压	位置 1:前面	通过下列措施之一,可以阻止此危险的发生: ——通过胎坯支架的设计,阻止进入装胎装置下方; ——通过安全防护装置与装胎装置联锁,来阻止当安全防护装置打开或中断时,装胎装置的释放动作。 另外,在机器上应使用 GB 2894—2008 中 2-15 的警告标识给出警告。 能源供应中断不得造成装载物的掉落	通过下列措施之一,可以阻止此危险的发生: ——通过胎坯支架的设计,阻止进入装胎装置下方; ——通过防护装置与装胎装置联锁,来阻止当防护装置打开时,装胎装置的释放动作。 另外,在机器上应使用 GB 2894—2008 中 2-15 的警告标识给出警告。 能源供应中断不得造成装载物的掉落	是 （见 5.2.4 和 7.2.7）
			位置 2:后面	应通过输送带的设计;和/或 固定式防护装置来预防	轮胎供料和卸料系统:固定式防护装置和带防护锁的联锁防护装置。 另外,在机器上应安装符合 GB 2894—2008 中 2-15 的警告标志。 能源供应中断不得造成装载物的掉落	

表 1（续）

危险序号	危险情况	重大危险	位置/地点	常规运转区域的硫化机	带自动供料和卸料装置的硫化机	附加的安全措施对于维护是否必要
40	胎坏或硫化轮胎在装胎或卸胎时坠落	冲击、挤压	位置 3:侧面	通过下列措施之一,可以阻止此危险的发生: ——通过输送带的设计,阻止进入卸胎装置下方; ——安全防护装置与卸胎装置联锁,来阻止当安全防护装置打开或中断时,卸胎装置的释放动作。 另外,在机器上应安装符合 GB 2894—2008 中 2-15 的警告标志。 能源供应中断不得造成装载物的掉落	固定式防护装置	是 (见 5.2.4 和 7.2.7)
41	后充气装置的上夹盘与轮胎之间	切割、挤压、冲击	位置 1:前面	扫描装置;或 光幕;或 固定式防护装置与机械设备的组合阻止进入	带或不带防护锁的联锁防护装置;或 固定式防护装置	是 (见 5.2.4 和 7.2.7)
			位置 2:后面	固定式防护装置阻止进入;和/或 输出带离站立面高度不低于 2.5 m	供料和卸料系统带防护锁的联锁防护装置;和/或 必要时,不带防护锁的联锁防护装置与光幕的组合;或 固定式防护装置	
			位置 3:侧面	固定式防护装置和带或不带防护锁的联锁防护装置;或 固定式防护装置与机械设备的组合阻止进入	固定式防护装置	
42	后充气装置的充气盘与上支架之间	切割、挤压、冲击	位置 1:前面	扫描装置;或 光幕;或 固定式防护装置与机械设备的组合阻止进入	带或不带防护锁的联锁防护装置;或 固定式防护装置	是 (见 5.2.4 和 7.2.7)
			位置 2:后面	固定式防护装置阻止进入;和/或 输出带离站立面高度不低于 2.5 m	供料和卸料系统带防护锁的联锁防护装置;和/或 必要时,不带防护锁的联锁防护装置与光幕的组合;或 固定式防护装置	
			位置 3:侧面	固定式防护装置和带或不带防护锁的联锁防护装置;或 固定式防护装置与机械设备的组合阻止进入	固定式防护装置	

表 1（续）

危险序号	危险情况	重大危险	位置/地点	常规运转区域的硫化机	带自动供料和卸料装置的硫化机	附加的安全措施对于维护是否必要
43	后充气装置的中梁翻转	挤压、剪切、冲击	位置 1:前面	扫描装置;或 光幕;或 固定式防护装置与机械设备的组合阻止进入	带或不带防护锁的联锁防护装置	是 （见 5.2.4 和 7.2.7）
			位置 2:后面	固定式防护装置阻止进入;和/或 输出带离站立面高度不低于 2.5 m	供料和卸料系统带防护锁的联锁防护装置	
			位置 3:侧面	固定式防护装置和带或不带防护锁的联锁防护装置;或 固定式防护装置与机械设备的组合阻止进入	固定式防护装置	
44	后充气装置的活动梁升降	挤压、剪切、冲击	位置 1:前面	扫描装置;或 光幕;或 固定式防护装置与机械设备的组合阻止进入	带或不带防护锁的联锁防护装置	是 （见 5.2.4 和 7.2.7）
			位置 2:后面	固定式防护装置阻止进入;和/或 输出带离站立面高度不低于 2.5 m	供料和卸料系统带防护锁的联锁防护装置	
			位置 3:侧面	固定式防护装置和带或不带防护锁的联锁防护装置;或 固定式防护装置与机械设备的组合阻止进入	固定式防护装置	
45	后充气装置的活动梁旋转	挤压、剪切、冲击	位置 1:前面	扫描装置;或 光幕;或 固定式防护装置与机械设备的组合阻止进入	带或不带防护锁的联锁防护装置	是 （见 5.2.4 和 7.2.7）
			位置 2:后面	固定式防护装置阻止进入;和/或 输出带离站立面高度不低于 2.5 m	供料和卸料系统带防护锁的联锁防护装置	
			位置 3:侧面	固定式防护装置和带或不带防护锁的联锁防护装置;或 固定式防护装置与机械设备的组合阻止进入	固定式防护装置	

表 1（续）

危险序号	危险情况	重大危险	位置/地点	常规运转区域的硫化机	带自动供料和卸料装置的硫化机	附加的安全措施对于维护是否必要
46	蒸汽室、热板压力过高	爆炸、材料射出、冲击、高压流体喷射、灼伤、烫伤	位置 1:前面 位置 2:后面 位置 3:侧面	蒸汽室和热板的设计、制造和检验应符合 GB 150 和 TSG R0004 的规定； 设置联锁装置，硫化过程中，错按开模按钮或误动紧急停机安全装置，硫化机不会开模； 蒸汽室上设置安全阀，开启压力符合设计要求； 设置零压开关装置，当压力高于 0.02 MPa 时，无法开模	蒸汽室和热板的设计、制造和检验应符合 GB 150 和 TSG R0004 的规定； 设置联锁装置，硫化过程中，错按开模按钮或误动紧急停机安全装置，硫化机不会开模； 蒸汽室上设置安全阀，开启压力符合设计要求； 设置零压开关装置，当压力高于 0.02 MPa 时，无法开模	不

5.2.4 常规生产模式和自动生产模式以外操作的特殊要求

更换胶囊、更换模具和清洁模具应在所有的防护措施处于有效状态或机器停在安全位置时才能进行。

如果由于用户的特殊需要,如校对热电偶,在防护措施失效期间,机器的某一部件运动是必要的,仅当具备下列条件时,这些运动才被允许:

——特殊模式应使用符合 GB/T 15706 规定的能够锁定的或编码的模式选择器激活;和

——在特殊模式下,安全设施的抑制电路的安全性能等级(PLr)应与被抑制的安全设施的安全性能等级(PLr)相同;和

——使用符合 GB/T 16855.1 要求的止-动控制装置控制这种运动,使速度降低到不大于 33 mm/s;速度控制装置安全性能等级(PLr)至少应达到 GB/T 16855.1 中 c 级的要求。如果止-动控制装置的操纵器装配在手提式操纵装置上,它应当具有以下位置:1——停止,2——启动,3——再次停止。当按压操纵器到位置 3 后,只有当操纵器返回位置 1 时,才有可能重新启动。

5.2.5 维护操作的特殊要求

机器的设计应使维护操作只能在非自动模式下且安全设施运行时进行,或机器停机/挂牌时进行。另见 7.2.7。

5.3 急停功能

急停应具有 GB 5226.1—2008 中 9.2.2 规定的 0 类或 1 类停止功能。

急停装置应符合 GB 16754 和 GB 5226.1—2008 中 10.7 的规定。

当机器不在硫化阶段,急停操纵器的启动应停止所有运动,并关闭所有能源供给阀门,排放硫化介质。

当机器在硫化阶段(硫化机关闭并锁定),急停操纵器的启动应停止所有运动,并关闭所有能源供给阀门。急停通过停止硫化介质的供应中断了硫化过程。

6 安全要求和/或保护措施的验证

应使用表 2 规定的测试类型,对硫化机的安全要求和/或保护措施进行验证。

表 3 和表 4 给出的危险序号与表 1 的危险序号一致。

表 2 通用安全要求的验证方法

条款	表观检查	测量/计算	功能试验	设计验证
5.2.2	●		●	
5.2.3	(见表 3 和表 4)			
5.2.4	●	●	●	●
5.2.5	●		●	
5.3	●		●	●

表 3　常规运转区域的硫化机的验证方法

危险序号	项　　目	表观检查	测量/计算	功能试验	设计验证
1、2、5、6、7、9、11、13、14、26、28、29、30、32、33、34、35、36、38、39、41、42、43、44、45	扫描装置	●	●	●	●
	光幕	●	●	●	●
	固定式防护装置与机械设备的组合阻止进入	●	●		●
	后面：固定式防护装置	●	●		●
	足够的输送带高度		●		
	侧面：固定式防护装置和带或不带防护锁的联锁防护装置	●	●	●	●
	侧面固定式防护装置与侧面的机械设备的组合阻止进入	●	●		●
3	移动上部分锁紧装置	●	●	●	●
	制动装置		●	●	●
	侧面：固定式防护装置	●	●		●
4	液压式：液压锁和液控单向阀	●	●	●	●
	机械式：安全制动装置		●	●	●
5、6	此部分的固定式防护装置	●	●		●
10	关于维护操作的信息	●			
12	解锁装置联锁			●	●
	蒸汽室超压时不能开模		●	●	●
15、16、18	最大压力监控		●	●	●
	关闭流体供应			●	●
	启动泄压			●	●
17	高压时硫化机合模且锁紧		●	●	●
	锁紧装置的参数			●	●
	显示最大合模力	●			
	显示最大内压	●			
18	解锁装置联锁			●	●
	胶囊超压时不能开模		●	●	●
19	是否有警示标志	●			
20	排气系统的指示	●			
21	在进入底座下方之前，应有氮气和含氧率验证的通告	●			
22	隔热材料	●	●		
	防护装置	●	●		
	警示标志	●			
	穿戴个人防护装备和安全工作规程的信息和建议	●			

表 3（续）

危险序号	项 目	表观检查	测量/计算	功能试验	设计验证
23	软管和管件安装在硫化机框架上	●			
	固定密闭不能打开的防护装置	●	●		●
	不使用卡套式连接器				●
	软管额外的附件	●			
24	定期检查软管和管路的建议	●			
25	手动操作阀	●		●	
	释放加压的硫化介质的附加装置	●		●	
27	指定的工作位置	●	●		●
	使用非永久性的安全进入装置的可能性	●			
31、37	锁紧装置	●		●	
	制动装置		●	●	●
	侧面：固定式防护装置	●	●		●
32、38	抑制阀	●		●	●
	机电安全制动器		●	●	
	机器后面的固定部分；和/或 固定式防护装置	●	●		●
	机器侧面的固定部分；和/或 固定式防护装置	●	●		●
40	胎坯支架的设计	●			●
	联锁防护装置	●	●	●	●
	前面：警示标志	●			
	能源供应失效，载荷物不能掉落			●	
	输出带的设计	●			●
	后面：固定式防护装置	●	●		●
46	符合 GB 150 和 TSG R0004 的规定	●	●	●	●
	硫化过程与开模装置设置联锁装置			●	●
	设置安全阀，开启压力符合设计要求	●			●
	设置零压开关装置，当压力高于 0.02 MPa 时，无法开模		●	●	●

表 4　带自动供料和卸料装置的硫化机的验证方法

危险序号	项　　目	表观检查	测量/计算	功能试验	设计验证
1、2、5、6、7、9、11、13、14、26、28、29、30、32、33、34、35、36、38、39、41、42、43、44、45	前面:带或不带防护锁的联锁防护装置	●	●	●	●
	后面:供料和卸料系统带防护锁的联锁防护装置	●		●	●
	后面:联锁防护装置	●	●	●	●
	侧面:固定式防护装置	●	●		●
3	移动上部分锁紧装置	●	●	●	●
	制动装置		●	●	●
	侧面:固定式防护装置	●	●		●
4	液压式:液压锁和液控单向阀	●	●	●	●
	机械式:安全制动装置		●	●	●
7、9、33、39	前面:固定式防护装置	●	●		●
	后面:固定式防护装置	●	●		●
8	最大关闭速度		●		●
	最大关闭力		●		●
	压敏边缘	●	●	●	●
	固定板	●	●		●
10	关于维护操作的信息	●			
11、13、14	光幕	●	●	●	●
12	解锁装置联锁			●	●
	蒸汽室超压时不能开模		●	●	●
15、16、18	最大压力监控		●	●	●
	关闭流体供应			●	●
	启动泄压			●	●
15、16	前面:带防护锁的联锁防护装置	●		●	●
	后面:带防护锁的联锁防护装置	●		●	●
	后面:不带防护锁的联锁防护装置	●	●	●	●
	侧面:固定防护装	●	●		●
17	高压时硫化机合模且锁紧		●	●	●
	锁紧装置的参数			●	●
	显示最大合模力	●			
	显示最大内压	●			
18	解锁装置联锁			●	●
	胶囊超压时不能开模		●	●	●
19	是否有警示标志	●			

表 4（续）

危险序号	项　　目	表观检查	测量/计算	功能试验	设计验证
20	排气系统的指示	●			
21	在进入底座下方之前，应有氮气和含氧率验证的通告	●			
22	隔热材料	●	●		
	防护装置	●	●		
	警示标志	●			
	穿戴个人防护装备和安全工作规程的信息和建议	●			
23	软管和管件安装在硫化机框架上	●			
	固定密闭不能打开的防护装置	●	●		●
	不使用卡套式连接器				●
	软管额外的附件	●			
24	定期检查软管和管路的建议	●			
25	手动操作阀	●		●	
	释放加压的硫化介质的附加装置	●		●	
27	指定的工作位置	●	●		●
	使用非永久性的安全进入装置的可能性	●			
31,37	锁紧装置	●		●	
	制动装置		●	●	●
	侧面：固定式防护装置	●	●		●
32、38	液压缸上的液压锁和液控单向阀；气缸上的先导式节流阀	●		●	●
	机电安全制动器		●	●	
	机器后面的固定部分；和/或固定式防护装置	●	●		●
	机器侧面的固定部分；和/或固定式防护装置	●	●		●
40	胎坯支架的设计	●			●
	联锁防护装置	●	●	●	●
	前面：警示标志	●			
	能源供应失效，载荷物不能掉落			●	
	输出带的设计	●			●
	后面：固定式防护装置	●	●		●
46	符合 GB 150 和 TSG R0004 的规定	●	●	●	●
	硫化过程与开模装置设置联锁装置			●	●
	设置安全阀，开启压力符合设计要求	●			●
	设置零压开关装置，当压力高于 0.02 MPa 时，无法开模		●	●	●

功能试验包括功能验证和防护装置与保护装置基于下列条款的有效性：

——使用信息中的描述；

——安全相关的设计文件；

——本标准第5章的要求。

防护装置和保护装置的功能试验还应包括针对可能出现的故障，根据不同安全性能等级要求进行相应的模拟试验。

7 使用信息

7.1 标志

硫化机应在明显位置安装清楚的固定标志，标志至少应包括：

——制造商和代理商（如有）的名称及地址；

——机器名称；

——系列名称或型号；

——序列号或机器编号；

——生产日期；

——电气连接数据值；

——机器的净重；

——机器使用的最大模具重量；

——起吊位置；

——如果炙热件表面温度超过GB/T 18153规定的限值，且不能通过使用隔热材料或附加的防护装置来防止意外接触，则应使用GB 2894—2008中2-24的警示标志来说明有关炙热件的位置。

7.2 使用说明书

7.2.1 总则

每台机器应附有使用说明书，对其使用加以总体说明。另外，说明书应包括下列各项。

7.2.2 排气系统

制造商应注明，某些材料在加工中可能释放出有害健康的气体、烟雾或粉尘，因此需要排气系统。制造商还应注明，在这种情况下，应由用户负责安装合适的排气系统。制造商应提供排气系统安装相关信息，硫化机不得在排气系统运行之前启动生产模式。

7.2.3 氮气泄漏

制造商应告知用户，使用氮气硫化时，应首先测定固定下部分下方的含氧率，方可进入固定下部分下方工作。

7.2.4 热危险

使用说明书应包含穿戴个人防护装备的说明。如果炙热件表面温度超过GB/T 18153规定的限值，还应进行安全操作培训，防止意外接触炙热件和炙热的材料。

7.2.5 软管和管路中硫化介质的泄漏

制造商应给出定期检查软管和管路的建议。

7.2.6 非永久性安全进入装置

制造商应说明机器的正常工作位置。如果制造商没有配备进入工作位置的安全装置,则应注明:

——进入机器指定工作位置的非永久性安全装置合适的规格参数;

——安装和使用非永久性安全进入装置的预留空间;

——安装和使用非永久性安全进入装置的必要预防措施。

制造商应注明:用户负责提供非永久性安全进入装置,防止滑倒、绊倒和坠落危险。

制造商应告知用户非永久性安全进入装置的正确配置,从这些进入装置不能够进入机器的危险区域。

7.2.7 维护操作

制造商应告知用户在什么情况下机器应停机/挂牌。

制造商应叙述正确的维护操作方法,尤其是当机器停止在危险位置时的维护操作方法。

制造商应告知用户有关的剩余风险,并提出可行的措施,去防止或减少这些风险。

7.2.8 模套或模具上部分的固定

制造商应在使用说明书上陈述和/或在硫化机上说明固定模套和模具上部分的螺栓应能承受最大的力。

附 录 A
（资料性附录）
硫化机张模力、合模力及总压力计算指南

A.1 硫化机张模力计算图

硫化机张模力计算示意图见图 A.1。

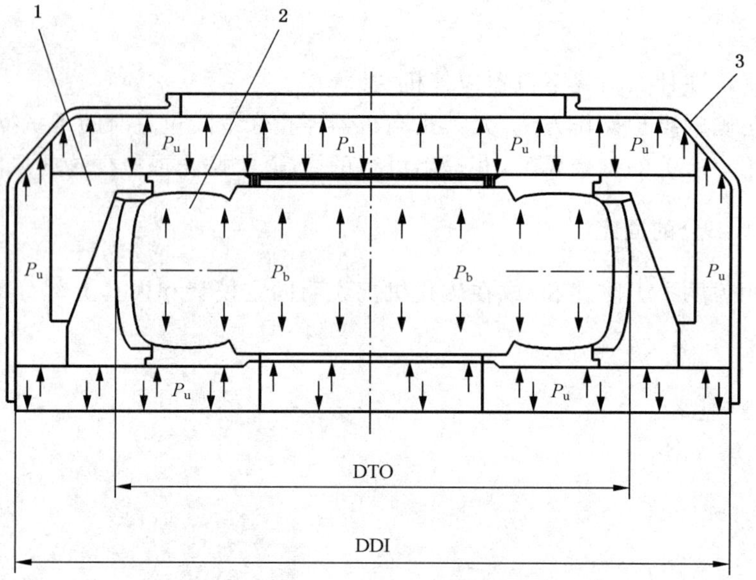

说明：

1 ——模具；

2 ——轮胎；

3 ——蒸汽室；

P_u ——蒸汽室额定工作压力，N/mm^2；

P_b ——最大轮胎硫化压力，N/mm^2；

DTO——最大轮胎外径，mm；

DDI ——蒸汽室内径，mm。

图 A.1 张模力计算示意图

A.2 张模力计算

A.2.1 蒸汽室结构的张模力（P）按式（A.1）计算。

$$P=\frac{\pi}{4}[DTO^2\times P_b+(DDI^2-DTO^2)\times P_u] \qquad \cdots\cdots(A.1)$$

A.2.2 热板式结构的张模力（P）按式（A.2）计算。

$$P=\frac{\pi}{4}\times DTO^2\times {P_b}^2 \qquad \cdots\cdots(A.2)$$

A.3 合模力计算

一般来说，合模力（Q）等于硫化轮胎时的张模力，即：$Q=P$。

A.4 总压力(最大合模力)的计算

总压力(最大合模力)(Q_1)按式(A.3)计算。

$$Q_1 = K_o \times P \qquad \text{(A.3)}$$

式中:

Q_1——最大合模力,单位为牛(N);

K_o——外载荷系数,一般取1~1.15;

P——张模力,单位为牛(N)。

ICS 11.120
C 90

中华人民共和国国家标准

GB/T 30748—2014

旋转式压片机

Rotary tablet press

2014-06-09 发布　　2015-01-01 实施

中华人民共和国国家质量监督检验检疫总局
中国国家标准化管理委员会　发布

前　言

本标准是按照 GB/T 1.1—2009 给出的规则起草。

本标准由中国制药装备行业协会提出。

本标准由全国制药装备标准化技术委员会(SAC/TC 356)归口。

本标准起草单位：上海天祥·健台制药机械有限公司、北京国药龙立科技有限公司。

本标准主要起草人：陈露真、张同祥、杨伟斌、李华强、陈启洲、师向红、张国庆、程宝善。

旋转式压片机

1 范围

本标准规定了旋转式压片机的术语和定义、分类和标记、要求、试验方法、检验规则、标志、使用说明书、验证方案、包装、运输和贮存。

本标准适用于制药用旋转式压片机(以下简称压片机)。

2 规范性引用文件

下列文件对于本文件的应用是必不可少的。凡是注日期的引用文件,仅注日期的版本适用于本文件。凡是不注日期的引用文件,其最新版本(包括所有的修改单)适用于本文件。

GB/T 191 包装储运图示标志

GB/T 1184—1996 形状和位置公差 未注公差值

GB/T 3766—2001 液压系统通用技术条件

GB 5226.1—2008 机械电气安全 机械电气设备 第1部分:通用技术条件

GB 6388—1986 运输包装收发货标志

GB/T 9969 工业产品使用说明书 总则

GB/T 10111 随机数的产生及其在产品质量抽样检验中的应用程序

GB/T 13306 标牌

GB/T 13384 机电产品包装通用技术条件

GB/T 16769 金属切削机床 噪声声压级测量方法

GB 23820—2009 机械安全 偶然性与产品接触的润滑剂 卫生条件

GB/T 24342—2009 工业机械电气设备 保护接地电路连续性试验规范

GB/T 28671 制药机械(设备)验证导则

中华人民共和国药典(2010年版)二部 国家药典委员会

3 术语和定义

下列术语和定义适用于本文件。

3.1

冲模 punch and die

由上冲杆、中模和下冲杆组成的模具。

3.2

转台 turret

安装冲模的旋转工作台。

3.2.1

转台工作面　top of turret with die

转台上用于安装中模、加料及出片的工作面。

3.3

强迫加料器　force feeder

通过机械作用使物料填入中模孔的装置。

3.4

压片力　compression force

压制片剂的压力。

3.4.1

主压力　main compression force

完成最终片剂厚度和硬度的压片力。

3.4.2

预压力　pre-compression force

在进入主压之前预压制片剂的压片力。

3.5

剔废　rejection

剔除不符合重量差异限度的片剂。

3.6

出料数　the number of discharge

单副冲模随转台旋转一周所完成压片过程的次数(例如单出料、双出料、三出料)。

4　分类和标记

4.1　分类

压片机以中模孔中心点的最高线速度划分高速和低速,高于 85 m/min 的为高速压片机,低于或等于该值的为低速压片机。

4.2　标记

4.2.1　型号标记

4.2.1.1　低速压片机

Z　P　□/□

- □/□ —— 规格代号:冲模数 / 出料数,用阿拉伯数字表示;出料数为单出料时不表示,双出料以 2 表示,三出料以 3 表示
- P —— 功能代号:压片机
- Z —— 型式代号:旋转式

4.2.1.2 高速压片机

GZ P □/□

规格代号：冲模数/出料数，用阿拉伯数字表示；出料数为单出料时不表示，双出料以 2 表示，三出料以 3 表示

功能代号：压片机

型式代号：高速旋转式

4.2.2 标记示例

示例 1：ZP16，表示冲模数为 16 的单出料旋转式压片机。

示例 2：ZP35/2，表示冲模数为 35 的双出料旋转式压片机。

示例 3：GZP43，表示冲模数为 43 的单出料高速旋转式压片机。

示例 4：GZP81/2，表示冲模数为 81 的双出料高速旋转式压片机。

示例 5：GZP122/3，表示冲模数为 122 的三出料高速旋转式压片机。

5 要求

5.1 材料

凡与药物或有要求的工艺介质直接接触的材料均应无毒、耐腐蚀、不脱落，不与药物或有要求的工艺介质发生化学反应、吸附，或向药物中释放物质。

5.2 表面质量

5.2.1 压片机的外观表面应光洁、平整、无清洁盲区、不脱落颗粒物。允许涂镀的表面涂覆层应密实，不脱落。

5.2.2 压片机与药物直接接触的表面应光洁、平整、无清洗盲区，便于清洁和消毒。

5.2.3 压片机的控制和调节操作件应有清晰的标识。

5.2.4 压片机外接管道接口应有标识。

5.3 电气系统

5.3.1 电气系统的保护联结电路的连续性应符合 GB 5226.1—2008 中 8.2.3 规定。

5.3.2 电气系统的绝缘电阻应符合 GB 5226.1—2008 中 18.3 规定。

5.3.3 电气系统的耐压应符合 GB 5226.1—2008 中 18.4 规定。

5.3.4 电气系统的按钮应符合 GB 5226.1—2008 中 10.2 规定。

5.3.5 电气系统的指示灯和显示器应符合 GB 5226.1—2008 中 10.3 规定。

5.3.6 压片机应有急停功能，急停器件应符合 GB 5226.1—2008 中 10.7 规定。

5.3.7 电气系统的配线应符合 GB 5226.1—2008 中第 13 章中 13.1.1、13.2.1、13.2.2、13.3 和 13.4.1 规定。

5.3.8 电气系统的标记、警告标志和参照代号应符合 GB 5226.1—2008 中第 16 章规定。

5.4 性能

5.4.1 压片机的压片区域应有隔离装置，区域内应有吸粉口以及连接粉尘捕集装置的管道接口。

5.4.2 压片区域视窗应可视性好、启闭方便。

5.4.3 压片机与药物接触的零件应方便拆装和清洁。

5.4.4 转台工作面的圆跳动应符合 GB/T 1184—1996 表 B4 中第 8 级规定。

5.4.5 转台转速在规定范围内应连续可调并显示，当转台转速调至标示的最高值时，其转速允差为±1 r/min。

5.4.6 采用强迫加料器的压片机，其强迫加料器的转速在规定范围内应连续可调并显示，当主驱动轴转速调至标示的最高值时，其转速允差为±1 r/min。

5.4.7 药物的充填深度和压片厚度在规定范围内应连续可调并显示。

5.4.8 有液压系统的压片机，液压系统应有良好的保压性能，且液压油液泄漏应符合 GB/T 3766—2001 中 14.3 的规定。

5.4.9 采用气吹方式剔废的压片机应有气源压力欠压保护装置。

5.4.10 压片机空载运行时，转台主轴轴承的温升应不大于 35 ℃，主传动减速器的温升应不大于 45 ℃。

5.4.11 压片机空载运行应平稳，无卡阻和异常响声。

5.4.12 采用测量压片力方式控制片重的压片机，其压片力应显示，压片力标称误差应不大于 2%。

5.4.13 压片机空载运行时的噪声(A 计数)应符合表 1 规定。

表 1 压片机空载噪声

单位为分贝

机型	噪声指标	
	单出料	双出料和三出料
低速压片机	≤78	≤80
高速压片机	≤82	≤85

5.4.14 冲杆和压轮工作面所使用的润滑剂不应污染药物，润滑剂应符合 GB 23820—2009 中 5.3.3 规定。

5.4.15 压片机应有冲模超载保护功能。

5.5 压片质量

5.5.1 片剂重量差异限度应符合表 2 规定。

表 2 片剂重量差异限度

片剂的平均重量	重量差异限度	
	无自动控制片重的压片机	自动控制片重的压片机
<0.3 g	±7.5%	±6%
≥0.3 g	±5%	±4%

5.5.2 有自动控制片重的压片机应有剔废功能，且符合表 3 规定。

表 3 漏剔率和误剔率

内容	指标
漏剔率	≤0.1%
误剔率	≤0.1%

5.5.3 物料损耗率应符合表 4 规定。

表 4 物料损耗率

机型	物料损耗率
低速压片机	≤1 %
高速压片机	≤2 %

6 试验方法

6.1 材料试验

查验与药物或有要求的工艺介质直接接触的材料的材质证明或化学分析报告，当不能证明材质时，应按相应材料的试验方法进行试验。

6.2 表面质量试验

6.2.1 查验压片机的外观表面。

6.2.2 查验压片机与药物直接接触的表面。

6.2.3 查验压片机的控制和调节操作件的标识。

6.2.4 查验压片机外接管道接口处的标识。

6.3 电气系统试验

6.3.1 电气系统的保护联结电路连续性试验按 GB 5226.1—2008 中 18.2 和 GB/T 24342—2009 中 6.2 规定检查。

6.3.2 电气系统的绝缘电阻试验按 GB 5226.1—2008 中 18.3 规定检查。

6.3.3 电气系统的耐压试验按 GB 5226.1—2008 中 18.4 规定检查。

6.3.4 电气系统的按钮按 GB 5226.1—2008 中 10.2 规定检查。

6.3.5 电气系统的指示灯和显示器按 GB 5226.1—2008 中 10.3 规定检查。

6.3.6 查验压片机的急停功能，急停器件按 GB 5226.1—2008 中 10.7 规定检查。

6.3.7 电气系统的配线按 GB 5226.1—2008 中第 13 章中 13.1.1、13.2.1、13.2.2、13.3 和 13.4.1 规定检查。

6.3.8 电气系统的标记、警告标志和参照代号按 GB 5226.1—2008 中第 16 章规定检查。

6.4 性能试验

6.4.1 查验压片区域的隔离装置、区域内的吸粉口以及连接粉尘捕集装置的管道接口。

6.4.2 查验压片区域视窗的可视性和启闭状况。

6.4.3 查验压片机与药物接触零件的拆装和清洁的方便性。

6.4.4　用带磁性表座的百分表查验转台工作面的圆跳动。

6.4.5　压片机空载运行时，查验转台转速的调节及显示。当转台转速调至标示的最高值时，用转速表测量并与操控台显示值比较。

6.4.6　压片机空载运行，查验强迫加料器主驱动轴转速的调节及显示。当主驱动轴转速调至标示的最高值时，用转速表测量并与操控台显示值比较。

6.4.7　查验药物的充填深度和压片厚度的调节及显示。

6.4.8　液压系统在1.25倍标示压力下保压4 h，查验系统压降不大于1 MPa为合格，并按GB/T 3766—2001中14.3的规定查验液压油液泄漏情况。

6.4.9　模拟气源压力低于设定值时，查验欠压保护功能。

6.4.10　压片机以标示的最高转速空载运行2 h，用测温仪分别测量转台主轴轴承座外侧和主传动减速器表面的温度，并按式(1)分别计算主轴轴承和主传动减速器的温升。

$$\Delta t = t - t_0 \qquad \cdots\cdots(1)$$

式中：

Δt ——温升，单位为摄氏度(℃)；

t ——实测部位的温度，单位为摄氏度(℃)；

t_0 ——实测环境温度，单位为摄氏度(℃)。

6.4.11　压片机空载运行，转台转速由低缓慢调至最高过程中(有强迫加料装置的压片机，其强迫加料器转速也随转台转速一起由低调至最高)，目测各运动部件运转情况，耳听有无异常响声。

6.4.12　查验采用测量压片力方式控制片重的压片机的压片力能否显示。压片力标称误差试验按附录A。

6.4.13　压片机装载冲模并充填少量物料，以标示的最高转速空载运行时，用声级计按GB/T 16769规定的方法测量噪声。

注：在中模内充填少量物料，不必压实成片剂，仅为运行中防止上、下冲杆相互碰撞而损坏。

6.4.14　目测冲杆和压轮的密封防护措施，按GB 23820—2009中5.3.3规定查验有资质的第三方机构提供的润滑剂成分证明。

6.4.15　冲模超载保护功能试验按附录B。

6.5　压片质量试验

6.5.1　试验条件

6.5.1.1　在性能试验合格后进行。

6.5.1.2　试验用物料：颗粒尺寸为0.18 mm～0.85 mm、细粉含量不超过30%的空白颗粒或性质相类似的颗粒，允许添加硬脂酸镁或海藻酸钠添加剂。

6.5.1.3　试验片剂为浅凹形或者平面斜边形的圆片：若片径大于13 mm，以标示的最高转速的50%速度试验1 h；若片径小于或等于13 mm，以标示的最高转速试验1 h。

6.5.1.4　试验环境：温度18 ℃～26 ℃，相对湿度45%～65%。

6.5.2　试验程序

6.5.2.1　连续负载运行1 h。

6.5.2.2　运行中每间隔15 min抽取一次供试品，每一出料口一次抽取供试品量应大于压片机的冲模数，且不少于20片，装袋并作好标识(包括取样顺序、取样时间、若为双出料或三出料的应注明取样口位置)，共抽取4次。

6.5.3 片剂重量差异限度试验

按《中华人民共和国药典》(2010 年版　二部)附录Ⅰ A 片剂的重量差异检查法和表 2 的规定,依次检查每袋供试品的重量差异。

6.5.4 剔废功能试验

按附录 C 进行。

6.5.5 物料损耗率试验

与片剂重量差异限度试验同时进行,试验结束后分别对实际投料量、所压制片剂质量进行称重,并按式(2)计算物料损耗率。

$$W=\left(1-\frac{m}{m_0}\right)\times 100\% \qquad \cdots\cdots\cdots\cdots(2)$$

式中:

W ——物料损耗率,%;

m ——所压制片剂质量(包括合格的、被剔除的、以及被抽取供试品的所有片剂质量的总和),单位为千克(kg);

m_0——实际投料量(即实际使用物料的质量,不包括料斗内、加料器内、转台工作面上残余物料的质量),单位为千克(kg)。

7 检验规则

7.1 检验分类

压片机的检验分出厂检验和型式检验。

7.2 出厂检验

7.2.1 压片机出厂前应按表 5 的项目逐台检验合格,并附有产品合格证明资料方可交付使用。

表 5 出厂检验项目

检验内容	要求的条款	试验方法的条款
材　料	5.1	6.1
表面质量	5.2	6.2
电气系统	5.3	6.3
性　能	5.4	6.4
压片质量	5.5.1～5.5.2	6.5.1～6.5.2

7.2.2 每台压片机在检验过程中,如发现不合格项,允许退回进行修整。如仍不合格,则判定该产品不合格,不予出厂。

7.3 型式试验

7.3.1 检验条件

压片机在下列情况之一时,应进行型式检验:

a) 新产品试制定型鉴定或老产品转厂生产时；

b) 正式生产后，如结构、材料、工艺有较大改变，可能影响成品性能时；

c) 产品停产一年以上恢复生产时；

d) 出厂检验结果与上次型式检验有较大差异时；

e) 国家质量监督机构提出进行型式检验的要求时。

7.3.2 检验项目

按本文件中的全部要求。若制造单位不具备测试条件，则允许在产品使用现场进行。

7.3.3 抽样规则

型式检验的样机应在出厂检验合格的产品中按 GB/T 10111 规定的方法抽取 10%，样机不少于 3 台，检验 1 台。

7.3.4 判定规则

型式检验中，若电气系统的保护联结电路连续性、绝缘电阻、耐压试验中有一项不合格，则判定该产品型式检验不合格。如其他项有不合格时，允许在已抽样中加倍复验不合格项，仍不合格时，则判定该产品型式检验不合格。

8 标志、使用说明书、验证方案、包装、运输和贮存

8.1 标志

8.1.1 每台压片机应有产品铭牌和安全标志牌等标牌，其尺寸及技术要求应符合 GB/T 13306 的规定。产品铭牌应固定在机器的显著位置上，其内容应包括：

a) 产品型号和名称；

b) 主要技术参数；

c) 总功率、额定电压和电源频率；

d) 机器编号及制造日期；

e) 制造单位名称；

f) 执行产品标准代号。

8.1.2 包装储运图示标志应符合 GB/T 191 的规定。

8.1.3 运输包装收发货标志应符合 GB 6388—1986 的规定。

8.2 使用说明书

压片机使用说明书的编写应符合 GB/T 9969 的规定。

8.3 验证方案

压片机的验证方案应按 GB/T 28671 的规定编写。

8.4 包装

8.4.1 压片机包装应符合 GB/T 13384 规定，并采取防潮、防雨、防震等保护措施。

8.4.2 每台压片机的包装箱内应附有下列随机文件：

a) 产品合格证（或合格证明书、质量保证书）；

b) 产品装箱单；

c) 产品使用说明书。

8.5 运输

压片机的运输应符合国家铁路、公路和水路货物运输的有关规定。

8.6 贮存

压片机应存放在干燥、通风、无腐蚀气体的室内或有遮蔽的场所，不得倾斜或重压。

附 录 A
（规范性附录）
压片力标称误差试验

A.1 试验仪器

A.1.1 测量放大器

测量放大器符合以下要求：

a） 载波频率放大器；

b） 载波频率：4.8 kHz±0.32 kHz；

c） 精度等级：0.1；

d） 线性误差：0.05%；

e） 测量频率范围（−1 dB）：0.05 kHz～500 kHz；

f） 模拟输出：应用电压±10 V，应用电流±20 mA（4 mA～20 mA）；

g） 指定的范围及相对于满刻度的变化对操作电压的影响：零位 0.01%，灵敏度 0.01%；

h） 储存要求：峰值储存（如最小值和最大值，瞬间值，包络曲线等）；

i） 校准状态：在有效期内，有计量合格证明。

A.1.2 力传感器

力传感器符合以下要求：

a） 压向测量力传感器；

b） 力方向：压向；

c） 额定量程范围：50 N～50 kN；

d） 额定灵敏度：1 mV/V；

e） 精度等级：0.5；

f） 相对灵敏度误差：≤1%；

g） 相对重复性误差：≤±0.5%；

h） 相对线性误差：≤±0.5%；

i） 30 min 后相对蠕变：≤±0.2%；

j） 额定温度范围：−10 ℃～70 ℃；

k） 校准状态：在有效期内，有计量合格证明。

A.2 试验辅助零件

A.2.1 特殊上、下冲杆

见图 A.1 所示。

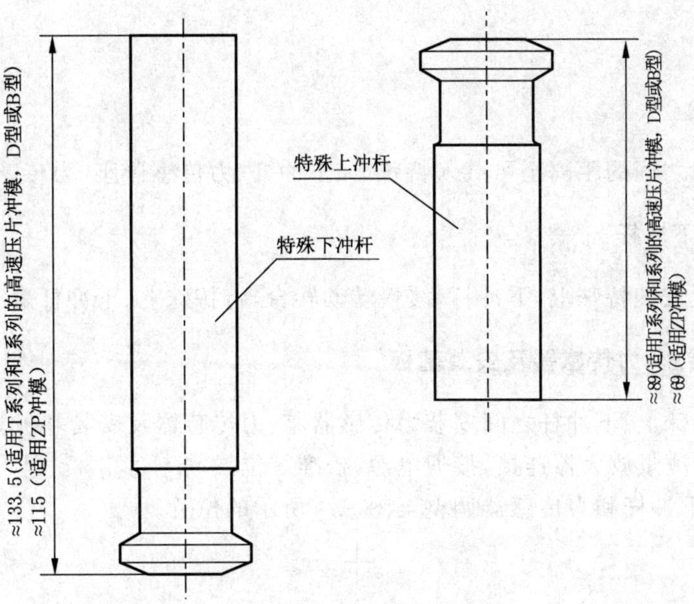

图 A.1

A.2.2 力传感器座

见图 A.2 所示。

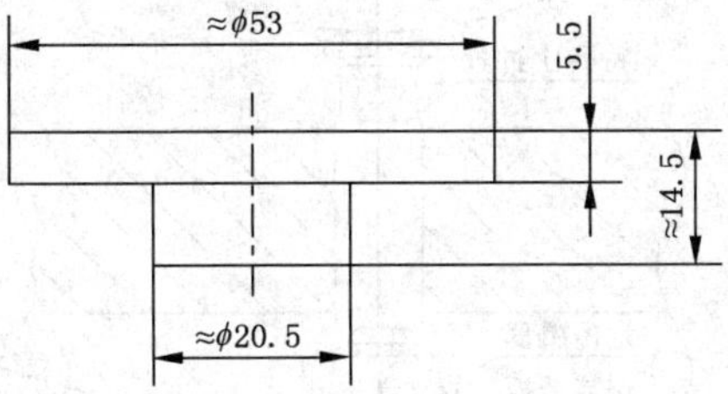

图 A.2

A.2.3 力传感器及安装基板

见图 A.3 所示。

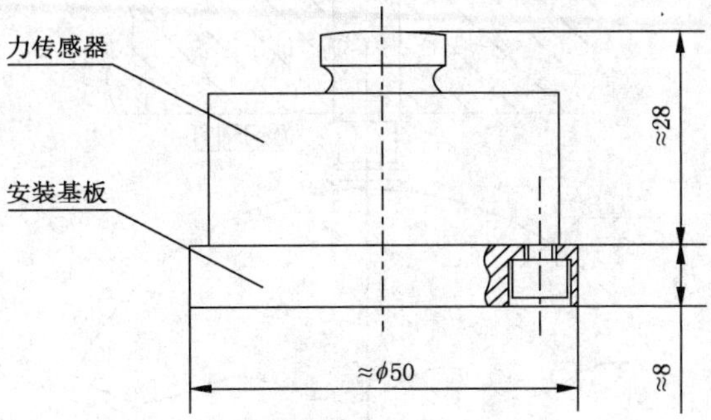

图 A.3

A.3 试验

A.3.1 试验条件

空载试验时，在冲模装载之前进行。

A.3.2　操作程序

A.3.2.1　调整被测压轮

调整被测上下压轮之间的距离至可载入特殊上、下冲杆、力传感器座、力传感器及安装基板。

A.3.2.2　安装特殊上、下冲杆

在转台任一位置上安装特殊上、下冲杆，缓慢转动转台，将特殊上、下冲杆置于被测压轮处。

A.3.2.3　安装力传感器座、力传感器及安装基板

A.3.2.3.1　在转台的特殊上、下冲杆之间安装力传感器座、力传感器及安装基板。

A.3.2.3.2　力传感器与测量放大器连接，接通电源，校准零位。

A.3.2.3.3　将特殊上、下冲杆和力传感器调整至图 A.4 所示的位置。

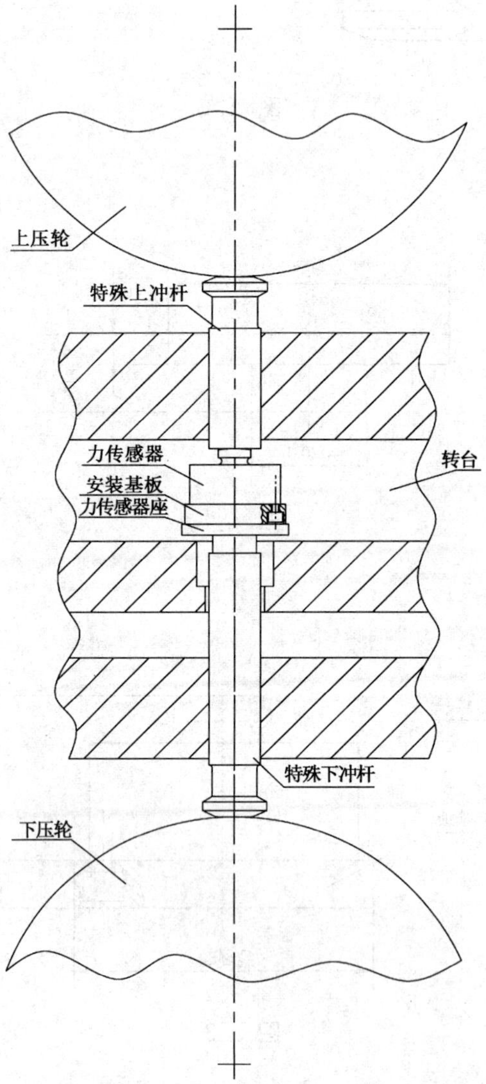

图 A.4

A.3.3 压片力标称误差试验

A.3.3.1 设定 0 kN、5 kN、10 kN、20 kN、30 kN、40 kN 和 50 kN 等 7 个检测点。

A.3.3.2 按各检测点分别读取测量放大器的显示值 $P_{仪1}$、$P_{仪2}$、$P_{仪3}$、$P_{仪4}$、$P_{仪5}$、$P_{仪6}$、$P_{仪7}$ 和与之对应的压片机显示屏上被测压轮压片力的显示值 $P_{显1}$、$P_{显2}$、$P_{显3}$、$P_{显4}$、$P_{显5}$、$P_{显6}$、$P_{显7}$，并将这些显示值分别记录在表 A.1 检测数据记录表内。

注：若 $P_{仪i}$(i=1,2,3,4,5,6,7)或 $P_{显i}$ 显示值有波动，可在 1 min 范围内读取 4 次，取其平均值。

表 A.1 检测数据记录表

序号 i	检测点 kN	测量放大器读数 kN	压片机显示屏读数 kN	压片力标称误差 %
1	0	$P_{仪1}$	$P_{显1}$	λ_1
2	5	$P_{仪2}$	$P_{显2}$	λ_2
3	10	$P_{仪3}$	$P_{显3}$	λ_3
4	20	$P_{仪4}$	$P_{显4}$	λ_4
5	30	$P_{仪5}$	$P_{显5}$	λ_5
6	40	$P_{仪6}$	$P_{显6}$	λ_6
7	50	$P_{仪7}$	$P_{显7}$	λ_7

A.3.4 计算与记录

按式(A.1)计算压片力标称误差 λ_i(i=1,2,3,4,5,6,7)，并记录在表 A.1 内。

$$\lambda_i = \frac{|P_{显i} - P_{仪i}|}{P_{仪7}} \times 100\% \quad \cdots\cdots\cdots\cdots (A.1)$$

式中：

λ_i ——压片力标称误差，%；

$P_{显i}$ ——压片机显示屏上压片力显示值，单位为千牛(kN)；

$P_{仪i}$ ——测量放大器显示值，单位为千牛(kN)。

A.3.5 判定

A.3.5.1 若 λ_i(i=1,2,3,4,5,6,7)均不大于 2%，即判定压片力标称误差符合规定。

A.3.5.2 若其中有一个或一个以上 λ_i 大于 2%，允许对压片机修正再进行复试，复试按 A.3.2.3、A.3.3 和 A.3.4 规定。复试后，若其中仍有一个或一个以上 λ_i 大于 2%，则判定压片力标称误差不符合规定。

附　录　B
（规范性附录）
冲模超载保护功能试验

B.1　试验条件

B.1.1　在片剂重量差异限度试验结束后进行。

B.1.2　试验物料：按 6.5.1.2 规定。

B.1.3　试验片剂：按 6.5.1.3 规定。

B.1.4　转台转速：若片径大于 13 mm，试验转速为压片机标示的最高转速的 50%；若片径小于或等于 13 mm，试验转速为压片机标示的最高转速。

B.1.5　制作一支冲模型号、片径和冲杆总长与片剂重量差异限度试验一致的可模拟冲模超载上冲杆，见图 B.1 所示。

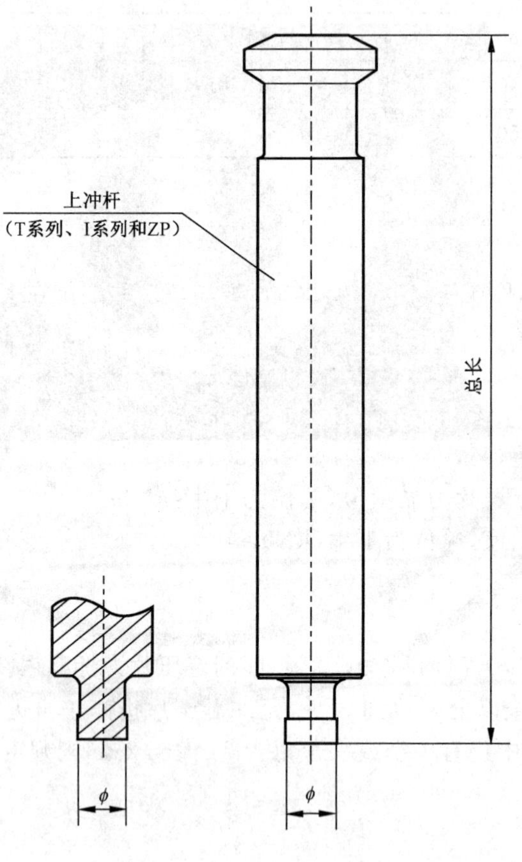

图 B.1

B.2　试验程序

B.2.1　用一支可模拟冲模超载上冲杆替换转台上任意一支上冲杆。

B.2.2　压片机按片剂重量差异限度试验设定的参数负载运行。

B.2.3 设定冲模超载压力保护值大于主压力平均值的20%，且小于可模拟冲模超载上冲杆所产生的压力值。

B.3 冲模超载保护试验

运行中，当模拟冲模产生的压力超过压力保护值时，观察压片机是否停止运行并报警。

附 录 C
（规范性附录）
剔废功能试验

C.1 试验条件

C.1.1 在片剂重量差异限度试验结束后进行。

C.1.2 试验物料：按 6.5.1.2 规定。

C.1.3 试验片剂：按 6.5.1.3 规定。

C.1.4 转台转速：若片径大于 13 mm，试验转速为压片机标示的最高转速的 40%；若片径小于或等于 13 mm，试验转速为压片机标示的最高转速的 60%。

C.1.5 制作废片：按 B.1.5 规定制作废片上冲杆，压制如图 C.1 或图 C.2 所示的片形。

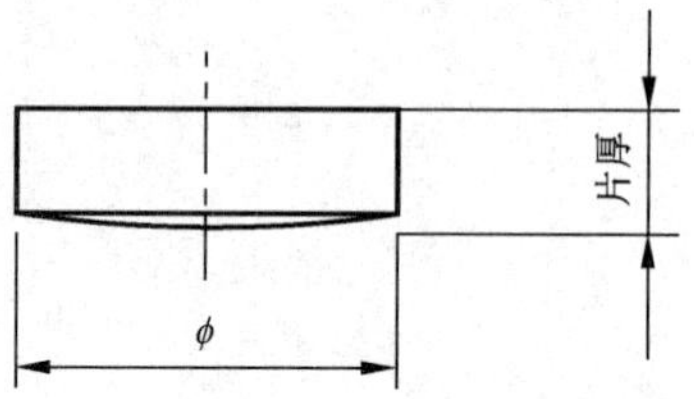

图 C.1

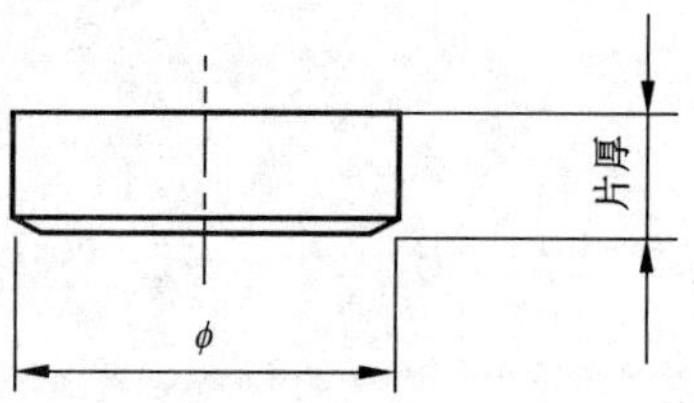

图 C.2

C.2 试验程序

C.2.1 用一支废片上冲杆替换转台上任意一支上冲杆。

C.2.2 压片机按片剂重量差异限度试验设定的参数负载运行（除转台转速外），且冲模超载压力保护值大于废片上冲杆所产生的压力值。

C.2.3 设定剔废的压片力上限值大于主压力平均值的 15%，且小于废片上冲杆所产生的压力值；下限值小于主压力平均值 50%，开启剔废功能。

C.3 收集供试品

C.3.1 分别收集从压片机每一出料口合格片通道和不合格片通道中流出的片剂，时间 5 min，装袋并作好标识（若为双出料或三出料的应注明取样口位置）。

C.3.2 对每一出料口合格片通道收集的片剂数量进行统计，并对其中漏剔的符合图 C.1 或图 C.2 片形的片剂数量进行分拣和统计。

C.3.3 对每一出料口不合格片通道收集的片剂数量进行统计，并对其中误剔的不符合图 C.1 或图 C.2 片形的片剂数量进行分拣和统计。

C.4 漏剔率和误剔率计算

C.4.1 按式(C.1)计算每一出料口的漏剔率，并做好记录。

$$T_1 = \frac{B}{m_1} \times 100\% \quad \cdots\cdots (C.1)$$

式中：

T_1——漏剔率，%；

B ——从一侧出料口合格片通道收集的、且符合图 C.1 或图 C.2 片形的片剂数量，单位为片；

m_1——从一侧出料口合格片通道和不合格片通道收集的片剂数量总和，单位为片。

C.4.2 按式(C.2)计算每一出料口的误剔率，并做好记录。

$$T_2 = \frac{G}{m_1} \times 100\% \quad \cdots\cdots (C.2)$$

式中：

T_2——误剔率，%；

G ——从一侧出料口不合格片通道收集的、且不符合图 C.1 或图 C.2 片形的片剂数量，单位为片；

m_1——从一侧出料口合格片通道和不合格片通道收集的片剂数量总和，单位为片。

C.5 判定

C.5.1 若漏剔率和误剔率都符合表 3 规定，即判定压片机剔废功能合格。

C.5.2 若漏剔率和误剔率中有不符合表 3 规定的，允许对压片机修正再进行复试，复试按 C.3 和 C.4 规定进行。复试后仍不符合表 3 规定，即判定压片机剔废功能不合格。

ICS 11.120
C 90

中华人民共和国国家标准

GB/T 30749—2014

矿物药材及其煅制品视密度测定方法

Apparent density determination of mineral medicine and calcined products

2014-06-09 发布　　2015-01-01 实施

中华人民共和国国家质量监督检验检疫总局
中国国家标准化管理委员会　发布

前　言

本标准按照GB/T 1.1—2009给出的规则起草。

本标准由全国制药装备标准化技术委员会中药炮制机械分技术委员会(SAC/TC 356/SC 1)提出。

本标准由全国制药装备标准化技术委员会(SAC/TC 356)归口。

本标准起草单位:杭州海善制药设备有限公司、南京海昌中药集团有限公司、南京中医药大学、浙江中医药大学中药饮片公司。

本标准主要起草人员:蔡宝昌、王波、李林、徐忠民、高广娟。

矿物药材及其煅制品视密度测定方法

1 范围

本标准规定了矿物药材及其煅制品视密度测定方法的测定用仪器和材料、测定步骤、计算方法及测定报告。

本标准适用于矿物药材、贝壳类药材及其煅制品的视密度测定。

2 规范性引用文件

下列文件对于本文件的应用是必不可少的。凡是注日期的引用文件，仅注日期的版本适用于本文件。凡是不注日期的引用文件，其最新版本(包括所有的修改单)适用于本文件。

GB 5749 生活饮用水卫生标准

GB 7189 食品级石蜡

GB/T 8170 数值修约规则与极限数的表示和判定

3 视密度的测定

3.1 仪器和材料

至少应包括下列仪器和材料：

a) 天平：最大称量 500 g，测量精度 0.01 g。配有专用密封玻璃罩(见图 1)。

b) 熔蜡锅：锅容积的大小能使样品完全浸没在蜡液中。

c) 烧杯：容积为 250 mL 的标准玻璃烧杯。

d) 吊篮：用筛网制作，篮口直径为 50 mm。

e) 吊丝：丝线或尼龙线。

f) 饮用水：符合 GB 5749。

g) 石蜡：符合 GB 7189。

3.2 测定步骤

3.2.1 用封蜡法对矿物药材及其煅制品样品进行防水处理。

3.2.1.1 取样：从矿物药材或贝壳类药材中，取边长约 10 mm～30 mm 近似立方体的样品 3 块，修平棱角，清除样品表面易掉落的灰屑，在天平上称重。

3.2.1.2 封蜡：用吊丝缚住样品，置于温度在 65 ℃～75 ℃的熔化蜡液中 1 s～2 s，取出、晾干、称重。

3.2.2 用排水法测定矿物药材及其煅制品的视密度。

3.2.2.1 校秤：将盛有一半容量饮用水的烧杯放于天平中，并在天平上方搭一根横杆，横杆上挂吊篮，吊篮浸入饮用水中，把天平显示器调为 0.00 g，如图 1 所示。

3.2.2.2 称重：将已封蜡的 1 个样品置于吊篮中，如图 2 所示，并保证吊篮与样品完全置于水中，不碰到烧杯壁，称量样品排开水的质量。如称量时观察到封蜡后样品浸水后有冒气泡现象，且天平视数不断变小，应将样品从水中取出，擦去表面水分，重新在天平上称其质量，检查此时质量与之前质量是否有差异,若质量差超过 0.01 g,说明水已进入待测样品中,应选择其他样块进行测定。

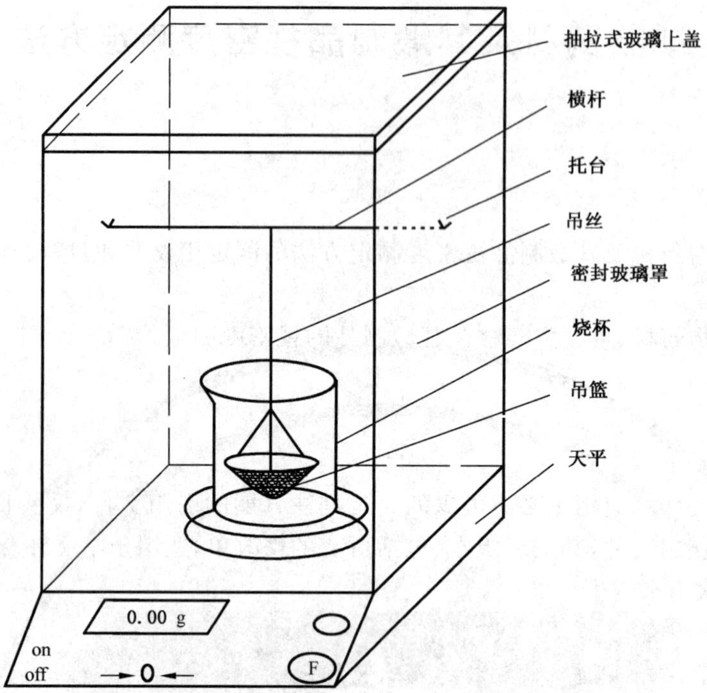

图 1 测定装置示意图

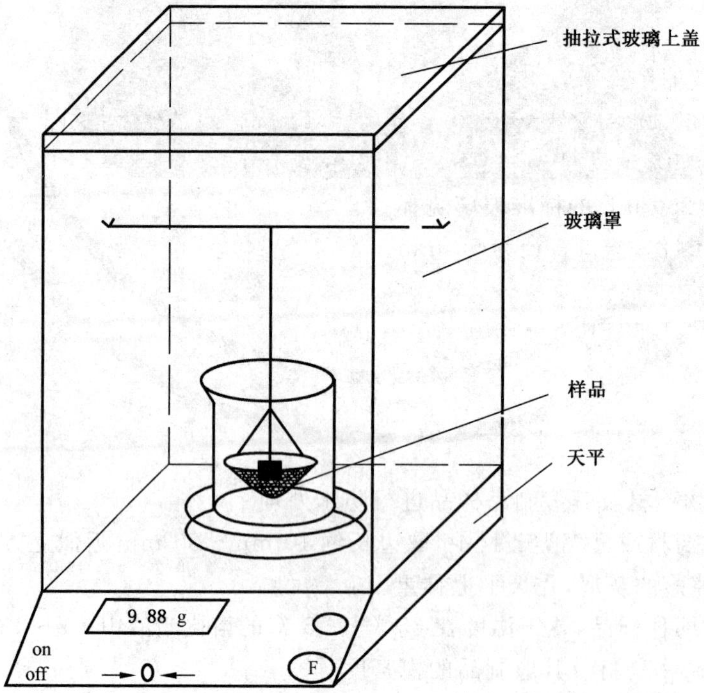

图 2 天秤称量样品示意图

3.3 计算方法

3.3.1 矿物药材及其煅制品视密度，按式(1)计算：

$$\rho = \frac{m}{\frac{m_1}{\rho_{水}} - \frac{m_2 - m}{\rho_{蜡}}} \quad \cdots\cdots(1)$$

式中：

ρ ——样品的视密度，单位为千克每立方厘米(kg/m^3)；

m ——样品封蜡前质量，单位为千克(kg)；

m_1——样品封蜡后排开水的质量，单位为千克(kg)；

m_2——样品封蜡后质量，单位为(kg)；

$\rho_{蜡}$——石蜡的密度，0.9 kg/m^3；

$\rho_{水}$——测定温度下水的密度，单位为千克每立方厘米(kg/m^3)。

3.3.2 矿物药材煅制前、煅制后视密度相对变化率，按式(2)计算。

$$S_C = \frac{\rho_0 - \rho_1}{\rho_0} \times 100\% \quad \cdots\cdots(2)$$

式中：

S_C ——煅制药物的视密度相对变化率，%；

ρ_0 ——矿物药材煅制前的视密度，单位为克每立方厘米(g/cm^3)；

ρ_1 ——矿物药材煅制后的视密度，单位为克每立方厘米(g/cm^3)。

3.3.3 数据修约 计算结果按照 GB/T 8170 规定修约至小数点后一位。

4 测定报告

4.1 测定报告包括以下内容：

a) 样品名称、来源、产地；

b) 批号；

c) 依据标准；

d) 测定人员；

e) 校审人员；

f) 测定环境；

g) 测定数据和结果；

h) 测定日期；

i) 备注。

4.2 测定报告的格式，参见附录 A。

附　录　A
（资料性附录）
测定报告的格式

测定报告的格式，见表 A.1。

表 A.1　测定报告

样品名称			来源		产地		
批号				依据标准			
仪器及精度							
第一次测定	m			m_1			
	m_2			ρ_0			
	ρ_1			S_{C_1}			
第二次测定	m			m_1			
	m_2			ρ_0			
	ρ_1			S_{C_2}			
第三次测定	m			m_1			
	m_2			ρ_0			
	ρ_1			S_{C_3}			
测定环境							
测定结果							
测定人员		日期		校审人员		日期	
备注							